HANDBUCH DER MIKROCHEMISCHEN METHODEN

HERAUSGEGEBEN VON

FRIEDRICH HECHT UND MICHAEL K. ZACHERL
WIEN · WIEN

BAND I / TEIL 1

ORGANISCH-PRÄPARATIVE UND MIKROSKOPISCHE METHODEN

WIEN

SPRINGER-VERLAG

1954

PRÄPARATIVE MIKROMETHODEN IN DER ORGANISCHEN CHEMIE

VON

H. LIEB UND W. SCHÖNIGER

GRAZ   GRAZ

MIT 139 TEXTABBILDUNGEN

MIKROSKOPISCHE METHODEN

VON

L. KOFLER † UND A. KOFLER

INNSBRUCK   INNSBRUCK

MIT 136 TEXTABBILDUNGEN

WIEN

SPRINGER-VERLAG

1954

ISBN-13: 978-3-7091-7832-4   e-ISBN-13: 978-3-7091-7831-7
DOI: 10.1007/978-3-7091-7831-7

Vorwort.

Wenn auch die ersten Anfänge der analytischen Bearbeitung kleiner Substanzmengen viel weiter zurückliegen, so wird doch allgemein die Zeit der letzten Jahrhundertwende als der Beginn jener Forschungsrichtung angesehen, die heute als „Mikrochemie" bezeichnet wird. Die grundlegenden Arbeiten der beiden Pioniere auf diesem Gebiet, FRIEDRICH EMICH und FRITZ PREGL, liegen nun etwa ein halbes Jahrhundert zurück. Die von ihnen geschaffenen Methoden erwiesen sich nicht nur als außerordentlich brauchbar, sie verdrängten nicht nur in kurzer Zeit zahlreiche Makromethoden aus den modernen Laboratorien, sondern die genialen Gedankengänge dieser beiden Schöpfer der Mikrochemie waren gleichzeitig der Anstoß zum Beginn einer neuen Ära fruchtbarer Entwicklung fast aller Zweige der Chemie, da nunmehr Probleme der erfolgreichen Erforschung zugänglich wurden, deren Bearbeitung bis dahin aus experimentellen Gründen unmöglich war. Insbesondere für die analytische Chemie begann eine Zeit des Aufschwunges, die durch die Ausarbeitung immer neuer Verfahren zur Untersuchung kleinster Substanzmengen gekennzeichnet ist, deren mannigfaltige Vorteile gegenüber der makrochemischen Arbeitsweise heute unbestritten sind.

Es scheint daher berechtigt, das auf diesem Gebiet Geschaffene zu sichten und zusammenzufassen, um damit aus der reichen Fülle der Literatur den Chemikern in Forschung und Technik eine Übersicht zu bieten und die Auswahl der für bestimmte Zwecke jeweils am besten geeigneten Methoden zu erleichtern. Zwar existieren neben dem grundlegenden Standardwerk PREGLS „Die quantitative organische Mikroanalyse" und EMICHS „Lehrbuch der Mikrochemie" bereits zahlreiche ausgezeichnete Bücher, die auf einzelnen Teilgebieten der Mikrochemie vorzügliche Darstellungen des modernen Methodenschatzes bieten, aber bis jetzt liegt noch kein das Gesamtgebiet umfassendes Handbuch vor. Das von uns geplante, in einer Reihe von Teilbänden erscheinende Werk soll die quantitativen mikrochemischen Methoden in möglichst umfassender Wiedergabe behandeln. Die Methoden der qualitativen Mikrochemie finden ihre Darstellung in einem eigenen, von A. A. BENEDETTI-PICHLER herausgegebenen Handbuch. Wenn wir uns bei der Abfassung der einzelnen Abschnitte dieses Werkes auch der Mitarbeit hervorragender Fachleute erfreuen dürfen, deren Sachkenntnis für die Bearbeitung ihrer Spezialgebiete ein Höchstmaß an Objektivität gewährleistet, so liegt es doch im Wesen eines Handbuches, daß die Bewertung und Beurteilung der beschriebenen Verfahren hinsichtlich ihrer Eignung und Anwendbarkeit für die Praxis oftmals in sehr weitgehendem Maß dem einzelnen, mit der jeweiligen Fragestellung vertrauten Analytiker vorbehalten bleiben muß.

Wir haben es für zweckmäßig gehalten, dem ganzen Handbuch einen eigenen Abschnitt über „Präparative Mikromethoden in der organischen Chemie" voranzustellen, da die Reindarstellung der Substanzen ihrer quantitativen Analyse sehr häufig voranzugehen hat. Der anschließende Beitrag über „Mikroskopische Methoden" bringt in logischer Folge die Beschreibung geeigneter Verfahren der Reinheitsprüfung, an die sich die eigentliche Bestimmung der chemischen Zusammensetzung anschließt.

Wir haben es bewußt vermieden, schon jetzt die in den Rahmen dieses Handbuches aufzunehmenden Teilgebiete zu begrenzen, um die weitere Aufnahme neu entwickelter Methoden oder neuer Abschnitte im Interesse möglichster Vollständigkeit offen zu halten.

Bei den hier zu beschreibenden Methoden handelt es sich nicht nur um solche, die zur Untersuchung kleiner Probemengen geschaffen und geeignet sind. Die mikrochemische Arbeitsweise ist ja auch die einzig geeignete, um kleine Mengen eines oder mehrerer Bestandteile bei Anwesenheit großer Mengen von Ballaststoffen zu ermitteln. Daher müssen auch solche Verfahren in dieses Handbuch aufgenommen werden, die bei der Anreicherung von Spuren und deren quantitativer Bestimmung angewendet werden können.

Bei der Ausarbeitung der einzelnen Teile des Werkes sollte auf die wiederholte Schilderung einzelner Geräte und Verfahren so weit verzichtet werden, als dies unter Wahrung des Grundsatzes möglich ist, daß auch nur einzelne Teilbände ohne Bezugnahme auf andere Abschnitte dem Leser hinreichenden Aufschluß für die praktische Anwendung geben. Manche Überschneidungen bleiben dabei aber selbstverständlich unvermeidlich. Wir hoffen, damit dem Interesse der Leser gedient zu haben.

Schließlich möchten wir dem Verlag, von dem die Anregung zur Herausgabe dieses Handbuches ausging, für sein unermüdliches Bemühen und seine stets verständnisvolle Förderung unseren aufrichtigen Dank zum Ausdruck bringen.

Wien, im September 1954.

FRIEDRICH HECHT   MICHAEL K. ZACHERL

Präparative Mikromethoden in der organischen Chemie.

Von

H. Lieb und W. Schöniger.

Medizinisch-chemisches Institut und Pregl-Laboratorium der Universität in Graz.

Mit 139 Textabbildungen.

Inhaltsverzeichnis.

Einleitung.

Die mikrochemischen Methoden dienen vor allem der Aufgabe, chemische Reaktionen mit geringen Substanzmengen auszuführen, d. h. mit Mengen, die wesentlich kleiner sind, als man sie bei gewöhnlichen „Makro"-Verfahren benützt. Man arbeitet mit Milligrammen oder Bruchteilen davon bzw. mit wenigen Tropfen Flüssigkeit. Zu diesem Zweck müssen in erster Linie die nötigen Geräte entsprechend verkleinert werden, ganz gleich, ob es sich um analytische oder präparative Verfahren handelt. Diese Verkleinerung der Geräte ist aber oft nicht in einem der Verringerung der Substanzmenge entsprechenden Maß möglich (2).

An dieser Stelle soll vor allem eine Auswahl der für mikropräparatives Arbeiten geeigneten Geräte gegeben werden, da heute sowohl der anorganisch, als auch der organisch arbeitende Chemiker immer mehr gezwungen ist, mit kleinen Substanzmengen auszukommen, und dabei die für Makrozwecke üblichen Geräte und Apparaturen nicht verwenden kann.

Das Arbeiten mit kleinen Substanzmengen hat so viele Vorteile, daß z. B. Elementaranalysen fast nur noch nach Mikroverfahren ausgeführt werden. Da die reagierenden Mengen viel geringer sind als die bisher üblichen, spart man mit jeder im Mikromaßstab durchgeführten Operation wesentlich an Material, Zeit und Energie. Man bedenke nur, daß einerseits die Zeit, die zur Erwärmung eines Reaktionsgemisches auf die nötige Temperatur erforderlich ist, wesentlich geringer ist, daß anderseits auch eine Abkühlung viel schneller erzielt werden kann, wenn an Stelle von 500 bis 1000 ml Lösung nur 1 bis 2 ml zu erwärmen bzw. abzukühlen sind. Bei der Aufarbeitung wertvoller Naturstoffe oder synthetischer Produkte ist man fast immer gezwungen, im Mikromaßstab zu arbeiten.

Die im folgenden beschriebenen Geräte und Methoden sind für die erfolgreiche analytische und präparative Arbeit geeignet. Es muß jedoch darauf hingewiesen werden, daß wir nicht jedes einzelne Gerät zu erproben vermochten. Wir mußten uns bezüglich der Leistungsfähigkeit vieler Apparate auf die Angaben der betreffenden Autoren verlassen. Es war aber auch unmöglich, ohne den Rahmen der vorliegenden Darstellung zu sprengen, die einzelnen Geräte und Methoden so zu beschreiben, daß damit ein vollwertiger Ersatz für die Originalarbeiten geboten wäre. Wir waren bemüht, diese Beschreibung in kurzen Zügen wenigstens so weit zu geben, daß der Benützer des Handbuches sich ein Bild über das Prinzip und über die Brauchbarkeit der für seine Zwecke in Betracht kommenden Geräte und Methoden machen kann. Ferner müssen wir darauf hinweisen, daß unsere Zusammenstellung keinen Anspruch auf Vollständigkeit erheben kann. Vor allem konnten diejenigen mikrochemischen Arbeitsmethoden nicht erfaßt werden, die nur in Veröffentlichungen ganz anderen Inhaltes nebenbei erwähnt und weder in den Referatenblättern behandelt, noch in den verschiedenen Monographien über präparative Methodik beschrieben sind.

Auf folgende Einzelwerke und Sammelreferate, in denen ebenfalls mikrochemische Methoden in der organischen Chemie beschrieben sind, sei an dieser Stelle noch verwiesen:

CHERONIS, N. D., y. Mitarb., J. Chem. Education 16, 28 (1939); 20, 431, 488, 611 (1943); 21, 603 (1944); 22, 85, 107 (1945). — CHERONIS, N. D., u. A. VAVOULIS, Mikrochem. 38, 428 (1951).
DADIEU, A., u. H. KOPPER, Angew. Chem. 50, 367 (1937).
EMICH, F., Mikrochemisches Praktikum, 2. Aufl. München: J. F. Bergmann. 1931.
FEIGL, F., Qualitative Analysis by Spot Tests, 3. Aufl. New York: Elsevier Publ. Comp. 1947.
HALLETT, L. T., Ind. Eng. Chem., Analyt. Ed. 14, 956 (1942).
LIEB, H., u. W. SCHÖNIGER, Anleitung zur Darstellung organischer Präparate mit kleinen Substanzmengen. Wien: Springer-Verlag. 1950.
MILTON, R. F., u. W. A. WATERS, Methods of Quantitative Microanalysis, S. 20—40. London: Ed. Arnold & Co. 1949.
PFEIL, E., Angew. Chem. 54, 161 (1941).
PREGL, F., Die quantitative organische Mikroanalyse, S. 243, 3. Aufl. Berlin: J. Springer. 1930.
SCHNEIDER, F., Qualitative Organic Microanalysis, S. 4—76. New York: J. Wiley & Sons. 1946.
SOLTYS, A., Mikrochem., Molisch-Festschrift, S. 393 (1936).
WRIGHT, G. F., Canad. J. Res., Sect. B 17, 303 (1939).

Die Literatur der chemischen Zentralblätter ist bis Ende 1951 berücksichtigt.

I. Allgemeine chemische Methoden.

1. Einfache Hilfsmittel.

Als Reaktionsgefäße kann man in vielen Fällen kurze Reagensgläser oder *Spitzröhrchen* verwenden, sofern nicht die auszuführende Reaktion ein besonderes Gefäß erfordert.

Das Abwägen der Reagenzien kann bei präparativen Arbeiten fast immer mit einer gewöhnlichen Apotheker- oder Schalenwaage erfolgen. Flüssigkeiten werden entweder in kleinen *Bechern* (Abb. 1) eingewogen oder pipettiert. Man kommt in den meisten Fällen mit gewöhnlichen Meßpipetten aus; nur manchmal müssen Auswasch- oder Wägepipetten verwendet werden, wenn die Menge einer Flüssigkeit genau zu dosieren ist. *Auswaschpipetten* nach PREGL (Abb. 2) dienen zur präzisen Abmessung von 0,1 bis 5 ml Flüssigkeit und sind geeicht im Handel erhältlich[1]. Um Flüssigkeiten tropfenweise zugeben zu können, benützt man kleine *Tropfpipetten*, die man durch Ausziehen eines Glasrohres entsprechenden Durchmessers am Gebläse herstellen kann. Es ist empfehlenswert, stets eine größere Zahl solcher Tropfpipetten vorrätig zu haben, da sie für viele Zwecke anwendbar sind. Kleine Flüssigkeitsmengen können auch mittels *Platin-* oder *Glasösen* eingewogen werden, wovon man vor allem bei quantitativen Arbeiten Gebrauch macht.

Zur Grundausrüstung gehören ferner neben den später erwähnten *Mikrobrennern* (s. S. 6) noch entsprechend geformte *Spatel* (Abb. 3),

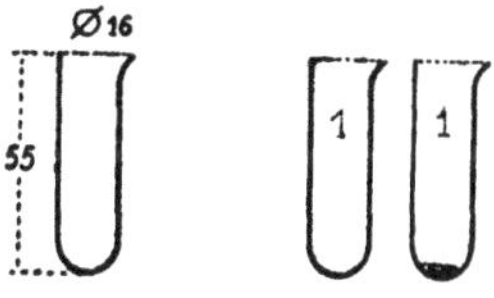

Abb. 1. Mikrobecher.   Abb. 2. Auswaschpipette nach PREGL.

Pinzetten sowie *Glasstäbchen* zum Umrühren. Diese stellt man sich selbst her, indem man einen Glasstab in der Gebläseflamme erhitzt und dann unter

---

[1] Paul Haack, Wien, IX.

stetem Drehen zu einem dünnen Stäbchen auszieht (Abb. 4). Manchmal können auch *Rührhäkchen aus Platin*, wie sie Emich (5) empfiehlt, verwendet werden.

Ferner sind kleine Uhrgläser, Porzellan- und Platinschälchen bzw. Tiegel und *Mikrospritzflaschen* notwendig. Diese können aus 50-ml-Erlenmeyerkölbchen selbst hergestellt oder entsprechend dimensioniert bei den einschlägigen Firmen bezogen werden. Es sei hier auch auf die von Hecht und Donau (12) erwähnten Mikrospritzflaschen sowie auf die *Spritzpipette* von Gorbach (7)

Abb. 3. Mikrospatel.   Abb. 4. Rührstäbchen.

(Abb. 5) hingewiesen. Besonders zu empfehlen sind die kleinen Spritzflaschen aus Kunststoff, die durch Zusammendrücken der Flaschen betätigt werden.

Einfache *Gummiwischer* werden hergestellt, indem man ein ungefähr 5 mm langes Stück Ventilschlauch, wie er für Fahrräder verwendet wird, zur Hälfte mit Gummilösung unter gleichzeitigem Zusammenpressen verklebt. Dieses breitgedrückte Ende wird am unteren Rand mit einem scharfen Messer geradegeschnitten; in die verbliebene Öffnung wird ein Glasstab gesteckt. Die von Pregl empfohlenen *Schnepfenfederchen*, die in Glaskapillaren eingekittet sind, können ebenfalls benützt werden.

Man benötigt ferner hölzerne *Reagensglashalter* sowie *Abstellgeräte* für die vorher erwähnten Reaktionsgefäße. Die Spitzröhrchen werden am einfachsten in mit entsprechenden Bohrungen versehene Holzklötzchen gestellt.

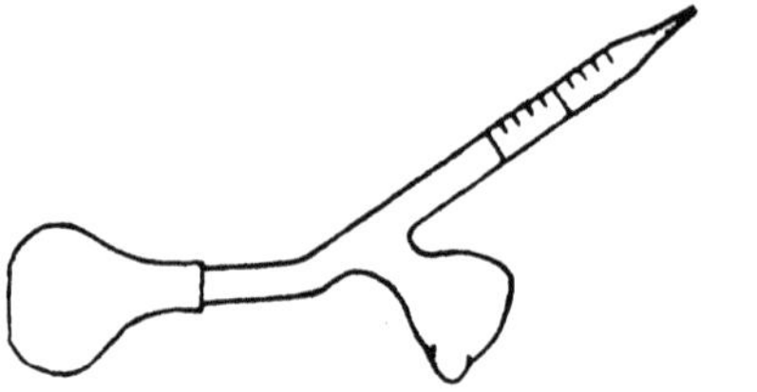

Abb. 5. Spritzpipette nach Gorbach.

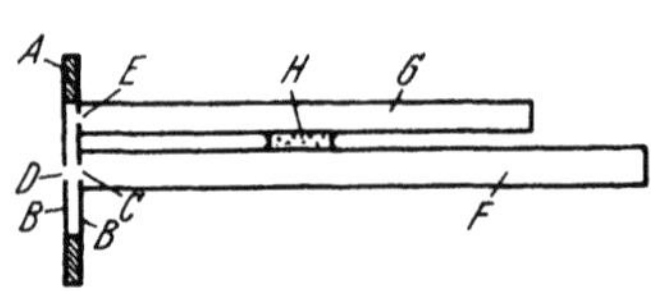

Abb. 6. Mikrogebläse nach Stock.

Zur weiteren Ausrüstung gehört eine einfache *Laboratoriumszentrifuge*, die mit einer Tourenzahl von ungefähr 3000 Umdrehungen pro Minute läuft. Ist diese nicht vorhanden, kann man sich auch einer gewöhnlichen Handzentrifuge mit Erfolg bedienen.

Hier sei auch noch auf einige spezielle Geräte hingewiesen, die öfters mit Vorteil anwendbar sind. So beschreibt Boguth (4) ein *Mikropipettiergerät*[1], das nach Angaben des Verfassers zum Auffüllen kleiner Flüssigkeitsmengen auf Volumina unter 5 ml, zum Abhebern von Flüssigkeiten nach vorausgegangenem Zentrifugieren, zum Herstellen von Verdünnungsreihen und als Mikrobürette benützt werden kann. Das Gerät gestattet die Verwendung beliebiger geeigneter Mikropipetten, wobei das Einsaugen und Ausfließen aus der Pipette durch einen regelbaren Unterdruck erfolgt.

Stock (20) benützt ein *Mikrogebläse*, welches selbsthergestellt werden kann und in Abb. 6 gezeigt ist. Die Gaskammer wird aus einem Stahlring *A* (39 mm äußerer Durchmesser, 21 mm innerer Durchmesser) durch Auflöten von zwei

---

[1] J. Keiner, Wetzlar.

Kupferfolien *B* (0,1 mm Dicke) hergestellt. Genau in der Mitte wird mittels einer Nähnadel ein Loch durch beide Folien, wie in Abb. 7 gezeigt ist, gebohrt. Man legt dazu die Gaskammer auf einen Holzblock und führt die Nadel durch einen Kork, der der Kammer aufgesetzt wird. Das kleine Loch *C* dient zum Lufteintritt, die Flamme brennt auf der Seite des größeren Loches *D*. Das Gas tritt bei der Öffnung *E* (Durchmesser 2 mm) ein. Die Messingrohre *F* und *G*, die entsprechend der Zeichnung angelötet sind, dienen zum Anschließen des Gebläses an die Gas- und Preßluftzuleitung. Sie sind bei *H* mit etwas Lötmetall miteinander verbunden.

KIRK (13) gibt in seiner Monographie ebenfalls einfache, selbst herstellbare Mikrobrenner und Mikrogebläse an.

Kleine *Gasverteiler* (Bubbler Tips), die man an Stelle von Fritten benützen kann, lassen sich nach einer originellen Methode von GORDON (11) selbst herstellen. 10 bis 12 feine Kupferdrähte werden so zusammengedreht, daß sich daraus ein Stern bilden läßt, der eine

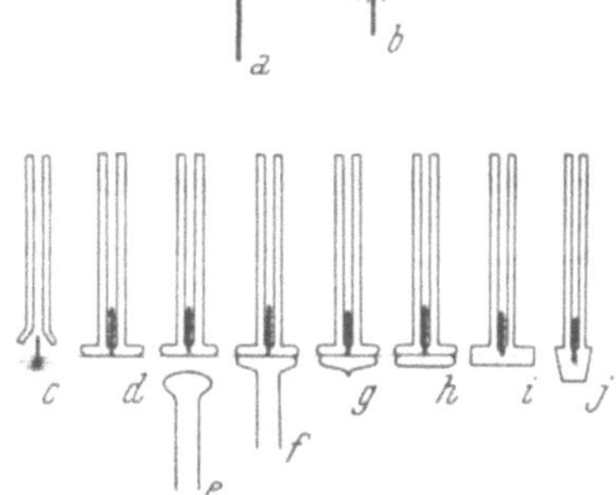

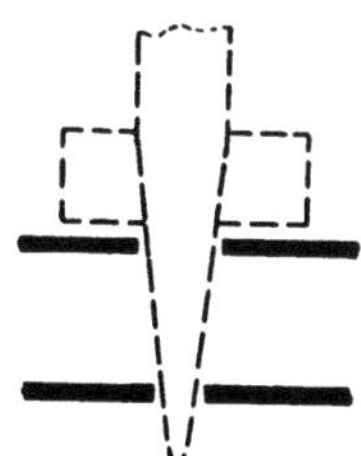

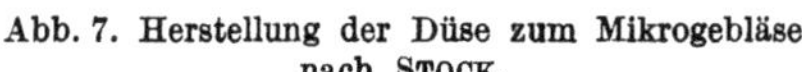

Abb. 7. Herstellung der Düse zum Mikrogebläse nach STOCK.

Abb. 8. Gasverteiler, Herstellung.

möglichst regelmäßige Form haben soll (Abb. 8 *a, b*). Er wird nun in eine passende Kapillare gewünschter Länge eingesetzt, die an einem Ende in der Bunsenflamme erweitert wurde (*c*). Nun wird vorsichtig erwärmt und das weiche Glas auf ein Stück Eternit aufgesetzt, so daß man ein abgeplattetes Ende erhält (*d*). Auf das noch warme Ende wird ein bereits vorbereiteter, sehr stark erhitzter Glastropfen entsprechender Größe aufgesetzt und der Glasstab, der als Halterung dient, entfernt (*e, f, g, h*). Man läßt abkühlen und schleift auf einer Schmirgelscheibe den Rand des Gasverteilers ab (*i*). Durch Einstellen in warme Salpetersäure wird der Kupferdraht herausgelöst, so daß man nun entsprechend feine Löcher im Verteilerkopf erhält. Auf diese Weise läßt sich auch ein kleinerer Gasverteiler (*j*) herstellen. An Stelle des Kupferdrahtes kann man auch Platindraht verwenden. Dies ist vor allem dann empfehlenswert, wenn man schwer schmelzende Glassorten zu verarbeiten hat, da bei der entsprechend höheren Temperatur der feine Kupferdraht leicht schmilzt.

Bezüglich der Mikrogeräte zur Entwicklung verschiedener Gase wird auf den anorganischen Teil des Handbuches verwiesen. An dieser Stelle sei nur noch wegen der Wichtigkeit des *Ozons* für organisch-präparative Arbeiten die Veröffentlichung von BOER (3) erwähnt. Darin wird ein neuartiges Gerät beschrieben, das durch Elektrolyse von Schwefelsäure die Entwicklung eines Ozon-Sauerstoff-Gemisches mit 15 Gew.-% Ozon gestattet. Durch Vorschalten eines Stabilisators läßt sich ein Gasstrom mit konstantem Ozongehalt erzeugen. Die Veröffentlichung enthält auch die Beschreibung eines kleinen Gerätes, das vermutlich für das Arbeiten im Mikromaßstab geeignet ist. Es muß jedoch auf die Originalarbeit verwiesen werden.

2. Arbeiten unter Erwärmung bzw. unter Kühlung.

Das zu erhitzende Gefäß läßt sich in vielen Fällen unmittelbar mit freier Flamme unter Verwendung eines Mikrobrenners (Abb. 9) oder mit der Sparflamme eines Bunsenbrenners erwärmen. Ein Drahtnetz dazwischenzulegen, empfiehlt sich in manchen Fällen, besonders bei längerem Erwärmen. Selbstverständlich können auch *elektrische Heizplatten* gebraucht werden.

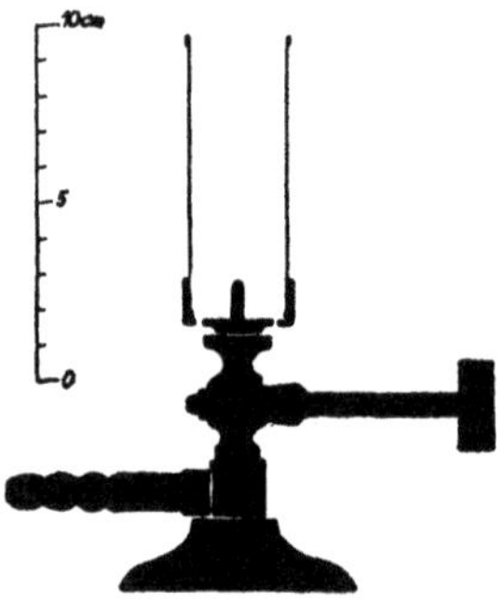

Abb. 9. Mikrobrenner.

Ein geeignetes Gerät, das mit einem angebauten Stativ versehen ist, das *Universal-Heiz- und Kühlkörperstativ*[1], beschreibt Gorbach (8) (Abb. 10). Dem eigentlichen Heizkörper können verschiedene Aluminiumblöcke aufgesetzt werden, die mit den entsprechenden Bohrungen versehen sind. Der runde Heizkörper hat einen Durchmesser von ungefähr 80 mm und lagert auf drei etwa 30 mm hohen Zapfen, die am Stativfuß befestigt sind. Er läßt sich, sofern er schadhaft geworden ist oder gegen einen anderen mit höherer oder niedrigerer Wattzahl ausgetauscht werden soll, rasch auswechseln. Der Stativfuß besitzt einen Seitenarm, in den der Stativstab eingeschraubt ist. Auf eine entsprechende Ringleiste am Heizkörper sind verschiedene Aluminiumblöcke aufsetzbar, so daß dieses Gerät für die verschiedensten Zwecke verwendet werden kann. Durch Auflegen von Zwischenringen kann man ein Sandbad herstellen; ferner läßt sich durch Aufsetzen einer kleinen Wanne ein Mikro-Vakuumexsikkator (s. S. 20) herstellen. Auch ein Kühlblock ist vorgesehen.

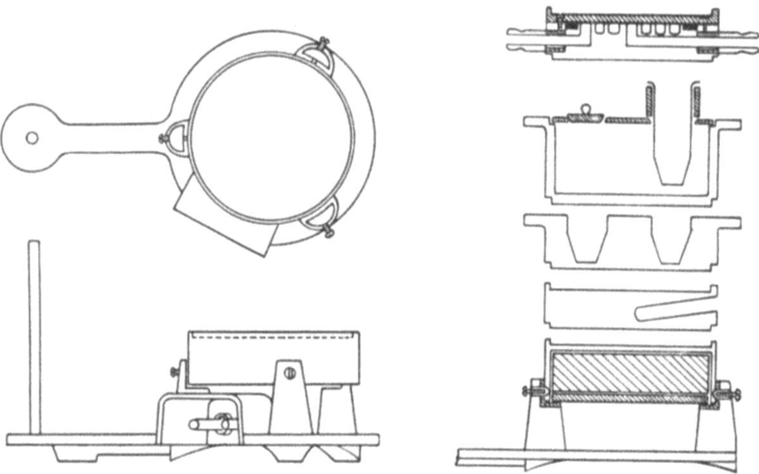

Abb. 10. Universal-Heiz- und Kühlkörperstativ nach Gorbach

Kleine *Luftbäder* lassen sich improvisieren, indem man das zu erhitzende Gefäß unmittelbar auf den Glimmermantel des Mikrobrenners aufsetzt, dessen Flamme nur stecknadelkopfgroß brennen darf, da sonst leicht Überhitzung eintreten kann.

---

[1] Paul Haack, Wien, IX.

Die bei präparativen Arbeiten im Makromaßstab sehr oft angewendeten Bäder können auch für mikropräparatives Arbeiten herangezogen werden. *Einfache Wasserbäder*, die wegen der meist kurzen Erwärmungszeit keine automatische Wasserzufuhr haben müssen, werden aus Bechergläsern entsprechender Größe hergestellt, auf welche die kleinen Ringe eines normalen Wasserbades aufgelegt werden. Wird eine Reaktion im Spitzröhrchen (s. S. 3) durchgeführt, so verwendet man einen von FEIGL (6) angegebenen *Wasserbadaufsatz* (Abb. 11). Muß längere Zeit auf dem Wasserbad erhitzt werden, so schließt man ein einfaches Überlaufgefäß (Abb. 12) an. Auch das von REICH-ROHRWIG (16) für analytische Arbeiten angegebene Wasserbad läßt sich für präparative Zwecke gebrauchen[1]. Zur Erzielung höherer Temperaturen muß an Stelle des Wassers eine andere Badflüssigkeit benützt werden. Häufig verwendet man

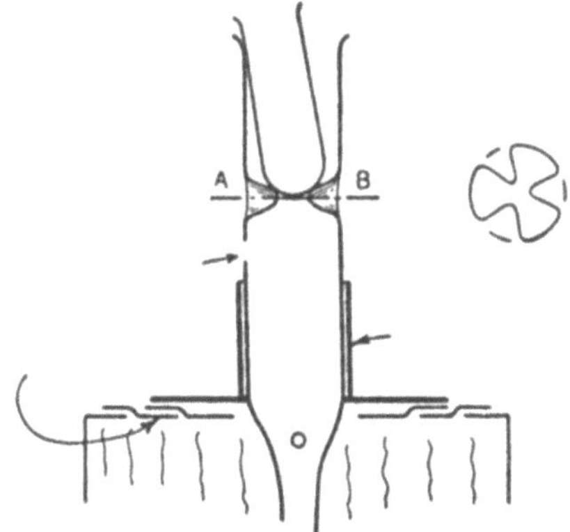
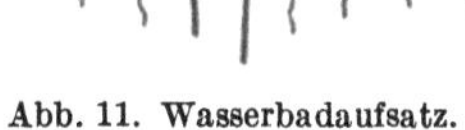

Abb. 11. Wasserbadaufsatz.

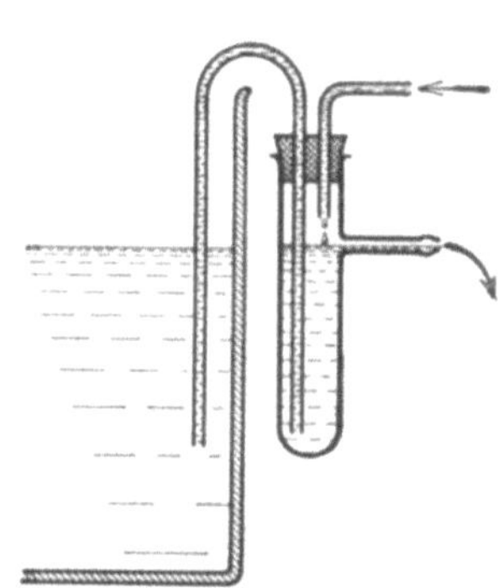

Abb. 12. Überlaufgefäß.

Öl, konz. Schwefelsäure oder Paraffin als Badflüssigkeit, aber auch Glycerin und verschiedene kaltgesättigte Salzlösungen (s. Tab. 3, S. 86). Zum Erhitzen auf Temperaturen über 200° C werden Salz-, Metall- und Sandbäder benützt.

STOCK (21) gibt eine einfache Vorrichtung an, um ein gasgeheiztes Temperaturbad innerhalb von ± 2° C im Bereiche von 100 bis 250° C konstant zu halten. Die Anordnung läßt sich mit den in jedem Laboratorium vorhandenen Mitteln herstellen.

In manchen Fällen kann zur Heizung auch eine elektrische Glühbirne (Kohlenfadenlampe) oder der später (S. 41) erwähnte *Oberflächenverdampfer* gebraucht werden.

Da die bei mikropräparativen Arbeiten verwendeten Geräte klein sind, kommt man immer mit Außenkühlung aus. Im einfachsten Fall wird das Reaktionsgefäß unter fließendes Wasser gehalten. Sollen tiefere Temperaturen erzielt und eingehalten werden, so sind die verschiedenen bekannten Kühlmittel und Kältemischungen brauchbar (vgl. Tab. 2, S. 85).

3. Arbeiten unter vermindertem bzw. erhöhtem Druck.

Sehr häufig muß man bei der Isolierung und Reindarstellung organischer Stoffe, vor allem bei der Destillation und Sublimation, unter vermindertem

---

[1] Paul Haack, Wien, IX.

Druck arbeiten. Aber auch bei manchen synthetischen Operationen — bei der Umsetzung empfindlicher, leicht zersetzlicher Substanzen — arbeitet man öfters im Vakuum. Es sei darauf hingewiesen, daß das für Arbeiten im Vakuum am besten geeignete Gerät der Rundkolben ist, ebenso starkwandige zylindrische Röhren. Spezielle Geräte sind in den einzelnen Kapiteln gesondert angeführt.

Manche organisch-chemische Reaktionen müssen unter Anwendung von Überdruck durchgeführt werden, besonders wenn Temperaturen erforderlich sind, die über dem Siedepunkt der Substanz oder des bei der Reaktion notwendigen Lösungsmittels liegen.

Für geringe Substanzmengen gebraucht man starkwandige, 100 bis 200 mm lange Bomben- oder Einschmelzrohre aus widerstandsfähigem Glas für einen Druck von 10 bis 20 Atmosphären. Falls bei der Reaktion Gase entstehen, darf nur wenig Substanz verwendet werden. Sonst kann das Rohr zu einem Drittel oder bis zur Hälfte gefüllt werden. Das Zuschmelzen des Rohres am Gebläse muß unter Bildung einer einige Zentimeter langen, gleichmäßig dickwandigen Kapillare vorgenommen werden. Für Temperaturen bis 100° C dient ein Wasserbad, für Temperaturen über 100° C der *Schießofen*, der mit einem Thermometer versehen ist. Die Bomben werden, mit Papier oder Asbestpapier umhüllt, in die meist herausnehmbaren Metallhülsen des Ofens so eingelegt, daß die Kapillaren ein wenig herausragen. Der Schießofen wird

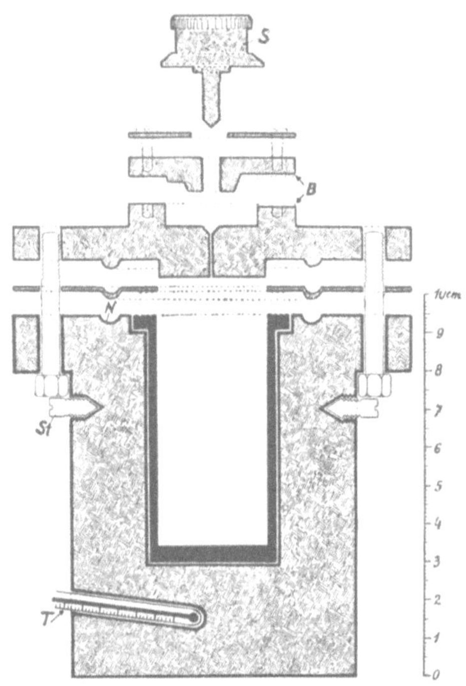

Abb. 13. Mikroautoklav nach Schöniger.

etwas schief gestellt. Das Erhitzen erfolgt wegen der Möglichkeit des Explodierens am besten in einem eigenen, für allgemeine Arbeiten nicht verwendeten Raum oder zumindest in einem sogenannten *Schießkasten*. Nach Beendigung der Reaktion dürfen die Rohre erst nach vollständigem Erkalten geöffnet werden. Ohne sie aus dem Schießofen zu nehmen, erhitzt man die herausragende Kapillare vorsichtig, treibt darin befindliche Flüssigkeit weg und erhitzt dann mit der rauschenden Bunsenflamme, so daß sich unter dem in dem Bombenrohr vorhandenen Gasdruck die weichgewordene Kapillare aufbläht und öffnet. Erst jetzt darf man das Rohr aus dem Ofen nehmen und die Kappe absprengen.

Die für präparative Zwecke mit großen Substanzmengen verwendeten Autoklaven sind auch für kleine Mengen organischer Stoffe konstruiert worden. Schöniger (17) beschreibt einen *Mikroautoklaven*, der für 5 bis 30 ml Flüssigkeit anwendbar ist. Als Heizmantel dient ein Aluminiumblock, in den eine Hülse aus rostfreiem Stahl eingepaßt ist. Das Gerät wird mit einer Stahlplatte verschlossen, wobei ein Bleiring als Dichtung dazwischengelegt wird. Während es möglich ist, die Temperatur zu messen, ist eine Registrierung des Druckes nicht vorgesehen. Das Gerät ist so dimensioniert, daß es auf die Gorbachsche Heizplatte (s. S. 6) gestellt und mit dieser auf einer Schüttelmaschine befestigt werden kann, so daß auch eine mechanische Durchmischung der reagierenden Stoffe möglich ist. Einzelheiten der Konstruktion ergeben sich aus Abb. 13.

GORBACH (9) gibt eine einfache Vorrichtung an, um im Spitzröhrchen Umsetzungen bei Drucken bis zu einigen Atmosphären durchzuführen. Ein Spitzröhrchen mit besonderem Schliffverschluß, in dem eine Kapillare als Sicherheitsventil angebracht ist, wird in eine Bohrung des Heizblockes auf dem Universalstativ (s. S. 6) eingesetzt. Dieser Heizblock ist in der Mitte mit einer Säule versehen, der Seitenarme mit verschiebbarem Gelenk für Ventilkappe und Laufgewicht angesetzt sind. Das Spitzröhrchen und der Schliffstopfen werden mittels zweier Ringe zusammengeschraubt und die Ventilkappe auf die Kapillare des Schliffstopfens aufgesetzt.

Es sei ferner darauf hingewiesen, daß bei Mengen von einigen Milligramm, die einer Reaktion unter Druck zugeführt werden sollen, dickwandige *Kapillaren als Reaktionsgefäße* vorteilhaft verwendet werden. Solche Kapillaren halten erstaunlich hohe Drucke (bis zu mehreren hundert Atmosphären) aus.

4. Arbeiten unter Rühren und Schütteln.

Bei Arbeiten mit inhomogenen Systemen ist für gute Durchmischung Sorge zu tragen, um eine rasche und bessere Reaktion der Stoffe zu erreichen.

Im einfachsten Fall, d. h. wenn die Reaktion in kurzer Zeit beendet ist, schüttelt man das Reaktionsgefäß mit der Hand.

Bei länger dauernden Umsetzungen und beim Arbeiten unter Erwärmung ist jedoch ein *Rührwerk* unvermeidlich. Verschiedene Rührer, die sich aus dünnen

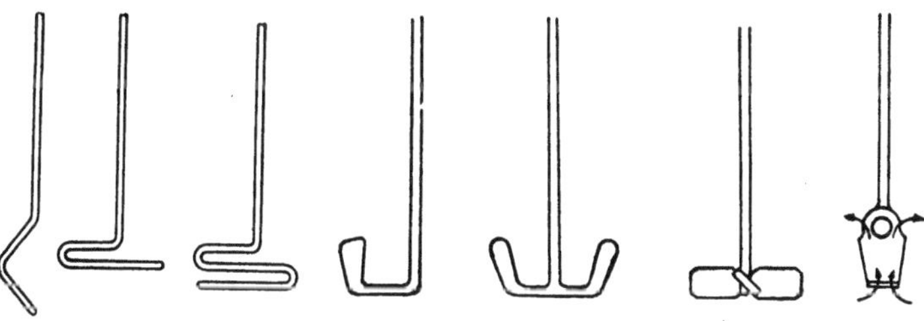

Abb. 14. Rührer.

Glasstäbchen einfach herstellen lassen, sind in Abb. 14 gezeigt. Zum Antrieb dienen entweder kleine, mit Wasser oder Preßluft betriebene *Turbinen* oder kleine *Elektromotoren*. Auf die Achse der Maschine wird ein Stück Messingrohr, das mit seitlichen Schlitzen versehen ist, aufgeschoben, so daß wahlweise der gerade benötigte Rührer angebracht werden kann. Ein kleines Scheibchen, das am Rande eingekerbt und in dem eine Schraube exzentrisch befestigt ist, ermöglicht die Verwendung der Antriebsvorrichtung auch zum Schütteln.

Ein von SOLTYS (19) konstruierter „*Vakuummotor*" kann ebenfalls als Rühr- und Schüttelvorrichtung empfohlen werden (Abb. 15)[1]. Der Apparat, eine Kolbenmaschine, die mit dem Unterdruck einer Wasserstrahlpumpe oder auch mit Preßluft betrieben werden kann, ist so einfach gebaut, daß sich eine genaue Beschreibung erübrigt. Gegenüber der Wasserturbine besitzt er ver-

---

[1] Paul Haack, Wien, IX.

schiedene Vorteile. Sein Wirkungsgrad ist allerdings klein, weshalb er sich bei präparativen Arbeiten zum Rühren etwas größerer Mengen zäher Flüssigkeiten nicht eignet. Er läßt sich auf jedem Stativ mit den üblichen Muffen anbringen. Die Schnurscheibe besitzt einen verstellbaren Exzenter, um beim Schütteln verschiedene Ausschläge einschalten zu können. Auch die Rührvorrichtung läßt sich leicht anbringen.

Von Gorbach (10) ist ein Rückflußkühler mit eingebautem Rührwerk konstruiert worden. Die Wirkungsweise des in Abb. 16 gezeigten Gerätes ist ohne weiteres verständlich.

Die in Abb. 17 gezeigte, auf Kuhn und Brockmann (15) zurückgehende Vorrichtung dient zum Vermischen kleiner Substanzmengen. Dabei ist zu beachten, daß in das weiter oben mündende Gefäß die spezifisch leichtere Flüssig-

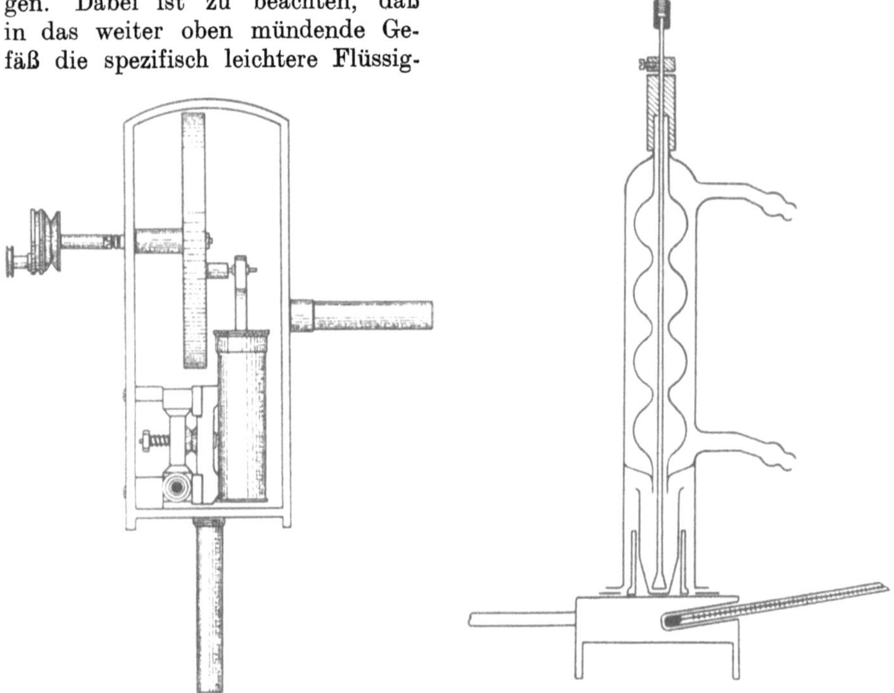

Abb. 15. Vakuummotor nach Soltys.   Abb. 16. Rückflußkühler mit Rührwerk.

keit gegeben wird, so daß schon am Rührstab eine Durchmischung stattfindet.

Einen *Mikroschüttelapparat*, der zur Durchmischung von inhomogenen Systemen in der Größenordnung von Zehntelmillilitern gut wirksam ist, beschreibt Schwarz (18). Der Hauptbestandteil der Schüttelmaschine ist ein älteres, sogenanntes elektromagnetisches Lautsprechersystem. An Stelle der Schallmembran ist ein 1 bis 1,5 mm starker Draht aus rostfreiem Stahl befestigt. Der Draht endet in einen Ring, dessen Durchmesser so gewählt ist, daß die zylindrischen Schüttelgefäße gerade hineingesteckt werden können. Die Schüttelgefäße werden mittels zweier Gummiringe befestigt.

Ballczo (1) gibt für analytische Zwecke ein Gerät an, bei dem das Gefäß gedreht, der Rührstab jedoch fixiert wird. Da das Antriebsmittel Wasser, Preßluft oder Dampf sein kann und das Gefäß vom Antriebsmittel umspült wird, ist ein gleichzeitiges Erwärmen bzw. Kühlen des Reaktionsgefäßes und somit auch der reagierenden Stoffe möglich. Die genaue Beschreibung erfolgt im Handbuchabschnitt „Mikrogravimetrie".

Eine gute Durchmischung kleiner Volumina, wie sie bei mikropräparativen Arbeiten verwendet werden, ist auch dadurch zu erzielen, daß mit Hilfe einer feinen Glaskapillare ein inerter Gasstrom durch die Flüssigkeit geblasen wird.

Eine einfache *Mischvorrichtung*, die ebenfalls ursprünglich für analytische Zwecke entwickelt wurde, aber auch für präparative Arbeiten geeignet scheint, hat KIRK (14) konstruiert. An eine gewöhnliche elektrische Klingel wird an Stelle des Hammers ein feiner Glasstab angebracht und diese Anordnung in passender Stellung über dem Reaktionsgefäß montiert (Abb. 18).

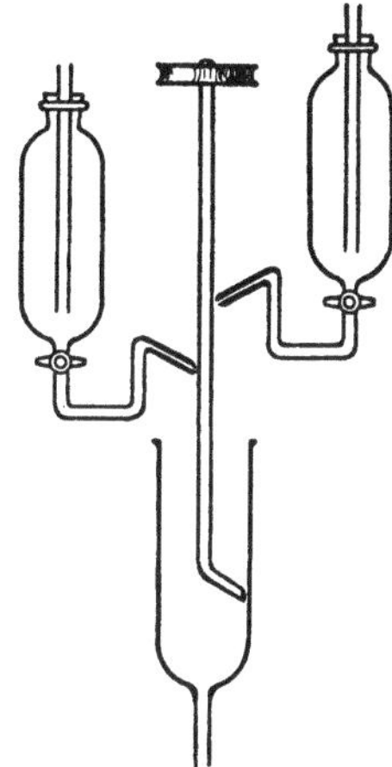

Auch die *magnetische Rührvorrichtung* ist mit Vorteil anwendbar. Dabei rotiert der Magnet unter dem Gefäß und ein in einer Glaskapillare eingeschmolzener Eisendraht durchmischt die Flüssigkeit. Es sind die verschiedensten Modelle, teilweise mit gleichzeitiger Heizung, im Handel. Sollen Bruchteile von Millilitern gerührt werden, so kann der Magnet so montiert sein, daß er sich senkrecht zum Gefäß dreht. Eine darin befindliche kleine Eisenkugel wird dadurch auf- und niedergerissen und rührt die reagierenden Stoffe durch (sogenannter „magnetischer Floh").

Abb. 17. Rührvorrichtung nach KUHN und BROCKMANN.

Schließlich lassen sich auf diese Weise auch Tropfen wirksam durchmischen. In den Tropfen wird ein 1 bis 2 mm langes Stück eines magnetisierten feinen Drahtes gelegt, wie er für Tonbandaufnahmen Verwendung findet. Der rotierende Magnet kann je nach seiner Stärke bis zu 60 mm vom Boden des Gefäßes entfernt sein.

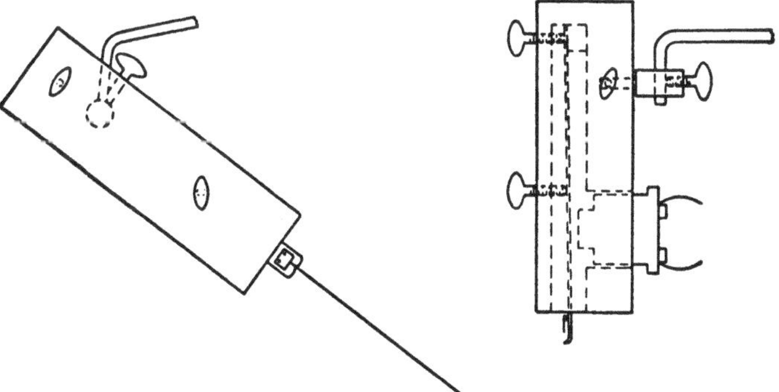

Abb. 18. Mischvorrichtung nach KIRK.

Um einen Tropfen gut zu durchmischen, eignen sich ganz besonders an einer Seite offene Drahtringe, die man sich herstellt, indem man einen feinen Draht zu einer Spirale von 2 bis 3 mm Durchmesser wickelt und diese dann der Länge nach aufschneidet. Dadurch, daß diese einseitig offenen Ringe nicht eben auf liegen, durchmischen sie eine Lösung besser als ein Drahtstückchen oder ein geschlossener Ring.

Literatur.

(1) Ballczo, H., Mikrochem. **26**, 248 (1939). — (2) Benedetti-Pichler, A. A., Mikrochem. **36/37**, 38 (1951). — (3) Boer, H., Rec. trav. chim. Pays-Bas **70**, 1020 (1951). — (4) Boguth, W., Z. physiol. Chem. **285**, 93 (1950).

(5) Emich, F., in Abderhaldens Handbuch der biologischen Arbeitsmethoden, Abt. I, Teil 3, S. 45. Wien-Berlin: Urban & Schwarzenberg. 1921.

(6) Feigl, F., Qualitative Analysis by Spot Tests, S. 33, 3. Aufl. New York: Elsevier Publ. Comp. 1949.

(7) Gorbach, G., Mikrochem. **34**, 183 (1949). — (8) Mikrochem. **31**, 116 (1944). — (9) Mikrochem. **34**, 181 (1949). — (10) Fette u. Seifen **51**, 6 (1944). — (11) Gordon, C. L., Analyt. Chemistry **23**, 394 (1951).

(12) Hecht, F., u. J. Donau, Anorganische Mikrogewichtsanalyse, S. 86. Wien: Springer-Verlag. 1940.

(13) Kirk, P. L., Quantitative Ultramicroanalysis, S. 102. New York: John Wiley & Sons. 1950. — (14) Mikrochem. **14**, 1 (1933/34). — (15) Kuhn, R., u. H. Brockmann, Ber. dtsch. chem. Ges. **66**, 1321 (1933).

(16) Reich-Rohrwig, W., Mikrochem. **12**, 189 (1933).

(17) Schöniger, W., Mikrochem. **34**, 316 (1949). — (18) Schwarz, K., Mikrochem. **18**, 106 (1935). — (19) Soltys, A., Mikrochem. **20**, 107 (1936). — (20) Stock, J. T., Analyst **74**, 122 (1949). — (21) Analyst **76**, 497 (1951).

II. Trennung fester Stoffe von Flüssigkeiten.

Zur Abtrennung fester Stoffe von Flüssigkeiten und Lösungen kommen hauptsächlich zwei chemische Operationen in Frage: das Filtrieren und das Zentrifugieren.

Zuerst sei jedoch die einfachste Art der Trennung erwähnt, nämlich das *Dekantieren* und *Abhebern*. Voraussetzung für die Anwendung eines dieser beiden Verfahren ist, daß sich die festen Stoffe genügend rasch und vollständig am Boden des Gefäßes absetzen. Dieses rasche Absetzen kann entweder durch eigene Schwere der festen Teilchen bedingt sein oder durch Zentrifugieren beschleunigt werden. Während beim Dekantieren, auch wenn es genügend schnell erfolgt, immer noch geringe Mengen des festen Stoffes verlorengehen, kann dies beim Abhebern vermieden werden. Dabei ist jedoch folgendes zu beachten: Man wendet, wenn immer möglich, Kapillarheber an, die den Vorteil haben, selbsttätig anzusaugen. Außerdem versäume man nie, den über dem Bodenkörper befindlichen Schenkel des Hebers zu einem nach oben gekrümmten Häkchen abzubiegen, um das Mitreißen kleiner Anteile des festen Stoffes zu vermeiden.

1. Filtrieren.

Die zum Filtrieren geeigneten Geräte können in zwei Gruppen eingeteilt werden, nämlich in solche, die den entsprechenden Makrogeräten nachgebildet sind (trichterartige), und in solche, bei denen eigentlich umgekehrt filtriert wird, indem die Flüssigkeit durch das entsprechende Filter nach oben hin weggesaugt wird (stäbchenförmige Filter).

Beim Arbeiten mit kleinen Mengen ist besonders darauf zu achten, daß die Oberfläche des Filtriergerätes nicht zu groß ist, da sonst beträchtliche Verluste auftreten. Bei den angewandten Geräten ist demnach dem richtigen Verhältnis zwischen Gesamtmenge des Filtriergutes und Fläche des Filters erhöhte Aufmerksamkeit zu widmen.

Während man beim Arbeiten im Makromaßstab noch unter Ausnützung des hydrostatischen Druckes filtrieren kann (Verwendung von Trichtern mit gewöhnlichen oder Faltenfiltern), filtriert man bei kleinen Mengen meistens bei vermindertem Luftdruck, d. h. man saugt ab. In wenigen Fällen kann auch mit Überdruck filtriert werden. Für das Absaugen kommen folgende Geräte in Frage:

Als einfachste Anordnung dient ein kleiner Trichter, in den eine WITTsche *Filterplatte*, d. i. eine perforierte Porzellanscheibe entsprechenden Durchmessers, gelegt ist. Einige Zentigramm werden mit einer ähnlichen Vorrichtung, nämlich mit Hilfe des sogenannten WILLSTÄTTER-*Nagels* (15) abgesaugt. Dieser ist ein am oberen Ende zu einer Scheibe von 5 bis 10 mm Durchmesser plattgedrückter Glasstab, dessen Durchmesser so gewählt ist, daß er bequem in den Trichterhals paßt. Man legt ein Filterpapierscheibchen aus möglichst weichem Papier auf (Abb. 19). Diese beiden Filtriervorrichtungen werden in kleine Saug-

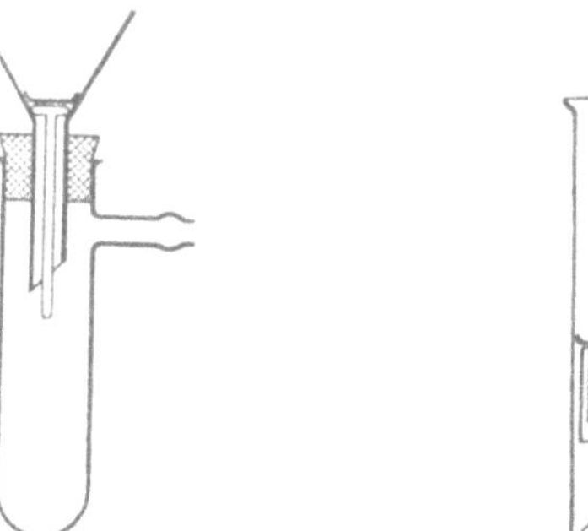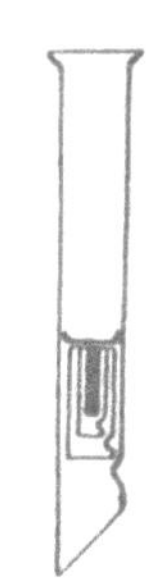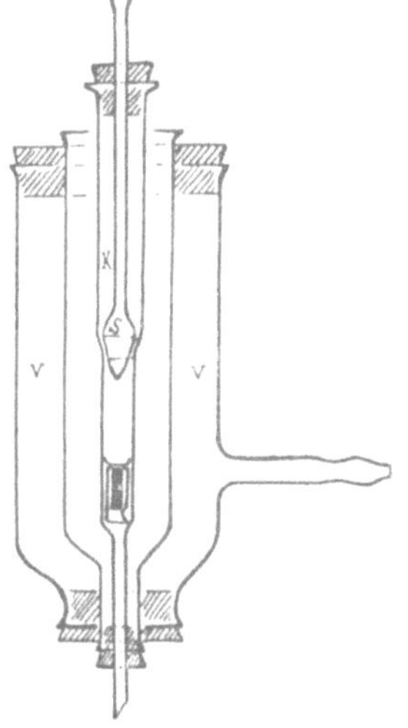

<table>
<tr><td>Abb. 19. WILLSTÄTTER-Nagel.</td><td>Abb. 20. Einsatznutsche nach
EIGENBERGER.</td><td>Abb. 21. Druckfiltration nach
EIGENBERGER.</td></tr>
</table>

eprouvetten, das sind Reagensgläser mit seitlichem Ansatz, eingesetzt. In dieses Gefäß kann man auch noch ein kleines Gläschen zum Auffangen des Filtrats stellen. (Nach WEYGAND [23] ist die Verwendung von zu kleinen BÜCHNER- bzw. HIRSCH-Trichtern nicht zu empfehlen.)

Eine im Prinzip gleiche Anordnung beschreibt SHOHL (20). In einen entsprechend kleinen Trichter wird eine Glasperle gelegt und darauf eine Asbestaufschlämmung so aufgetragen, daß eine ungefähr 1 mm starke Schicht zustande kommt. Man setzt wie üblich in eine Saugeprouvette ein. Dieses Gerät wendet man vor allem dann an, wenn es auf die Gewinnung des Filtrats ankommt.

Die von EIGENBERGER (6) beschriebenen *Einsatznutschen* für kleine Substanzmengen kann man sich selbst herstellen. Sie haben den Vorteil hoher Filtrationsgeschwindigkeit bei guter Unterstützung des Filters. Das Gerät ist leicht zu reinigen. Bei richtiger Handhabung werden Substanzverluste vollständig vermieden. Für die Herstellung der Einsatznutschen (Abb. 20) wird wie folgt verfahren: In dem Außenmantel des Filterröhrchens wird eine kleine Einbuchtung angebracht, auf der das einzuschiebende Glasrohrsegment aufsitzen kann. Dazu wird ein nicht zu locker sitzendes Rohrstückchen von 10 bis 20 mm Länge gewählt, dessen untere Kante nach Anbringen einer Einbuchtung rundgeschmolzen wird. In dieses Rohrsegment wird ein zweites, in gleicher Weise hergestelltes eingeschoben, die Länge vermerkt und abgeschnitten. Je nach der Breite des Filterröhrchens werden 2 bis 3 Segmente ineinandergesteckt; den Kern bildet ein dünnes Glasstäbchen. Diese den Einsatz bildenden Segmente werden, nachdem sie ineinandergeschoben sind, auf der Stirnfläche eben geschliffen. Zur Beschickung legt man auf die Mündung der Nutsche ein Filterscheibchen, dessen Durchmesser ungefähr 2 mm größer ist, setzt einen flachgeschnittenen Glasstab von der Breite des Einsatzes auf das Filterpapier und schiebt dieses auf den Einsatz.

Diese Mikro-Einsatznutschen sind auch für *Druckfiltrationen* anwendbar und können, nach Abb. 21 angeordnet, ebenso für das *Umkristallisieren* geringer Substanzmengen aus ätherischer Lösung bei — 70° C verwendet werden. Der evakuierte Schutzmantel *V* schließt das Kühlgefäß ein, in dem sich eine Mischung von Trockeneis und Äther befindet. Der obere Teil des in der Kältemischung befindlichen Filterröhrchens dient als Kristallisationskammer (*K*). Nach Entfernung des eingeschliffenen Verschlußstopfens *S* wird unter Druck filtriert.

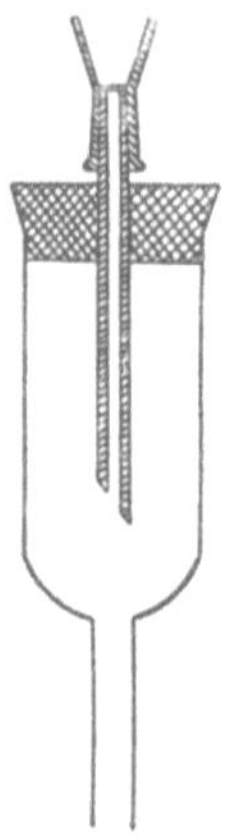

Yagoda (25) beschreibt einen Mikrofiltrierapparat, der nach dem gleichen Prinzip arbeitet wie ein Büchner-Trichter. Wie die Abb. 22 zeigt, besteht dieses Gerät aus einem kapillaren Stiel (Lumen 1 mm), an dessen oberem Ende ein Schliff angebracht ist. Der aufgesetzte Schliffkonus ist so geformt, daß er gleichzeitig als kleiner Trichter dient. Auf die plangeschliffene Oberfläche des Stieles wird ein entsprechend großes Filterpapierscheibchen gelegt und das Gerät in eine Absaugeprouvette eingesetzt. Der Verfasser empfiehlt diese Anordnung zum Sammeln von Niederschlagspuren in großen Flüssigkeitsmengen sowie zum Umkristallisieren.

Abb. 22. Filtriergerät
nach Yagoda.

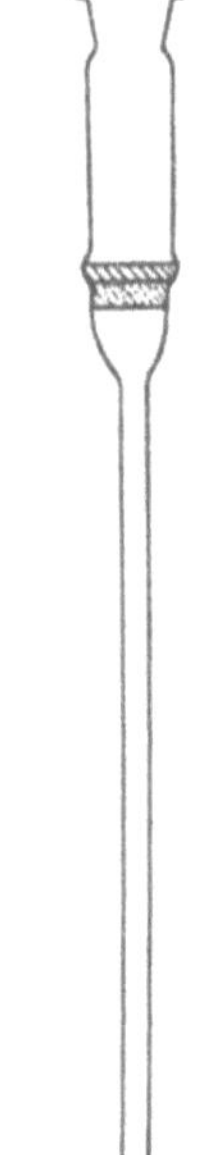

Abb. 23. Filterröhrchen
nach Pregl.

Mumford (14) schlägt folgende Anordnung vor, wenn es gilt, das Filtrat zu sammeln: In einen gewöhnlichen Trichter wird ein poröser Filterkonus verkehrt, d. h. so eingesetzt, daß die Spitze nach oben zeigt. Die Auflage an der Trichterwand wird mit einer Asbestaufschlämmung abgedichtet. Die ganze Vorrichtung wird dann in der üblichen Weise in ein Absauggefäß eingesetzt. Da sich der Niederschlag zuerst am Rande des Konus absetzt, gelingt es auf diese Art und Weise, mühelos größere Flüssigkeitsmengen abzusaugen, ohne daß die Filtrationsgeschwindigkeit merklich nachläßt.

Die von Pregl gebauten Filterröhrchen können neben ihrer hauptsächlichen Verwendung für analytische Arbeiten auch für präparative Methoden herangezogen werden. Die handelsüblichen *Filterröhrchen* (Abb. 23) haben eine Gesamtlänge von 150, bzw. 80 mm. Das obere Glasrohr von 10 mm Innendurchmesser und 45 mm Länge dient zur Aufnahme der zu filtrierenden Lösung. Eine 2 bis 3 mm starke Glassinterplatte (G 1) schließt diesen Teil nach unten ab. Etwa 10 mm unter der Filterschicht ist das Röhrchen konisch verjüngt und geht in einen Schaft (ungefähr 100, bzw. 30 mm lang, 3 mm Innendurchmesser) über.

Ferner sei noch auf die Schwinger-*Nutsche* (17) (vgl. S. 40) sowie auf die Filterbecher von Schwarz-Bergkampf (18) verwiesen, die von Hecht (10) sowie Abrahamczik und Blümel (1) weiterentwickelt wurden. Bailey (2) beschreibt einen einfachen, selbst herstellbaren *Filtertiegel*.

Da die Filterröhrchen, wie schon erwähnt, vor allem für die anorganische und organische quantitative Analyse gebraucht werden, kann an dieser Stelle auf die Beschreibung näherer Einzelheiten verzichtet werden. Dasselbe gilt für die verschiedenen Mikrofiltertiegel, die ebenfalls an anderer Stelle (im Abschnitt „Mikrogravimetrie") besprochen werden.

Eine weitere, bereits erwähnte Möglichkeit, feste Stoffe von Flüssigkeiten zu trennen, ist die sogenannte *umgekehrte Filtration* mit Hilfe eines *Filterstäbchens*. Diese Methode wurde von EMICH (7) eingeführt und wird vor allem in der anorganischen Mikroanalyse viel verwendet. Da es bei Anwendung dieses Verfahrens ebenfalls möglich ist, feste Stoffe und Flüssigkeiten quantitativ zu sammeln, kann es natürlich auch für präparative Zwecke angewendet werden. Das dazu nötige Gerät ist einfach und teilweise selbstherstellbar.

Im einfachsten Falle wird eine Kapillare von 2 bis 3 mm Durchmesser an einem Ende zugeschmolzen und dann etwas aufgeblasen. Man läßt erkalten, erwärmt den Boden des solcherart hergestellten Kölbchens

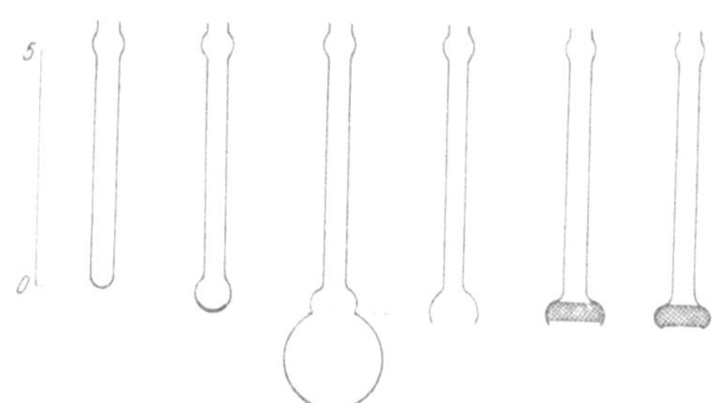

Abb. 24. Herstellen von Filterstäbchen nach EMICH.

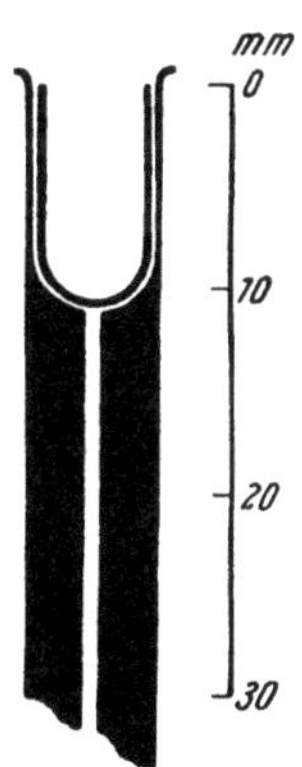

Abb. 25. Filtergerät nach BOWDEN.

in der heißen Gebläseflamme und bläst scharf auf. Die dadurch erhaltene Erweiterung wird mit Asbest gefüllt, dieser mit einem passenden Glasstab festgedrückt und kurz in die Flamme gehalten. Dabei fällt der Glasrand etwas ein und hält das Filtermaterial fest (Abb. 24). Im Handel sind Filterstäbchen aus Glas und Porzellan sowie Quarz und Platin erhältlich. Stäbchen aus Glas und Porzellan können mit Erfolg auch bei präparativen Arbeiten angewendet werden.

Auf die Möglichkeit, nach dieser Methode auch mit Papier als Filtermaterial zu arbeiten, weist SCHWARZ-BERGKAMPF (19) erstmalig hin. In ein Glasröhrchen von 2 mm Innendurchmesser wird ein Röllchen aus fest zusammengedrehtem Filterpapier eingeschoben, durch das dann filtriert wird. Ein Filterstäbchen mit Glasfritte ist im Handel erhältlich.

Ein von BOWDEN (4) angegebenes Gerät, das man auch selbst herstellen kann, läßt sich sowohl als Filterröhrchen wie auch als Filterstäbchen verwenden (Abb. 25). Die dazu notwendige Filterpapierhülse kann nicht selbst angefertigt werden[1].

GORBACH (9) beschreibt eine *Filtrierpipette* (Abb. 26), die nach der Filterstäbchenmethode arbeitet. Sie besteht aus einer Kugel oder Birne entsprechender Größe und einem kapillaren, rund 60 mm langen Unterteil mit schwach konisch zulaufender Spitze, an die das Filterstäbchen mittels eines kurzen Schlauchstückes angeschlossen wird. Oben ist der Kugel ein ungefähr 8 mm weites, etwa 140 mm langes Glasrohr angesetzt, das mit einer Schlaucholive versehen ist. Der Entlüftungshahn (Schwanzhahn) liegt etwa in der Mitte dieses Oberteiles. Um das

---

[1] H. Reeve, Angel & Co., Ltd., London E. C. 4.

Verspritzen von Flüssigkeit in den Oberteil zu verhindern, ist dieses weite Glasrohr knapp ober der Ansatzstelle auf etwa 2 mm verengt. Die Arbeitsweise der Filtrierpipette ergibt sich ohne weiteres aus der Abbildung.

Schließlich sei noch die *Filtration unter erhöhtem Druck* erwähnt, die vor allem zur Filtration von Kolloiden angewendet wird. Dazu hat Thiessen (22) eine entsprechende, auch im Handel erhältliche Apparatur[1] entwickelt (Abb. 27).

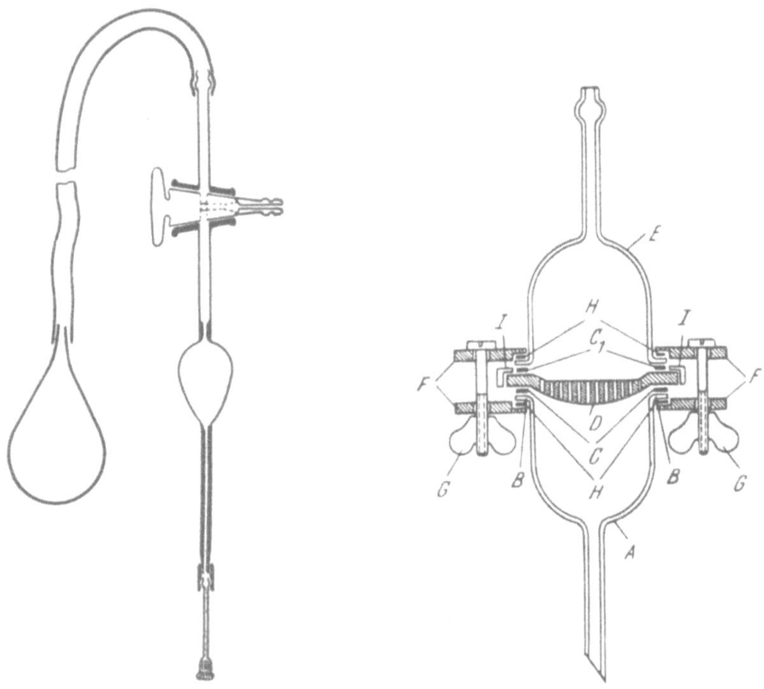

Abb. 26. Filtrierpipette nach Gorbach.   Abb. 27. Mikrogerät für Ultrafiltrationen nach Thiessen.

Ein Trichtergefäß *A* aus starkem Jenaer Geräteglas trägt oben eine plangeschliffene Krempe *B*. Auf dieser liegt über einem Gummidichtungsring *C* die tellerförmig ausgedrehte, siebartig durchlochte Filterplatte *D*, deren plangedrehter Rand über einem zweiten Gummidichtungsring C_1 mittels einer plangeschliffenen Krempe das Vorrats- und Druckgefäß *E* trägt. Dieses ist ebenfalls aus starkwandigem Jenaer Geräteglas gefertigt und ist zur festen Verbindung mit dem Druckschlauch am Ansatzstück mit einer Schlaucholive versehen. Diese Teile werden durch 2 Klemmringe *F* zusammengehalten, die ihrerseits durch 3 Schrauben mit Flügelmuttern *G* aneinandergehalten werden. Die Krempen des Auffangtrichters und des Vorratsgefäßes lagern in entsprechenden Ausnehmungen der Klemmringe. Um Beschädigungen des Glases beim Anziehen der Schrauben zu vermeiden, liegen zwischen den Klemmringen und den Glaskrempen federnde Gummiringe *H*. Ein Stufenring *I* verhindert das Herauspressen der Gummidichtung durch den Druck im Innern des Gefäßes *A*. Dieser Stufenring umfaßt den Rand der Filterplatte und schließt mit seiner inneren Ausdrehung den Gummiring C_1 fest ein. Auf diese Weise wird die Gummidichtung am Ausweichen verhindert und gleichzeitig zentriert.

____

[1] Membranfiltergesellschaft, Göttingen.

Wird das Druckgefäß durch einen niedrigen zylindrischen Glasring mit plangeschliffener Krempe ersetzt, so ist der Apparat auch für *Vakuum-Ultrafiltration* verwendbar. In diesem Falle kann auf die obere Gummidichtung verzichtet werden; die geschliffene Krempe wird dann einfach auf das Ultrafilter oder Membranfilter gesetzt.

Abschließend sei auf zusammenfassende Abhandlungen über Mikrofiltration von BURTON (5) und von WYATT (24) verwiesen, von denen besonders letztere sehr ausführlich ist und 31 Abbildungen enthält.

2. Zentrifugieren.

Die zweite, beim Arbeiten mit geringen Substanzmengen weitaus häufiger angewendete und notwendige Methode zur Trennung eines festen Stoffes von einer Flüssigkeit oder Lösung ist das Zentrifugieren. Dabei wird der suspendierte Anteil durch die Zentrifugalkraft auf den Boden des Zentrifugengefäßes geschleudert und dort zusammengepreßt. Je nach der Menge des zu zentrifugierenden Gemisches können verschiedene Formen von Zentrifugengläsern benützt werden, von denen einige in Abb. 28 dargestellt sind. Nach dem Zentrifugieren, das je nach der Art des festen Stoffes verschieden lang dauert, wird die über dem Niederschlag stehende Flüssigkeit abgegossen oder abgehebert (s. S. 12).

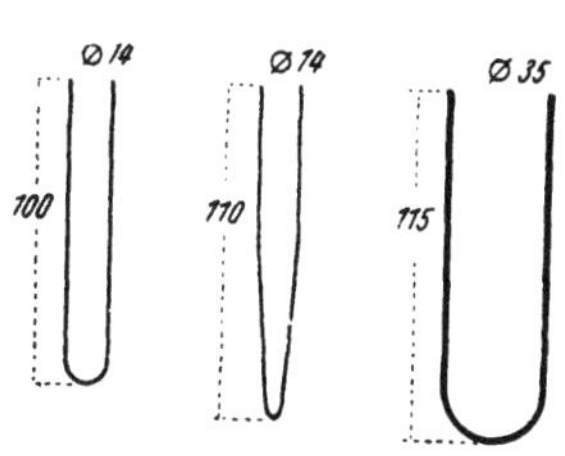

Abb. 28. Zentrifugengläser.

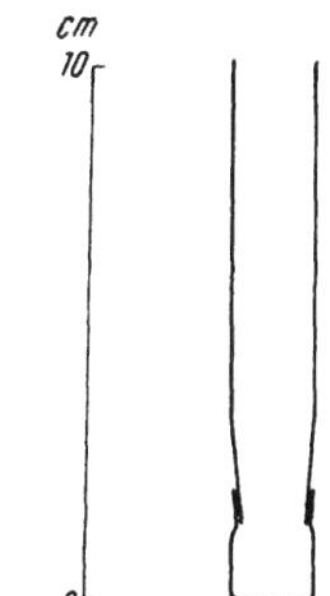

Abb. 29. Zentrifugenröhrchen mit abnehmbarer Kappe nach BECK.

Es sei hier auf die von FRIEDRICH (8) angegebenen Zentrifugenröhrchen mit abnehmbarer Kappe hingewiesen, die sich manchesmal für präparative Zwecke gut eignen. Ähnliche Geräte werden auch von SÜE (21) und BECK (3) beschrieben (Abb. 29). Nach Angaben der Verfasser halten diese Zentrifugengläschen Geschwindigkeiten bis zu 3000 Umdrehungen pro Minute aus, ohne zu zerbrechen.

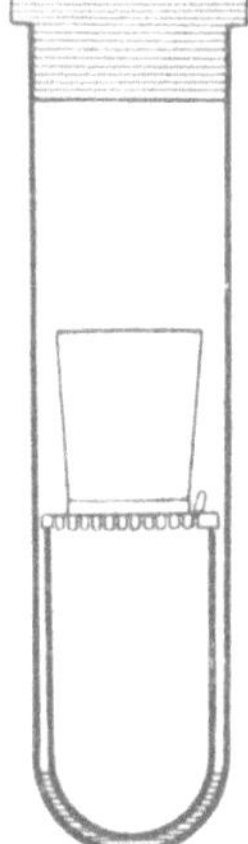

Abb. 30. Zentrifugierfilterröhrchen nach HOUSTON und SAYLOR.

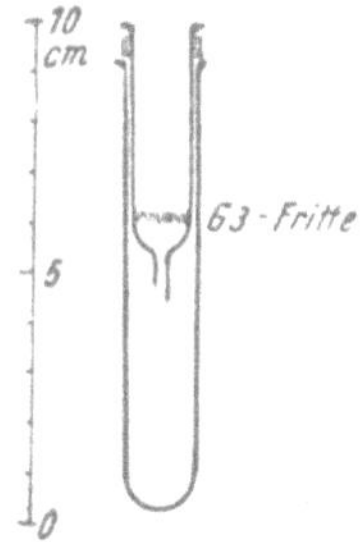
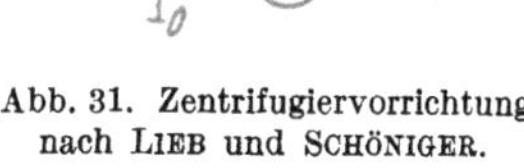

Abb. 31. Zentrifugiervorrichtung nach LIEB und SCHÖNIGER.

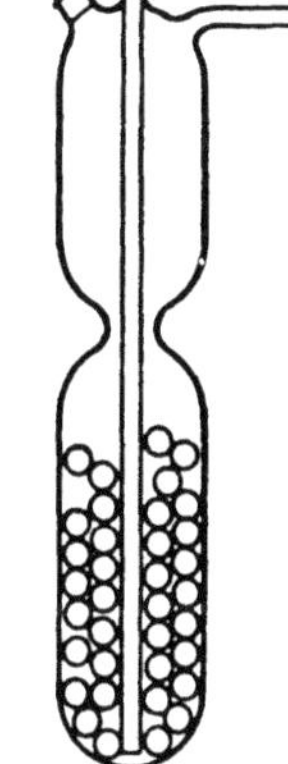

Abb. 32. Vorrichtung zur Abtrennung fester Stoffe von Gasen.

HOUSTON und SAYLOR (11) beschreiben ein *Zentrifugierfilterröhrchen*, dessen Wirkungsweise ohne nähere Erläuterung aus der Abb. 30 ersichtlich ist. Dies gilt ebenso für die von LIEB und SCHÖNIGER (12) angegebene Vorrichtung (Abb. 31).

Ferner soll hier auf die später (s. S. 41) beschriebene Preglsche *Zentrifugal-nutsche* (16) hingewiesen werden, die sich zum Abzentrifugieren einiger Milligramm fester Substanz eignet.

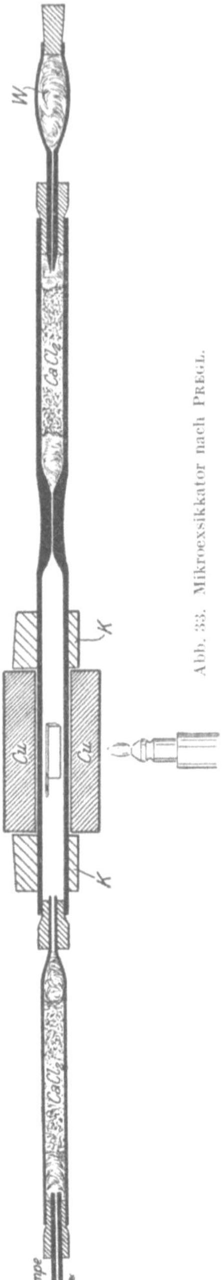

Milton und Duffield (13) haben ein Gerät ausgearbeitet, das zur Abtrennung fester Stoffe von Gasen dient. Diese in Abb. 32 gezeigte Anordnung wird vor allem dann mit Erfolg verwendet, wenn es gilt, staubförmige Anteile der Atmosphäre quantitativ zu erfassen.

W · CaCl₂ · Cu · Cu · K · K · CaCl₂ · zur Pumpe

Abb. 33. Mikroexsikkator nach Pregl.

Literatur.

(1) Abrahamczik, E., u. F. Blümel, Mikrochim. Acta **3**, 185 (1938).

(2) Bailey, A. J., Ind. Eng. Chem., Analyt. Ed. 9, 490 (1937). — (3) Beck, G., Analyt. Chim. Acta 4, 245 (1950). — (4) Bowden, S. T., Analyst 72, 542 (1947). — (5) Burton, F., Metallurgia **32**, 285 (1945).

(6) Eigenberger, E., Mikrochem. **10**, 57 (1931/32). — (7) Emich, F., Mikrochemisches Praktikum, S. 63. München: Bergmann. 1924.

(8) Friedrich, A., Mikrochem., Pregl-Festschr. 103 (1929).

(9) Gorbach, G., Mikrochem. **31**, 109 (1944).

(10) Hecht, F., Mikrochim. Acta 1, 284 (1937). — (11) Houston, D. F., u. Ch. P. Saylor, Ind. Eng. Chem., Analyt. Ed. 8, 302 (1936).

(12) Lieb, H., u. W. Schöniger, Anleitung zur Darstellung organischer Präparate mit kleinen Substanzmengen, S. 24. Wien: Springer-Verlag. 1950; Mikrochem. **35**, 94 (1950).

(13) Milton, R., u. W. D. Duffield, Analyst 72, 11 (1947). — (14) Mumford, K. O., Chemist-Analyst **21**, Nr. 5 (1932).

(15) Palfray, Ch. L., Documentat. sci. 4, 310 (1935). — (16) Pregl, F., Mikrochem. 2, 76 (1924). — (17) Die quantitative organische Mikroanalyse, S. 244, 3. Aufl. Berlin: J. Springer. 1930.

(18) Schwarz-Bergkampf, E., Z. analyt. Chem. **69**, 336 (1926). — (19) Mikrochem., Emich-Festschr. 270 (1930). — (20) Shohl, A. T., J. Amer. Chem. Soc. **50**, 417 (1928). — (21) Süe, P., J. chim. physique physico-chim. biol. **39**, 85 (1942).

(22) Thiessen, A., Biochem. Z. 140, 457 (1923).

(23) Weygand, C., Organisch-chemische Experimentierkunst, S. 78. Leipzig: J. A. Barth. 1938. — (24) Wyatt, G. H., Analyst 71, 122 (1946).

(25) Yagoda, H., Mikrochem. 18, 299 (1935).

III. Trocknen.

Nach beendeter Reinigung eines Stoffes, bzw. vor Weiterverarbeitung von Naturstoffen müssen diese fast stets getrocknet werden. Feste Stoffe trocknet man häufig an der Luft oder im Luftstrom vor. Zum Trocknen an der Luft empfiehlt es sich, die Substanz in dünner Schicht auf Filterpapier aufzutragen. Ist die Substanz temperaturempfindlich oder tiefschmelzend, so wird bei Zimmertemperatur unter Verwendung von Trockenmitteln getrocknet. Dazu dienen Exsikkatoren, die für kleine Mengen in verschiedener Form angegeben werden. Die *Dosen-Exsikkatoren*, wie sie in der Mikroanalyse verwendet werden, können mit dem entsprechenden Trockenmittel beschickt auch für präparative Arbeiten gebraucht werden.

Von den verschiedenen *Trockenmitteln* seien Calciumchlorid, Silicagel, entwässertes Natriumsulfat, wasserfreies Kupfersulfat, Kaliumhydroxyd, Kaliumcarbonat, Phosphorpentoxyd, Magnesiumperchlorat (wasserfrei) und konz. Schwefelsäure erwähnt. Fallweise finden auch Hydride, wie z. B. Calciumhydrid, Anwendung. Manchmal ist es empfehlenswert, ein Absorptionsmittel für organische Lösungsmitteldämpfe in den Exsikkator zu geben, wie Paraffinschnitzel oder mit Paraffin getränkte Filterpapierstreifen für Kohlenwasserstoffe, Benzin, Benzol und Schwefelkohlenstoff. Festes Kaliumhydroxyd bindet Säuredämpfe, Schwefelsäure flüchtige Basen.

In vielen Fällen muß man bei erhöhter Temperatur bzw. unter vermindertem Druck trocknen. Hierzu eignen sich sämtliche bei der Elementaranalyse verwendeten Geräte, so daß an dieser Stelle nur darauf verwiesen wird. Der PREGLsche *Mikro-Exsikkator* (5), mit dessen Hilfe sowohl im heißen Luftstrom als auch wahlweise unter vermindertem Druck getrocknet werden kann, ist in den meisten Fällen

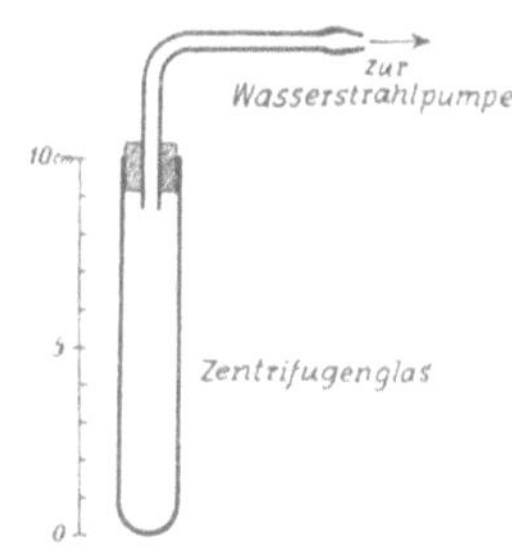

Abb. 34. Trockenvorrichtung.

für das Trocknen weniger Milligramm Substanz ausreichend (Abb. 33).

Oft genügt es, das Gefäß, in dem sich die zu trocknende Substanz befindet — in vielen Fällen kann es ein kurzes Reagensglas oder ein Zentrifugenröhrchen sein —, mit einem einfach durchbohrten Kork zu verschließen und mit einem Knierohr an die Wasserstrahlpumpe anzuschließen. Auch bei erhöhter Temperatur kann so getrocknet werden, indem man das Gefäßchen in ein entsprechendes Temperaturbad taucht (Abb. 34).

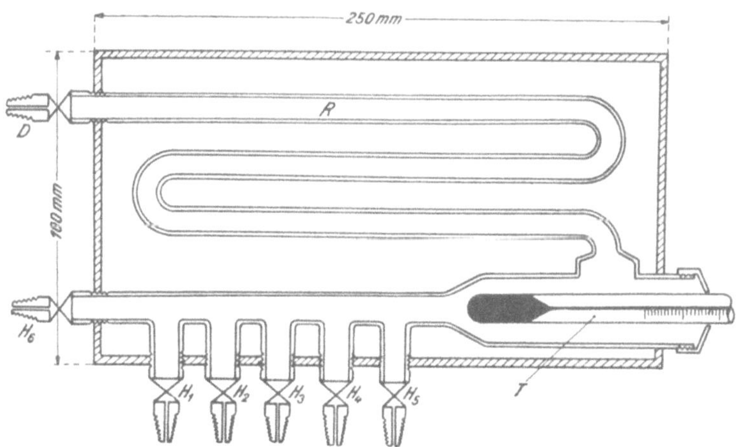

Abb. 35. Heißluft- und Gasverdampfer nach ERDOS.

ERDOS (2) beschreibt einen *Mikroheißluft- und Gasverdampfer*, der einfach herstellbar ist (Abb. 35) und auch zum Trocknen verwendet werden kann. Ein doppelt gebogenes Kupferrohr (R) mit 6 Hähnen (H_1 bis H_6) ist mit einem Thermometerstutzen T und einem Durchflußhahn D versehen. Dieser wird mit einem kleinen Gebläse oder einem Gasentwicklungsapparat verbunden. Die ganze Anordnung wird in Asbest eingebettet und elektrisch bzw. mit einem Bunsenbrenner auf die gewünschte Temperatur erhitzt. An die Hähne werden Luftfiltrierröhrchen angeschlossen. Es sind dies einfache Calciumchloridröhrchen, die mit einem Glasröhrchen, dessen Mündung abgeflacht ist, verbunden und in einem Gestell verschiebbar befestigt sind. Der warme und getrocknete Luftstrom streicht über die Oberfläche der zu trocknenden Substanz, die sich auf einem Uhrglas, in einer Kristallisierschale oder in einem Kölbchen befindet. Für luftempfindliche Stoffe verwendet man ein indifferentes Gas.

GORBACH (3) beschreibt einen *Mikrovakuum-Exsikkator*, der auf das von ihm angegebene Universalheiz- und -kühlkörperstativ (s. S. 6) aufgesetzt werden kann. GORBACH (4) gibt außerdem ein Trockengerät an, das in Abb. 36 gezeigt ist. Dieses besteht aus einem Vakuumtopf (Duraxglas) und einer aufgeschliffenen Glocke aus demselben Material. In den Tubus der Glocke ist ein Schliffstück eingesetzt, an das ein Entlüftungsrohr mit Schwanzhahn sowie Ansätze für das Thermometer und für das Manometer angeschmolzen sind. Dieses Gerät befindet sich in einem Gestell, an dem ein Mikrobrenner mit Feineinstellung verschiebbar angebracht ist. Zur gleichmäßigen Wärmeverteilung dient — ungefähr 10 mm unter dem Gefäßboden — ein Asbestdrahtnetz. Um das Vakuum mehrere Stunden zu halten, empfiehlt der Autor, einen Gummiring (Einsiedering) als Dichtung zwischen die Schliffflächen zu legen. In den Exsikkator paßt ein Einsatz, der mehrere Böden besitzt. Auch ein Träger für das Trockenmittel kann hineingestellt werden. Da die Apparatur nicht wärmeisoliert ist, sind die Temperaturen in den einzelnen Etagen verschieden. Sie können durch Einlegen kleiner Thermometer kontrolliert werden.

Die von DUBBS (1) angegebene Universalapparatur (s. S. 53) kann auch zum Trocknen im Vakuum verwendet werden.

Zum Trocknen schmieriger oder klebriger Stoffe bzw. von Organteilen, die weiterverarbeitet, z. B. extrahiert werden sollen, ist in der

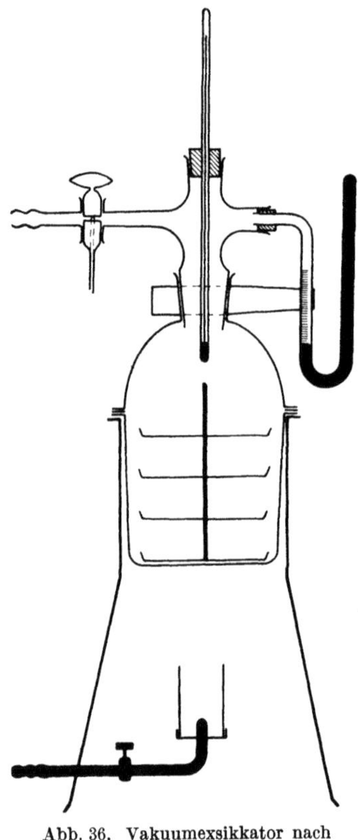

Abb. 36. Vakuumexsikkator nach GORBACH.

Literatur (6) eine besondere Methode angegeben: Man verreibt das Material mit entwässertem Gips, wodurch das Wasser chemisch gebunden wird. Das nach einigen Tagen trocken gewordene Gemisch läßt sich nach dem Pulverisieren glatt extrahieren.

Ist eine Flüssigkeit zu trocknen, so handelt es sich in der Mehrzahl der Fälle um eine durch Ausschütteln bzw. Extrahieren entstandene, mehr oder weniger verdünnte Lösung eines Reaktionsproduktes. Bei der Wahl des Trockenmittels muß darauf geachtet werden, daß dieses weder mit dem gelösten Stoff, noch mit dem Lösungsmittel reagiert. Es muß ferner im Lösungsmittel unlöslich sein. Das am häufigsten verwendete Trockenmittel ist gekörntes oder geschmolzenes Calciumchlorid, das fast immer zum Trocknen ätherischer Lösungen verwendet wird. Bei kleinen Mengen muß ein größerer Überschuß wegen des Flüssigkeitsverlustes vermieden werden. Da Alkohol mit Calciumchlorid reagiert, dürfen alkoholische Lösungen damit nicht getrocknet werden, ebensowenig

Amine und Phenole. Wasserfreies, vor Gebrauch frisch ausgeglühtes Natriumsulfat wird ebenfalls öfters gebraucht, ferner Sikkon. Für Lösungen basischer Stoffe eignen sich ausgeglühtes Kaliumcarbonat und festes Kaliumhydroxyd. Fallweise findet auch wasserfreies Magnesiumperchlorat, Phosphorpentoxyd oder Calciumhydrid Anwendung.

Literatur.

(1) DUBBS, C. A., Analyt. Chemistry **21**, 1273 (1949).
(2) ERDOS, J., Mikrochem. **33**, 385 (1948).
(3) GORBACH, G., Fette u. Seifen 49, 553 (1942). — (4) Mikrochemisches Praktikum, S. 94. Graz: im Selbstverlag. 1949.
(5) PREGL, F., Die quantitative organische Mikroanalyse, S. 75, 3. Aufl. Berlin: J. Springer. 1930, und PREGL-ROTH, Quantitative organische Mikroanalyse, 6. Aufl., S. 55. Wien: Springer-Verlag. 1949.
(6) WEYGAND, C., Organisch-chemische Experimentierkunst, S. 56. Leipzig: J. A. Barth. 1938.

IV. Extraktion.

Diese Arbeitstechnik wird verwendet, um eine Substanz aus einem Gemisch fester Stoffe oder aus einer Lösung mit Hilfe eines Lösungsmittels zu isolieren. Das Material wird dabei sehr schonend behandelt, da häufig bei gewöhnlicher Temperatur gearbeitet werden kann. Auch wenn zur Beschleunigung des Extraktionsprozesses unter Erhitzen extrahiert werden muß, wird der Siedepunkt des entsprechenden Lösungsmittels nicht überschritten, wodurch eine schonende Behandlung der zu isolierenden Substanz gewährleistet ist.

Die Wahl des richtigen Lösungsmittels ist von ausschlaggebender Bedeutung. Es muß gegen den betreffenden Stoff chemisch indifferent sein, damit nicht gleichzeitig chemische Reaktion eintritt. Man achte darauf, daß einige anorganische Stoffe in organischen Lösungsmitteln, wie z. B. in Alkohol oder Aceton, gut löslich, aber im allgemeinen in aliphatischen und aromatischen Kohlenwasserstoffen, Chloroform, Tetrachlorkohlenstoff und Schwefelkohlenstoff unlöslich sind. Welches Extraktionsmittel zu verwenden ist, hängt von der Löslichkeit und von der Art der betreffenden Substanz ab. Man stellt zunächst durch Vorversuche das geeignete Extraktionsmittel fest und soll erst dann nach einer passenden Methode extrahieren. Ist die Löslichkeit des betreffenden Stoffes genügend groß, so wird bei festen Stoffen digeriert oder ausgekocht, bei Flüssigkeiten ausgeschüttelt, während man bei geringerer Löslichkeit einen entsprechenden Extraktionsapparat verwendet. Beim Arbeiten mit kleinen Mengen hat man besonders darauf zu achten, daß nur solche Geräte angewendet werden, bei denen nicht zuviel Extraktionsmittel eingesetzt werden muß.

Im folgenden werden einige brauchbare Geräte beschrieben und an Hand von Abbildungen ihre Anwendung erläutert.

1. Extraktion von festen Körpern.

Ist der zu extrahierende Stoff in dem anzuwendenden Extraktionsmittel sehr gut löslich, so kann man das Substanzgemisch mit dem Lösungsmittel in einem entsprechenden Gefäß digerieren oder zur Erhöhung der Löslichkeit auskochen. Anschließend wird mit einem der vorher beschriebenen Filtrationsgeräte (s. S. 12 ff.) abgesaugt oder zentrifugiert.

Eine Vorrichtung zum gleichzeitigen Auskochen von 30 Proben (20 bis 200 mg) unter Schütteln wird von SEUBERLING (36) beschrieben. Der Apparat, der zunächst zum automatischen Veraschen über freier Flamme bei größeren Reihenversuchen dient und das gleichzeitige Veraschen mit 30 Kölbchen in einem Arbeitsgang zuläßt, läßt sich durch Anbringen eines Wasserbades zwischen Bunsenbrenner und Haltevorrichtung auch als Mikroextraktionsapparat verwenden. In der Originalarbeit finden sich schematische und photographische Abbildungen der Apparatur.

Ist die Löslichkeit des zu isolierenden Stoffes gering, so verwendet man einen *Extraktionsapparat*. Bei diesen Geräten kommt das Substanzgemisch immer wieder mit frischem Lösungsmittel in Berührung. Dessen Dampf steigt aus dem Siedegefäß in einen Rückflußkühler auf, kondensiert dort und tropft auf den zu extrahierenden Stoff. Das bei Arbeiten im Makromaßstab am häufigsten verwendete derartige Gerät, der Soxleth-Extraktor, kann entsprechend verkleinert auch für geringe Substanzmengen angewendet werden.

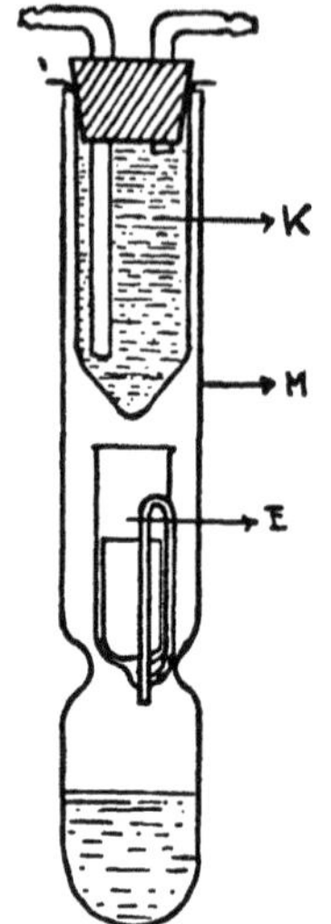

Abb. 37. Extraktionsapparat nach Wasitzky.

Wasitzky (41) beschreibt als erster ein Mikrogerät, das dem Makro-Soxleth-Apparat nachgebildet ist. Dieses einfache, selbstherstellbare Gerät besteht aus einem äußeren Mantel M, der aus einer ungefähr 200 mm langen, 25 mm weiten, starkwandigen Eprouvette angefertigt wird, die ungefähr 70 mm über dem Boden auf die Hälfte ihres Durchmessers verengt ist. In dieses Rohr wird das Extraktionsgefäß E eingeführt, ein Glasröhrchen von 12 mm Innendurchmesser und 50 mm Länge, an das, wie aus der Abb. 37 ersichtlich, ein Heberröhrchen angesetzt ist. Als Rückflußkühler K wird eine unten konisch verjüngte Eprouvette von 70 mm Länge und 20 mm Durchmesser verwendet, die mit ihrem Kragen auf dem Mantelrohr aufsitzt. Durch die mit dichtsitzendem Gummistopfen eingeführten Glasröhrchen wird Kühlwasser durchgeleitet. Besser ist es, Kühlfinger zu verwenden, die vollkommen aus Glas hergestellt sind. Das Extraktionsgut wird in eine Hülse eingebracht. Sollen Flüssigkeiten extrahiert werden, so saugt man diese auf Filterpapier auf. Der gleiche Apparat kann auch nach einfachen Abänderungen zum Extrahieren im Vakuum verwendet werden. Dieses Gerät wurde zur Bestimmung von Gesamtfett und Lipoidstoffen in organischem Gewebe verwendet und bewährte sich bestens.

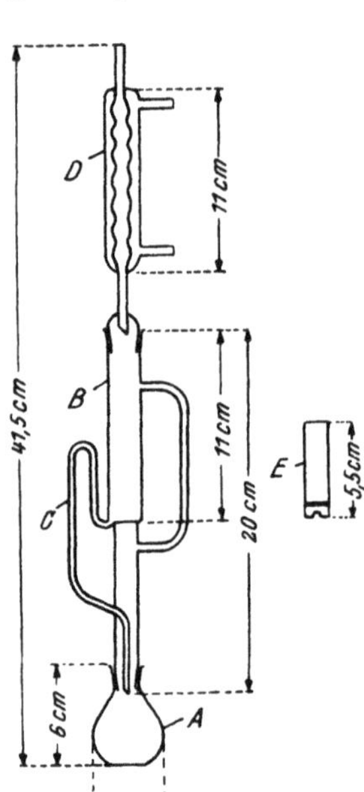

Abb. 38. Extraktionsapparat nach Titus und Meloche.

Titus und Meloche (39) beschreiben ebenfalls einen Apparat, der nach dem Soxleth-Prinzip arbeitet (Abb. 38) und aus einem kleinen Kölbchen A besteht, dem mittels Schliffes der Aufsatz B aufgesetzt ist. Das Heberröhrchen C mißt von der Anschmelzstelle bis zur Biegung 40 mm. Daher können sich ungefähr 8 ml Flüssigkeit in der Extraktionshülse ansammeln. Ein Kugelkühlrohr D sorgt für richtige Kondensierung des Lösungsmitteldampfes. Die Extraktionshülse E wird aus einem Glasröhrchen und einer Sinterglasscheibe selbsthergestellt. Einwaagen von 15 bis 50 mg werden verwendet.

Ein einfaches Gerät für Substanzmengen in der Größenordnung von 1 g
wird von GAGARIN (13) angegeben (Abb. 39). Es besteht aus folgenden Teilen:
Der Extraktionsraum *A* hat eine lichte Weite von 14 mm und eine Höhe von
rund 110 mm; er ist zur Aufnahme einer Extraktionshülse von etwa 11 mm
lichter Weite und 75 mm Höhe geeignet. Der Ansatz *B* von etwa 20 mm Innendurchmesser wird mittels eines Kork- oder Gummistopfens mit einem Rückflußkühler verbunden. Das Dampfleitungsrohr *C* (Innendurchmesser 6 mm)
mündet ungefähr 10 mm unterhalb der Erwei-
terung in den Extraktionsraum *A*. Die lichte
Weite des Heberrohres *D* beträgt 4 mm. Seine
höchste Stelle befindet sich
ungefähr 10 mm niedriger als
die des Dampfleitungsrohres
C. Der Heber ist mit dem
Verdampfungskolben über
einen Vorstoß *E* verbunden.
Um das Gerät zusammen-
zufügen, wird zunächst ein
auf *E* passender Stopfen *F*
weit genug auf das Rohr *D*
aufgeschoben, dann das untere
Ende von *E* durch den doppelt durchbohrten Stopfen
durchgesteckt und zuletzt das
Rohr *C* in diesen Stopfen eingepaßt, wobei die Erweiterung
des Vorstoßes *E* eine kurze
hin- und herdrehende Bewegung ermöglicht. Dann wird
der Stopfen *F* vom Rohr *D*
heruntergeschoben und die
Verbindung zwischen *D* und
E hergestellt.

Während diese eben er-
wähnten Geräte nach dem
SOXLETH-Prinzip arbeiten —
das aus dem Rückflußkühler
abtropfende Lösungsmittel

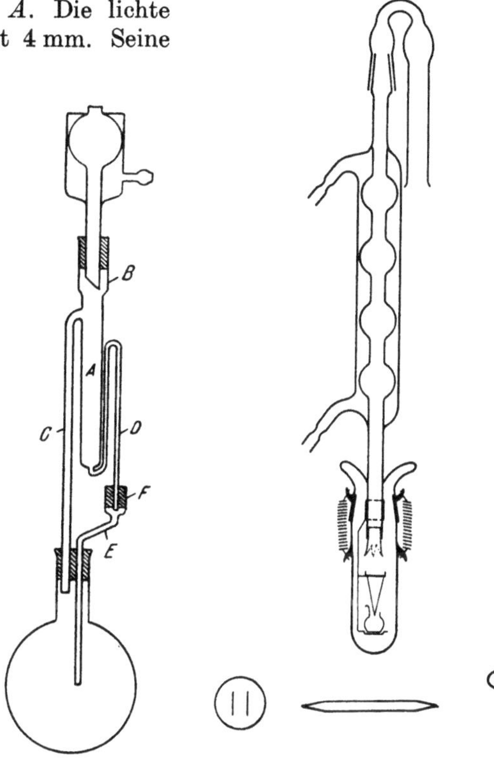

Abb. 39. Extraktions-
apparat nach GAGARIN.

Abb. 40. Extraktionsapparat nach
GORBACH.

durchtränkt das Extraktionsgut und wird mittels Heberrohres automatisch
abgesaugt, sobald es eine bestimmte Höhe erreicht hat —, wird eine weitaus
größere Anzahl von Mikrogeräten angegeben, die nach dem *Durchflußprinzip*
arbeiten. Bei diesen Apparaten ohne Heberrohr tropft das im Kühler kondensierte Lösungsmittel durch die zu extrahierende Substanz.

Das erste derartige Mikrogerät (Abb. 40) wurde von GORBACH (14, 15)
beschrieben. Es eignet sich für Einwaagen von 30 bis 60, bzw. 200 mg bei
einer Menge von 2 ml Extraktionsmittel. Die Extraktionszeit ist bei dieser
geringen Menge an Substanz wesentlich herabgesetzt. Es besteht aus einem
Rückflußkühler, an den mit Schliff und Kappe eine Eprouvette anschließbar
ist. Das in die Schliffkappe herunterragende Kühlerrohrende trägt ein
Gestell aus Nickeldraht, das aus einem Ring zur Aufnahme eines Filter-
papiertrichterchens und einer Bodenfläche für das den Extrakt aufnehmende
Glaskölbchen besteht. In das Kühlerrohrende ist eine Metallhülse eingeschoben,

die in 4 Spitzen ausläuft. An diesen Spitzen läuft das Extraktionsmittel in feinen Tröpfchen auf das darunter befindliche Extraktionsschälchen mit dem Probematerial ab. Eine aus einem Filterpapierscheibchen und- streifen (siehe die Abb. 40) hergestellte Vorrichtung gewährleistet sicheres Ablaufen in das Glaskölbchen. Die Tropfenfallhöhe kann durch Verschieben des Drahtgestelles eingestellt werden. Sie ist möglichst niedrig zu halten, um eine ungleichmäßige Verteilung des Extraktionsgutes zu vermeiden. Am oberen Ende des Kühlers kann mittels Schliffes ein Trockenrohr aufgesetzt werden.

FOLKMANN und BARTELT (19) änderten dieses Gerät derart ab, daß es auch noch für die Extraktion von Mengen bis zu 1 g gebraucht werden kann (Abb. 41).

Einen Apparat, der sich durch besondere Schnelligkeit beim Extrahieren auszeichnet, gibt KUHLMANN (25) an. Er besteht aus einem starkwandigen Kolben, der mittels Schliffes an einen Glastrichter mit Sinterplatte angefügt ist. In diesen Trichter hängt ein gut passender Kühler, dessen unteres Ende mit mehreren Zacken versehen ist, damit das abtropfende Lösungsmittel über die ganze Fläche der Glassinterplatte, auf der das Extraktionsgut liegt, verteilt wird. Erhitzt man das Lösungsmittel im Kolben zum Sieden, so steigen die Dämpfe durch die Sinterplatte und das daraufliegende Material zum Kühler, wo sie kondensiert werden. In dem Trichter sammelt sich bald das Lösungsmittel an, das von den Dämpfen, die durch die Sinterplatte dringen, erhitzt und durchgerührt wird. Nach einiger Zeit entfernt man den Brenner unter dem Kolben, wodurch dort ein Unterdruck entsteht, der das im Trichter befindliche Lösungsmittel zurücksaugt. Man erhitzt den Kolben

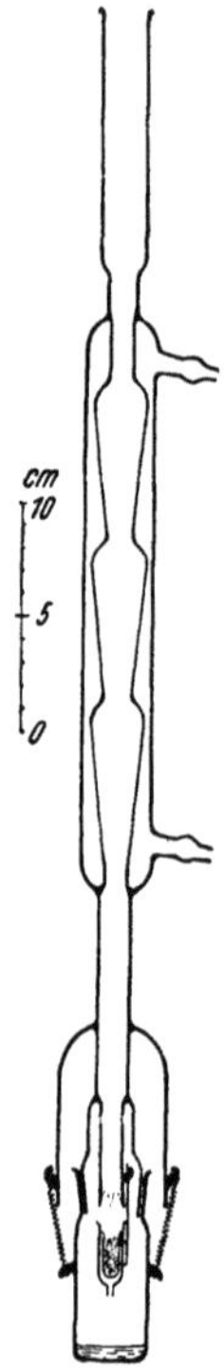

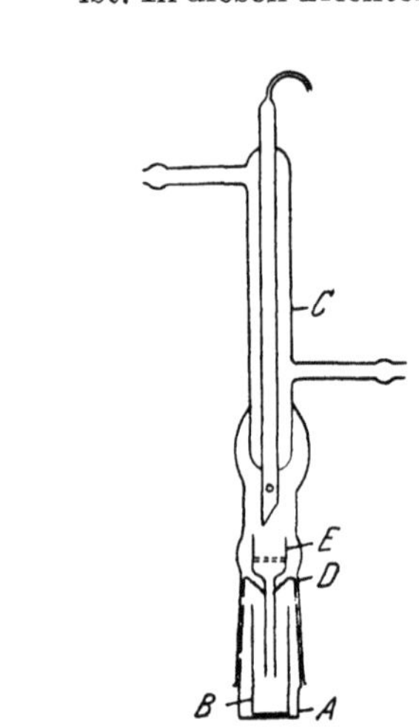

Abb. 41. Extraktionsapparat nach FOLKMANN-BARTELT.

Abb. 42. Extraktionsapparat nach BROWNING.

wiederum und fährt so fort, bis die Probe völlig extrahiert ist. Der Nachteil dieses Gerätes liegt darin, daß es einer dauernden Wartung bedarf.

Die von TITUS und MELOCHE angegebene Apparatur (vgl. Abb. 38) zum Extrahieren fester Stoffe wurde von BROWNING (5) so abgeändert, daß das Gerät allgemeiner anwendbar ist. Der Apparat besteht, wie aus Abb. 42 hervorgeht, aus einem Gefäß mit flachem Boden A, in welches das Gläschen B (10 mm Innendurchmesser, 45 mm Höhe) mit dem Extraktionsmittel (1 ml) hineingestellt wird. Auf das Gefäß A ist mit einer Schliffkappe der Kühler C aufgesetzt. Auf den Schliffrand des Gefäßes A wird ein Glasring D aufgelegt, der als Halterung für den Frittentrichter E dient. Der Verfasser empfiehlt, eine Jenaer G 3-Fritte zu verwenden. Zur Extraktion wird die Temperatur so geregelt, daß, sobald ein Tropfen den Trichter passiert hat, der nächste Tropfen auf das Extraktionsgut fällt. Geringste Verluste von Lösungsmittel können vermieden werden, indem man um Schliffkappe und Unterteil des Kühlers einen elektrischen Heizdraht legt.

Die von BLOUNT (4) zum Umkristallisieren angegebene Anordnung (Abb. 74, s. S. 41) ist selbstverständlich auch für die Extraktion fester Stoffe geeignet.

SCHMALFUSS (35) beschreibt ein Gerät für Substanzmengen von 1 bis 5 g bei einem Verbrauch von 30 bis 50 ml Extraktionsmittel. Dieser Apparat besteht aus 3 Teilen. Ein Kolben von etwa 200 bis 250 ml Inhalt trägt über einer Verengung einen etwas erweiterten Hals. In diesen Hals wird auf die Verengung ein gewöhnlicher SCHOTTscher Glasfiltertiegel (G 3) eingesetzt, der das Extraktionsgut aufnimmt. Auf den Kolbenhals wird mittels eines weiten Normalschliffes ein kleiner Kühler aufgesetzt.

ERDÖS und POLLAK (11) geben eine Anordnung für Extraktionen an, die für die Isolierung von Lipoiden aus Organmaterial entwickelt wurde. Aus 50 bis 200 mg Substanz war nach 3 Stunden bei Verwendung von 10 ml Lösungsmittel sämtliches Lipoid quantitativ extrahiert. Dieses Gerät (Abb. 43) besteht aus einem Kolben K von ungefähr 30 ml Inhalt, der über einen Schliff mit einem Kugelkühlrohr Kk verbunden ist. Am Halse dieses Kolbens sind bei E Verengungen angebracht, die einen kleinen Trichter T halten. Darin sind 4 bis 6 Löcher L (Durchmesser ungefähr 1,5 mm) angeordnet, der Hals des Trichters hat einen Innendurchmesser von 2 mm. Das schräg abgeschliffene Kühlerende reicht bis zum Rande des Trichters. Das Gerät wird elektrisch geheizt.

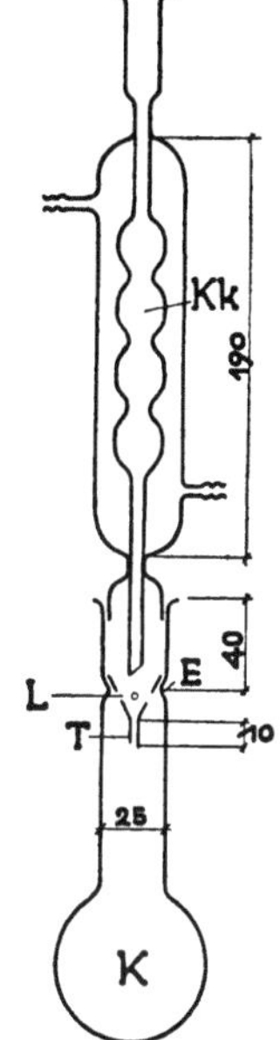

Abb. 43. Extraktionsapparat nach ERDÖS und POLLAK.

HAANEN und BADUM (18) geben eine sehr einfache Anordnung an, die mit in jedem Laboratorium vorhandenem Material leicht selbst zusammenzustellen ist (Abb. 44). In einen Erlenmeyerkolben entsprechender Größe wird ein kupferner oder gläserner Einhängekühler gehängt. An diesem hängt ein Glasfrittentiegel mit dem Extraktionsgut. Dieses Gerät benützt man vor allem für höher siedende Lösungsmittel, da die Verwendung von Äther mit zu großen Verlusten verbunden ist.

LIEB und SCHÖNIGER (29) zeigen ein einfaches, leicht herstellbares Gerät aus Glas, das für die Extraktion von Mengen bis zu 5 g festen Stoffes geeignet ist.

LEES (28) beschreibt einen einfachen, selbstherstellbaren automatischen Perkolator für geringe Mengen. Das in Abb. 45 gezeigte Gerät wurde mit Erfolg zum quantitativen Extrahieren von Bodenproben sowie von Fungikulturen verwendet.

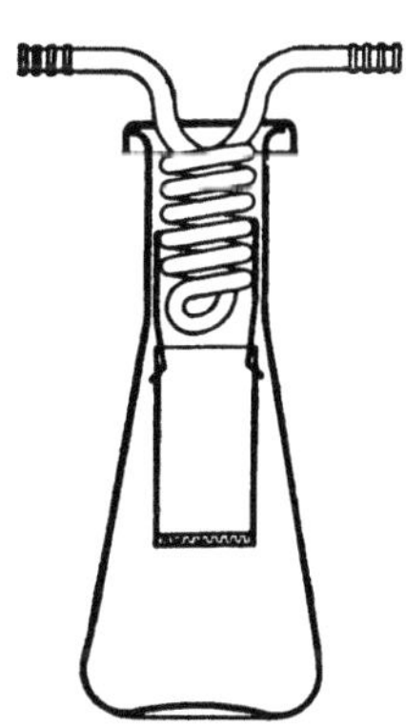

Abb. 44. Extraktionsapparat nach HAANEN und BADUM.

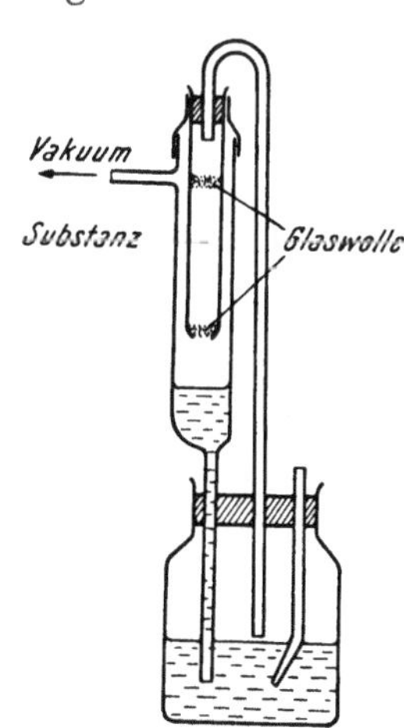

Abb. 45. Perkolator nach LEES.

Eine von CONNOLLY (6) entwickelte Apparatur (Abb. 46) dient nicht nur zur Extraktion fester Stoffe, sondern ist nach Angaben des Autors auch für *Wasserdampfdestillationen* verwendbar. In ein gewöhnliches Reagensglas wird mittels eines Stopfens ein nach unten hin konisch auslaufender Innenkühler

(Kühlfinger) eingesetzt, der mit zwei seitlichen Ansätzen versehen ist. An diese wird ein kleines, unten mit einer Öffnung versehenes Gefäß (15 mm Durchmesser, 30 mm lang) angehängt, in das die Extraktionshülse mit der zu extrahierenden Substanz gestellt werden kann. Auf dem Boden des Reagensglases befindet sich ein kleiner Glasbecher (Durchmesser 22 mm, Höhe 25 mm) mit dem Extraktionsmittel. Zur Wasserdampfdestillation kommt das mit Wasser gemischte Destillationsgut (ungefähr 1 ml) direkt in das Reagensglas. In das am Kühler hängende Gefäß wird eine Extraktionshülse oder ein nach Abb. 46b gefaltetes Filterpapier gegeben, auf welches das Kondensat tropft. Nach Angaben des Autors werden Öltropfen am Filterpapier zurückgehalten, während das Wasser wieder ins Reagensglas abtropft. Ist die zu destillierende Substanz hochsiedend, so erstarrt sie entweder am Kühler oder am Filtereinsatz und kann nach

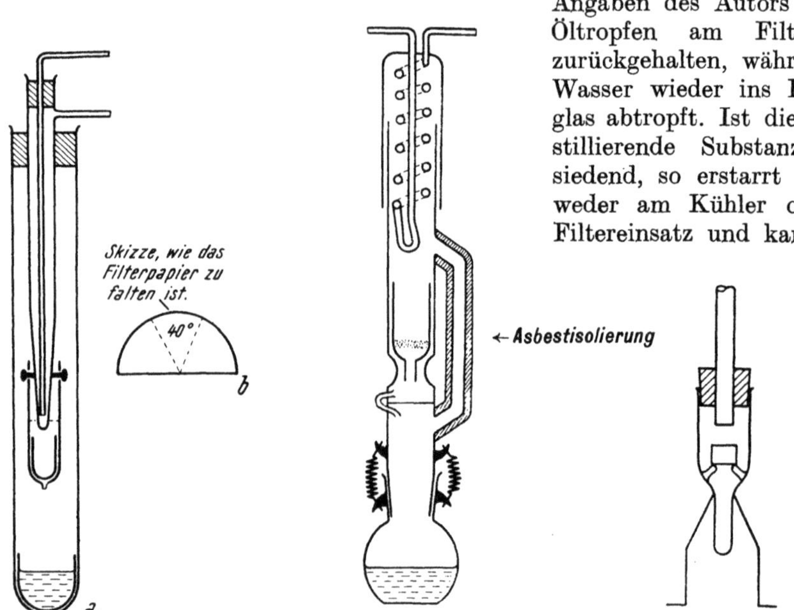

Abb. 46. Extraktionsapparat nach CONNOLLY.   Abb. 47. Extraktionsapparat nach FISCHER und HECHT.   Abb. 48. Extraktionsapparat nach HETTERICH.

Beendigung der Destillation leicht entfernt werden. Dieser Apparat wurde aus einem früher beschriebenen (7) entwickelt, der mit ein bzw. zwei seitlichen Ansatzrohren versehen ist und für Destillationen bzw. Vakuumdestillationen verwendet wird.

FISCHER und HECHT (12) geben für die Extraktion eines festen Stoffes das in Abb. 47 gezeigte einfache Gerät an. Die Substanz wird in eine Jenaer 12 G 1-Fritte gegeben. Der eingehängte, verschiebbare Innenkühler ermöglicht die Regulierung der Temperatur und dadurch auch die Regelung der Extraktionsgeschwindigkeit. Der Apparat fand zur Extraktion von Drogen (etwa 0,3 g) mit Benzol bei Temperaturen von 40 bis 78° C Verwendung.

Ferner sei auf zusammenfassende Darstellungen von MATTHEWS (30) und BATT und ALBER (3) verwiesen. Letztere Autoren haben eine Reihe von Mikroextraktionsapparaten konstruiert, beschreiben diese an Hand von Abbildungen und berichten unter Angabe von Vergleichstabellen über deren Wirkungsweise.

Für die Extraktion einiger Milligramm fester Substanz werden 2 Geräte beschrieben. HETTERICH (20) gibt einen einfachen, selbstherstellbaren Apparat (Abb. 48) an. In ein entsprechend geformtes Gefäßchen wird ein Näpfchen aus Filterpapier auf die vorhandenen Einstülpungen gestellt. Das Lösungsmittel wird in die Verengung des Gefäßes gegeben. Mittels eines durchbohrten Korkes wird eine passende Kühlvorrichtung zum Kondensieren des Lösungsmitteldampfes aufgesetzt. Mit einer Haltevorrichtung kann man diesen kleinen Apparat auf ein Wasserbad stellen.

STERN und KIRK (37) haben einen Extraktor entwickelt, der sich ausgezeichnet für die Extraktion von Zucker aus pflanzlichem Material bewährt hat. Dieses Gerät (Abb. 49) besteht aus einem Siedegefäß, das mit Einstülpungen versehen ist. Diesem ist ein haubenförmiger Kühler mit seitlichem Ansatzstutzen für Extraktionen im Vakuum aufgesetzt. Die Einstülpungen dienen zur Befestigung eines Trichters mit eingelegtem Papierfilter. Um Stoßen und zu rasche Kondensation des Lösungsmittels an den Gefäßwänden zu verhindern, wird elektrisch geheizt. Dazu wird ein Heizdraht entsprechenden Durchmessers in zwei oder mehr Schlingen um das Gefäß gewickelt. Diese Art des Heizens führt zu ganz langsamem Sieden und selbst nach mehreren Stunden tritt kein meßbarer Verlust an Extraktionsmittel auf.

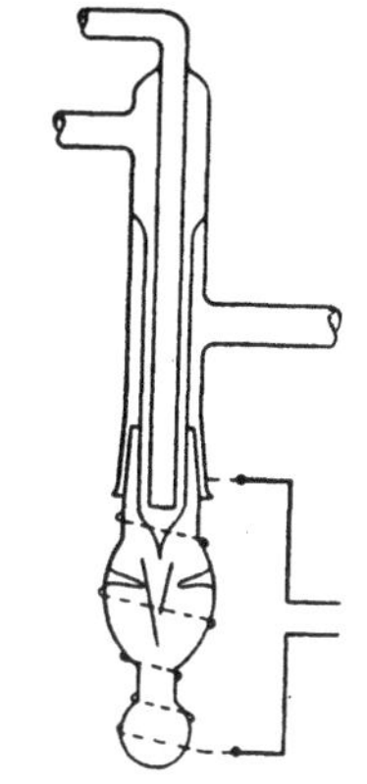

Abb. 49. Extraktionsapparat nach STERN und KIRK.

2. Extraktion von Flüssigkeiten.

Bei entsprechend guter Löslichkeit des zu isolierenden Stoffes schüttelt man die Lösung mit dem betreffenden Extraktionsmittel aus. Ist die Lösung, aus der extrahiert werden soll, in genügender Menge (5 bis 10 ml) vorhanden, so kann man kleine Scheidetrichter, zweckmäßig solche von zylindrischer Form, mit kurzem Ablaufrohr verwenden. Für Vorversuche sei das *Schüttelreagensglas* (Abb. 50) empfohlen. Beim Ausschütteln mit einem spezifisch leichteren Lösungsmittel gießt man die Lösung bis kurz unterhalb des seitlichen Ansatzes ein, beim Ausschütteln mit schwereren Lösungsmitteln füllt man diese zunächst ein und läßt jedesmal die extrahierte Lösung ab. Einige Milliliter Flüssigkeit können auch in einem einfachen Proberöhrchen ausgeschüttelt werden. Die obere bzw. untere Schicht wird mittels eines Kapillarhebers entfernt.

ALBER (1) entwickelte einen Scheide- und Absetztrichter für Mengen bis zu 5 ml. Dieser einfache Scheidetrichter kann je nach den zu verarbeitenden Mengen dimensioniert werden. Das nach unten hin schwach konische Rohr (Abb. 51) ist mit

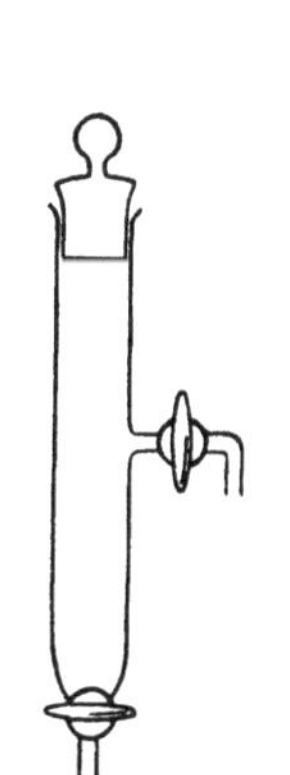

Abb. 50. Schüttelreagensglas.

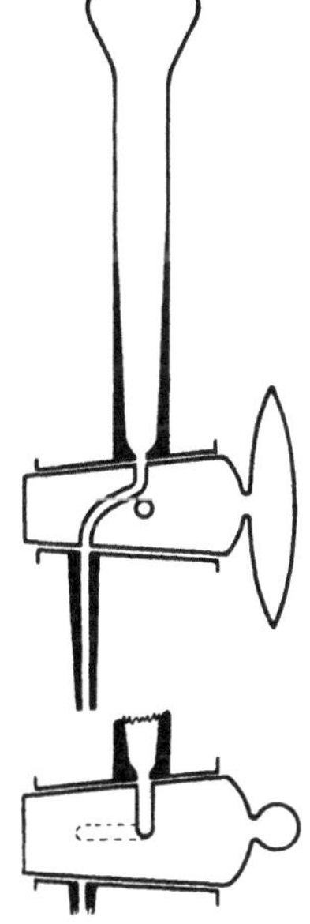

Abb. 51. Scheidetrichter nach ALBER.

einer Graduierung versehen, besitzt oben eine Erweiterung und ist mit einem Schliffstopfen verschlossen. Am unteren Ende trägt das Rohr einen Hohlhahn (Durchmesser etwa 20 mm) mit Ablaufrohr. Er besitzt eine durchgehend gebogene Bohrung, die bei richtiger Hahnstellung das konische Rohr mit dem Ablaufrohr verbindet. Außerdem besitzt das Hahnkücken eine zweite Bohrung, die nur bis zur Mitte reicht und dort blind endet. Darin wird nach dem Ausschütteln das Sediment bzw. die spezifisch schwerere Flüssigkeit gesammelt. Der Inhalt dieses Röhrchens beträgt ungefähr 70 bis 150 Mikroliter. Man kann auf diese Art und Weise die feste Substanz oder die spezifisch schwerere Flüssigkeit mehrere Male aus- schütteln, ohne die zum Ausschütteln

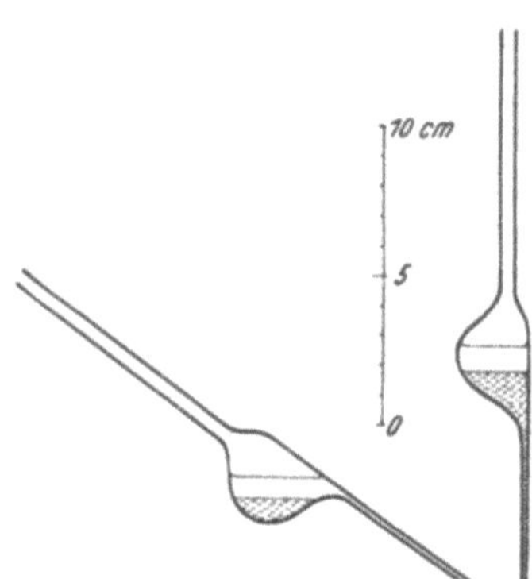
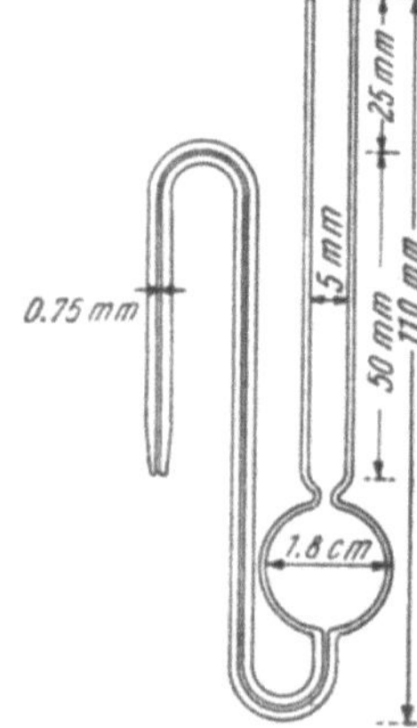

Abb. 52. Storchenschnabel nach Gorbach.   Abb. 53. Schütteltrichter nach Browning.

verwendete Flüssigkeit umständlich durch die obere Öffnung des Gerätes ausgießen zu müssen. Der Hahn muß sehr gut eingeschliffen sein, da man ihn nur an den Enden fetten darf.

Gorbach (16) gibt ein Gerät an, das ungefähr 4 ml faßt und sich sowohl zum Ausschütteln mit spezifisch leichteren als auch mit schwereren Lösungs- mitteln eignet. Man schüttelt, nachdem man Extraktionsgut und Extraktions- mittel aufgesogen hat, in waagrechter Haltung, wobei man das breite Ende der Pipette zuhält. Will man nach dem Absetzen die schwerere Flüssig- keit ablassen, so hält man das Gerät senkrecht. Bei Weiterver- arbeitung der spezifisch leich- teren Flüssigkeit wird das als „Storchenschnabel" bezeichnete Gerät schräg gehalten (Abb. 52).

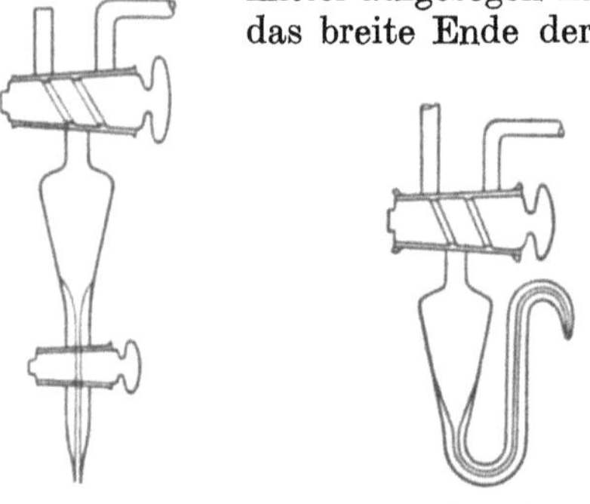

Ein Schütteltrichter, der wie das vorher beschriebene Gerät ebenfalls keinen Hahn hat (wo- durch verlustfreies Arbeiten ge- währleistet ist), wird von Brow- ning (5) beschrieben (Abb. 53).

Abb. 54. Kapillarscheidetrichter   Abb. 55. Kapillarscheidetrichter
nach Kirk mit Ablaufhahn.   nach Kirk ohne Ablaufhahn.

Dieser Apparat kann für verschiedene Flüssigkeitsvolumina hergestellt werden. Sämtliche Flüssigkeiten werden durch den kapillaren Heber in die kugelförmige Erweiterung eingesaugt. An diesen Heber wird ein Stück Gummischlauch angeschlossen und durch dessen mehr oder minder starkes Zusammendrücken die untere Phase nach beendetem Ausschütteln zum Ablaufen gebracht. Das eigentliche Ausschütteln wird so besorgt, daß am oberen weiten Ende ein leichter Unterdruck angelegt wird.

Kirk (22) gibt zwei *Kapillarscheidetrichter* an, die sich für Mengen bis zu 5 ml Flüssigkeit verwenden lassen. Das erste Gerät ist in Abb. 54 gezeigt. Dem

Extraktionsraum ist ein Dreiweghahn aufgesetzt, der mit einer Wasserstrahlpumpe verbunden ist. Das untere Ende des Extraktionsgefäßes ist mit einem Kapillarhahn verschmolzen. Während der Verwendung wird das Gerät senkrecht gehalten. Wenn nötig, kann der untere Hahn durch einen Kapillarheber (Abb. 55) ersetzt werden. Das Extraktionsmaterial sowie das Lösungsmittel werden durch den unteren Verschluß angesaugt. Das Durchmischen geschieht so, daß ein kontrollierter Luftstrom mittels des angelegten Vakuums durchgesaugt wird. Auf Verluste durch Verspritzen ist zu achten. Nach beendeter Extraktion wird der Dreiweghahn zunächst geschlossen und dann durch Öffnen gegen den äußeren Luftdruck die untere Phase abgelassen. Wie aus dem eben Gesagten hervorgeht, eignet sich dieses Gerät vor allem für Extraktionen mit Lösungsmitteln, die schwerer sind als Wasser.

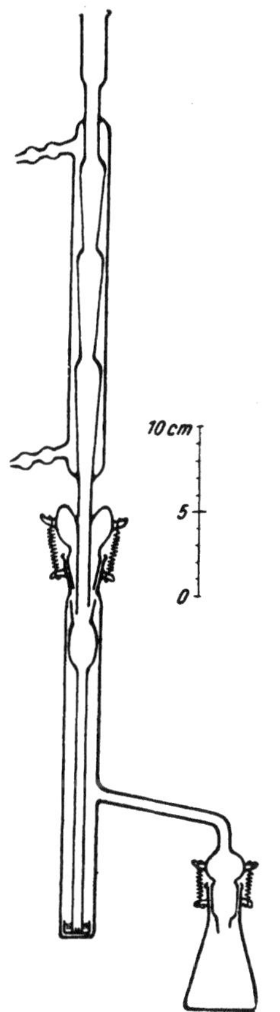

Abb. 56. Extraktionsapparat für Flüssigkeiten nach BARRENSCHEEN.

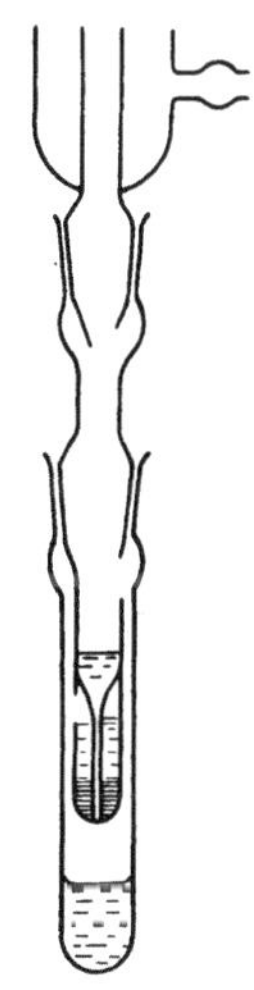

Abb. 57. Extraktionsapparat für Flüssigkeiten nach STETTEN, DE WITT und GRAIL.

Zum Ausschütteln kleinster Mengen (Tropfen) bedient man sich nach NIEDERL (32) der Zentrifugalkraft. Den zu extrahierenden Flüssigkeitstropfen saugt man in eine Kapillare von passender Weite auf und überschichtet bzw. unterschichtet ihn mit einem Tropfen des Lösungsmittels. Die Kapillare wird beiderseits zugeschmolzen. Es wird zentrifugiert, und zwar so, daß der spezifisch schwerere Anteil von innen nach außen den spezifisch leichteren durchdringen muß. Dieser Vorgang wird gegebenenfalls öfters wiederholt. Zur Trennung der beiden Phasen wird die Kapillare an der Trennungsfläche aufgeschnitten.

Ist die zu isolierende Substanz nicht genügend gut löslich, so müssen eigene Geräte für die Extraktion verwendet werden. Diese Mikroapparate sind, wie schon bei der Extraktion fester Körper erwähnt, durch entsprechende Verkleinerung aus den Makrogeräten entwickelt worden. Im folgenden wird auf einige brauchbare Geräte hingewiesen.

Das Makrogerät von Kutscher und Steudel (26) wurde von Laquer (27) entsprechend verkleinert, so daß das Extraktionsgefäß ungefähr 7 ml faßt. Barrenscheen (2) führt ein ähnliches Gerät an, das sich für Flüssigkeitsmengen bis zu 20 ml anwenden läßt. Dieser Apparat (Abb. 56) ist durch Wahl des entsprechenden Einsatzes sowohl für die Extraktion mit spezifisch schwereren als auch mit leichteren Flüssigkeiten verwendbar.

Für die Lipoidextraktion von Blutserum (5 ml) beschrieben Stetten jr., de Witt und Grail (38) ein einfaches Gerät unter Verwendung eines spezifisch leichteren Lösungsmittels (Abb. 57).

Geringe Flüssigkeitsmengen (etwa 0,5 ml) lassen sich nach Kirk und Danielson (24) mit folgendem Gerät extrahieren: Der Apparat (Abb. 58) besteht aus einem birnenförmigen Extraktionsraum, dessen unteres schmales Ende mit einem Kapillarrohr an eine seitliche Röhre angeschlossen ist. Am oberen Ende des Extraktionsgefäßes ist ein Schliff aufgesetzt. In diesen wird eine Kapillare, die mit Hahn und Erweiterung versehen ist, so eingesetzt, daß ihre Spitze bis zum Boden des Extraktionsgefäßes reicht.

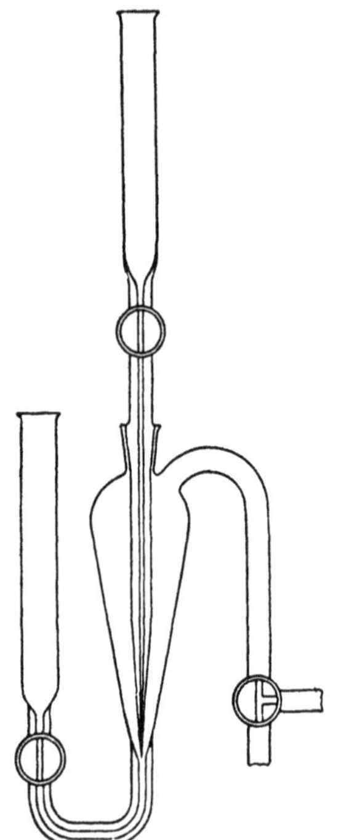

Abb. 58. Extraktionsapparat für Flüssigkeiten nach Kirk und Danielson

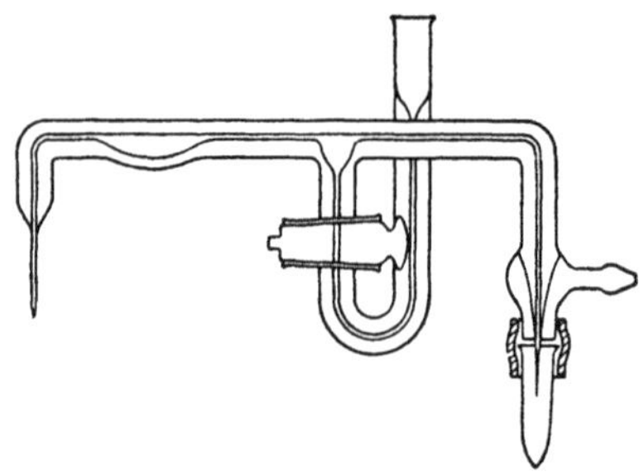

Abb. 59. Extraktionsapparat für 0,1 ml Flüssigkeit nach Kirk.

Ein seitliches Ansatzrohr steht mit einem Dreiweghahn in Verbindung. Zur Extraktion wird die Probe aus der seitlichen Kammer in die Erweiterung gesaugt und auf die gleiche Art und Weise das Extraktionsmittel zugegeben. Es wird jetzt über den Dreiweghahn ein leichter Luftstrom durchgesaugt. Nach beendeter Extraktion läßt man absitzen. An das zweite Rohr des Dreiweghahnes wird ein Gummiball angeschlossen. Mit diesem wird die untere Phase in das seitliche Rohr gedrückt, und zwar so, daß die Phasengrenzfläche genau unter die Spitze der eingesetzten Kapillare kommt. Jetzt wird der Hahn des seitlichen Ansatzrohres geschlossen und der Hahn der eingesetzten Kapillare geöffnet. Das spezifisch leichtere Lösungsmittel wird in den darüber befindlichen Trichter gedrückt. Man saugt nun die wäßrige Phase aus der seitlichen Röhre in das Extraktionsgefäß zurück, gibt eine Portion neuen Lösungsmittels zu und wiederholt die Operation.

Für Flüssigkeitsmengen in der Größenordnung von 0,1 ml hat Kirk (23) ein ähnlich wirkendes Gerät entwickelt (Abb. 59).

3. Fraktionierte Extraktion (Gegenstromverteilung).

Die Verteilung von Gemengen gelöster Stoffe zwischen miteinander nicht (oder nur wenig) mischbaren Lösungsmitteln ist für die Reindarstellung vieler Naturstoffe von großer Bedeutung. Im Prinzip handelt es sich um ein der fraktionierten Destillation analoges Verfahren. Auf die theoretischen Grundlagen kann hier nicht näher eingegangen werden. Es wird vor allem auf die Veröffentlichungen von JANTZEN (21), CORNISH und Mitarbeitern (8) sowie NICHOLS jr. (31) verwiesen. JANTZEN war auch der erste, der eine halbautomatische Apparatur für die fraktionierte Verteilung beschrieb.

Diese Arbeitstechnik, die das zeitraubende Arbeiten mit Scheidetrichtern ersetzt, wurde in den letzten Jahren von CRAIG weiterentwickelt, der dafür den Ausdruck „*Gegenstromverteilung*" einführte. CRAIG und POST (9) bzw. CRAIG (10) geben hierfür auch einige Apparaturen an, die an dieser Stelle nicht in ihren Einzelheiten beschrieben werden können.

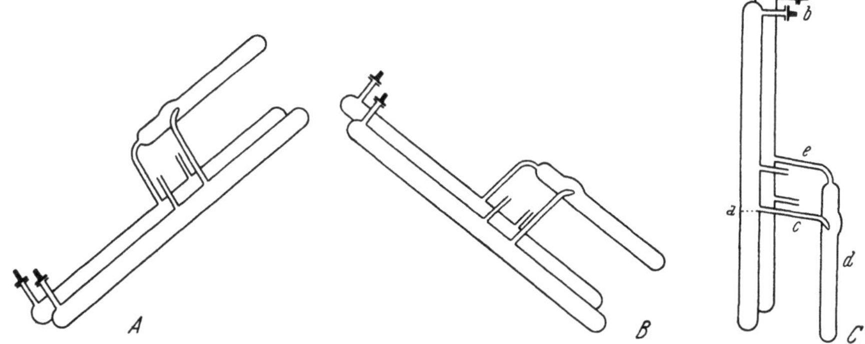

Abb. 60. Apparatur zur Gegenstromverteilung nach CRAIG.

Die eine dieser Apparaturen von CRAIG und POST (9) besteht zum Teil aus rostfreiem Stahl, zum Teil aus Glas, enthält entweder 24 oder 54 Extraktionselemente (Röhrchen) und arbeitet automatisch. Die andere besteht ganz aus Glas, kann aus beliebig vielen Einzelelementen zusammengesetzt werden, arbeitet aber nicht automatisch. Sie wurde von CRAIG (10) noch verbessert, arbeitet automatisch und wird im folgenden kurz beschrieben.

Das Gerät besteht aus 220 Glaszellen, die in einer Serie, also hintereinandergeschaltet, auf einem entsprechend konstruierten Gestell befestigt sind. Eine Schaltuhr, ein Motor, eine Füllvorrichtung sowie eine Einrichtung zum Sammeln der einzelnen Fraktionen ermöglichen eine vollautomatische Durchführung der Verteilung. Den Aufbau einer Einzelzelle zeigt die Abb. 60. Jede Zelle enthält 10 ml untere Phase. Diese Menge genügt, damit die Phasengrenzfläche in der Stellung C der Zelle bei a zu liegen kommt. Ungefähr 15 ml obere Phase werden verwendet. Die ganze Vorrichtung wird zwischen den Stellungen A und B geschüttelt, bis sich das Verteilungsgleichgewicht eingestellt hat. Dann wird der Apparat in der Stellung B so lange angehalten, bis sich die Phasen getrennt haben. Jetzt wird automatisch in die Stellung C gekippt. Dadurch wird die obere Phase durch das Rohr c in die Zwischenkammer d dekantiert. Durch Drehen der Apparatur in die Stellung A fließt nun der Inhalt der Zwischenkammer durch das Rohr e in die nächste Zelle. Die einzelnen Zellen sind bei b mit einem Planschliffstopfen verschlossen. Diese Anordnung gestattet, während der Verteilung Proben zu entnehmen. Nachdem die Zeiten, welche zum Einstellen des Verteilungsgleichgewichtes sowie zum Trennen der Phasen nach beendetem Schütteln nötig sind, bestimmt und auf der Schaltuhr eingestellt worden sind, arbeitet die Apparatur vollautomatisch, da ja auch die einzelnen Kippvorgänge automatisch betätigt werden. Eine ausführliche Besprechung der Leistungs-

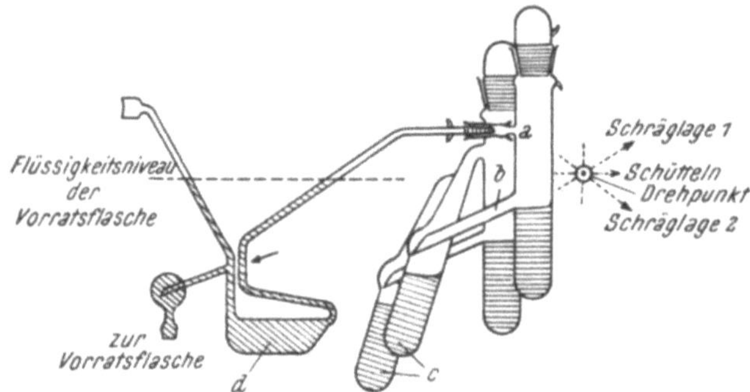

Abb. 61. Apparatur zur Gegenstromverteilung nach GRUBHOFER.

fähigkeit des Gerätes, das zur Trennung von Amino- und Fettsäuregemischen verwendet wurde, ist in der Originalarbeit gegeben.

Über die Bedienung und Anwendung des Gerätes von CRAIG berichten ausführlich auch RAUEN und STAMM (33).

Ein von GRUBHOFER (17) beschriebenes Gerät gleicht in der Wirkungsweise dem vorstehend beschriebenen, von CRAIG entwickelten Apparat. Es ist ganz aus Glas gebaut und eignet sich zur Trennung größerer Mengen, so daß mit den erhaltenen Fraktionen analytisch und auch präparativ gearbeitet werden kann. Das rohrförmige Schüttelgefäß a (Abb. 61) trägt in der Höhe der Phasengrenzfläche ein Ablaufrohr b, das in ein Zwischengefäß c so hineinragt, daß beim Kippen daraus nichts mehr in das ursprüngliche Rohr zurückrinnen kann. Während der Durchmischung liegt das Schüttelrohr waagrecht, wobei das Ablaufrohr selbstverständlich nach oben zeigt. Nach dem Absetzen stellt man es senkrecht, so daß die obere Phase in das Zwischengefäß abläuft. Dieses steht wiederum mit dem nächsten Schüttelrohr in Verbindung. Die bewegliche Phase läuft beim erneuten Kippen in die Waagrechte dorthin ab, während sie im ersten Rohr durch einen automatischen, genau dosierenden Heber d ergänzt wird. Je zwei Schüttelrohre mit Zwischengefäß sind miteinander verblasen und mit der nächsten Einheit Glas an Glas durch ein Gummischlauchstück verbunden. Das Gerät, das in der vom Verfasser angegebenen Form aus 40 Schüttelrohren (mit einem Fassungsvermögen von 50 ml schwerer und 50 ml leichter Phase je Rohr) besteht, wird auf einem geeigneten Gestell so befestigt, daß man die ganze Batterie sowohl schütteln als auch drehen kann. Man kann dem Gerät Proben bis zu 1 ml aus den Röhrchen entnehmen, um den Gang der Verteilung zu verfolgen. Die Handhabung, Wartung und Reinigung wird als einfach angegeben. Die Anschaffungskosten sind verhältnismäßig gering[1]

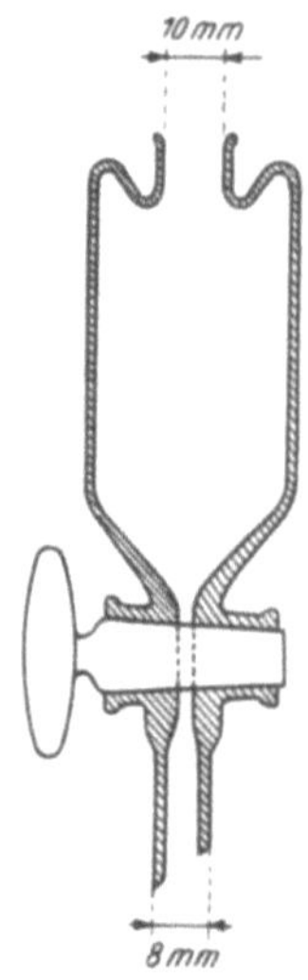

Abb. 62. Scheidetrichter für die Apparatur zur Gegenstromverteilung nach RAYMOND.

---

[1] H. Kühn, Göttingen.

Wenn die Trennung nach Benützung aller Stufen des Apparates nicht ausreicht, stehen mehrere Methoden zur Verfügung, um den Verteilungsvorgang systematisch fortzusetzen (vgl. die Originalarbeit).

Ein einfaches, halbautomatisches Gerät beschreibt RAYMOND (34). Jedes Element dieses Apparates ist ein Scheidetrichter besonderer Konstruktion (Abb. 62) von ungefähr 35 ml Inhalt. 20 ml Flüssigkeit können in diesem Trichter durch Auf- und Abwärtsbewegung geschüttelt werden, ohne daß durch den nicht verschlossenen Trichterhals Flüssigkeit verspritzt. Zu Beginn der Verteilung wird die nötige Menge des spezifisch leichteren Lösungsmittels, das vorher mit dem spezifisch schwereren gesättigt wurde, in jeden Trichter gegeben. Die im spezifisch schwereren Lösungsmittel gelöste Probe wird in den obersten

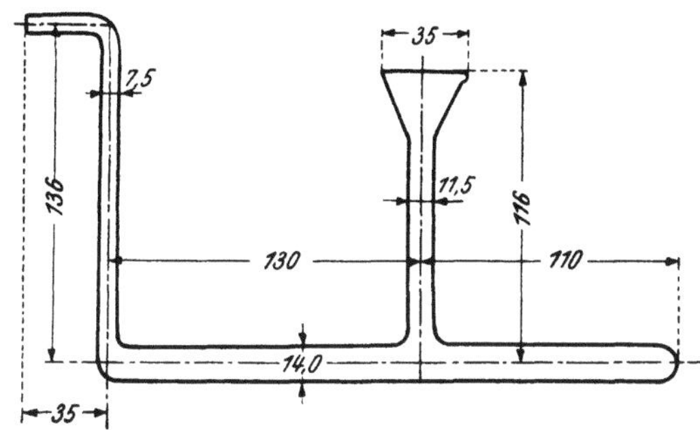

Abb. 63. Element für die Apparatur zur Gegenstromverteilung nach WEYGAND.

Trichter einer senkrechten Reihe einer beliebigen Anzahl von Trichtern gegeben, die auf einem Schüttelgestell derart befestigt sind, daß das Ablaufrohr jedes Trichters genau über den Hals des nächsten Trichters zu stehen kommt. Man schüttelt durch Auf- und Abwärtsbewegung, bis sich das Gleichgewicht eingestellt hat, und läßt, nachdem sich die beiden Phasen entmischt haben, die untere Phase aus dem ersten Trichter in den zweiten einfließen. Man gibt nun in den ersten Trichter die gleiche Menge des spezifisch schwereren Lösungsmittels (ohne Substanz) und schüttelt wiederum. Diese Operationen werden wiederholt, bis die gewünschte Anzahl von Verteilungen erreicht ist.

Für präparative Zwecke entwickelten TSCHESCHE und KÖNIG (40) eine Vollglasapparatur, die ein Kammervolumen von 150 bis 200 ml besitzt und nach dem Prinzip von JANTZEN (21) arbeitet. Eine liegende Glasrohrwendel, deren Durchmesser jeweils an der gleichen Stelle auf eine kurze Strecke verengt ist, wird mit den beiden

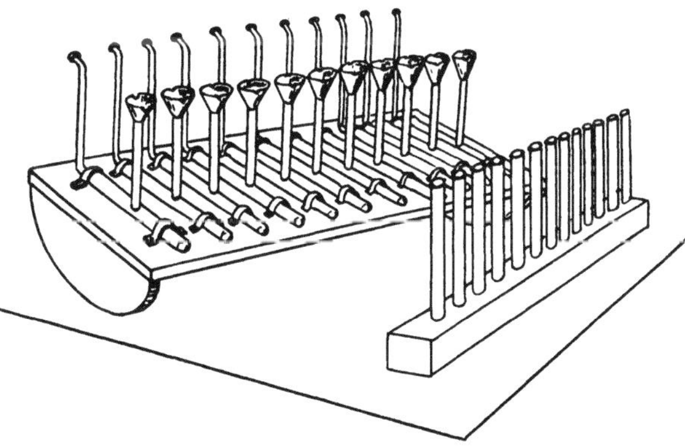

Abb. 64. Wippe und Röhrchenhalter für die WEYGANDsche Apparatur.

Phasen beschickt. Die Substanz ist in der leichten Phase gelöst. Man mischt durch, bis sich das Lösungsgleichgewicht eingestellt hat. Dann wird durch Drehen um 360° erreicht, daß die schwere Phase, die immer unten zu liegen kommt, die leichte Phase durch den engen Rohrteil in die nächste Windung schiebt und solche gleichzeitig aus der vorhergehenden Windung ansaugt. Das Gerät wurde für die Trennung von Convallaria-Glukosiden entwickelt.

Ein einfacher, von F. WEYGAND (42) entwickelter Apparat sei schließlich noch erwähnt. Der Aufbau eines Einzelelementes ergibt sich aus der Abb. 63. Zur Füllung sowie zum Abgießen der oberen Phase dient ein trichterförmig erweitertes Rohr, das nicht ganz in der Mitte angebracht ist. Das am linken Ende angesetzte Rohr dient zum Lufteinlaß beim Abgießen der oberen Phase und zum Abguß der Gesamtmenge nach Beendigung der Verteilung. Eine beliebige Anzahl solcher Einzelelemente wird auf einer hölzernen Wippe montiert (Abb. 64). Es können auch mehrere solcher Wippen hintereinandergeschaltet werden. Als Gefäße zur vorübergehenden Aufnahme der oberen Phase dienen oben erweiterte Reagensgläser, die in einem mit entsprechenden Bohrungen versehenen Holzstück mittels Paraffins befestigt werden. Befindet sich das zu trennende Gemisch in der leichteren Phase, so werden zunächst alle Röhrchen auf der Wippe mit einem gleichen Volumen schwerer Phase gefüllt. Am einfachsten erreicht man dies dadurch, daß man zunächst bei waagrecht liegenden Röhrchen eine beliebige Menge einfüllt und den Überschuß aus dem Mittelrohr durch Aufrichten ausgießt. Dann gibt man in das erste Element das zu trennende Gemisch, das im spezifisch leichteren Lösungsmittel gelöst ist, wippt 20- bis 25 mal, läßt in Schrägstellung absetzen und kippt die erste obere Phase in das erste Reagensglas. Man verschiebt nun das Reagensglasgestell, das genau vor der Wippe steht, um eine Einheit und gießt die erste obere Phase in das zweite Schüttelrohr zurück. In das erste Rohr gibt man frische Lösung. Nach erfolgtem Durchmischen und Absetzen wird die erste obere Phase in das erste, die zweite in das zweite Reagensglas dekantiert. Man verschiebt, wie vorher angegeben, um eine Einheit und gießt die oberen Phasen zurück, so daß wiederum die erste obere Phase in das zweite, die zweite obere Phase nun in das dritte Element kommt, und fährt in diesem Sinne fort. Ist das zu trennende Gemisch in dem spezifisch schwereren Lösungsmittel gelöst, so wird die Lösung in das erste Element gegeben und im übrigen sinngemäß verfahren. Das Gerät hat sich bisher in den Größen 12 und 25 ml für die unteren Phasen bewährt, ist wenig bruchempfindlich, leicht zu reinigen und billig.

Literatur.

(1) Alber, H. K., Ind. Eng. Chem., Analyt. Ed. **13**, 656 (1941).
(2) Barrenscheen, H. K., Mikrochim. Acta **1**, 319 (1937). — (3) Batt, W. G., u. H. K. Alber, Ind. Eng. Chem., Analyt. Ed. **13**, 127 (1941). — (4) Blount, B. K., Mikrochem. **19**, 162 (1935/36). — (5) Browning, B. L., Mikrochem. **26**, 54 (1939).
(6) Connolly, J. M., Analyst **76**, 495 (1951). — (7) Analyst **76**, 52 (1951). — (8) Cornish, R. E., R. C. Archibald, E. A. Murphy u. H. M. Evans, Ind. Eng. Chem. **26**, 397 (1934). — (9) Craig, L. C., u. O. Post, Analyt. Chemistry **21**, 500 (1949). — (10) Craig, L. C., Analyt. Chemistry **22**, 1346 (1950); vgl. auch Fortschr. chem. Forsch. **1**, 292—324 (1949).
(11) Erdös, J., u. L. Pollak, Mikrochem. **19**, 245 (1935/36).
(12) Fischer, R., u. M. Hecht, Mikrochem. **38**, 541 (1951).
(13) Gagarin, R., Chem.-Ztg. **57**, 204 (1933). — (14) Gorbach, G., Mikrochem. **12**, 161 (1933). — (15) Vorratspfl. u. Lebensmittelforsch. **3**, 272 (1940). — (16) Mikrochemisches Praktikum, S. 9. Graz: im Selbstverlag. 1949. — (17) Grubhofer, N., Chem. Ing. Techn. **22**, 209 (1950).
(18) Haanen, A., u. E. Badum, siehe Hering, K., Arch. Pharmaz. **38**, 266, 582 (1928). — (19) Halden, W., u. H. Hinrichs, Fette u. Seifen **49**, 697 (1942). — (20) Hetterich, H., Mikrochem. **10**, 379 (1931/32).
(21) Jantzen, E., Das fraktionierte Destillieren und das fraktionierte Verteilen, Dechema-Monographien, Bd. V. Berlin: Verlag Chemie. 1932.
(22) Kirk, P. L., Quantitative Ultramicroanalysis, S. 109. New York: John Wiley & Sons. 1950. — (23) ebenda, S. 111. — (24) Kirk, P. L., u. M. Danielson, Analyt. Chemistry **20**, 1122 (1948). — (25) Kuhlmann, A. G., Z. Unters. Lebensmittel **69**, 221 (1935). — (26) Kutscher, F., u. H. Steudel, Z. physiol. Chem. **39**, 473 (1903).
(27) Laquer, F., Z. physiol. Chem. **118**, 215 (1922). — (28) Lees, St., J. Agric. Sci. **37**, 27 (1947), ref. in Analyst **72**, 496 (1947). — (29) Lieb, H., u. W. Schöniger, Mikrochem. **35**, 94 (1950).

(30) Matthews, J. W., Ind. Chemist Chem. Manufacturer 14, 515 (1938).
(31) Nichols jr., P. L., Analyt. Chemistry 22, 915 (1950). — (32) Niederl, J., J. Amer. Chem. Soc. 51, 474 (1929).
(33) Rauen, H. M., u. W. Stamm, Chem. Ing. Techn. 21, 259 (1949). — (34) Raymond, S., Analyt. Chemistry 21, 1292 (1949).
(35) Schmalfuss, K., Chem. Fabrik 9, 161 (1936). — (36) Seuberling, O., Biochem. Z. 305, 89 (1940). — (37) Stern, H., u. P. L. Kirk, J. Biol. Chem. 177, 43 (1949). — (38) Stetten jr., de Witt u. G. F. Grail, Ind. Eng. Chem., Analyt. Ed. 15, 300 (1943).
(39) Titus, L., u. V. W. Meloche, Ind. Eng. Chem., Analyt. Ed. 5, 286 (1933). — (40) Tschesche, R., u. H. B. König, Chem. Ing. Techn. 22, 214 (1950).
(41) Wasitzky, A., Mikrochem. 11, 1 (1932). — (42) Weygand, F., Chem. Ing. Techn. 22, 213 (1950).

V. Dialyse.

Das Dialysieren dient zur Trennung von kolloid- und echtgelösten Stoffen mit Hilfe der Diffusion durch Membranen. Diese Methode ist der Ultrafiltration in gewissem Sinne (s. S. 16) ähnlich, unterscheidet sich aber von ihr dadurch, daß weder der hydrostatische Druck der filtrierenden Flüssigkeitssäule, noch sonst irgendein äußerer Druck, sondern allein der osmotische Druck der echtgelösten und daher durch die Membran diffundierenden Stoffe zur Trennung von dem kolloidalen Anteil der Lösung benützt wird. Man kann in manchen Fällen die Dialyse beschleunigen, wenn man ein elektrisches Feld anlegt (Elektrodialyse), da hierdurch der Transport der membrandurchgängigen Ionen rascher vor sich geht.

Im Prinzip wird die Dialyse so durchgeführt, daß z. B. ein zylindrisches, unten durch eine Dialysiermembran abgeschlossenes Gefäß in ein zweites größeres Gefäß gehängt wird. In das eine Gefäß kommt die zu dialysierende Flüssigkeit, in das andere das reine Lösungsmittel. Als Membran werden entweder tierische Blasen oder Därme oder besser künstlich hergestellte Dialysierhülsen[1] aus Pergamentpapier, Kollodium oder Cellit, poröse Tonzellen und ähnliches verwendet.

Die Schnelligkeit der Dialyse hängt ab von der Beschaffenheit der Membran, dem Verhältnis der Membranfläche zum Volumen der zu dialysierenden Flüssigkeit, von der Bewegung der Flüssigkeit, von der Temperatur und vom molaren Konzentrationsunterschied der Lösungen an diffundierenden Bestandteilen.

Eine Dialysieranordnung für kleine Flüssigkeitsmengen (Tropfen) beschreibt Wood (6). In den Mittelpunkt einer kleinen Glasplatte bringt man einige Tropfen Kollodium, das in passender Weise mit Äther verdünnt wurde, dreht die Glasplatte und verteilt mit einem kleinen Pinsel das Kollodium zu einer vollkommen kreisförmigen Scheibe, an deren Rand man nach dem Verdunsten des Lösungsmittels einige Tropfen Wasser bringt. Die Kollodiumscheibe löst sich dann gewöhnlich von der Glasplatte ab oder kann mittels einer Nadelspitze abgehoben werden. Ist sie durch eine Schicht Wasser von der Glasplatte getrennt, so neigt man diese um 45° und hält sie so in ein Gefäß mit Wasser, daß die Kollodiumscheibe auf der Wasseroberfläche mit völlig trockener Oberseite schwimmt. Auf diese gibt man einen Tropfen der zu dialysierenden Flüssigkeit, der von der Scheibe getragen wird. Kollodiumscheiben, bei deren Herstellung das Kollodium nur mit Äther verdünnt wurde, wirken nach Angaben des Verfassers sehr langsam; wird mit einem Gemisch von Äther und Alkohol verdünnt, so erfolgt die Dialyse schnell.

---

[1] Vgl. Klein, G., Handbuch der Pflanzenanalyse, S. 111 ff., Bd. I. Wien: J. Springer. 1931.

Ein einfaches, leicht herstellbares Gerät für das Dialysieren kleiner Mengen gibt Baer (2) an (Abb. 65). Es besteht aus drei ineinandergeschobenen Glasröhren, die ein System von 3 Zellen bilden. Die Mittelzelle, in der sich die zu dialysierende Lösung befindet, wird durch 2 Membranen von den äußeren Zellen abgegrenzt. Baer gibt für einen Apparat folgende Maße an, die aber ohne weiteres variiert und den jeweiligen Erfordernissen angepaßt werden können:

Das äußerste Rohr ist bei einem Außendurchmesser von 34,5 mm 120 mm lang. Der Abstand der beiden Ansatzrohre für den Zu- und Ablauf von Frischwasser beträgt 60 mm. Das nächste Rohr hat 26,5 mm Außendurchmesser und ist 95 mm lang, das innerste Rohr hat eine Länge von 110 mm und 20,5 mm Außen-

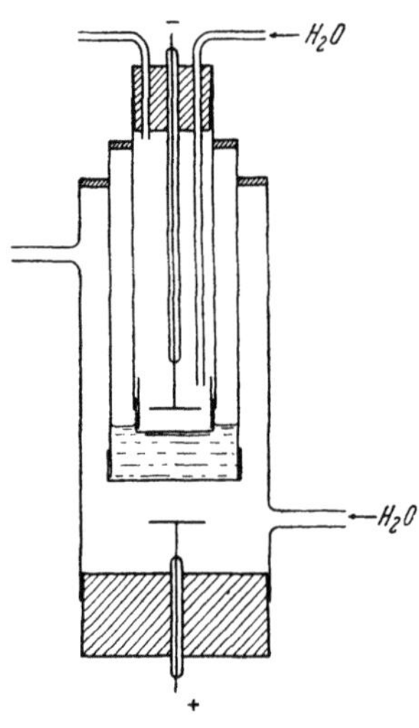

Abb. 65. Mikrodialysator nach Baer.

durchmesser. Die Rohre werden durch Gummiringe in der entsprechenden Stellung gehalten. Durch Verschieben dieser Ringe kann man das Fassungsvermögen der Mittelzelle der zu dialysierenden Lösungsmenge anpassen (2 bis 15 ml). Dabei ist darauf zu achten, daß die Membran des innersten Rohres ungefähr 2 mm tief in die Flüssigkeit der Mittelzelle eintaucht. Als Elektroden werden zwei 50 mm lange (Durchmesser 0,4 mm), zu einer flachen Spirale aufgewickelte Platindrähte verwendet, die in der üblichen Weise mit ihrer Zuführung in Glasrohre eingeschmolzen sind. In manchen Fällen können auch Bogenlampenkohlen verwendet werden. Der Zufluß des Spülwassers (dest.) für die beiden Außenzellen wird so eingestellt, daß zu Beginn der Elektrodialyse ein Tropfen pro Sekunde am Abflußrohr austritt. Die Anordnung eignet sich für eine Dauerbelastung von 25 bis 30 mA.

Eine einfache Anordnung für die *Dialyse kleiner Mengen Serum* beschreibt Voge (5). Die Dialysierhülsen werden aus einer Lösung von 3 g Pyroxylin in 80 g Äther und 20 g Alkohol in einem Zentrifugenröhrchen hergestellt. Das Serum wird in eine Pipette mit Gummihütchen aufgesaugt und in die Dialysierhülse gepreßt; diese wird an der Pipette befestigt. Man hängt die Hülse in Wasser, das durch eine einfache Vorrichtung ständig erneuert wird. Nach Beendigung der Dialyse kann sofort in die Pipette zurückgesaugt werden.

Taylor (4) und Mitarbeiter haben einen Dialysator entwickelt, bei dem die zu dialysierende Flüssigkeit zirkuliert und der vor allem dann anwendbar ist, wenn das Dialysat verdünnt werden darf (Abb. 66 a). Das Gerät besteht aus einem runden Trichter, der eine kleine Einschnürung und eine Öffnung an der Stelle *A* hat. Daran ist ein Glasstab *B* angeschmolzen, der die Verbindung zu einem Röhrchen *C* herstellt, das bei *D* ebenfalls eine Öffnung besitzt. Dieses Röhrchen *C* ist rechtwinkelig abgebogen und hat ein Ansatzrohr *E* als Zuführung des Dialysates. Ein zweiter rechter Winkel stellt die Verbindung zur kugelförmigen Erweiterung *F* her. Diese ist über ein Glasrohr mit dem runden Trichter verbunden. Durch das in *F* eingeschmolzene Rohr kann Stickstoff oder ein anderes inertes Gas eingeblasen werden, um die Flüssigkeit zur Zirkulation zu bringen. Die zylindrische, semipermeable Membran *G* wird oberhalb bzw. unterhalb der Öffnungen *A* bzw. *D* befestigt und schließt solcherart die zu dialysierende Flüssigkeit ein. Das ganze Gerät ist in einen Wassermantel eingesetzt, in dem das Wasser ständig erneuert wird. Nach Angaben der Verfasser kann man mit diesem Gerät alle dialysablen Substanzen in Kürze vollständig aus Eiweißlösungen entfernen.

Ein einfaches Gerät für die *Mikro-Elektrodialyse,* das für die Bestimmung der Gesamtbasen im Serum bzw. Harn (0,2 bzw. 0,1 ml Flüssigkeit) entwickelt wurde, aber auch für andere Zwecke mit Erfolg angewendet werden kann, wird von Keys (1, 3) beschrieben (Abb. 66 b). Die Zelle besteht aus reinen Quecksilberelektroden, die durch eine semipermeable Membran voneinander getrennt sind. Beim Anlegen der Spannung wandern die Kationen zur Kathode und bilden dort mit dem Quecksilber Amalgame. Nach Beendigung der Dialyse wird

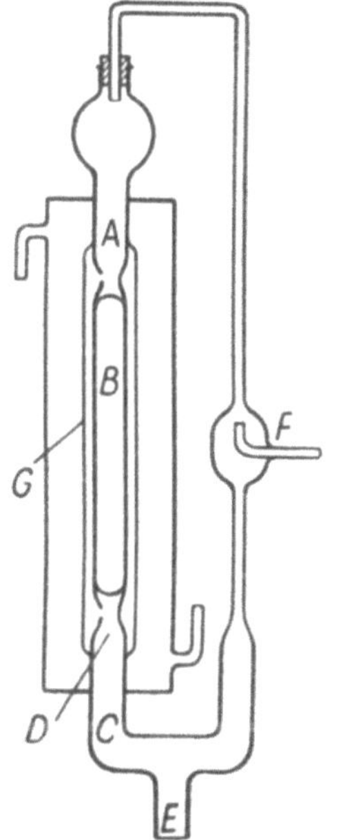

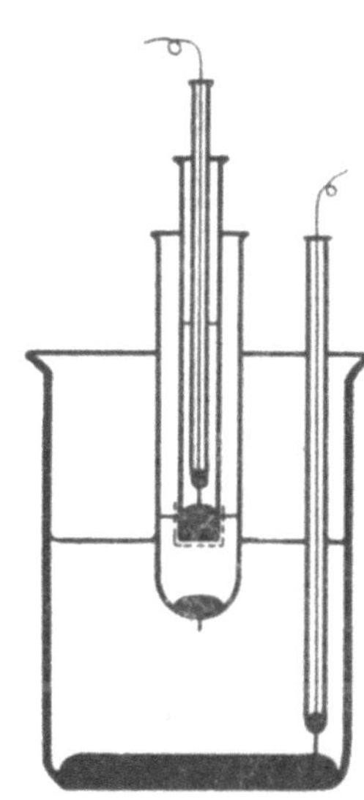

Abb. 66 a. Mikrodialysator nach Taylor.   Abb. 66 b. Gerät zur Mikroelektrodialyse nach Keys.

das Amalgam durch Schütteln mit Säure zersetzt und der Überschuß an Säure maßanalytisch bestimmt. Das Kathodengefäß besteht aus einem Röhrchen von 15 mm Durchmesser und 100 mm Länge. Ein Cellophanstreifen, der vorher einige Zeit in Wasser gelegt wurde, wird dann über das eine Ende dieses Röhrchens gespannt und entsprechend befestigt. Nach dem Trocknen werden die überstehenden Enden abgeschnitten und die Membran an dem Röhrchen mit Kollodium befestigt. In das Kathodengefäß werden ungefähr 20 g reines Quecksilber gebracht. Das Anodengefäß besteht aus einem Reagensglas (25 mm Durchmesser, 100 mm Länge), in dessen Boden ein Stück Platindraht eingeschmolzen ist. Man füllt es mit ungefähr 5 g Quecksilber. Dieses Anodengefäß wird in ein kleines Becherglas (Durchmesser ungefähr 65 mm) gegeben, das verdünnte Schwefelsäure enthält und dessen Boden mit Quecksilber bedeckt ist. Die leitende Verbindung mit einer 120-V-Gleichstromquelle wird in der üblichen Weise mit in Glas eingeschmolzenen Platindrähten hergestellt. Die zu dialysierende Flüssigkeit wird in das Anodengefäß gefüllt und bei anschließender maßanalytischer Bestimmung der Kationen eine bekannte Menge normaler Säure in das Kathodengefäß eingebracht. Man senkt nun die Kathode in die zu dialysierende Flüssigkeit und schließt die Spannung an. Solange sich im

Anodengefäß Blasen entwickeln, ist die Dialyse noch nicht beendet. Für die angegebenen Mengen Serum bzw. Harn sind nach Angaben des Autors 25 bis 60 Minuten Dialysezeit nötig.

Literatur.

(1) Adair, G. S., u. A. Keys, J. Physiol. **81**, 162 (1934).
(2) Baer, E., Kolloid-Z. **46**, 176 (1928).
(3) Keys, A., J. Biol. Chem. **114**, 450 (1936).
(4) Taylor, A., A. Parpart u. R. Ballentine, Ind. Eng. Chem., Analyt. Ed. **11**, 659 (1939).
(5) Voge, C. J. B., Biochemic. J. **23**, 185 (1929).
(6) Wood, R. W., J. Physic. Chem. **27**, 565 (1923).

VI. Umkristallisieren.

Das Kristallisieren ist ein Vorgang, der bei der Reinigung von Substanzen von größter Bedeutung ist, weil bei der Kristallbildung Verunreinigungen weitgehend ausgeschaltet werden können. Wenn daher organische Substanzen leicht zur Kristallisation gebracht werden können, so ist deren Reinigung und Identifizierung in der Regel einfach. Aus diesem Grunde ist der Chemiker bemüht, Substanzen im kristallisierten Zustand zu erhalten oder kristallisierende Derivate davon herzustellen. Als Kriterium der Reinheit wird dann z. B. der Schmelzpunkt bestimmt. Vielfach müssen jedoch zum Zwecke der vollständigen Reinigung Stoffe, die sich beim Abkühlen oder Einengen einer Lösung in Kristallform abscheiden, umkristallisiert werden.

Für das Kristallisieren und Umkristallisieren ist die Wahl des geeigneten Lösungsmittels von entscheidender Bedeutung. Die Substanz soll in dem Lösungsmittel in der Siedehitze leicht, in der Kälte aber schwer löslich sein. Dann scheidet sie sich beim Erkalten einer heiß gesättigten Lösung mehr oder minder vollständig ab. Die abzutrennenden Begleitstoffe müssen leichter löslich sein als die zu reinigende Substanz, damit sie beim Erkalten in der Mutterlauge gelöst zurückbleiben. Auch der umgekehrte Fall, geringere Löslichkeit der Begleitstoffe, ermöglicht deren allerdings nicht so vollständige Abtrennung. Beim Lösen einer Substanz beginnt man mit einer zur vollständigen Auflösung nicht ganz hinreichenden Flüssigkeitsmenge, hält lebhaft im Sieden und gibt erst dann weitere Mengen Lösungsmittel zu, wenn man sieht, daß keine Substanz mehr in Lösung geht. Dann wird, falls die Lösung nicht klar ist, heiß filtriert bzw. zentrifugiert und rasch in ein reines Gefäß abgegossen. Wenn möglich, vermeidet man das Filtrieren, um Substanzverluste auszuschließen.

Die Geschwindigkeit, mit der organische Stoffe auskristallisieren, schwankt innerhalb weiter Grenzen und auch die Neigung, übersättigte Lösungen zu bilden, ist mitunter groß. Oft läßt sich schon durch Einimpfen weniger Kriställchen in die Lösung oder durch Rühren mit einem Glasstab die Übersättigung aufheben und die kristalline Abscheidung beschleunigen.

Als allgemeine Richtlinie für die Wahl des Lösungsmittels kommen folgende Grundsätze in Frage:

Kohlenwasserstoffe werden meistens aus Petroläther, Benzol, Toluol und deren Homologen, hydroxylhaltige Stoffe, so z. B. Alkohole, Zucker, aber auch einfache Carbonsäuren aus Wasser oder Alkohol, Säuren aus Eisessig umkristallisiert.

Bei Lösungsversuchen, die vor dem Umkristallisieren kompliziert gebauter organischer Verbindungen auf alle Fälle durchzuführen sind, beginnt man am

besten zuerst mit Wasser, Alkohol, Benzol, Chloroform und Äther. Erst bei
Versagen dieser Lösungsmittel greift man zu den seltener verwendeten Solventien,
wie Dioxan, Eisessig, Essigester, Pyridin, Aceton u. a.

Auch die Verwendung zweier miteinander mischbarer Lösungsmittel ist
oft ein wertvolles Hilfsmittel zur Reinigung. Man verfährt dabei so, daß man
zur konzentrierten Lösung des zu reinigenden Stoffes tropfenweise das zweite
Lösungsmittel, in dem sich die Substanz schlechter löst, zusetzt, bis gerade eine
feine Trübung auftritt. Durch Reiben mit einem Glasstab an der Gefäßwand
wird dann die Kristallisation angeregt. Schwer kristallisierbare Stoffe schmieriger
Konsistenz müssen oft wochenlang stehen, bis sie endlich kristallisieren.

Bei der Wahl des Lösungsmittels ist auch auf dessen chemische Indifferenz
zur Substanz zu achten. Es darf zu keiner chemischen Reaktion zwischen beiden
Stoffen kommen (z. B. Veresterung von Säuren durch Alkohol).

Während man für Mengen bis ungefähr 0,1 g (Mindestvolumen 10 ml) noch
kleine Erlenmeyerkolben als Geräte für das Umkristallisieren verwendet, muß
man beim Verarbeiten von Zentigrammmengen bereits
anders verfahren. Da dabei das Gesamtvolumen nur
wenige Milliliter beträgt, wird man an Stelle der Erlen-
meyerkölbchen kurze Röhrchen mit rundem Boden
(Abb. 67) als Gefäße gebrauchen, die zweckmäßiger-
weise mit einem Ausgußschnabel und einem Stiel zum
Halten versehen sind.

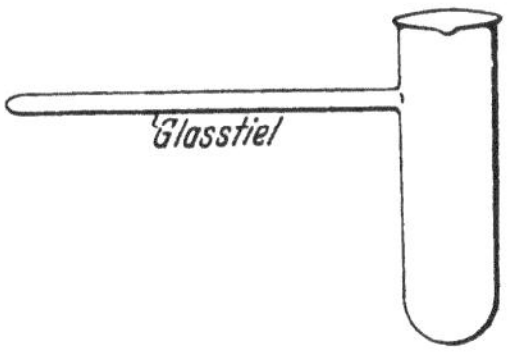

Die Verwendung von Rückflußkühlern bei der Herstellung der Lösung erübrigt sich in den meisten Fällen,
da selbst beim Arbeiten über einer offenen Flamme die

Abb. 67. Mikrobecher mit
Stiel.

Gefahr des ungewollten Entzündens nicht mehr besteht und die Dauer des
Lösungsvorganges meist sehr kurz ist. Häufig werden überschüssige Lösungsmittel wegzukochen sein. Man kann dann einfach die an der Mündung ent-
weichenden Dämpfe entzünden, sofern das Lösungsmittel mit nichtrußender
Flamme brennt, wie z. B. Äther, Alkohol oder Petroläther. Eine andere Möglichkeit ist das Absaugen der Dämpfe durch ein in das Gefäß eingehängtes Knierohr mit der Wasserstrahlpumpe.

Muß zur vollständigen Auflösung längere Zeit erhitzt werden, so ist darauf
zu achten, daß das Verdunsten von Lösungsmittel möglichst verhindert wird.
Wenn nämlich z. B. bei einer Makromethode von 100 ml einer ätherischen Lösung
1 ml verdunstet, kann die dadurch eintretende Konzentrationsänderung vernachlässigt werden. Wenn jedoch beim Arbeiten mit kleinen Substanzmengen
von 2 ml ätherischer Lösung 1 ml verdunstet, so bedeutet dies eine Konzentrationsänderung von 50%, so daß die gelösten Stoffe unter Umständen schon ausfallen
können, bevor noch filtriert wurde. Anderseits sind aber solche Verluste an
Lösungsmittel, da es sich nur um 1 bis 2 ml Gesamtmenge handelt, jederzeit
leicht zu ersetzen. Unter Verwendung des *Kühlrohres* kann der Verlust an
Lösungsmittel weitgehend vermieden werden (s. S. 40).

Bei Verwendung von niedrigsiedenden Lösungsmitteln (bis 90° C) wird das
Reaktionsgefäß in ein Becherglas mit heißem Wasser getaucht. Sobald die
Flüssigkeit zu sieden beginnt, wird es herausgenommen und durch abwechselndes
Eintauchen und Herausheben des Gefäßes die Flüssigkeit im Sieden erhalten.
Bei Verwendung von Lösungsmitteln mit einem Kp. über 90° C und bei einer
Erhitzungsdauer bis zu 10 Minuten wird das Gefäß an den Rand einer klein-
gestellten Bunsenflamme gehalten, um die Siedetemperatur zu erreichen, und
der obere Rand des Reaktionsgefäßes etwa 20 mm breit zwecks Kühlung mit
mehreren Lagen von angefeuchtetem Filtrierpapier umwickelt. Wenn jedoch

länger erhitzt werden muß, verwendet man, um Verluste an Lösungsmittel zu vermeiden, das sogenannte *Kühlrohr* (Abb. 68). Es ist dies ein Glasrohr von etwa 200 mm Länge und 2,5 bis 3 mm lichter Weite, das mit 4 bis 5 kugelförmigen Erweiterungen versehen ist und mit einigen Lagen feuchten Filtrierpapiers umwickelt werden kann. Durch öfteres Bespritzen mit kaltem Wasser ist die Kühlung auch bei länger dauerndem Erhitzen wirksam. Man kann auch

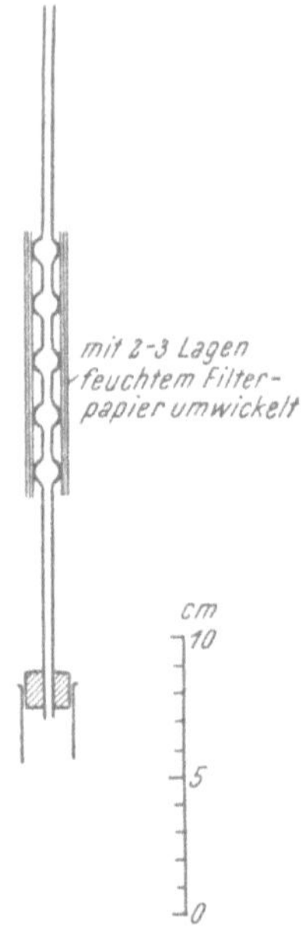

Abb. 68. Kugelkühlrohr.

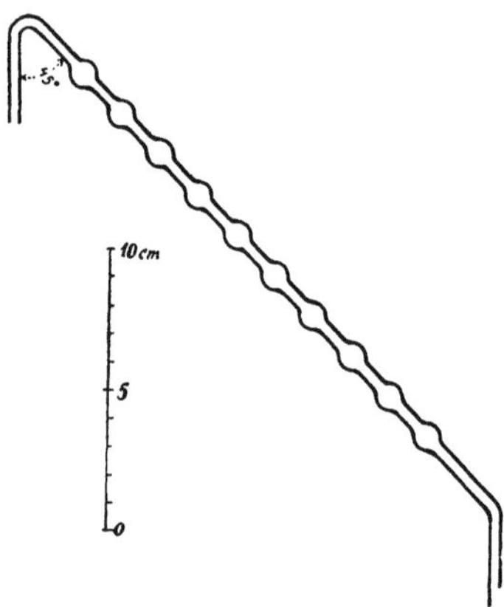

Abb. 69. Kugelkühlrohr zum Abdestillieren.

ein *schräges Kugelkühlrohr* (Abb. 69) verwenden, das mit seinem stumpfwinkeligen Ende auf das Reaktionsgefäß aufgesetzt wird. Es wird wie bei der Wasserdampfdestillation (Abb. 118, s. S. 66) gekühlt. Bei längerem Erhitzen bringt man das Reaktionsgefäß je nach der Siedetemperatur des Lösungsmittels in ein entsprechendes Temperaturbad (s. S. 86).

Zur Verhinderung von Siedeverzügen können Platinblechschnitzel oder kleine Platindrahtstückchen in das Gefäß gegeben werden. Auch am Gefäßboden festgeschmolzene Stücke von Glasfritten leisten gute Dienste, nur ist darauf zu achten, daß nach Gebrauch das Gefäß sorgfältig gereinigt wird. Zur Beschleunigung der Auflösung rührt man mit kleinen Glasstäben, die am Ende etwas abgebogen und breitgedrückt sind (Abb. 70).

Nachdem die zu reinigende Substanz in Lösung gebracht worden ist, muß von nichtlöslichen Verunreinigungen getrennt werden. Dabei bedient man

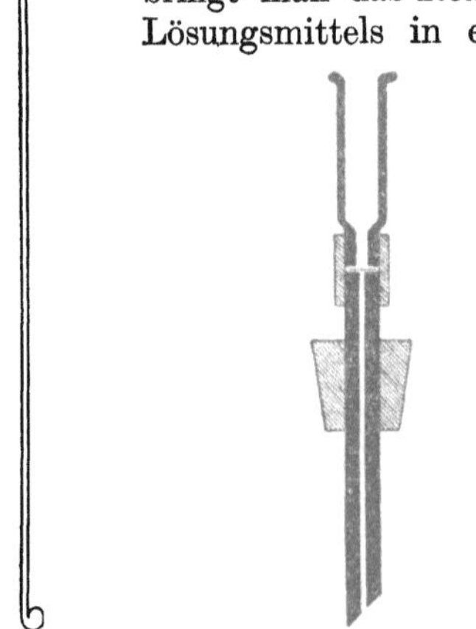

Abb. 70. Rührer.   Abb. 71. Schwinger-Nutsche.

sich, wenn immer möglich, des Zentrifugierens, weil dabei die Trennung des festen Stoffes von der Flüssigkeit vollständiger ist als beim Absaugen. Neben den bereits auf S. 17 gezeigten Zentrifugengläschen sei an dieser Stelle noch besonders auf die Schwinger-Nutsche (5) (Abb. 71) sowie auf die Preglsche

Zentrifugalnutsche (6) (Abb. 72) verwiesen. Beide Geräte wurden speziell für das Umkristallisieren kleiner Substanzmengen entwickelt und bewähren sich vorzüglich.

Soll nach dem Lösen vom Rückstand filtriert werden, so bedient man sich meistens der *Saugfiltration*, in einigen Fällen (insbesondere bei Verwendung von niedrigsiedenden Lösungsmitteln) der *Druckfiltration*. Die anwendbaren Filtergeräte wurden bereits an anderer Stelle beschrieben (s. S. 12 ff.). Für *Heißfiltration* wird auf das in Abb. 73 gezeigte Gerät verwiesen (1). Es ist dies ein PREGLSCHER Mikrotrichter (7), der mit einem Mantel umgeben ist, durch den der Dampf des verwendeten Lösungsmittels geleitet wird, der sich im Kühler *A* kondensiert. Mit dem eingesetzten T-Rohr ist dieses Gerät auch für Druckfiltrationen anwendbar.

Auf die von BLOUNT (2) beschriebene Anordnung zum Umkristallisieren soll besonders aufmerksam gemacht werden (Abb. 74). Zunächst

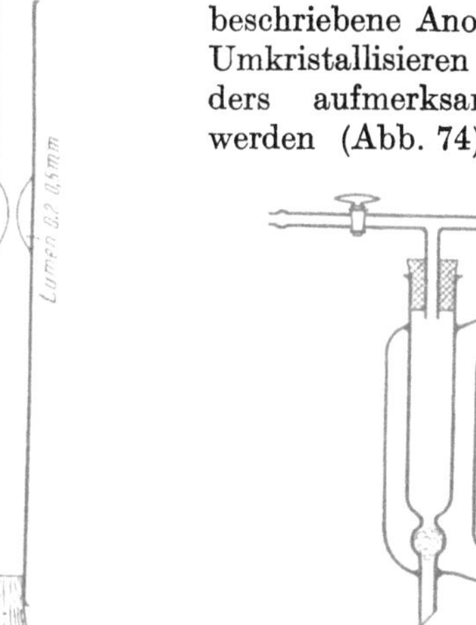

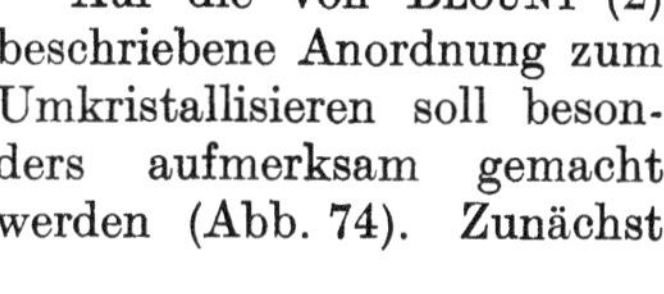

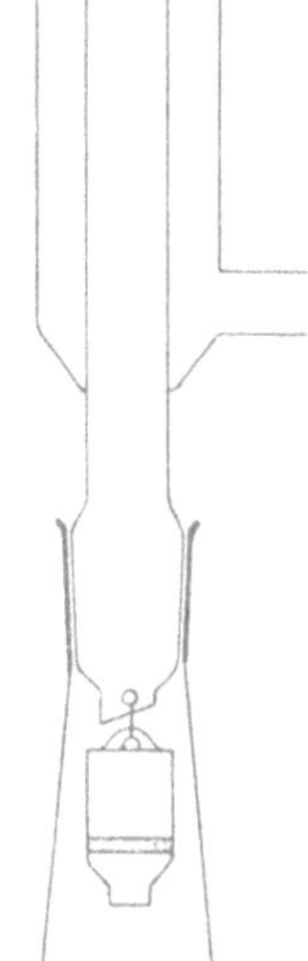

Abb. 72. Zentrifugalnutsche nach PREGL.

Abb. 73. Anordnung für Heißfiltration.

Abb. 74. Anordnung zum Umkristallisieren nach BLOUNT.

wird der Frittentiegel auf eine normale Saugflasche aufgesetzt und die umzukristallisierende Substanz in der üblichen Weise darauf gesammelt. Nach dem Reinigen der Außenseite des Tiegels wird dieser am unteren Ende des Kühlers aufgehängt und in den Schliff-Erlenmeyerkolben das zu verwendende Lösungsmittel gegeben. Man erhitzt mäßig, wobei der zu reinigende Stoff durch das Kondensat herausgelöst wird. Nach dem Auskristallisieren wird durch denselben Filtertiegel filtriert und, wenn nötig, dieser Vorgang wiederholt. Der Autor empfiehlt die Verwendung von G 1- und G 2-Fritten. Selbstverständlich sind auch andere Mikroextraktoren für den gleichen Zweck brauchbar.

Die filtrierte Lösung ist, da man ja das Lösungsgefäß auch noch ausspülen muß, in den meisten Fällen für die Kristallisation zu sehr verdünnt und muß konzentriert werden. Dies geschieht durch vorsichtiges Abdunsten bzw. Abdampfen, wobei darauf zu achten ist, daß kein Siedeverzug auftritt, was durch Einstellen eines Platinspatels sehr leicht erreicht werden kann.

Die seit einiger Zeit von der Firma Heraeus (Hanau, Deutschland) in den Handel gebrachten *Mikro-Oberflächenverdampfer* eignen sich vorzüglich zum Konzentrieren von Lösungen, wobei Verluste durch Siedeverzug oder Verspritzen ausgeschlossen sind. Auch der *Trockenstrahler* der Firma Philips ist zu empfehlen.

Die Kristallisation kann durch Abkühlen auf tiefere Temperatur wesentlich beschleunigt und in der üblichen Weise durch Kratzen der Gefäßwand mit einem feinen Glasstab eingeleitet werden. Auch das Impfen mit Kriställchen, die vor dem Lösen der umzukristallisierenden Substanz zurückgehalten wurden, wird häufig die Kristallisation einleiten. Niedrigschmelzende Substanzen sollen nur sehr langsam zum Auskristallisieren gebracht werden, um ölige Abscheidung zu vermeiden. Auf die Einleitung der Kristallisation durch Zusatz eines anderen Lösungsmittels wurde schon hingewiesen (s. S. 39). Dabei soll auf folgendes geachtet werden: Der Zusatz zu großer Mengen Fällungsmittel ist zu vermeiden, da sonst häufig Abscheidung in öligem oder schmierigem Zustand stattfindet. Hat man eine Substanz in Alkohol, Eisessig oder Aceton gelöst, so gibt man meist Wasser zu, während bei Salzen organischer Säuren der Vorgang umgekehrt ist, d. h. man löst in Wasser und versetzt mit Alkohol oder Aceton. Zur Lösung einer Substanz in Äther, Essigester, Benzol oder Chloroform fügt man am besten Petroläther zu. Pyridinlösungen können mit Wasser, Äther oder Alkohol versetzt werden. Folgende Mischungen kommen noch in Betracht: Benzol-Chloroform, Benzol-Pyridin, Benzol-Aceton, Aceton-Chloroform, Alkohol-Chloroform, Alkohol-Äther, Pyridin-Toluol, Chloroform-Essigester u. a.

Die Löslichkeit der auszuscheidenden Substanz kann auch durch Zugabe von Salzen verkleinert werden. Man nennt diese Operation *Aussalzen* und macht von ihr vor allem bei der Gewinnung von Farbstoffen bzw. deren Salzen aus ihren wäßrigen Lösungen Gebrauch. Es werden dazu anorganische Salze, wie Natriumchlorid, Natriumsulfat, Ammoniumsulfat, Kaliumcarbonat und ähnliches, entweder als feste Salze oder auch als konzentrierte Lösungen, zugefügt. Die Aussalzmethode wird auch häufig in der Eiweißchemie verwendet. Die dafür gegebenen Vorschriften sind jeweils der Spezialliteratur zu entnehmen.

Gefärbte Verunreinigungen können auf verschiedene Weise entfernt werden. Am häufigsten erfolgt die Entfernung durch ein *Adsorptionsmittel*, das der betreffenden Lösung zugesetzt und nach dem Aufkochen durch Filtrieren entfernt wird. Das Adsorptionsmittel nimmt dabei die Verunreinigung auf. Man trachtet, mit möglichst wenig Adsorptionsmittel zu arbeiten, da an diesem manchmal die zu reinigende Substanz adsorbiert werden kann. Das am meisten verwendete Adsorptionsmittel ist *Tierkohle*. Man achte darauf, daß oft feinste Teilchen der Kohle die Filtriervorrichtung durchlaufen und dann die ausgeschiedenen Kristalle färben. Dies kann vermieden werden, indem man entweder ein dichteres Filtermaterial wählt oder nochmals (durch dasselbe Filter) filtriert. Andere Adsorptionsmittel, die fallweise zum Entfärben angewendet werden, sind: Fullererde, Kieselgur, Silicagel, Talkum oder Bolus alba.

Trübe Lösungen werden häufig so geklärt, daß der Lösung ein Fällungsmittel zugesetzt wird. Dabei kann man entweder der zu klärenden Lösung Tonerde, Kieselgur, Talkum und ähnliches unter fallweiser gleichzeitiger Zugabe von kleinen Papierschnitzeln zusetzen oder in der Lösung eine Fällung erzeugen. Enthält die trübe Lösung einen fällbaren Stoff, so braucht nur das Fällungsmittel zugefügt werden. Wenn dies nicht der Fall ist, setzt man zuerst Bleiacetat- oder Bariumchloridlösung zu und fällt dann mit Sodalösung (bzw. Aluminiumsulfat und Bariumhydroxyd). Mit dem so erzeugten Niederschlag werden die die Kristallisation störenden Verunreinigungen mitgerissen und abfiltriert. Eine weitere Möglichkeit, die allerdings nur anwendbar ist, wenn der zu reinigende Stoff nicht gleichzeitig angegriffen wird, ist das Zugeben von Oxydationsmitteln (Kaliumpermanganat, Wasserstoffperoxyd, manchmal auch Salpetersäure) oder Reduktionsmitteln.

Nach dem Auskristallisieren müssen die Kristalle von der Mutterlauge abgetrennt werden. Dabei bedient man sich je nach Art des Kristallisates entsprechender Filtriervorrichtungen. Gut ausgebildete Kristalle werden mit einem der üblichen Saugfilter gesammelt. WEYGAND (9) empfiehlt, ein Porzellanfilterstäbchen auf eine Saugeprouvette aufzusetzen (Abb. 75). Da die Flüssigkeit tropfenweise aufgebracht wird, ist ein Überfließen ausgeschlossen. Auch das Auswaschen gelingt leicht. Nach dem Absaugen läßt sich der Rückstand leicht abheben.

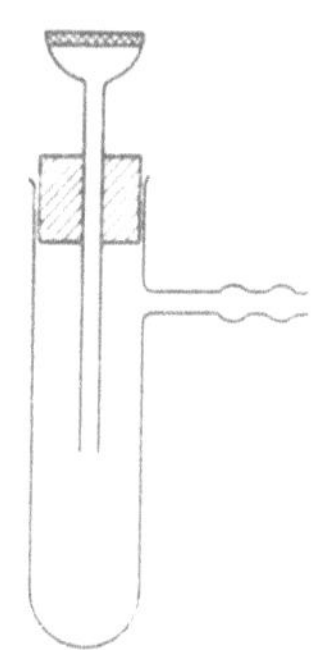
Abb. 75. Absaugvorrichtung nach WEYGAND.

Feinpulverige Abscheidungen werden mit der *automatischen Filtrationseinrichtung* abgesaugt, die PREGL (8) für das Absaugen des Halogenniederschlages empfiehlt. Häufig wird man jedoch auch in diesem Falle von der Zentrifuge Gebrauch machen. Dabei ist darauf zu achten, daß die gelöste Substanz nach dem Filtrieren sogleich in ein Zentrifugengläschen übergeführt wird — gegebenenfalls durch vorsichtiges Eindampfen konzentrieren! — und die Kristalle nach dem Auskristallisieren abzentrifugiert werden. Arbeitet man in kleinen Reagensgläsern, so können die letzten Flüssigkeitsreste nach dem Dekantieren entfernt werden, indem man einen Filterpapierstreifen bis zum Bodenkörper in das Röhrchen einschiebt und die Flüssigkeitsreste aufsaugen läßt (Abb. 76). Die noch in der festen Substanz enthaltenen Flüssigkeitsanteile lassen sich zum großen Teil durch *Abpressen mit der Filterpapierrolle* entfernen (Abb. 77). Diese stellt man so her, daß man einen Filterpapierstreifen von 150 bis 200 mm Breite und entsprechender Länge möglichst dicht zusammenrollt. Die Länge des Streifens richtet sich nach dem Durchmesser des verwendeten Gläschens. Die Rolle muß gleitend in das Zentrifugenglas passen und darf auf keinen Fall in der Mitte einen Hohlraum haben. Beim Aufpressen auf die feste Substanz bleiben, insbesondere wenn sie kristallinisch ist, nur Spuren auf dem Rollenende haften. Die auf diese Weise abgepreßte Substanz läßt sich dann mit einem Spatel ent-

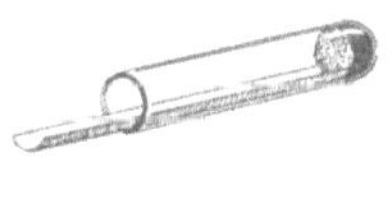

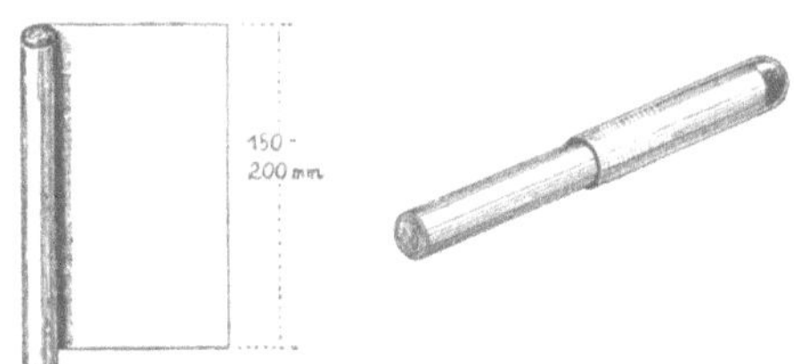

Abb. 76. Entfernen von Flüssigkeitsresten nach dem Zentrifugieren.

Abb. 77. Herstellung und Handhabung der Filterpapierrolle.

sprechender Größe leicht aus dem Zentrifugengläschen entfernen. Das Ende der Rolle wird nach Gebrauch mit einem scharfen Messer plan abgeschnitten, so daß die Rolle wieder verwendet werden kann.

Zum möglichst verlustlosen Umkristallisieren kleiner Substanzmengen gibt CRAIG (3) eine Apparatur an, die man auch mit einfachen Mitteln selbst herstellen kann. Die in einem beliebigen Gefäß in Lösung gebrachte Substanz wird nach Abb. 78 a abgesaugt. Ein einfaches Filterstäbchen, bestehend aus einem Glasröhrchen von 2 mm Innendurchmesser, das am unteren Ende auf 3 bis 4 mm erweitert und plangeschliffen ist, wird in die aus der Abbildung ersichtliche Form zurechtgebogen. Auf das plangeschliffene Ende wird ein Filterpapierscheibchen gelegt, das mittels eines ebenfalls geschliffenen Glasringes und eines Platindrahtes festgehalten wird. Durch Anlegen eines schwachen Unterdruckes wird in bekannter Weise die Lösung in das Kristallisier- und

Zentrifugiergefäß übergesaugt. Zum verlustfreien Abtrennen der Kristalle von der Mutterlauge dient die in Abb. 78 b gezeigte Anordnung, die zu diesem Zweck in eine Zentrifugierhülse gestellt wird. Die beiden Dichtungsringe bestehen aus Blei oder Zinn. Weitere Einzelheiten ergeben sich aus der Abbildung. Zum Auskristallisieren wird die Anordnung verkehrt, d. h. auf den Gummistopfen, der als Verschluß dient, gestellt. Für Mengen von wenigen Milligramm Substanz dient die in Abb. 78 c gezeigte Vorrichtung. Das in der Abbildung mit der Öffnung nach unten zeigende Kristallisationsröhrchen hat einen Innendurchmesser von ungefähr 6 mm. Der zum Zurückhalten der Kristalle dienende Glasknopf braucht in beiden Fällen nicht eingeschliffen zu sein. Die Enden der Röhren müssen nur vollkommen geradlinig abgesprengt und rundgeschmolzen sein.

Ein Gerät, das sich zum Umkristallisieren und Sammeln von Mengen unter 1 g gut bewährt hat, zeigt die Abb. 78 d. Es ist so dimensioniert, daß es in ein

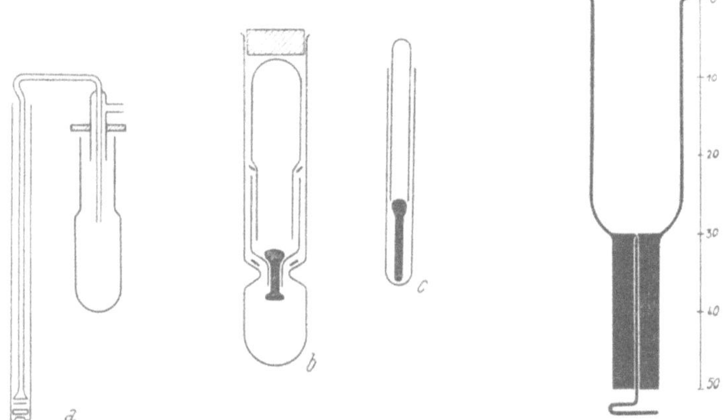

Abb. 78 a, b, c. Geräte zum Umkristallisieren kleiner   Abb. 78 d. Gerät zum Umkristallisieren
Substanzmengen nach Craig.   von Mengen unter 1 g.

gewöhnliches Zentrifugenglas eingehängt werden kann. Die angesetzte Kapillare ist an der Verbindungsstelle zum weiteren Teil eingeschnürt. Von unten her wird in die Kapillare ein genau passender, am Ende zugespitzter Draht eingeschoben, der als Verschluß der Kapillare während des Lösungsvorganges dient. Nach dem Auskristallisieren wird der Draht entfernt und das Röhrchen in das Zentrifugenglas eingehängt. Die Kristalle sammeln sich am Boden des Röhrchens, ohne durch die Kapillare in die Mutterlauge zu gelangen. Soll zum Lösen der Substanz erhitzt werden, so hält man das Gefäß in den Dampfstrom. Auf diese Weise kann darin mehrmals kristallisiert werden.

Schließlich sei eine viel zu wenig bekannte Methodik von Fuchs (4) beschrieben, die dazu dient, *Mengen von 2 bis 3 mg Substanz unmittelbar in der Schmelzpunktkapillare umzukristallisieren.* Die Substanz, mit der schon eine Schmelzpunktbestimmung durchgeführt wurde, wird in der Kapillare nach und nach mit einer Mikropipette unter Erwärmen mit Lösungsmittel versetzt, bis sie sich vollständig gelöst hat. Zur Beschleunigung der Lösung kann mit einem Platindraht oder mit feinen Glasfäden gerührt werden, die am Ende zu einem kleinen Kügelchen zusammengeschmolzen sind. Das Erwärmen geschieht durch Eintauchen der Kapillare in ein entsprechend temperiertes Bad. Nach dem Auskristallisieren wird zentrifugiert und die Mutterlauge mit einer Mikropipette, d. i. einer Glaskapillare von ungefähr 0,2 mm Innendurchmesser, entfernt.

Schwer lösliche Substanzen werden im zugeschmolzenen Röhrchen umkristallisiert. Dabei ist darauf zu achten, daß schon zu Beginn ein etwas längeres
Schmelzpunktröhrchen gewählt wird. Ist die heiße Lösung vor dem Auskristallisieren zu filtrieren, so geht man wie folgt vor: Zunächst gibt man zu
der umzukristallisierenden Substanz genügend Lösungsmittel und verjüngt das
Röhrchen etwas oberhalb des Flüssigkeitsspiegels. Bis zu dieser Verjüngungs-
stelle wird ein kleiner Pfropf Asbestwolle eingeschoben und durch abermaliges Ver-
jüngen des Röhrchens befestigt. Die Schmelzpunktkapillare wird nun auch
am anderen Ende verschmolzen und die Substanz durch Erwärmen gelöst.
Zum Filtrieren dreht man das Röhrchen um 180° und zentrifugiert.

Eine zweite Möglichkeit, der FUCHS (4) den Vorzug gibt, ist folgende: Man legt
das Röhrchen so in ein Reagensglas, daß der Teil mit der Lösung nach außen zeigt.
Nun wird dieser Teil bei horizontaler Lage des Reagensglases erhitzt. Das Lösungsmittel gerät ins Sieden und die entstandenen Dämpfe drücken die Lösung durch
das Filter. Durch sofortiges Schleudern des noch heißen Reagensglases kann
man verhindern, daß die Lösung wieder durch das Filter zurückgesaugt wird.

Hinsichtlich weiterer Methoden zum Ausfällen von Kristallen durch Zugabe
eines anderen Lösungsmittels, zum Waschen und Trocknen von Kristallen sowie
zum Sublimieren, wobei in jedem Falle Schmelzpunktröhrchen verwendet
werden, wird auf die Originalarbeit von FUCHS verwiesen.

Literatur.

(1) BERNHAUER, K., Einführung in die organisch-chemische Laboratoriumstechnik, S. 93, 5. Aufl. Wien: Springer-Verlag. 1947.
(2) BLOUNT, B. K., Mikrochem. 19, 162 (1935/36).
(3) CRAIG, L. C., Ind. Eng. Chem., Analyt. Ed. 12, 773 (1940).
(4) FUCHS, A., Mh. Chem. 43, 129 (1922).
(5) PREGL, F., Die quantitative organische Mikroanalyse, S. 244, 3. Aufl. Berlin:
J. Springer. 1930. — (6) ebenda, S. 245. — (7) ebenda, S. 243. — (8) ebenda, S. 144.
(9) WEYGAND, C., Organisch-chemische Experimentierkunst, S. 94. Leipzig:
J. A. Barth. 1938.

VII. Destillation.

Das Destillieren ist ein Verfahren, das zur Reinigung einer Flüssigkeit oder
eines festen Stoffes bzw. zum Trennen von Gemischen flüssiger oder fester Stoffe
verwendet wird. Beim praktischen Arbeiten ist zwischen Destillation und
fraktionierter Destillation zu unterscheiden. Beim Arbeiten mit kleinen
Flüssigkeitsmengen ist diese Unterscheidung noch genauer zu treffen als bei
Arbeiten im Makromaßstab.

Bei der Destillation handelt es sich um die Trennung einer flüchtigen
Komponente von einer nichtflüchtigen — eine Operation, die schon mit verhältnismäßig einfachen Geräten durchführbar ist. Bei der Fraktionierung, also
bei der Trennung zweier oder mehrerer flüchtiger Komponenten durch Destillation,
ist auch bei kleinen Mengen Destillationsgutes die *Verwendung von Kolonnen*
unumgänglich notwendig, wenn genaue Ergebnisse erzielt werden sollen.

Es ist ferner noch zwischen Destillation unter Atmosphärendruck, Destillation
bei Wasserstrahlvakuum (10 bis 20 mm Hg), Vakuumdestillation mit der Öl-
pumpe (1 bis 2 mm Hg) und der Hochvakuumdestillation zu unterscheiden.
Bei der Destillation unter Atmosphärendruck ist es bei Arbeiten mit kleinen
Flüssigkeitsmengen (unter 0,5 ml) des öfteren ratsam, die Substanz in Asbestwolle aufzusaugen oder über eine Lage von Glasperlen zu verteilen, um Siede-
verzüge zu vermeiden. Bei Vakuumdestillationen ist es empfehlenswert, auch

bei kleinen Mengen Destillationsgutes *Siedekapillaren* zu verwenden oder nach BOEGEL (9) die bei der Siedepunktsbestimmung von SIWOLOBOFF (56) benutzten *Siederöhrchen* zu gebrauchen, wodurch der Einsatz einer Kapillare entfällt.

Das Erhitzen der Gefäße erfolgt in den meisten Fällen nicht direkt mit freier Flamme, sondern mit entsprechenden Heizbädern (Ölbädern, Metallbädern), da hiermit die Temperatur leicht *geregelt* werden und auch eine *Temperaturmessung* erfolgen kann, denn bei vielen in der Literatur angeführten Geräten ist eine Temperaturmessung im Kondensationsraum nicht möglich.

1. Einfache Destillation.

Trennungen einer flüchtigen Komponente von einer nichtflüchtigen können bei einer Menge von 1 bis 0,05 ml Flüssigkeit im EMICHschen *Destillationsröhrchen* (22) vorgenommen werden. Dieses Gerät (Abb. 79) besteht aus einem 50 bis 60 mm langen Glasröhrchen, das bei einer Wandstärke von ungefähr 0,8 mm einen äußeren Durchmesser von 5 bis 8 mm besitzt. Das Röhrchen ist an einem Ende zugeschmolzen und zu einem kurzen Stiele ausgezogen, der zum Festhalten des Röhrchens beim Erhitzen dient.

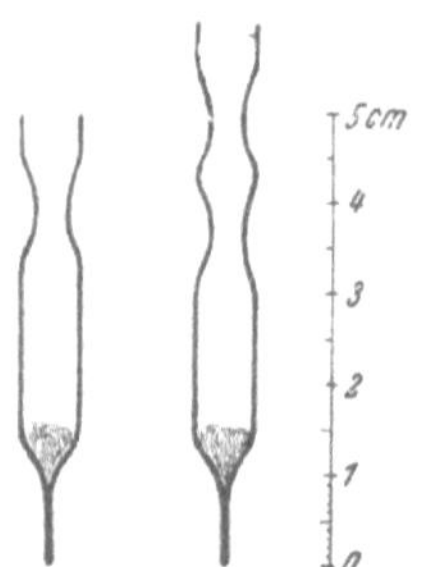

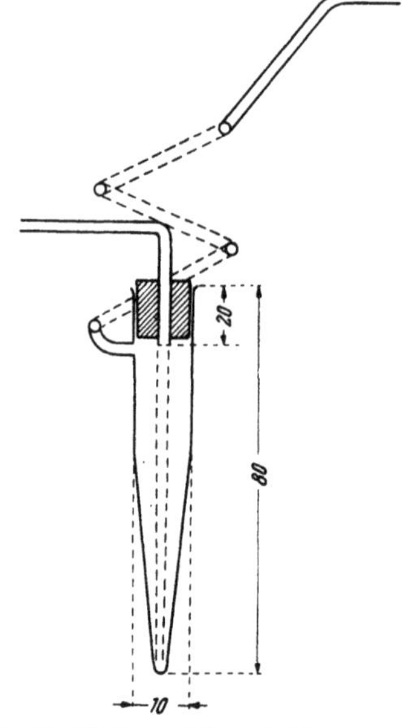

Abb. 79. Destillationsröhrchen nach EMICH.   Abb. 80. Destillationsgefäß nach KLADISCHTSCHEFF.

Das Glasrohr besitzt in der Mitte eine, für niedrigsiedende Substanzen zwei Verengungen. Auf dem Boden des Gerätes befindet sich etwas gereinigte Asbestwolle, worin die zu destillierende Substanz aufgesaugt wird. Zur Destillation wird das Röhrchen langsam über einem Mikrobrenner unter stetem Drehen erhitzt, wobei sich das untere Ende ungefähr 5 cm über der Flamme befindet. Sobald sich ein kleiner Siedering bildet, der die Einschnürung passiert, wird das Erhitzen abgebrochen und das Röhrchen fast horizontal gelegt. Das Destillat, das sich als Tröpfchen ansammelt, wird mit einer Siedepunktkapillare abgesaugt, der restliche Anteil in die Asbestwolle zurückzentrifugiert und das Erhitzen wiederholt. Auf diese Weise ist es möglich, bis zu 15 Fraktionen zu erhalten.

KLADISCHTSCHEFF (34) beschreibt eine einfache Anordnung, die aus zwei symmetrischen Teilen besteht, von denen jeder abwechselnd einmal als Destillationsgefäß, ein anderes Mal als Vorlage dient (umkehrbarer Destillationsapparat). Nach Angabe des Verfassers gelingt es, mit diesem Gerät nach zehnmaliger Destillation eine Menge von 0,5 bis 1 ml eines Gemisches von Methyl- und Äthylalkohol völlig zu trennen. In Abb. 80 ist ein Element dieses Gerätes dargestellt. Das konische Gefäß ist ungefähr 80 mm lang und hat einen Durchmesser von 10 mm. Die untere Hälfte dieses Röhrchens ist mit einer Graduierung zur Ablesung der gewonnenen Menge Destillat versehen, wenn es als Rezipient verwendet wird. Ungefähr 20 mm unterhalb des Randes ist ein Glasrohr von 6 mm Außendurchmesser angeschmolzen, das spiralförmig gewunden ist und

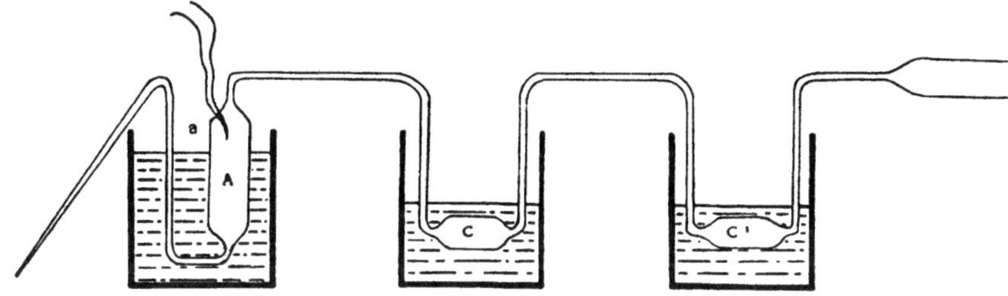

Abb. 81. Destillationsapparat nach PREGL-SMITH.

als Kühler dient. Ein in das Röhrchen mit einem Gummistopfen eingesetztes Glasrohr wird entweder zum Anschließen der Anordnung an die Wasserstrahlpumpe (das Rohr endet knapp unterhalb des Stopfens) oder als Siedekapillare — in diesem Falle reicht es bis zum Boden des Röhrchens — verwendet. Beide Gefäße werden spiegelsymmetrisch mittels eines Gummischlauches an den Kühlschlangen miteinander verbunden und in warmes bzw. kaltes Wasser eingetaucht.

SMITH (57) gibt eine Verbesserung des Destillationsapparates von PREGL an. Das Gerät ist in Abb. 81 dargestellt. Die senkrechte Kammer A enthält die im Vakuum zu destillierende Flüssigkeit (maximal 2 ml). Rechts ist eine

Abb. 82. Kugelrohr für die Destillation von Mengen unter 1 g.　　　Abb. 83. Kugelrohr für die Destillation von Mengen über 1 g.

Vakuumpumpe angeschlossen. Die horizontalen Gefäße (C, C') dienen als Vorlagen. Es können auch je nach der Zahl der zu erwartenden Fraktionen mehr Vorlagen angeschlossen sein. Ein kleines Thermoelement ist bei a in das Destillationsgefäß eingeschmolzen und dient zur Bestimmung der Siedetemperatur. Das Destillationsgefäß wird in ein passendes Heizbad, die Vorlagen in entsprechend temperierte Kühlbäder gestellt. Nach Beendigung der Destillation können die einzelnen Vorlagen abgeschmolzen werden. Mit diesem Gerät können noch Mengen von etwa 0,1 ml destilliert werden.

Für Destillationen von Mengen über 1 ml hat sich seit langem das *Kugelrohr* bewährt. Ein solches Gerät, das auch für Arbeiten im Hochvakuum geeignet ist und ebenso wie alle vorher beschriebenen Apparate eine beschränkte Fraktionierwirkung aufweist, beschreibt KOBER (37). Als Destillations- bzw. Kondensationsgefäß dient ein Mehrkugelrohr, das um eine Kugel mehr enthält, als Fraktionen erwartet werden (Abb. 82). Die erste Kugel besitzt ein seitliches Röhrchen, durch welches das Destillationsgut eingebracht wird. Daraufhin wird das Röhrchen abgeschmolzen. Das andere Ende des Kugelrohres ist mit einem Schliff zum Anschluß an die Vakuumpumpe versehen. Für etwas größere Mengen (bis 1 g) wird ein Rohr entsprechend der Abb. 83 verwendet. Zur Erwärmung dient ein mit einem Ölbad kombiniertes Luftbad (Abb. 84). Der eigentliche Heizraum ist ein einseitig verschlossenes Kupferrohr, dessen innerer Durchmesser einige Millimeter größer ist als der Durchmesser des Kugelrohres.

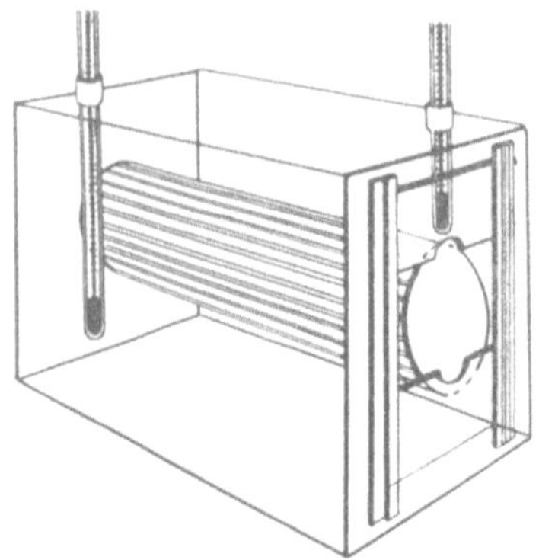

Abb. 84. Heizgefäß für die Destillation im Kugelrohr nach Kober.

Die Länge ist so gewählt, daß 5 Kugeln Platz haben. Dieses Rohr ist so in ein für die Aufnahme von Öl bestimmtes Metallgefäß eingebaut, daß sein offenes Ende mit einer konzentrischen, etwas kleineren Öffnung in der Stirnwand des Gefäßes abschließt. Um das Kugelrohr zur Vermeidung von Luftströmungen in diesem Rohre luftdicht abschließen zu können, sind an der Stirnwand zwei mit Asbest gefütterte Schieber angebracht. Die Destillationstemperatur wird mit zwei im Ölbad eingetauchten Thermometern gemessen. Die Destillation erfolgt derart, daß man jeweils soviel Kugeln in das Luftbad einführt, als erwärmt werden sollen. Eine besondere Kühlung ist nicht nötig, da es sich bei Hochvakuumdestillation meist um schwerflüchtige Substanzen handelt. Kober verwendete dieses Gerät mit Erfolg bei der Isolierung des männlichen Sexualhormons.

Ein anderes, ebenfalls leicht herstellbares Gerät ist die Destillationskapillare nach Gettler (27). Das untere Ende eines englumigen, dünnwandigen Glasrohres wird zu einer kleinen Kugel aufgeblasen. 5 cm über der Kugel ist dieses Rohr zu einer Kapillare ausgezogen und diese im Winkel von 45° nach unten abgebogen. Die Kugel wird erwärmt und wieder erkalten gelassen, wodurch die zu destillierende Flüssigkeit in den Apparat gesaugt wird. Vorteilhafter ist es, die Substanz mit einer Kapillarpipette vor Anbringen

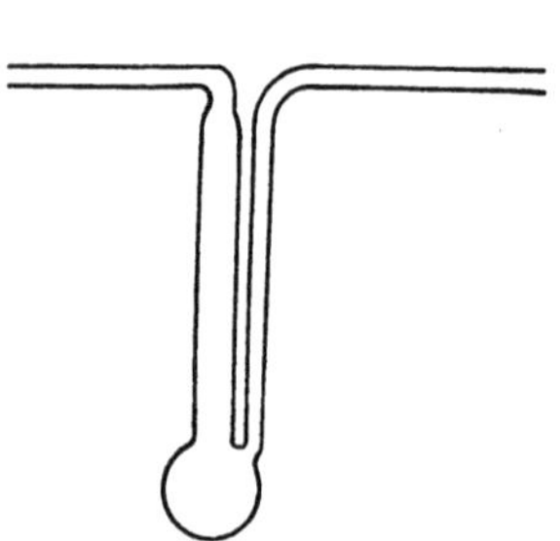

Abb. 85. Destillationskölbchen nach Dadieu und Kopper.

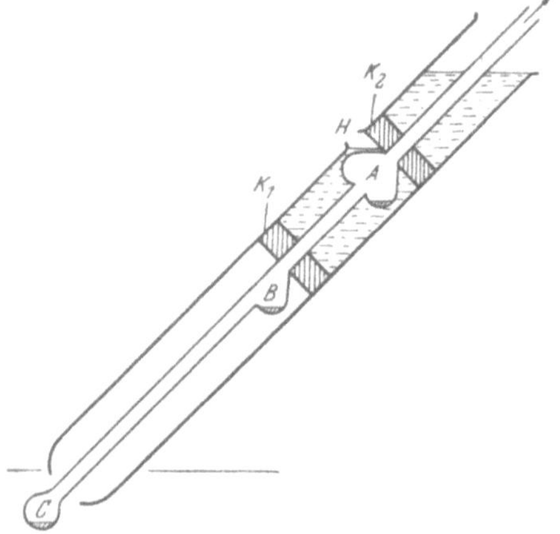

Abb. 86. Destillationsapparat nach Babcock.

der Kapillare in die Kugel einzufüllen. Als Vorlagen werden dünne Kapillaren verwendet, wie sie für die Siedepunktsbestimmung gebraucht werden.

Ein im Prinzip ähnlicher Apparat wird von Dadieu und Kopper (20) beschrieben. Ein aus einem Rohr von 6 bis 8 mm innerem Durchmesser geblasenes Kölbchen ist mit einem seitlich angebrachten Ableitungsrohr von 4 mm lichter Weite versehen. Dieses Gerät (Abb. 85) läßt sich zwecks Kühlung leicht zur Gänze in ein Dewar-Gefäß einsenken. Fünf oder mehr solcher Kölbchen werden durch Verblasen der seitlich abgebogenen Verbindungsrohre zu einer Batterie vereinigt und können so auch zur Fraktionierung verwendet werden. Das Auffangen der einzelnen Fraktionen wird durch entsprechende Kühlbäder besorgt. Nach Beendigung der Destillation werden die Verbindungsröhren abgeschmolzen, so daß jede Fraktion für sich abgeschlossen aufbewahrt werden kann.

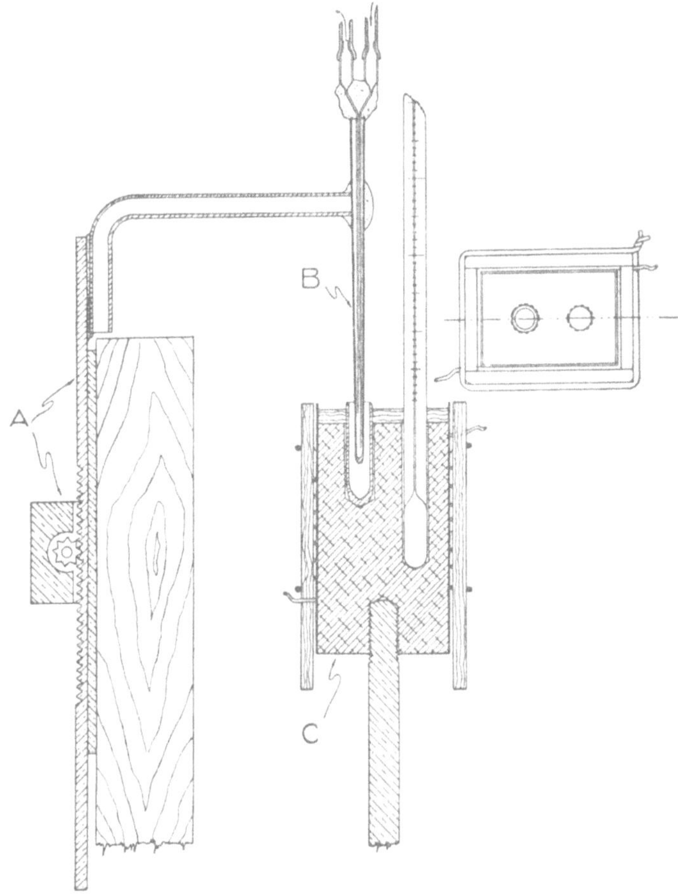

Abb. 87. Destillationseinrichtung nach BENEDETTI-PICHLER und RACHELE.

BABCOCK (2) beschreibt ein dem Kugelrohr ähnliches Gerät, das ebenfalls eine geringe Fraktionierwirkung aufweist (Abb. 86). Dieser Apparat besteht aus einer ungefähr 300 mm langen Glasröhre (5 mm Innendurchmesser), die zur Aufnahme der Probe (ungefähr 0,2 ml) an einem Ende zu einer Kugel C verblasen ist. Das Rohr ist mit 2 Erweiterungen (A, B) versehen, die zum Auffangen der Fraktionen dienen. Ein Mantelrohr, das aus einem Reagensglas (25 × 200 mm) hergestellt ist, dient zur Aufnahme des Kühlwassers. Die Probe wird in die Kugel mit Hilfe einer Kapillare eingefüllt. Das Destillationsrohr wird unter einem Winkel von 45° in ein Ölbad getaucht, wobei darauf zu achten ist, daß die Erweiterung B zunächst nach oben zeigt. Über der Scheibe K_2 befindet sich Kühlwasser. Nachdem sich in A die erste Fraktion gesammelt hat, wird der Winkel, unter dem das Rohr im Ölbad steht, auf 30° verringert,

durch die Öffnung H auch der Raum über der Gummischeibe K_1 mit Kühlwasser
gefüllt und, nachdem man ungefähr 1 Minute vorsichtig erhitzt hat, das Rohr
langsam solange gedreht, bis die Erweiterung B nach unten zeigt. Nach Angaben des Verfassers zeigt diese Anordnung eine Fraktionierwirkung, die einer
Kolonne von 17 theoretischen Böden gleichkommt.

Die von Benedetti-Pichler und Rachele (4) angegebene Destillationseinrichtung hat sich ebenfalls zum Trennen eines flüchtigen Bestandteiles von
einem nichtflüchtigen bewährt (Abb. 87). Sie besteht aus einem kleinen
Becher mit rundem Boden von 6 mm Durchmesser und 20 bis 30 mm Höhe,
der in der Bohrung eines Heizblockes C sitzt. In diesem ist auch eine Bohrung
für das Thermometer angebracht. Die
Beheizung erfolgt elektrisch durch einen
aufgewickelten Heizdraht. In den Becher
wird mit Hilfe eines Zahntriebes A ein

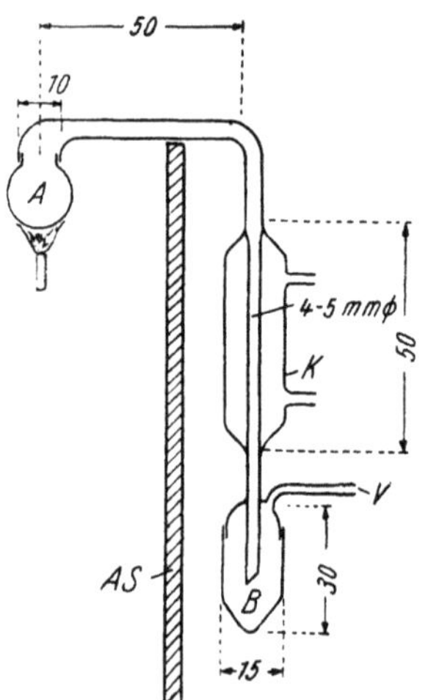

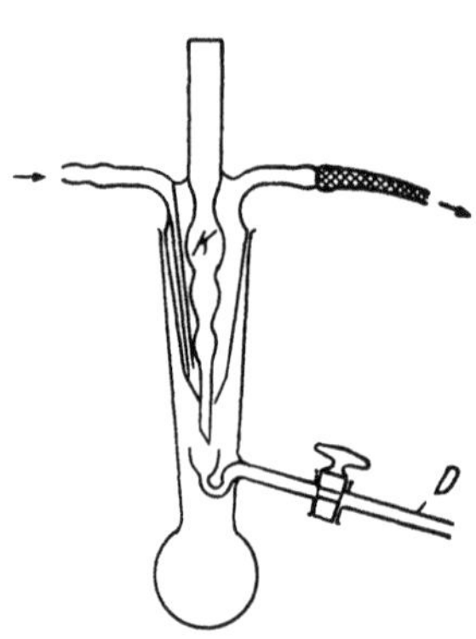

Abb. 88. Destillationsapparat nach Erdös-Laszlo.   Abb. 89. Gerät für die Destillation nach Erdös.

Glasrohr von entsprechender Weite als Kühler B eingesenkt. An dessen oberem
Ende sind 2 Kapillaren für den Ein- und Austritt des Wassers angekittet.
Es ist empfehlenswert, durch Ansaugen mit der Wasserstrahlpumpe an der
Austrittskapillare für einen schnelleren Durchfluß des Kühlwassers zu sorgen.
Es lassen sich leicht verschiedene Fraktionen abfangen, indem man, sobald sich
genügend Kondensat auf der Oberfläche des Kühlers gesammelt hat, diesen
aus dem Becherchen heraushebt und die Fraktion mit einer Kapillarpipette
abnimmt.

Erdös und László (25) beschreiben einen Apparat, der ursprünglich zur
Bestimmung kleiner Mengen Wassers diente, sich aber nach Angabe der Autoren
auch für Destillationen verwenden läßt. Das in Abb. 88 gezeigte Gerät besteht
aus einem Kolben A mit einem Fassungsraum von 2 bis 5 ml, der die zu
destillierende Flüssigkeit aufnimmt. Mit Hilfe eines Schliffes ist die Verbindung
über den Kühler K zum Auffanggefäß B hergestellt. Ein seitliches Anschlußrohr V leitet zur Vakuumpumpe. Der Asbestschirm AS schützt Kühler und
Vorlage vor unerwünschter Wärmestrahlung.

Erdös (24) gibt auch ein Gerät an (Abb. 89), das bei einem Fassungsvermögen von 5 bis 10 ml für die Durchführung einer Reaktion unter Rückflußkühlung und für anschließendes Abdestillieren des überschüssigen Stoffes geeignet ist. Am unteren Teil des Kolbenhalses ist das Destillationsrohr D
eingeschmolzen. Ein Schliffkühler K ist eingesetzt. Das Destillationsrohr
ist mit einem Hahn versehen. Bei wasserempfindlichen Substanzen wird

auf das Kühlrohr *K* ein Calciumchloridröhrchen aufgesetzt. Ferner ist die Möglichkeit gegeben, im Vakuum zu arbeiten, indem man das obere Ende des Kühlers mit einer Vakuumpumpe verbindet.

Soltys (58) beschreibt einen Destillationsapparat für 0,5 und mehr Gramm hochsiedender Flüssigkeit. Durch Neigen des in Abb. 90 gezeigten Destillierkölbchens kann man die bei verschiedenen Temperaturen übergegangenen Destillate ausgießen oder mit Lösungsmittel herauswaschen, ohne daß die Flüssigkeit aus dem Destillationsraum in die Vorlage gelangt. Bei Substanzen, die bei der Destillation schon im Hals des Kölbchens fest werden, kann ein Verstopfen dadurch vermieden werden, daß man das Kölbchen so tief in das Luftbad einsenkt, daß auch der Destillationsansatz mit erwärmt wird. Das eingeschliffene Stöpselrohr dient zur Aufnahme eines Thermometers zur Messung der Destillationstemperatur im Inneren des Kölbchens. Am Ende ist dieses Röhrchen zu einer kurzen, sehr feinen Kapillare ausgezogen. Soltys gibt der Anwendung eines Luftbades den Vorzug.

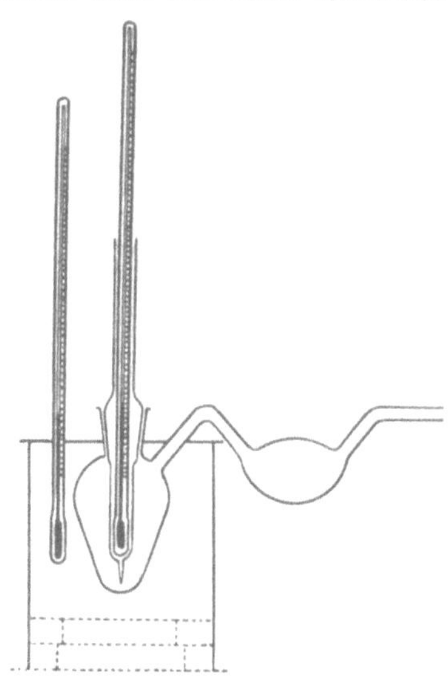

Abb. 90. Destillationsapparat für 'hochsiedende Flüssigkeiten nach Soltys.

Das Mikrodestillationskölbchen von Neumann und Hess (49) ist gleichfalls ein Gerät ohne eigentliche Fraktionierwirkung, kann aber doch zur Trennung einer flüchtigen Komponente von einer nichtflüchtigen verwendet werden. Es wurde für die Destillation von kleinen Mengen methylierter Zucker entwickelt. Das in Abb. 91 gezeigte Gerät besteht aus einem Kölbchen mit eingeschliffenem Innenkühler. Es wird, nachdem es mit 3 bis 3,5 mg Substanz beschickt worden ist, bis zum seitlichen Ansatzrohr in ein Ölbad gestellt und evakuiert. Dadurch wird erreicht, daß die Substanz ausschließlich am Kühler kondensiert, von dem das Kondensat nach beendeter Destillation mittels einer Kapillare entfernt und der Weiterverarbeitung (Bestimmung des Siedepunktes, Brechungsindex usw.) zugeführt wird. Ist die zu destillierende Menge so groß, daß ein Teil des Destillats wieder vom Kühler abtropfen würde, so hängt man an diesen, wie die Abbildung zeigt, ein kleines Schälchen als Auffanggefäß.

Lieb und Schöniger (41) entwickelten ein einfaches Destillationsgerät, das für Flüssigkeitsmengen bis zu 2 ml verwendbar ist. Das Destillationskölbchen (Abb. 92) ist durch ein weites, schräg aufsteigendes Glasrohr mit dem Kondensationsraum verbunden. In diesen wird ein

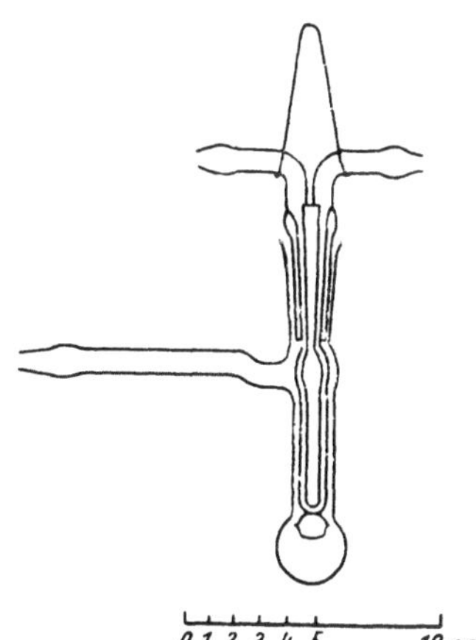

Abb. 91. Destillationskölbchen nach Neumann und Hess.

Innenkühler so eingeführt, daß zwischen Kühleraußenfläche und der Glaswand des Kondensationsraumes ein Abstand von 2 mm besteht. Der Kondensationsraum geht unten in ein schräg abwärts führendes Rohr über. An dieses läßt sich für Destillationen unter vermindertem Druck eine kleine Saugflasche anschließen. Zur Verhinderung von Siedeverzügen werden 1 bis 2 Siedesteinchen in das Destillationsgefäß gegeben und dieses mit einem Stopfen verschlossen, in den ein Thermometer so eingesetzt ist, daß die Quecksilberkugel neben der Verbindungsstelle zum Kondensationsraum steht.

Ein Gerät nach Bernhauer, Müller und Neiser (8) kann für Destillationen kleiner Mengen fester Substanz empfohlen werden. Diese Apparatur (Abb. 93) ist mit einem seitlichen Ansatzrohr versehen, das nach Beendigung der Destillation abgeschnitten wird, um die darin kondensierte Substanz herausschmelzen zu können. Eine eingeführte Siedekapillare erleichtert das Destillieren im Vakuum. Es ist ferner möglich, auch ein Thermometer zur Messung der Destillationstemperatur einzusetzen.

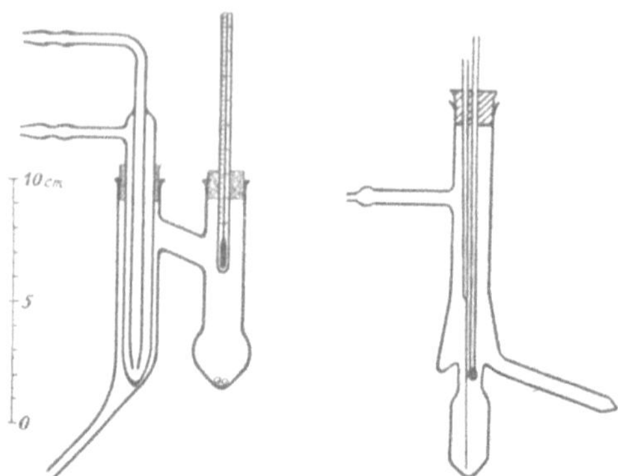

Abb. 92. Destillationsgerät nach Lieb und Schöniger.

Abb. 93. Destillationsgerät für feste Substanzen.

Über 2 Apparate, die für die Destillation von Zenti- bzw. Dezigrammmengen geeignet sind, berichten Gould, Holzman und Niemann (29). Beide Geräte können sowohl für Destillationen unter normalem, als auch unter vermindertem Druck verwendet werden und erlauben ein gesondertes Auffangen

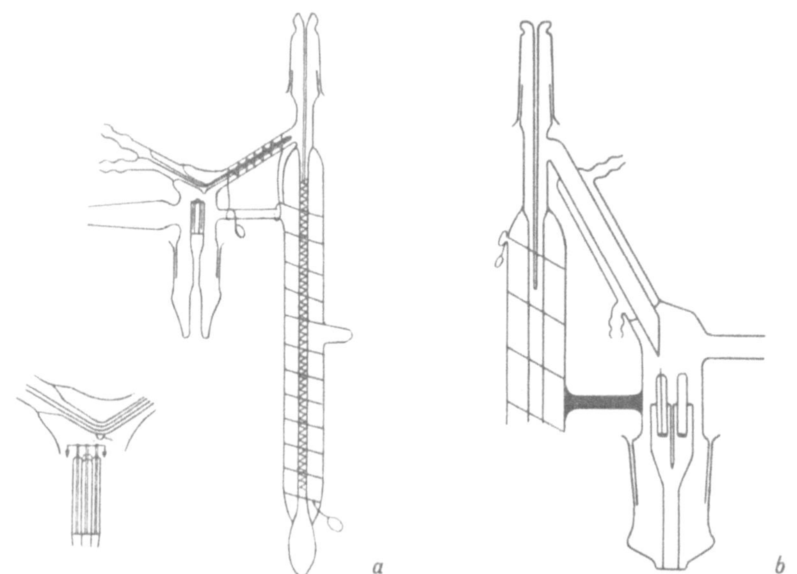

Abb. 94 a, b. Geräte für die fraktionierte Destillation nach Gould, Holzman und Niemann.

von höchstens 4 Fraktionen ohne Unterbrechung der Destillation. Das Gerät für die Destillation von 0,1 bis 0,3 ml ist in Abb. 94 a dargestellt. Dem Destillationskölbchen ist eine Kolonne aufgesetzt, die eine Spirale aus rostfreiem Stahl enthält. Der Mantel der Kolonne ist innen verspiegelt und auf 10^{-5} mm evakuiert. Am oberen Ende der Kolonne wird durch eine Schliffkappe ein Thermoelement zur Temperaturmessung eingeführt. Das Kondensat sammelt sich auf einem Innenkühler, der knieförmig gebogen und an seiner tiefsten Stelle mit einem nasenförmigen Ansatz versehen ist, von dem das Kondensat mittels Kapillaren von 0,2 mm Innendurchmesser in die Auffanggefäße abgesaugt wird. Diese Auffanggefäße sind 15 mm lang (Durchmesser 2,5 mm) und oben auf 1 mm verengt. Dadurch wird einerseits eine Zentrierung der eingesetzten Absaugkapillare erreicht, anderseits der Verlust an Destillat durch Diffusion vermieden. Das Auswechseln der Auffanggefäße im geschlossenen System ist aus der Abbildung zu erkennen. In der Abb. 94 b ist das Kondensations- und Auffangsystem der Halbmikroapparatur gezeigt, das auch bei der Mikroapparatur verwendet werden kann.

Einen Universalmikroapparat, der für verschiedene Arbeitsmethoden sehr geeignet erscheint, beschreibt DUBBS (21) (Abb. 95). Mit Innenschliff versehene Zentrifugengläser werden mittels eines Zwischenstückes verbunden, das einen

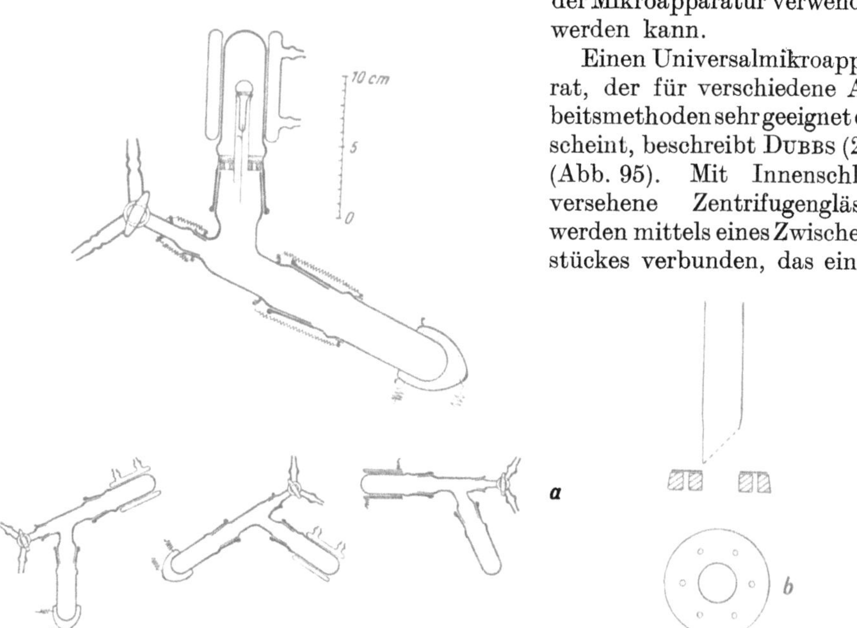

Abb. 95 a, b. Universalapparatur nach DUBBS.

Anschluß für Arbeiten unter vermindertem Druck besitzt. Die Zentrifugengläser haben ein Volumen von 50 ml und sind so dimensioniert, daß sie in jeder Laboratoriumszentrifuge verwendet werden können. Eine Kunststoffscheibe (Abb. 95 b), die eine zentrale und mehrere kleine Bohrungen hat, dient als Einsatz bei Verwendung des Gerätes für Filtrationen bzw. Extraktionen. Aus Abb. 95 a geht ferner hervor, wie das Universalgerät bei Verwendung für Erhitzen unter Rückflußkühlung, Destillation und Vakuumtrocknen angeordnet werden muß. Eine elektrische Heizkappe, ein Heizmantel und ein Kühlmantel sind ebenfalls nötig.

COLSON (14) beschreibt ebenfalls eine Mehrzweckapparatur, die außer für Destillationen für die verschiedenartigsten chemischen Operationen verwendet werden kann. Die einzelnen Teile des Gerätes sind: Ein elektrisch beheiztes Wasserbad aus Glas, ein modifiziertes Differentialthermometer, ein Gerät zum Einführen kleiner Mengen von Flüssigkeiten in Kapillaren, ein kleiner Gasentwickler, zwei verschiedene Filtrieranordnungen und ein Trockengerät, das auch für einfache Destillationen verwendet werden kann.

Einen weiteren, für mehrere Zwecke verwendbaren Apparat (Abb. 96), der sowohl zum Erhitzen unter Rückflußkühlung als auch als Scheidetrichter, unter Benützung eines Frittenaufsatzes zum Absaugen und unter Benützung eines Destillationsaufsatzes auch zum Abdestillieren verwendet werden kann, geben Cheronis und Vavoulis (13) an. Die dabei benützten Kölbchen haben ein Volumen von 10 bzw. 25 ml. Das Gerät hat sich bei der organischen Synthese, wenn nicht zu kleine Substanzmengen verwendet werden, bewährt.

Durch die Einführung einer einfachen *Diffusions- oder isothermen Destillationseinheit* von Conway und Byrne (16) wurde der Mikroanalyse ein neues Gebiet erschlossen. Zusammenfassend berichtet Conway (15) über diese neue Arbeitstechnik. Zahlreiche Forscher bedienen sich dieser Methodik für das Arbeiten mit Mikrogramm-Mengen, wie Gibbs und Kirk (28), Borsook und Dubnoff (12), Needham und Boell (48), Tompkins und Kirk (60) und Winnick (63). Linderstrøm-Lang (43) und Mitarbeiter verwenden das gleiche Prinzip für klinisch-chemische Analysen mit geringsten Mengen Flüssigkeit.

Solche Geräte für isotherme Destillation werden u. a. auch von Lang (39), Kirk (32) und Grant (30) angegeben.

Lang (39) beschreibt einen Apparat, den er besonders für die Bestimmung von Reststickstoff, Harnstoff, Aceton und Milchsäure in biologischem Material

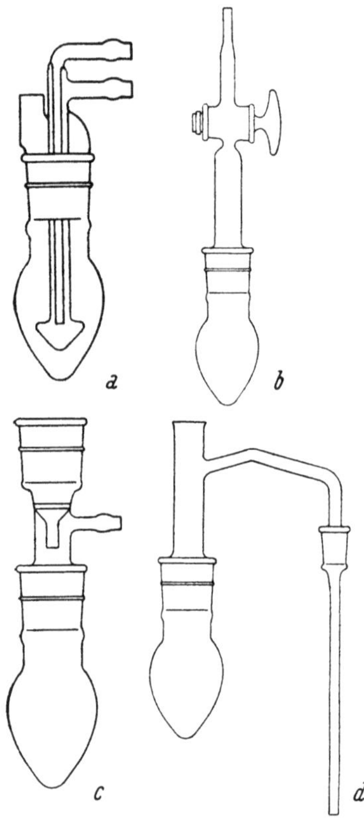

Abb. 96. Mehrzweckgerät nach Cheronis und Vavoulis.

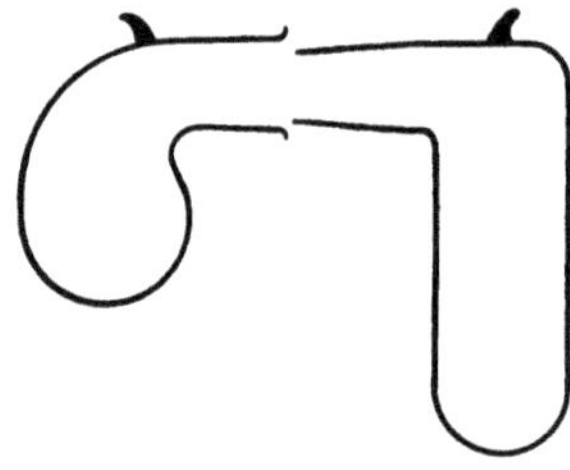

Abb. 97. Gerät für isotherme Destillation nach Lang.

empfiehlt. Zwei Glasgefäße besonderer Form sind durch Schliff miteinander verbunden (Abb. 97). Das Destillationsgefäß kann in ein Heizbad gestellt werden, wodurch die Destillation beschleunigt wird. Das Kondensationsgefäß ist so konstruiert, daß es bei maßanalytischer Auswertung der Destillation direkt als Titriergefäß verwendet werden kann.

Grant (30) gibt einen Apparat an, der ebenfalls für Tieftemperatur-Vakuumdestillationen von Blut, Plasma, Harn oder Speichel für quantitative Bestimmungen konstruiert wurde. Die bei großen Destillationsmengen (1 bis 2 ml) sehr lange Dauer des Verfahrens wird durch einen kurzen Destillationsweg vermindert, außerdem wird auch die Gefahr von Verunreinigung durch Schäumen verringert. Im Prinzip besteht diese Apparatur aus einem 50-ml-Kölbchen, das an ein 25×100 mm großes Proberöhrchen angeschmolzen wird.

Das in Abb. 98 gezeigte Gerät ist von Kirk (32) entwickelt worden. Es kann nach Angaben des Autors mit bestem Erfolg neben der Destillation von Ammoniak zum Abdestillieren von Arsen(III)-chlorid und Alkohol verwendet werden. Im oberen Teil wird die zu destillierende Flüssigkeit in dünner Schicht so verteilt, daß sie nicht in das untere Gefäß gelangen kann. In seitlichen Ansätzen wird die zu destillierende Probe und ein Reagens, das mit ihr vermischt

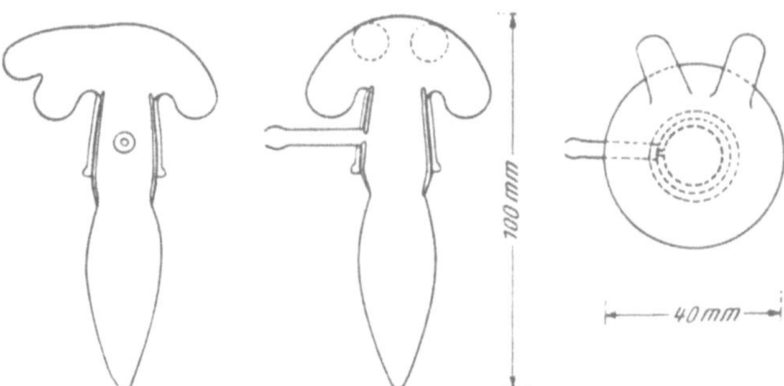

Abb. 98. Gerät für isotherme Destillation nach KIRK.

werden soll, getrennt aufbewahrt, bis das Gerät geschlossen und evakuiert worden ist. Das mit einem Normalschliff angeschlossene untere Gefäß nimmt das Destillat auf. Das ganze Gerät kann evakuiert und dann durch einfaches Drehen des Schliffes verschlossen werden. Man hält die Apparatur in einem Holz- oder Metallring, so daß das untere Gefäß in Eiswasser gestellt werden kann, während der obere Teil des Apparates mit einer Infrarotlampe bis knapp unter den Siedepunkt der Flüssigkeit erhitzt wird.

2. Fraktionierte Destillation.

Wie schon erwähnt, ist für eine vollständige Trennung zweier oder mehrerer flüchtiger Komponenten durch Destillation immer die *Verwendung einer Kolonne* nötig. Für die Entwicklung wirklich brauchbarer Mikro- kolonnen ergaben sich große Schwierigkeiten aus der Tat- sache, daß die Menge an Substanz, die nach beendeter De- stillation im Gerät zurückbleibt, um so größer ist, je besser die Fraktionierwirkung der Kolonne ist.

Einige der vorher beschriebenen Geräte besitzen wohl eine gewisse Trennwirkung, doch ist sie meistens sehr gering und nicht ausreichend, um Flüssigkeiten, deren Siedepunkte nahe beieinander liegen, vollständig zu trennen.

Ein Verfahren, bei dem aus einem Tropfen 30 bis 70 Frak- tionen abgetrennt werden können, beschreiben MORTON und MAHONEY (47). Im Prinzip handelt es sich um eine Weiter- entwicklung des EMICHschen Destillationsröhrchens (vgl. S. 46). Eine senkrecht stehende Fraktionskapillare von 1,5 bis 2 mm Durchmesser wird mit Glaswolle gefüllt und darin die zu fraktionierende Flüssigkeit aufgesaugt. Die Länge der Kapillare, die in zwei Formen verwendet werden kann, ergibt sich aus der Abb. 99. Man zentrifugiert, nachdem man die Menge des eingeführten Gemisches durch Wägen bestimmt

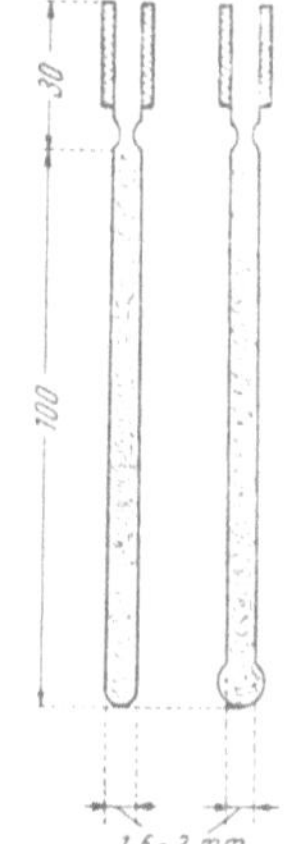

Abb. 99. Fraktionier- kapillaren nach MOR- TON und MAHONEY.

hat, das Destillationsgut auf den Boden der Kapillare und führt sie in einen elektrisch geheizten Kupferblock ein. Eine zweite, dicht daneben befindliche Bohrung erlaubt die Temperaturmessung. Die am oberen

Ende aus dem Block herausragende Kapillare wird über der Einschnürung mit ständig feucht gehaltenem Filterpapier umwickelt. Die einzelnen Fraktionen werden in der üblichen Weise mit Siedepunktskapillaren entnommen.

Der wesentlichste Fortschritt, der im letzten Jahrzehnt auf dem Gebiete der fraktionierten Destillation kleiner Flüssigkeitsmengen erzielt wurde, besteht darin, daß die oben angedeuteten Schwierigkeiten überwunden und wirksame Kolonnen konstruiert wurden, die bei einem Einsatz von Mengen bis zu 1 ml nicht mehr als 15% der eingeführten Flüssigkeitsmenge zurückhalten. Ist diese Menge, verglichen mit den beim Makroverfahren auftretenden verschwindend geringen Verlusten auch noch immer unverhältnismäßig groß, so ist damit doch schon ein bedeutender Fortschritt erzielt worden.

Das von Emich (23) beschriebene Fraktionskölbchen für Mengen von 0,1 bis 1 ml Flüssigkeit hält bei längerer Fraktionierkolonne (verkleinerter Raschig-Kolonne mit Porzellankugeln als Füllmaterial) zuviel Flüssigkeit zurück, bei kürzerer ist die Trennwirkung zu gering.

Alber (1) verbesserte das Emichsche Destillierkölbchen durch Einhängen eines entsprechend kleinen Thermometers, das einerseits die Destillationstemperatur anzeigt, anderseits auch als Kolonne wirkt. Dieses Gerät ist auch für Vakuumdestillationen verwendbar.

Peakes jr. (51) gibt ein Gerät für *fraktionierte Vakuumdestillation* an, das im Prinzip ebenfalls eine Verbesserung des Emichschen Destillationskölbchens darstellt. Der Apparat besteht aus einem kleinen Kolben, den man aus einem Glasrohr von 10 mm Durchmesser selbst anfertigt. Das Fassungsvermögen beträgt ungefähr 1 ml. 40 mm über dem Kölbchen ist ein absteigendes Rohr von 5 mm Durchmesser angeschmolzen, das mit einem Schliff versehen ist. Daran wird ein Kühler bzw. ein gewöhnliches Kühlrohr in einem Winkel von 60° zur Horizontalen angesetzt. Mit dessen anderem Ende ist über einen Schliff eine Vorlage verbunden, die ihrerseits mit einem Schliff zum Anschluß an

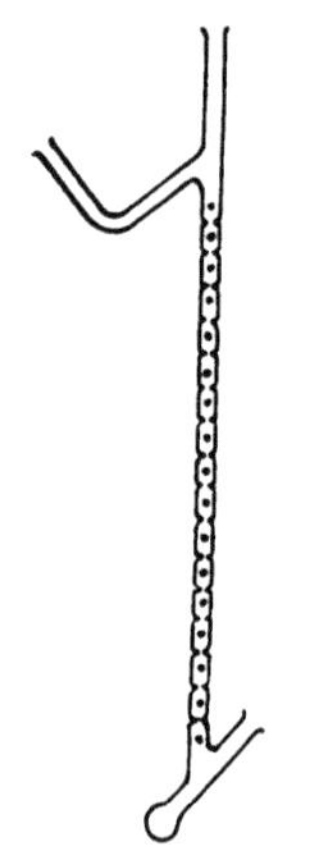

Abb. 100. Fraktionierkölbchen nach Emich-Young.

eine Vakuumpumpe versehen ist. In die obere Öffnung des Kölbchenhalses wird ein Thermometer eingesetzt, dessen Quecksilberkugel sich neben dem absteigenden Rohr befinden soll. Das Destillationsgut wird in der üblichen Weise in Glaswolle aufgesaugt. Mit diesem Gerät konnte durch wiederholtes Fraktionieren ein Gemisch von 30% Aceton, 10% Äthylalkohol und 60% n-Butylalkohol getrennt werden, doch waren die Verluste immerhin beträchtlich.

Wirksame Fraktionierung erreicht Young (65) durch die von ihm vorgeschlagene Verbesserung des Emichschen Fraktionierkölbchens (Abb. 100). An ein Kölbchen, das 0,2 bis 0,5 ml Flüssigkeit aufnimmt, ist im stumpfen Winkel eine selbstgefertigte Vigreux-Kolonne angeschmolzen. Diese wird hergestellt, indem man mit einer Nadel in ein erweichtes Glasrohr entsprechenden Durchmessers Vertiefungen eindrückt. Das Ableitungsrohr ist mit einem Knick versehen, so daß sich in dieser Krümmung das Destillat ansammeln kann. Nachdem man die zu destillierende Flüssigkeit in das Kölbchen eingebracht hat, werden die Öffnungen mit Glas- oder Korkstopfen verschlossen. Dann wird bei aufrecht stehendem Apparat mit einer kleingestellten Mikrobrennerflamme erhitzt. Sobald der erste Kondensationsring in das Ableitungsrohr übergeht, wird die Flamme verkleinert und die Fraktion mit einer Kapillare abgezogen. Auf diese Art und Weise wird jede Fraktion getrennt entnommen. Die Kolonne ist über das Ableitungsrohr hinaus verlängert, so daß das Gerät leicht gereinigt werden kann.

Cooper und Fasce (17) beschreiben eine Apparatur, die wie das vorher beschriebene Gerät mit einer Vigreux-Kolonne ausgestattet ist. Bei einem Gesamtfassungsvermögen von 10 ml kann sie für quantitative Trennungen bei Siedeintervallen von 10° C *auch im Vakuum* verwendet werden. Mit diesem Gerät wurden Gemische von gleichen Teilen Aceton, Methyl-, Äthylalkohol und Wasser quantitativ getrennt.

Shrader und Ritzer (55) geben ebenfalls einen Destillationskolben mit einer Vigreux-Kolonne von hoher Wirksamkeit für Substanzmengen von 0,2 bis 2 g an. Bei dieser Apparatur, die im Prinzip ähnlich konstruiert ist wie das Gerät von Young, ist die Kolonne in einem Vakuummantel eingeschlossen. Außerdem liegt ein großer Vorteil in der Möglichkeit, *auch im Vakuum einzelne Fraktionen gesondert auf-zufangen*, ohne die Destillation unterbrechen zu müssen. Da kein Kühler vorhanden ist, läßt sich das Gerät besonders für die Reinigung schwerflüchtiger Substanzen verwenden. Das Destillationskölbchen (Abb. 101) hat zur Erleichterung des Siedens einen flachen Boden. Ein seitlicher Ansatz dient der Flüssigkeitszugabe. Auf dieses Kölbchen ist die mit einem evakuierten Mantel umgebene Kolonne auf-geschmolzen. An deren oberem Ende ist ein schräg

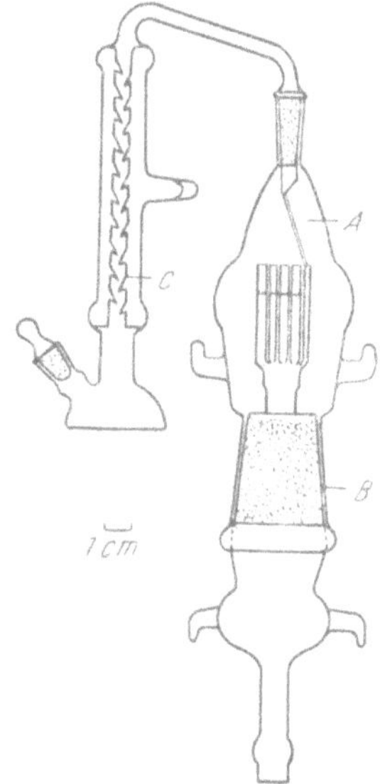

Abb. 101. Destillationsgerät nach Shrader und Ritzer.

abwärts gerichtetes Ableitungsrohr angeschmolzen. Dieses Rohr ist mit einem Schliff versehen und geht bei *A* in einen Glasfaden über, an dem das Destillat in darunter befindliche Glasröhrchen von 0,1 ml Inhalt ablaufen kann. Diese Röhrchen sind an kurze Glasstäbe angeschmolzen und über einen Sockel mit einem eingeschliffenen Glasstopfen *B* verbunden. Die ganze Auffangvor-richtung befindet sich in einem ebenfalls evakuier-baren Mantelgefäß, das um den am Ableitungsrohr befindlichen Schliff drehbar ist. Die Verfasser konnten mit dieser Anordnung 1 g einer Mischung von Isoamyl-salicylat (Kp. 237° C) und Kaprylsäure (Kp. 270° C) in 10 Fraktionen zerlegen, von denen sechs fast rein und vier Gemische waren.

Craig (18, 19) beschreibt mehrere Mikroapparate für fraktionierte Destillation, mit denen man den Bedingungen einer Makrodestillation recht nahe kommen soll.

Das erste dieser Geräte (Abb. 102) besteht aus einem Glasrohr von etwa 17 mm Durchmesser, dessen unterer Teil auf einer Länge von 20 mm kapillar auf 1 mm verengt ist. Diese Kapillare ist am unteren Ende zu einer Kugel *A* aufgeblasen, deren Inhalt je nach Bedarf einen Fassungsraum von 0,25 ml und mehr haben kann.

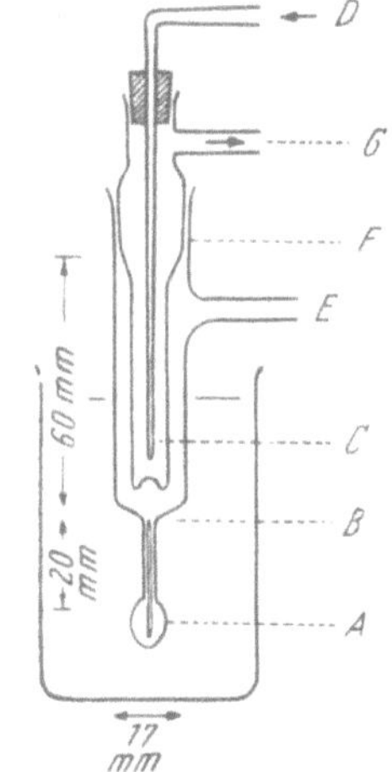

Abb. 102. Apparat für fraktio-nierte Destillation nach Craig.

Mittels Schliffes *F* ist ein Kühler *C* in den Apparat eingesetzt, der am unteren Ende eine Einbuchtung hat, in der sich das Kondensat ansammeln kann. Ein Siedestäbchen *B* ragt durch die kapillare Verengung des Gerätes bis auf den Boden des Kölbchens. Es dient einerseits

zur Verhinderung von Siedeverzügen und soll anderseits die Fraktionierwirkung
der Kapillare erhöhen. Die beiden Ansätze D und G dienen der Zu- bzw. Ableitung des Kühlwassers; beim Ansatz E wird die Vakuumpumpe angeschlossen,
falls unter vermindertem Druck destilliert werden soll. Zur Destillation werden
mittels einer Kapillarpipette ungefähr 0,2 ml der zu fraktionierenden Flüssigkeit in das Kölbchen gebracht, das Siedestäbchen eingesetzt und, nachdem
der Kühler angeschlossen ist, die gesamte Apparatur etwa bis zur Hälfte in
ein Ölbad getaucht. Die Temperatur des Ölbades gibt die Siedetemperatur
der Substanz nur angenähert an. Sollen mehrere Fraktionen aufgefangen
werden, so muß die Destillation unter-
brochen werden. Man öffnet das Gerät
und entnimmt das am Kühler ange-
sammelte Destillat mit einer Kapillar-

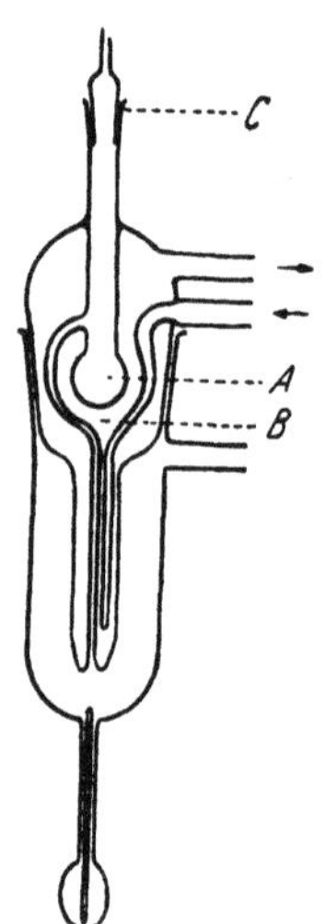

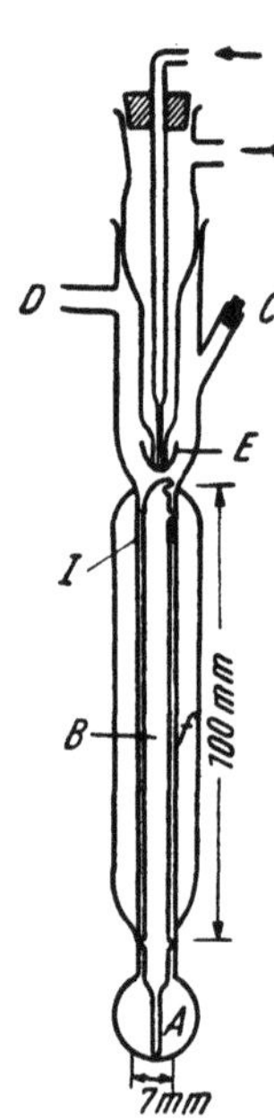

Abb. 103. Apparat für fraktionierte Destillation
nach CRAIG.

Abb. 104. Apparat für fraktionierte Destillation
nach CRAIG.

pipette. Der Nachteil dieses Gerätes, daß nämlich bei fraktionierter Destillation
diese unterbrochen werden muß, um die einzelnen Fraktionen zu entnehmen,
wird durch eine andere Konstruktion desselben Autors behoben.

Dieses Gerät (Abb. 103) ist im wesentlichen genau so gebaut wie das vorher
beschriebene. Die Einbuchtung am Kühler ist jedoch mittels einer Kapillare B
mit einem Kölbchen A verbunden. Durch Ansaugen beim Schliffstutzen C kann
das Destillat in das Kölbchen befördert werden.

Diese beiden Geräte haben sich bei Arbeiten über Mutterkornalkaloide
bestens bewährt.

Aus ihnen entwickelte CRAIG eine dritte Apparatur (Abb. 104). Einem
Kölbchen A ist eine 100 mm lange Glasröhre von 7 mm Durchmesser aufgesetzt,
die mit einem Vakuummantel versehen ist. In diesem Rohr befindet sich
ein etwas engeres Glasrohr B, das durch kleine Ansätze I genau zentrisch
in der Kolonne gehalten wird. Im Kölbchen selbst ist dieses Rohr kapillar verengt und dient als Siedestäbchen. Über dieser Kolonne befindet sich der eigentliche Kondensationsraum mit einem eingesetzten Kühler (Kühlfinger), an dessen
unterem Ende ein Näpfchen E angehängt ist, worin sich das Destillat ansammelt.
Bei dem Ansatzrohr C kann das Kondensat entnommen und beim Rohr D eine

Vakuumpumpe angeschlossen werden. Für hochsiedende Substanzen wird die ganze Kolonne mit einem elektrisch geheizten Glasrohr umgeben. Nach Angaben des Verfassers ist die Wirksamkeit dieser Anordnung sehr gut und die Trenn-

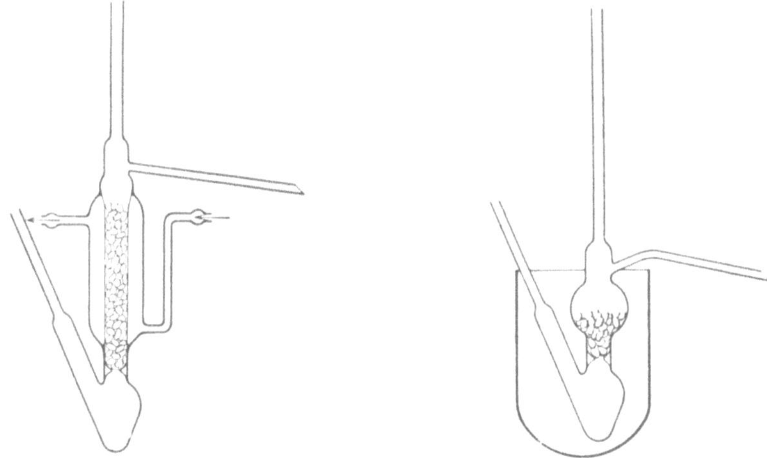

Abb. 105. Fraktionierkolben mit beheizter Kolonne nach BERNHAUER. Abb. 106. Fraktionierkolben für zähe Flüssigkeiten nach BERNHAUER.

schärfe auch im Vakuum besser als die einer doppelt so langen VIGREUX-Kolonne. Der Substanzverlust ist gering. Bei der Fraktionierung von 1 g Flüssigkeit blieben nach beendeter Destillation 0,15 g Substanz zurück. Störend wirkt auch hier beim Arbeiten unter vermindertem Druck, daß zur Entnahme jeder Fraktion das Vakuum und somit auch die Destillation unterbrochen werden muß.

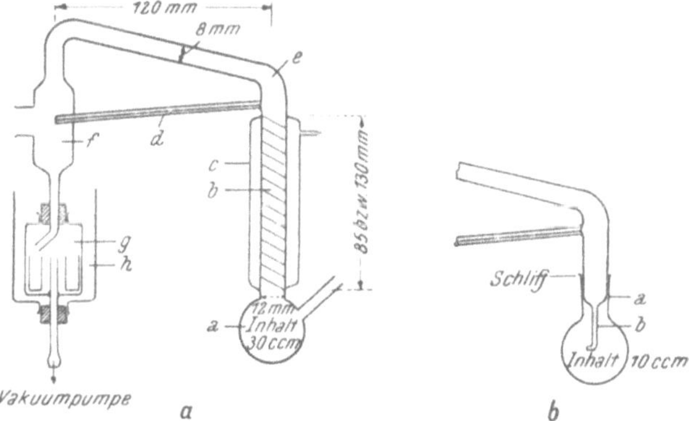

Abb. 107 a und b. Apparatur zur Fraktionierung hochsiedender Stoffe nach KLENK.

Mehrere einfache Geräte zur fraktionierten Destillation wurden von BERNHAUER (6) beschrieben. Die in Abb. 105 und 106 gezeigten Geräte sind für Mengen von 0,5 bis 2 ml geeignet. Bei dem einen (Abb. 105) ist die Kolonne von einem Mantel umgeben, durch den eine Flüssigkeit oder Dampf von der gewünschten Temperatur hindurchgeleitet werden kann. Die in Abb. 106 gezeigte Apparatur wird man vor allem für Destillationen zäher Flüssigkeiten anwenden.

KLENK (35) beschreibt eine Anordnung (Abb. 107 a), die zur fraktionierten Destillation kleiner Mengen hochsiedender Stoffgemische (5 bis 10 g) bestens empfohlen werden kann.

Der Apparat besteht aus dem Siedekolben *a*, der Kolonne mit Glasspirale *b*, dem evakuierten Isoliermantel *c*, der Kapillare *d* und dem Rohr *e* mit der Erweiterung *f*. Sämtliche Teile sind zu einem Stück zusammengeschmolzen. Die Dämpfe kondensieren sich im Rohr *e* oberhalb der Kolonne. Da das Gerät für hochsiedende Stoffe konstruiert wurde, ist eine besondere Kühlung nicht nötig. Nur ein kleiner Teil des Kondensates fließt durch die enge Kapillare *d* ab. Der Hauptteil fließt in die Kolonne zurück und verstärkt so deren Wirkung. Um das Abfließen des Destillats durch die Kapillare mit der nötigen geringen Geschwindigkeit zu ermöglichen, wird in diese ihrer ganzen Länge nach ein Platindraht entsprechenden Durchmessers eingebracht. Dazu ist bei der Erweiterung *f* gegenüber der Kapillare ein Ansatz vorhanden, der außerdem während der Destillation zum Anschluß eines Vakuummeßgerätes verwendet wird. Werden Substanzen destilliert, die bei Zimmertemperatur erstarren, so bringt man an der Kapillare *d* einen Metallstab an und erwärmt diesen mit einer kleinen Flamme. Das Erstarren des Destillats im Vorstoß bzw. in der Vorlage wird verhindert, indem man Vorlage und Vorstoß in ein Gefäß *h* stellt, das mit heißem Wasser gefüllt ist. Nach Klenk hängt die Wirksamkeit der Apparatur ab:

1. von der Abflußgeschwindigkeit des Destillats durch die Kapillare und

2. von der Höhe der Fraktionierkolonne.

Die Abflußgeschwindigkeit ist so reguliert, daß 0,5 bis 1 g Destillat pro Stunde gewonnen wird. Die Höhe der Kolonne richtet sich nach der Natur der zu destillierenden Substanz. Bei der Destillation von Fettsäuren mit 16 bis 18 C-Atomen verwendete Klenk eine Kolonne von 130 mm Höhe, für Säuren mit längerer Kohlenstoffkette eine Kolonne von ungefähr 85 mm Höhe. In diesem Gerät ist eine Messung des Siedepunktes des Destillats nicht möglich. Der Verfasser empfiehlt, ohne Rücksicht auf den Siedepunkt bzw. Schmelzpunkt 6 bis 8 gleich große Fraktionen aufzufangen. Es gelang ihm, 6 g eines Estergemisches von gleichen Teilen Palmitin- und Stearinsäure durch einmalige Destillation innerhalb von 9 Stunden zu fraktionieren.

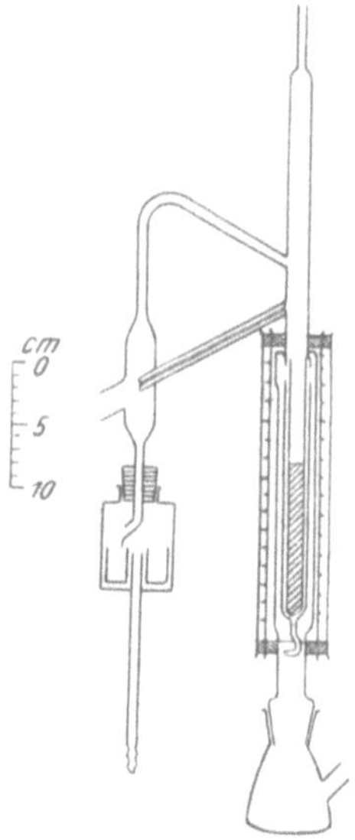

Abb. 108. Apparat zur Fraktionierung hochsiedender Stoffe nach Klenk und Schuwirth.

Für Mengen unter 4 g bis herab zu 0,5 g eignet sich ein entsprechender Apparat ohne Fraktionierkolonne (Abb. 107 b). Durch Einsetzen eines Platindrahtnetzes in den Destillieraufsatz *a*, der in der Mitte ein Glasröhrchen *b* für den Rückfluß des Kondensats besitzt, wird die Fraktionierwirkung verstärkt.

Dieses Gerät wurde von Klenk und Schuwirth (36) weiterentwickelt (Abb. 108). Auf das Kölbchen ist mittels Normalschliffes ein Widmer-Aufsatz aufgesetzt, der statt mit einer Glasspirale mit kleinen Glasringen von etwa 3 mm Durchmesser bis ungefähr 40 mm unterhalb der Ansatzstelle der Kapillare gefüllt ist. Für die Wahl der Kapillare werden folgende Richtlinien gegeben:

Sie soll so beschaffen sein, daß ein Platindraht von 0,45 mm Dicke gerade noch eingebracht werden kann. Tatsächlich führt man einen solchen von 0,2 bis 0,25 mm Durchmesser ein und erhält dann ohne Schwierigkeiten die richtige Abflußgeschwindigkeit von 0,7 bis 1 g Destillat pro Stunde. Die Kapillare wird mit einem Heizdraht umwickelt, so daß ein etwaiges Erstarren des Kondensats darin verhindert werden kann. Die Kolonne wird von einem Heizmantel umgeben, der am oberen Ende mit einem Thermometer versehen ist, um die Temperatur im Heizmantel messen zu können. Der Abschluß zwischen Heizmantel und Kolonne erfolgt durch 2 Korkstopfen. Vorstoß und Vorlage werden mit einer elektrischen Heizsonne bestrahlt, um auch hier ein etwaiges Erstarren des Destillats zu verhindern. Für die Leistungsfähigkeit des Apparates spricht die Tatsache, daß damit ein aus den Cerebrosiden einer Gauchermilz gewonnenes Fettsäuregemisch, das in der Hauptsache aus Behensäure und Lignocerinsäure bestand, in seine Komponenten zerlegt wurde.

SCHUWIRTH (54) entwickelte dieses Gerät zu einem Apparat, der mit Saugleitungen von großem Querschnitt versehen ist. Dadurch wird es auch für Arbeiten im Hochvakuum unter Benützung einer Quecksilberdiffusionspumpe verwendbar (Abb. 109).

Auf das Destillationskölbchen ist eine Kolonne B (WIDMER-Kolonne, deren inneres Rohr mit kleinen, 0,5 mm dicken Glasringen von 5 mm Durchmesser angefüllt ist) mit Schliff aufgesetzt, die über die Kapillare C mit der Vorlage D verbunden ist. Der Heizmantel E besteht aus zwei ineinander-

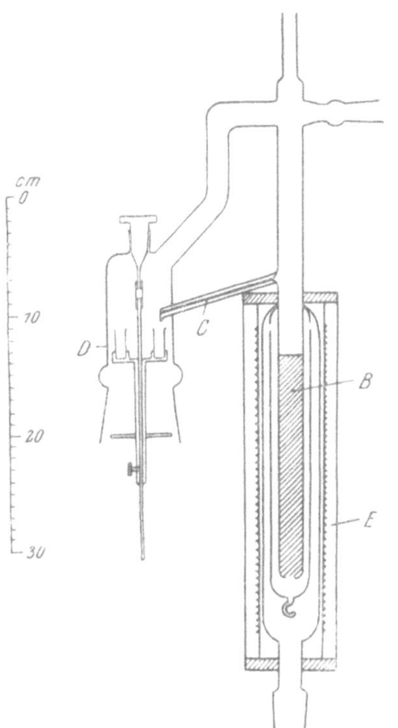

Abb. 109. Apparatur zur Fraktionierung hochsiedender Stoffe im Hochvakuum nach SCHUWIRTH.

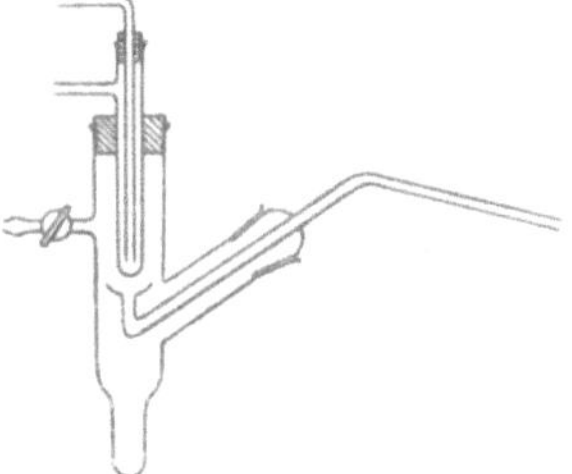

Abb. 110. Fraktioniergerät nach WEYGAND-ELLIS.

geschobenen Glasröhren von 55 und 80 mm Durchmesser und je 320 mm Länge. Dem inneren Rohr ist der elektrische Heizdraht aufgewickelt. 30 mm vom oberen Ende des Kolonnenmantels ist an das nach oben führende Rohr die Kapillare C (1 mm innerer Durchmesser, 7 mm äußerer Durchmesser) eingeschmolzen. Die Einschmelzstelle soll so geblasen sein, daß sich eine kleine trichterförmige Erweiterung bildet. Die ungefähr 120 mm lange Kapillare ragt 10 mm weit in die Vorlage D hinein. Diese Vorlage ist mit einem schräg aufwärts führenden, weitlumigen Glasrohr mit der Verlängerung der Kolonne verbunden. Zwei an dieser Verbindungsstelle angebrachte Ansätze dienen zur Einführung eines Thermometers bzw. zum Anschluß eines Vakuummeßgerätes. Die Vakuumpumpe wird über ein Knierohr mit dem unteren Schliff der Vorlage D verbunden.

Für fraktionierte Destillationen kleiner Mengen dient auch das von ELLIS angegebene und von WEYGAND (62) verbesserte Gerät (Abb. 110). Die zu destillierende Flüssigkeit befindet sich im Kölbchen, das während der

Destillation in ein geeignetes Bad eintaucht. Das Destillat kondensiert am Kühlfinger und wird tropfenweise durch den Trichter aufgefangen. Von dort wird es durch die Saugwirkung des an die Vorlage angeschlossenen Vakuums über die Kapillare in das entsprechende Auffanggefäß übergeführt. Soll in indifferenter Atmosphäre gearbeitet werden, so wird beim Ansatz die entsprechende Gaszuleitung angeschlossen.

Da dieses für viele Zwecke verwendbare Gerät nur eine geringe Fraktionierwirkung besitzt, ist es empfehlenswert, zwischen das Destillationskölbchen und den Kühler eine Kolonne etwa von der Art, wie sie Craig verwendet, einzuschalten. Dadurch wird allerdings der nach der Destillation zurückbleibende Anteil größer, doch wird dieser Verlust innerhalb der Grenzen bleiben, wie er bei den üblichen Mikrofraktioniergeräten immer auftritt.

Eine *Fraktionierkolonne von sehr großer Trennschärfe* beschreiben Lesesne und Lochte (40). Dieses Gerät (Abb. 111) eignet sich für Destillationen von 1 bis 10 ml Flüssigkeit, allerdings nur bei normalem Druck. Die eigentliche Kolonne besteht aus einem Glasrohr von 375 mm Länge und 6 mm innerem Durchmesser, das von einem Glasmantel umgeben ist. An dieses Rohr ist mittels Schliffes ein Kölbchen von ungefähr 5 ml Inhalt angeschlossen. An Stelle der sonst üblichen Kolonnenfüllung wird ein 4 mm breites Band aus nichtrostendem Stahl verwendet. Dieses hängt an einem Draht, der durch den der Kolonne aufgesetzten Kühler führt und während der Destillation in schnelle Umdrehung (1000 U/Min.) versetzt wird. Ein Quecksilberverschluß ermöglicht die Entnahme von Fraktionen ohne Unterbrechung der Destillation. Nach Angaben der Verfasser ist die Wirksamkeit dieser Drehbandkolonne sehr groß. Bei einer Destillation von 2 ml einer Mischung gleicher Teile Methylalkohol und Wasser wurde nur eine gemischte Fraktion von 0,06 ml erhalten. Alle übrigen Fraktionen bestanden aus reinem Methylalkohol bzw. reinem Wasser.

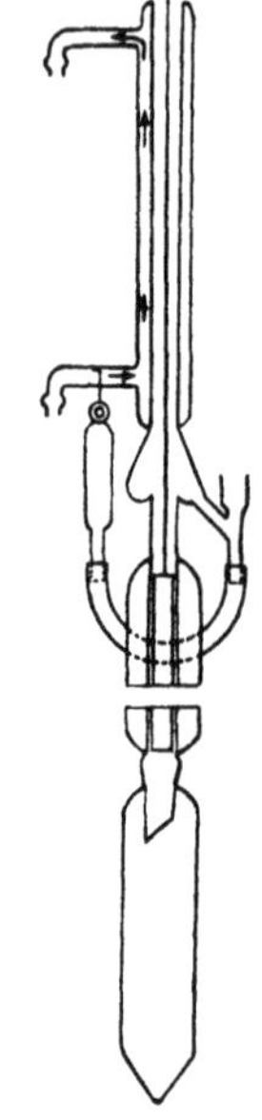

Abb. 111. Fraktionierkolonne nach Lesesne und Lochte.

Diese Apparatur wurde von Koch, Hilberath und Weinrotter (38) verbessert. Die Kolonne (Abb. 112) besteht wie bei Lesesne und Lochte aus einem Glasrohr von 6 mm lichter Weite, in dem ein 375 mm langes und 4 mm breites Metallband *A* von 0,5 mm Dicke mit einer Tourenzahl von mindestens 100 U/min rotiert. Als Material wird entweder eine Chrom-Nickellegierung oder für stärker korrodierende Flüssigkeiten V 2 A-Stahl verwendet. Dieses Metallband ist über einen 100 mm langen Draht und einen Metallstab mit der Achse eines kleinen Elektromotors verbunden. Dicht oberhalb des Metallbandes zweigt vom Kolonnenrohr ein 40 mm langes Rohr *D* (lichte Weite 8 bis 10 mm) ab, das zur Einführung eines kleinen Thermometers dient, dessen Quecksilberkugel nahe dem rotierenden Metalldraht zu liegen kommt. Der wirksame Teil des Kolonnenrohres und der Thermometerstutzen sind von einem verspiegelten und hochevakuierten Glasmantel *B* umschlossen. Am unteren Ende des Vakuummantels ist das Kolonnenrohr mit einem kurzen Schliff mit einem Siedekölbchen *K* von 12 bzw. 6 ml Inhalt verbunden. Der Schliffkern ragt ein wenig in das Kölbchen hinein, so daß an dieser Stelle der Rückfluß beobachtet werden kann. Das Siedekölbchen taucht in ein kleines, mit Öl oder Aluminiumgrieß gefülltes Heizbad *L*, das mit einem Windschutz *N* versehen ist und durch einen fein regulierbaren Gasbrenner geheizt wird. Der obere Teil des Kolonnenrohres endet in einen etwa 100 mm langen, wasserdurchströmten Kühler. Die Abnahme des Destillates erfolgt über ein unmittelbar oberhalb des Vakuummantels abzweigendes Kapillarrohr. Zur Ablenkung des aus dem Kühler herabfließenden Kondensates ist bei O ein schmaler, von oben schräg auf das Kapillarrohr zuführender kragenförmiger Wulst des Kolonnenrohres vorgesehen. Die Kapillare verzweigt sich und führt einerseits zu einem Kapillarhahn H, dessen Küken mit Kerben zur Feinregulierung versehen ist, zur graduierten Vorlage G und ist anderseits über einen Druckschlauch mit einem Quecksilbervorratsgefäß J verbunden. Die Verbindung zwischen Kolonnenrohr und Vorlage soll so kurz als möglich sein. Zur Entnahme von Destillatproben ist ein kleiner Seitentubus E zwischen Rückflußkühler und Abflußkapillare vorgesehen, über den mittels einer Mikropipette F während der Fraktionierung Destillatproben entnommen werden können. Zur Herabsetzung des Temperaturgefälles ist zur Beheizung des Vakuummantels der Kolonne ein Heizmantel C vorgesehen. Der aus dem Heizmantel herausragende Teil des Vakuummantels wird mit einer Glaswattepackung versehen, ebenso die Verbindung zwischen Kolonnenrohr und Siedekölbchen bei M. Die Wirksamkeit der Kolonne wird als sehr gut bezeichnet und hat nach Angabe der Autoren ein Trennvermögen von 15 theoretischen Böden.

Auch BOIVIN (10) gibt eine Verbesserung des Apparates von LESESNE und LOCHTE an.

BERING (5) beschreibt eine Halbmikro-Fraktionierkolonne von 2 mm Durchmesser und 550 mm Länge, die elektrisch geheizt ist und in der bei einer Destillationsgeschwindigkeit von 0,5 ml pro Stunde 4 ml fraktioniert werden können.

MITCHELL und O'GORMAN (46) empfehlen als Füllung von Fraktionierkolonnen für Mikrodestillationen eine durchgehende Wendel aus rostfreiem Stahl von einem Durchmesser von 1,57 mm.

STOCK (59) und Mitarbeiter führten eine Arbeitsweise ein, die sich für die Trennung, Reinigung und sonstige Behandlung kleiner Mengen flüchtiger Stoffe eignet: die Destillation in einem geschlossenen,

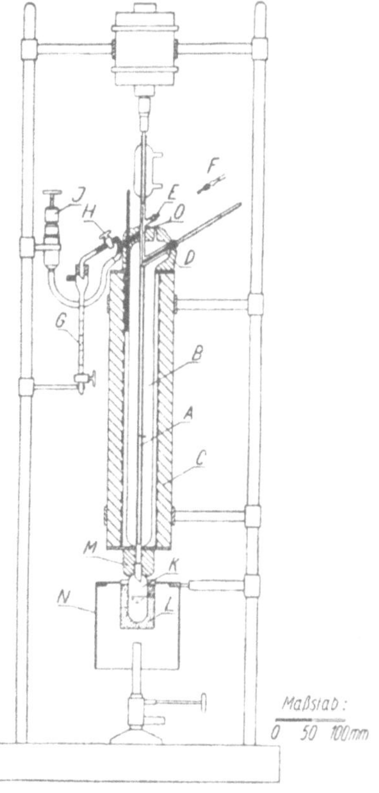

Abb. 112. Fraktionierkolonne nach KOCH, HILBERATH und WEINROTTER.

unter Hochvakuum stehenden Apparat unterhalb der Zimmertemperatur. Die Hauptvorzüge dieses Verfahrens sind: 1. Vermeidung jeglichen Verlustes. In den Rohrleitungen, den wärmsten Teilen des Apparates, bleibt nichts zurück. 2. Vollständiger Abschluß gegenüber der atmosphärischen Luft. Es ist möglich, in inerter Gasatmosphäre zu arbeiten. 3. Durch Dampfdichtemessung ist es möglich, die Einheitlichkeit der einzelnen Fraktionen zu prüfen. 4. Die Ausbeuten sind verhältnismäßig groß. Da im Hochvakuum gearbeitet und die Substanz nur verdampft, nicht aber zum Sieden gebracht wird, tritt kein Schäumen ein.

Die Verarbeitung der Substanzen erfolgt in einer geschlossenen, mit einer Quecksilberpumpe vollständig evakuierten Apparatur unter Ausschluß von Temperaturerhöhungen, von Luft, von Fett u. dgl. Die Substanzen kommen im allgemeinen nur mit Glas und Quecksilber in Berührung. Die Isolierung und

Reinigung geschieht durch fraktionierte Destillation. Auf Einheitlichkeit der Fraktionen wird durch Dampfdruckmessung bei geeigneten Temperaturen geprüft. Da bei dieser Methode an Untersuchungsmaterial nichts verloren geht, genügen Bruchteile eines Gramms Substanz zur Bestimmung der wichtigsten physikalischen Konstanten. Das Verfahren empfiehlt sich vor allem für eine genaue Untersuchung von Stoffen, die sehr schwer in größerer Menge erhältlich sind. Das Hauptanwendungsgebiet ist die Untersuchung leichtflüchtiger, niedrigmolekularer, organischer und auch anorganischer Verbindungen, wie z. B. von Kohlenwasserstoffen, Hydriden, Halogeniden, Boranen und Siliciumwasserstoffen. (Bezüglich der genauen Einzelheiten der Apparatur sowie der Arbeitsmethodik muß auf die Originalarbeit verwiesen werden.)

3. Fraktioniervorlagen.

Bei fraktionierten Destillationen ist dafür Sorge zu tragen, daß die einzelnen Fraktionen gesondert aufgefangen werden können. Je nach Flüchtigkeit der Substanz werden verschieden konstruierte *Vorlagen* angewendet. Soweit diese nicht schon im vorhergehenden

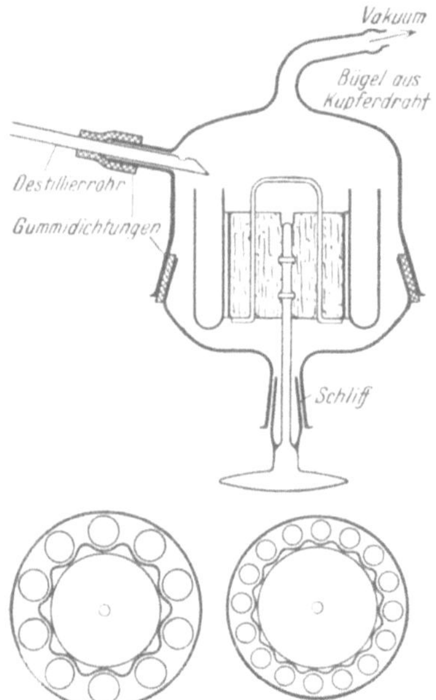

Abb. 113. Fraktioniervorlage.

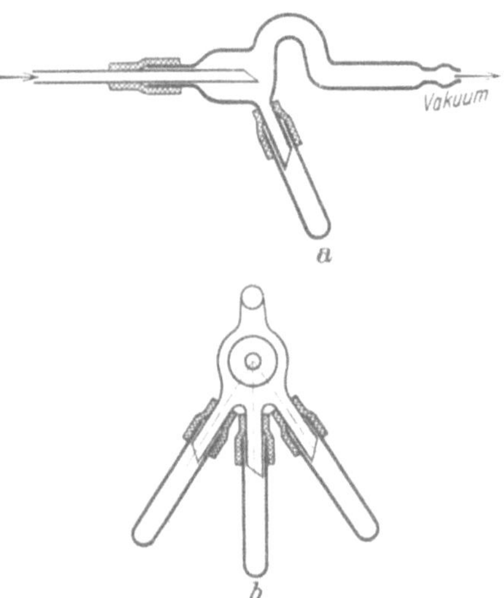

Abb. 114. Fraktioniervorlage für 3 Fraktionen.

Abschnitt bei den einzelnen Apparaten für fraktionierte Destillation beschrieben worden sind, werden an dieser Stelle einige bewährte Vorlagen angeführt.

Für kleine Mengen flüssiger Stoffe ist die in Abb. 113 gezeigte Konstruktion geeignet. Die einzelnen Gefäße, in denen das Destillat aufgefangen werden soll, werden an einem Kork, um den ein passendes Stück Wellpappe geklebt ist, mit einem Gummiring befestigt. Dieser Kork wird an den durchgehenden Stift eines Drehschliffes angesetzt. Es ist empfehlenswert, verschieden große Vorlagen bereit zu halten, die alle in dasselbe Schliffgefäß passen.

Für Mengen von 0,1 bis 0,5 g Substanz wird auf die in Abb. 114 gezeigte Vorlage verwiesen, die allerdings die Aufnahme von nur 3 Fraktionen gestattet.

Eine für 4 oder 7 Fraktionen geeignete Vorlage ist in Abb. 115 dargestellt. Die einzelnen Auffangbecherchen besitzen je ein gleich dimensioniertes Loch und werden mittels eines Häkchens herausgezogen. Auch das Fraktionierrohr ist mit einer kleinen Öffnung versehen, so daß ein Verspritzen beim Abtropfen ausgeschlossen ist.

Für kleine Mengen fester Stoffe wird auf eine von BERNHAUER (7) angegebene Vorlage hingewiesen (Abb. 116), mit welcher die Substanz auch in dem Teil des Destillationsgefäßes vor dem Abtropfen flüssig erhalten werden kann, der nicht mit einer Flamme zu erreichen ist.

Der von ROCK und JANZ (53) angegebene magnetische Verteiler bietet den Vorteil, daß eine Verschmutzung des Destillates mit Hahnfett ausgeschlossen ist. Der Verteiler (Abb. 117) besteht aus dem einem Erlenmeyerkolben ähnlichen Ansatz A, der mit einer entsprechenden Anzahl von Ableitungsrohren an der Peripherie

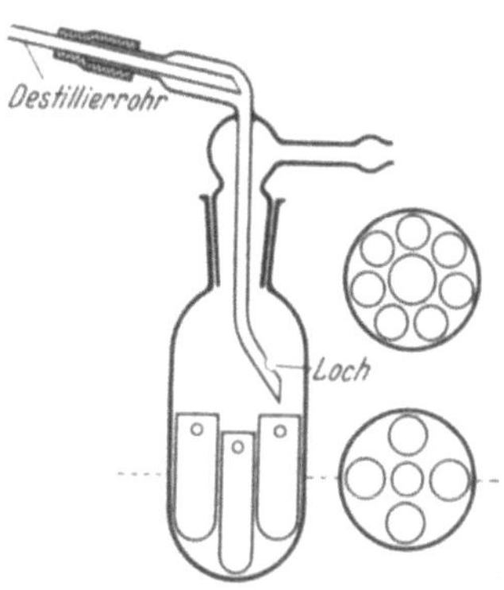

Abb. 115. Fraktioniervorlage für 4 oder 7 Fraktionen.

des Bodens versehen ist. An diese Rohre sind die Auffanggefäße angeschmolzen. An die zu einem Häkchen umgeformte Spitze des vom Destillationsgefäß kommenden Ableitungsrohres B ist ein Glasröhrchen C angehängt, in das

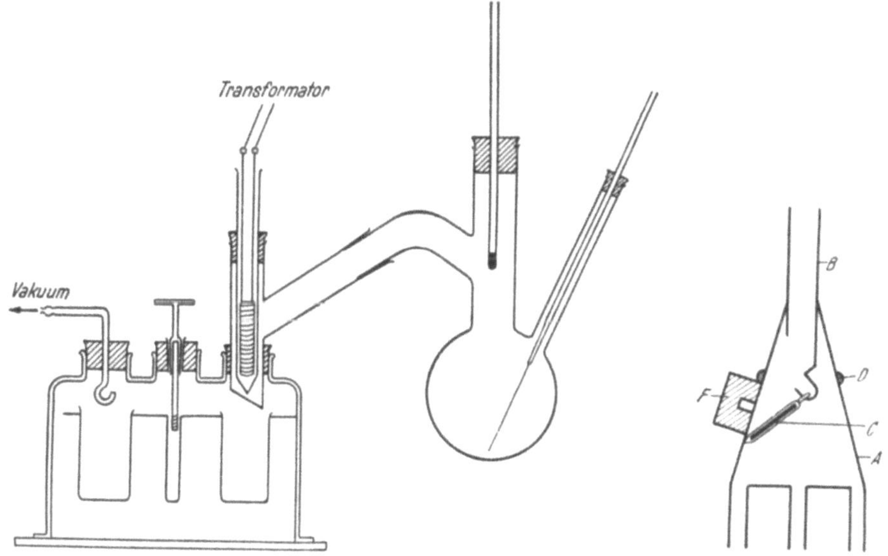

Abb. 116. Fraktioniervorlage für feste Stoffe.

Abb. 117. Magnetischer Verteiler für Fraktionierkolonnen.

ein Stück Eisendraht eingeschmolzen ist. Ein kleiner Permanentmagnet E, der an die Außenseite des Kolbens A gehalten wird, bringt das Glasröhrchen in die gewünschte Richtung, um das Kondensat in das entsprechende Auffanggefäß zu leiten. Der Eisenring D ermöglicht auf einfache Weise eine Fixierung des Magneten.

4. Wasserdampfdestillation.

Die Wasserdampfdestillation ist ein wertvolles Reinigungsverfahren in der organisch-chemischen Methodik. Man versteht darunter die Destillation eines Stoffes, der praktisch in Wasser nicht löslich ist, im Wasserdampfstrom. Da wegen der gegenseitigen Unlöslichkeit der Stoffe keine Dampfdruckerniedrigungen

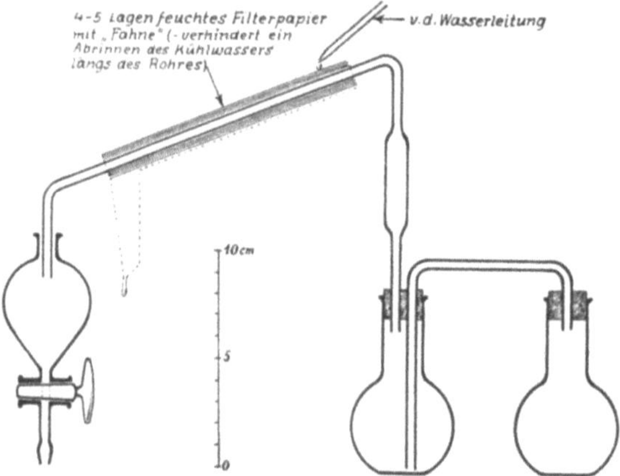

Abb. 118. Wasserdampfdestillation kleiner Mengen.

auftreten, ist der gesamte Dampfdruck gleich der Summe der Teildrucke der reinen Stoffe, unabhängig von ihrem Mengenverhältnis. Da die Teildrucke im Verhältnis der molaren Konzentrationen im Dampfraum stehen, ist die Wasserdampfdestillation vor allem bei solchen Stoffen mit Erfolg anwendbar, deren Molekulargewicht ein Vielfaches von dem des Wassers ist. Sie ermöglicht die Abtrennung von Schmieren, wo die Extraktion versagt, die Trennung von Isomeren, die durch einfache Destillation nicht durchführbar ist, die Gewinnung von Naturstoffen (ätherischen Ölen) sowie das Abtreiben eines Stoffes aus schlecht zu behandelnden Flüssigkeiten (starken Basen) usw.

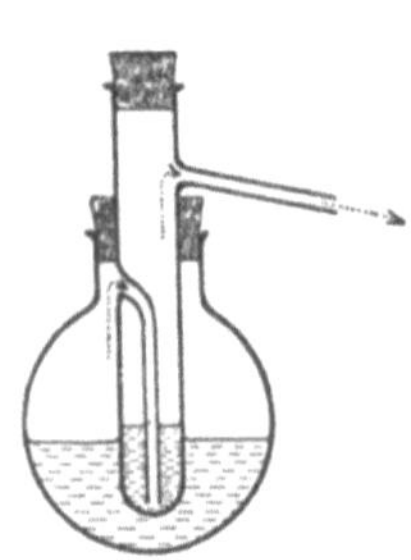
Abb. 119. Wasserdampfdestillation nach Pozzi-Escot.

Für Mengen bis zu 2 g kann ein einfaches, leicht herstellbares Gerät empfohlen werden (42). Das Reaktionsgut befindet sich in einem 50-ml-Stehkölbchen (Abb. 118), das durch ein entsprechend gebogenes Glasrohr mit dem Dampfentwickler — ebenfalls ein 50-ml-Stehkölbchen — in Verbindung steht. Auf das Destillationskölbchen wird das Dampfableitungsrohr mit der Kühlvorrichtung aufgesetzt, die mit mehreren Lagen feuchten Filtrierpapiers versehen ist. Beide Kölbchen stehen auf einem Drahtnetz, der Bunsenbrenner befindet sich unter dem Dampfentwickler. Das Destillat kann unter Umständen direkt in einem Scheidetrichter aufgefangen werden, wenn dies für die Weiterverarbeitung des isolierten Stoffes zweckmäßig sein sollte.

Für noch kleinere Substanzmengen eignet sich der Apparat von Pozzi-Escot (52) (Abb. 119). Hier bildet das äußere Gefäß den Dampfentwickler, der zugleich als Heizbad dient. Um ein Rücksaugen der im Innengefäß befindlichen Flüssigkeit zu verhindern, muß dauernd erhitzt werden. Erdös und

LÁSZLÓ (26) entwickelten diesen Apparat weiter zu einem Gerät, das in Abb. 120 gezeigt ist. Eine ähnliche Konstruktion gibt SOLTYS (58) an (Abb. 121). Da das Innenkölbchen mit der zu destillierenden Substanz ganz von Dampf umgeben ist, können auch darin, wie beim Apparat von POZZI-ESCOT, während der Destillation keine größeren Wassermengen kondensieren. Bei Unterbrechung der Destillation ist ein Zurücksaugen des Inhaltes aus dem inneren Kölbchen in

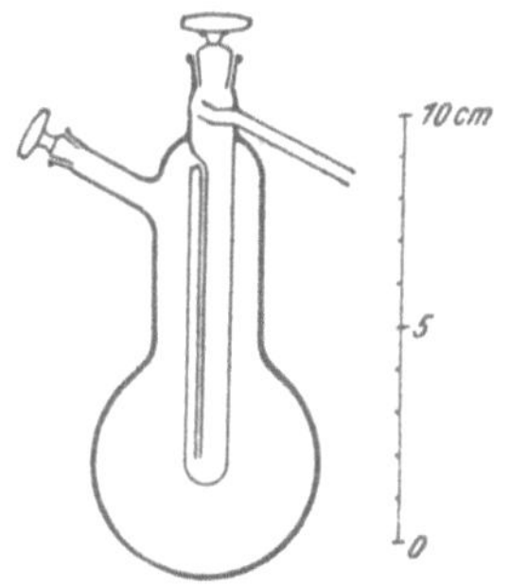
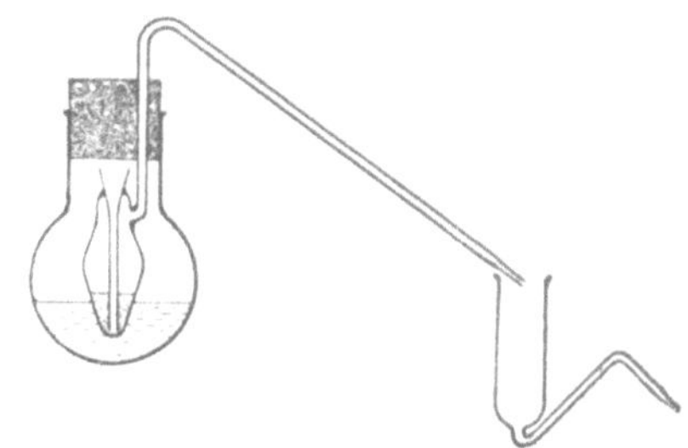

Abb. 120. Wasserdampfdestillation nach ERDÖS und LÁSZLÓ.

Abb. 121. Wasserdampfdestillation mit Florentinervorlage nach SOLTYS.

das äußere Gefäß wegen des aufgesetzten kleinen Trichterchens nicht mehr möglich. Als Auffanggefäß verwendet SOLTYS eine kleine Florentiner-Vorlage.

Selbstverständlich können auch sämtliche für die Stickstoffbestimmung nach KJELDAHL angegebenen Apparaturen (z. B. das Gerät von PARNAS-WAGNER [50] oder KIRSTEN [33]) angewendet werden, ebenso der Apparat von CONNOLLY (s. S. 26), bei dem ölige Stoffe auf dem Filter zurückgehalten werden.

5. Molekulardestillation.

Die Molekulardestillation unterscheidet sich grundsätzlich von der normalen Destillation. Sie beruht auf der Ausnutzung der Eigenbewegung der Moleküle der zu destillierenden Flüssigkeiten. Unter geeigneten Bedingungen, sehr niedrigem Druck bei entsprechend hohen Temperaturen — diese liegen um ungefähr 100° C niedriger als der Siedepunkt der betreffenden Flüssigkeit bei einem Druck von 1 bis 2 mm Hg —, erreichen die freien Weglängen der Moleküle Abmessungen, die diese aus dem Bereich der gegenseitigen Anziehung hinaustragen, so daß sie nicht mehr zum Ausgangspunkt zurückkehren. Diese Eigenbewegung der Moleküle nützt die Molekulardestillation aus, fängt die von der Hauptmasse sich trennenden Moleküle mit Hilfe von Kondensationsflächen auf und verhindert damit ihre Rückkehr zur Hauptmasse. Dabei wird das Gleichgewicht zwischen verdampften Molekülen und Flüssigkeit durch das Kondensieren der aus der Flüssigkeit herausgetretenen Moleküle gestört. Entsprechend den physikalischen Gesetzen muß sich sofort ein neues Gleichgewicht bilden, d. h. es werden neuerlich Moleküle aus der Flüssigkeit in die Gasphase übergehen.

Folgende Anforderungen müssen für eine brauchbare Apparatur erfüllt sein: 1. Hohes Vakuum (10^{-3} bis 10^{-4} mm Hg), 2. gute Verteilung der zu destillierenden Flüssigkeit, 3. gute, völlig gleichmäßige Heizung, um Überhitzungen sicher zu vermeiden, und 4. zweckmäßige Ausbildung der Kühlflächen.

Im folgenden wird auf zwei Apparaturen für die Molekulardestillation hingewiesen.

UTZINGER (61) beschreibt ein Gerät, das sich auch für die *Molekulardestillation weniger Gramm Substanz* verwenden läßt (Abb. 122). Im Vorentgaser (Abb. 122 a)

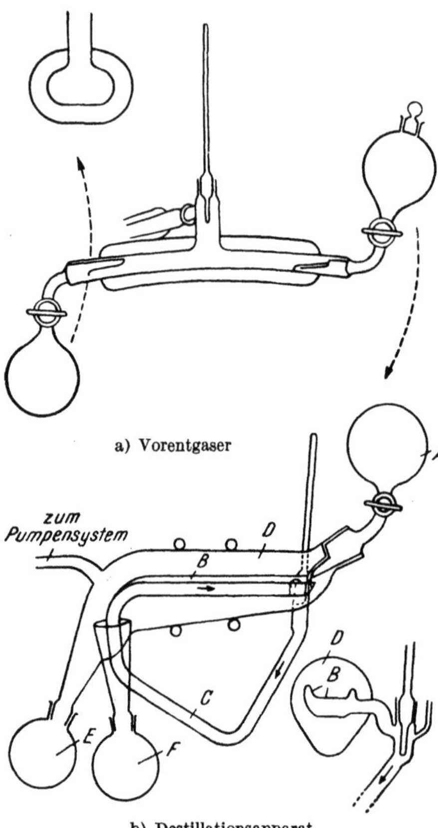

Abb. 122. Gerät zur Molekulardestillation nach UTZINGER.

wird die Substanz zunächst kontinuierlich aus filmartiger Verteilung heraus vom Lösungsmittel befreit, das z. B. beim Ausschütteln verwendet wurde. Die Beheizung erfolgt durch im Kreislauf zirkulierendes Öl. Zulaufgefäß und Vorlage können gedreht und mit abwechselnder Funktion verwendet werden. (Dieses Gerät kann auch als Destillierrohr für kontinuierliche Dünnschichtdestillation verwendet werden[1].) Nach Beendigung der Entgasung wird die Vorlage verschlossen, abgenommen und als Zulaufgefäß A an der Destillationsapparatur angebracht (Abb. 122 b). Die Substanz fließt von hier auf die Heizwanne B, wo sie sich filmartig verteilt. Die Beheizung erfolgt durch Öl über den Kreislauf C. Das Destillat setzt sich an den Wänden des Kühlrohres D ab und sammelt sich in der Vorlage E. Der Destillationsrückstand gelangt am Heizrohr abfließend in die Rückstandsvorlage F. Zur kontinuierlichen Destillation fester Substanzen dient eine hahnlose Vorlage, aus der die Substanz portionsweise herausgeschmolzen wird. Während der Vorentgaser an das Pumpensystem mittels einer Glasverbindung angeschlossen sein muß, kann der eigentliche Destillationsapparat mit einer Schlauchverbindung angeschaltet werden, da ja keine Gase mehr entweichen sollen. Das Pumpensystem besteht aus einer dreistufigen Quecksilber- oder Öldiffusionspumpe mit einer einstufigen Pumpe als Vorvakuum. Hierzu kommen noch Gasfallen und ein Vakuummeßgerät.

KARRER und BRETSCHER (31) geben eine Apparatur für die Molekulardestillation weniger Gramm an, der auch einzelne Fraktionen entnommen werden können (Abb. 123). Das Destillationsgefäß wird bei einem Druck von ungefähr 10^{-5} mm Hg mit seinem unteren Teil in ein durchsichtiges Ölbad (Paraffinöl in Glasgefäß) gebracht und langsam angeheizt. Die Ausmaße des Gerätes sind aus der Abbildung zu entnehmen. Soll eine Fraktion entnommen werden, so entfernt man das Ölbad, stellt in der erkalteten Apparatur Atmosphärendruck her und hebt den

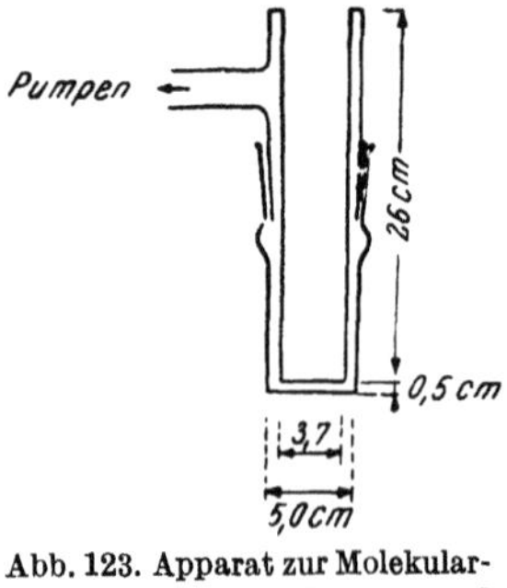

Abb. 123. Apparat zur Molekulardestillation nach KARRER und BRETSCHER.

---

[1] Die Dünnschichtdestillation wird vor allem für empfindliche Substanzen verwendet, die infolge ihrer leichten Flüchtigkeit für die Molekulardestillation nicht geeignet sind.

Kühlzapfen aus dem Destillationsgefäß heraus. Nach kurzer Zeit wird das erweichte Destillat abgenommen. Gekühlt wird mit einer Mischung von Kohlensäureschnee und Aceton.

Für die Molekulardestillation kleiner Mengen hat auch BAILEY (3) eine einfach gebaute Vorrichtung entwickelt, die insbesondere für die Destillation von Lignin verwendet wurde. Der Aufbau des Gerätes ergibt sich aus der Abb. 124. Es besteht im wesentlichen aus zwei mit Planschliffen versehenen Glasglocken, die mit Picein abgedichtet werden. Die zu destillierende Substanz befindet sich in einer Bleischale (zur besseren Wärmeleitung), die auf einer horizontalen elektrischen Heizplatte steht. Der Kühler ist in entsprechendem Abstand darüber angebracht. Nach langen Untersuchungen fand der Autor, daß zum Isolieren der Zuleitungsdrähte für die Heizung Glaswolle am besten geeignet ist, da diese am wenigsten Gas abgibt und so am ehesten ein gutes Hochvakuum erzielt werden kann. Ein gebogenes Thermometer gestattet die Messung der Temperatur in der verschlossenen Apparatur.

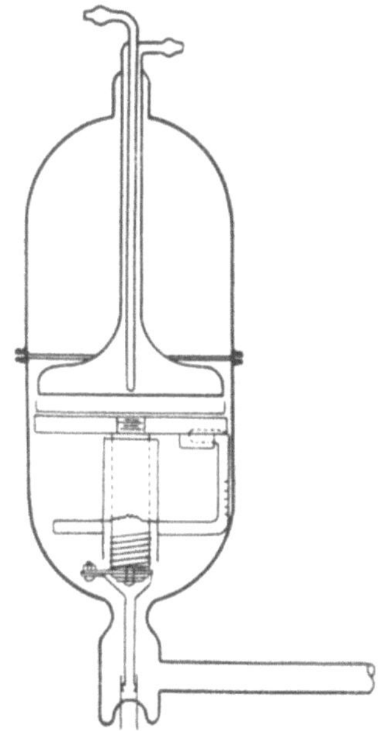

Abb. 124. Gerät zur Molekulardestillation nach BAILEY.

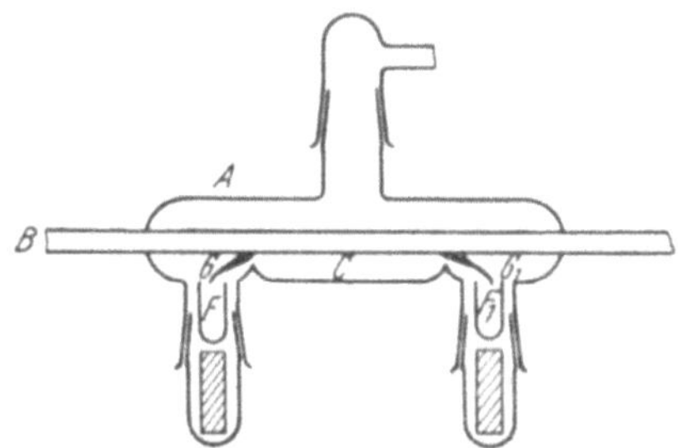

Abb. 125. Apparat zur Molekulardestillation nach MATCHETT und LEVINE.

Ebenfalls für kleine Mengen (0,25 bis 5 g) dient das Molekulardestillationsgerät von MATCHETT und LEVINE (44). Die zu destillierende Substanz befindet sich im Gefäß C (Abb. 125), das durch 2 Einbuchtungen im Glasrohr A gebildet wird. Die Fraktionen werden in den Gefäßen F, F_1 aufgefangen, was durch leichtes Neigen des Gerätes um eine zur Längsachse des Gerätes senkrecht stehende Achse erzielt wird. Das Rohr B wird von der Kühlflüssigkeit durchströmt, die so temperiert ist, daß keine zu großen Tropfen gebildet werden; denn diese würden in das Destillationsgefäß C zurückfallen und nicht längs der Glasstäbchen G, G_1 abfließen.

Dieselben Autoren (45) beschreiben ein verbessertes Gerät, das unter anderem das getrennte Auffangen von 5 Fraktionen ohne Unterbrechung des Vakuums gestattet.

Weitere Geräte werden in der ausgezeichneten Zusammenfassung von WITTKA (64) zitiert bzw. beschrieben.

Zur Molekulardestillation wird in neuester Zeit eine einfache Apparatur von GOULD, HOLZMAN und NIEMANN (29) als geeignet angegeben (Abb. 126). Das Destillat sammelt sich an einer ringförmigen Erweiterung des Innenkühlers und wird mittels Kapillaren in die Auffanggefäße abgesaugt, die genau so geformt sind wie die auf S. 52 beschriebenen. Das Destillationskölbchen wird mit 50 bis 150 µl beschickt und in einen Heizblock eingeführt. Nach Angaben der Verfasser konnte mit dieser Vorrichtung beim Vakuum einer Diffusionspumpe unter Eiswasserkühlung Dibutylphthalat unterhalb von 50° C mit einer Geschwindigkeit von 20 µl/Min. destilliert werden.

Für die Destillation von Methylestern ungesättigter Fettsäuren wurde von Booy und Waterman (11) eine Molekulardestillationsapparatur entwickelt, bei der die Heizung mittels Infrarotstrahlung erfolgt. Durch eine besondere Anordnung läßt sich die Menge des übergegangenen Destillats bestimmen. Die Apparatur wird nach Abb. 127 aufgebaut. Eine kleine Menge der zu destillierenden Substanz wird in dem Schälchen A eingewogen und dieses an die

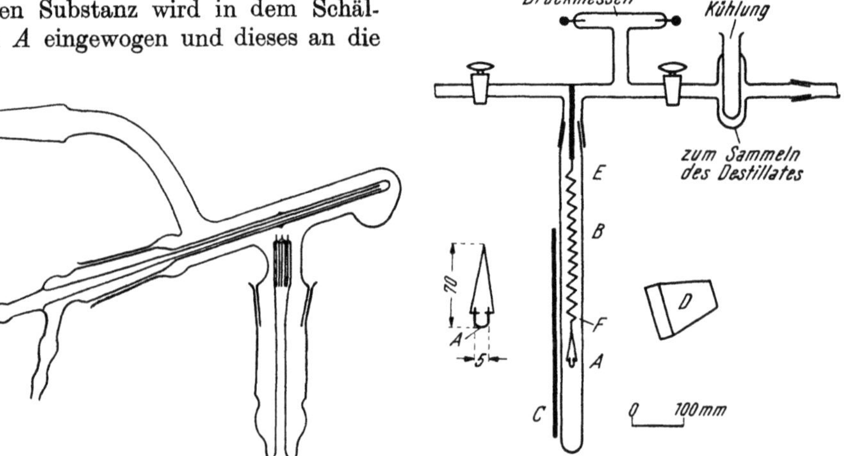

Abb. 126. Apparat zur Molekulardestillation nach Gould, Holzman und Niemann.

Abb. 127. Apparat zur Molekulardestillation nach Booy und Waterman.

aus einem sehr feinen Glasfaden hergestellte Spirale B gehängt. Nach dem Einsetzen des T-Rohres in das Rohr E wird auf 10^{-3} bis 10^{-4} mm Hg evakuiert. Die Stellung des Punktes F der Spirale wird auf einer hinter dem Rohr E angebrachten Millimeterskala abgelesen. Ein Spiegel C dient zur parallaxenfreien Ablesung mit einer Genauigkeit von 0,1 mm. Geheizt wird mit der Infrarotlampe D. Die Intensität der Heizung wird durch die Stellung der Lampe geregelt. Die Spiralfederwaage B muß vor Inbetriebnahme des Gerätes gegen bekannte Gewichte geeicht werden.

Literatur.

(1) Alber, H., Z. analyt. Chem. 90, 100 (1932).

(2) Babcock, M. J., Analyt. Chemistry 21, 632 (1949). — (3) Bailey, A. J., Ind. Eng. Chem., Analyt. Ed. 14, 177 (1942). — (4) Benedetti-Pichler, A. A., u. J. R. Rachele, Mikrochem. 19, 1 (1935/36). — (5) Bering, P., Svensk Kem. Tidskr. 61, 10 (1949); ref. in Chem. Abstr. 43, 4053 (1949). — (6) Bernhauer, K., Einführung in die organisch-chemische Laboratoriumstechnik, S. 117ff., 5. Aufl. Wien: Springer-Verlag. 1947. — (7) Ebenda, S. 130. — (8) Bernhauer, K., P. Müller u. F. Neiser, J. prakt. Chem. (2) 145, 306 (1936). — (9) Boegel, J. W., Ind. Eng. Chem., Analyt. Ed. 8, 476 (1936). — (10) Boivin, M., Mém. services chim. état (Paris) 31, 29 (1944); ref. in Chem. Abstr. 40, 5605 (1946). — (11) Booy, H., u. H. I. Waterman, Analyt. Chim. Acta 3, 440 (1949). — (12) Borsook, H., u. J. W. Dubnoff, J. Biol. Chem. 131, 163 (1939).

(13) Cheronis, N. D., u. A. Vavoulis, Mikrochem. 38, 428 (1951). — (14) Colson, A. F., Analyst 71, 322 (1946). — (15) Conway, E. J., Micro-Diffusion Analysis and

Volumetric Error, 2. Aufl. London: Crosby-Lockwood. 1947. — (16) CONWAY, E. J., u. A. BYRNE, Biochemic. J. **27**, 419 (1933). — (17) COOPER, C. M., u. E. V. FASCE, Ind. Eng. Chem. **20**, 420 (1928). — (18) CRAIG, L. C., Ind. Eng. Chem., Analyt. Ed. **8**, 219 (1936). — (19) Ind. Eng. Chem., Analyt. Ed. **9**, 441 (1937).

(20) DADIEU, A., u. H. KOPPER, Angew. Chem. **50**, 367 (1937). — (21) DUBBS, C. A., Analyt. Chemistry **21**, 1273 (1949).

(22) EMICH, F., Mikrochemisches Praktikum, S. 34, 2. Aufl. München: J. F. Bergmann. 1931. — (23) Mh. Chem. **53**, 329 (1929). — (24) ERDÖS, L., Mikrochem. **24**, 278 (1938). — (25) ERDÖS, J., u. B. LÁSZLÓ, Mikrochem. **27**, 211 (1939). — (26) Mikrochim. Acta **3**, 304 (1938).

(27) GETTLER, A. O., Ind. Eng. Chem., Analyt. Ed. **11**, 469 (1939). — (28) GIBBS, G. E., u. P. L. KIRK, Mikrochem. **16**, 25 (1934/35). — (29) GOULD jr., C. W., G. HOLZMAN u. C. NIEMANN, Analyt. Chemistry **20**, 361 (1948); s. auch GOULD jr., C. W., A. P. 2459375 vom 15. 9. 1944, ausgegeben am 18. 1. 1949. — (30) GRANT, W. M., Ind. Eng. Chem., Analyt. Ed. **18**, 729 (1946).

(31) KARRER, P., u. E. BRETSCHER, Helv. Chim. Acta **26**, 1767 (1943). — (32) KIRK, P. L., Analyt. Chemistry **22**, 611 (1950). — (33) KIRSTEN, W., private Mitteilung. — (34) KLADISCHTSCHEFF, D., Mikrochem. **8**, 136 (1930). — (35) KLENK, E., Z. physiol. Chem. **242**, 250 (1936). — (36) KLENK, E., u. K. SCHUWIRTH, Z. physiol. Chem. **267**, 260 (1941). — (37) KOBER, S., Biochem. Z. **232**, 274 (1931). — (38) KOCH, H., F. HILBERATH u. F. WEINROTTER, Chem. Fabrik **14**, 387 (1941).

(39) LANG, K., Klin. Wschr. **18**, 913 (1939). — (40) LESESNE, S. D., u. H. L. LOCHTE, Ind. Eng. Chem., Analyt. Ed. **10**, 450 (1938). — (41) LIEB, H., u. W. SCHÖNIGER, Mikrochem. **34**, 336 (1949). — (42) Darstellung organischer Substanzen mit kleinen Substanzmengen. Wien: Springer-Verlag. 1950. — (43) LINDERSTRØM-LANG, K., D. BRÜEL, H. HOLTER, u. K. ROZITS, C. r. trav. lab. Carlsberg **19**, 20 (1933); **25**, 289 (1946).

(44) MATCHETT, J. R., u. J. LEVINE, Ind. Eng. Chem., Analyt. Ed. **15**, 296 (1943). — (45) Ind. Eng. Chem., Analyt. Ed. **16**, 529 (1944). — (46) MITCHELL jr., F. W., u. J. M. O'GORMAN, Analyt. Chemistry **20**, 315 (1948). — (47) MORTON, A. A., u. J. F. MAHONEY, Ind. Eng. Chem., Analyt. Ed. **13**, 494 (1941).

(48) NEEDHAM, J., u. E. J. BOELL, Biochemic. J. **33**, 149 (1939). — (49) NEUMANN, F., u. K. HESS, Ber. dtsch. chem. Ges. **70**, 721 (1937).

(50) PARNAS, J. K., u. R. WAGNER, Biochem. Z. **125**, 253 (1921). — (51) PEAKES jr., L. V., Mikrochem. **18**, 100 (1935). — (52) POZZI-ESCOT, M. E., Bull. soc. chim. France (3) **31**, 932 (1904).

(53) ROCK, E. J., u. G. J. JANZ, Analyt. Chemistry **22**, 626 (1950).

(54) SCHUWIRTH, K., Z. physiol. Chem. **277**, 147 (1943). — (55) SHRADER, S. A., u. J. E. RITZER, Ind. Eng. Chem., Analyt. Ed. **11**, 54 (1939). — (56) SIWOLOBOFF, A., Ber. dtsch. chem. Ges. **19**, 795 (1886). — (57) SMITH, R. A., Mikrochem. **11**, 221 (1932). — (58) SOLTYS, A., Mikrochem., Molisch-Festschr. 393 (1936). — (59) STOCK, A., Ber. dtsch. chem. Ges. **47**, 154 (1914); **50**, 989 (1917); **51**, 983 (1918); **53**, 751 (1920).

(60) TOMPKINS, F. R., u. P. L. KIRK, J. Biol. Chem. **142**, 477 (1942).

(61) UTZINGER, G. E., Chem. Techn. **16**, 61 (1943).

(62) WEYGAND, C., Organisch-chemische Experimentierkunst, S. 112. Leipzig: J. A. Barth. 1938. — (63) WINNICK, T., Ind. Eng. Chem., Analyt. Ed. **14**, 523 (1942); J. Biol. Chem. **142**, 451 (1942). — (64) WITTKA, F., Angew. Chem. **53**, 557 (1940).

(65) YOUNG, J. W., Mikrochem. **21**, 133 (1936/37).

VIII. Sublimation*.

Das Sublimieren ist ein für mikropräparatives Arbeiten sehr wichtiges Verfahren. Im physikalischen Sinne versteht man darunter das Verdampfen eines festen Stoffes unterhalb seines Schmelzpunktes; beim Abkühlen des Dampfes erhält man unmittelbar wieder die feste Substanz. Die Sublimation ist demnach ein vorzügliches Mittel zur Reinigung fester Stoffe. Man kann bei normalem Luftdruck, im Vakuum oder auch im inerten Gasstrom sublimieren.

---

* Zu diesem Abschnitt vgl. auch den nachfolgenden Beitrag von LUDWIG und ADELHEID KOFLER, „Mikroskopische Methoden", in diesem Handbuch.

Über das Erhitzen des Sublimationsgutes können keine näheren Angaben gemacht werden; wenn nötig, wird mit Heizbädern gearbeitet. Da die Sublimationstemperatur nicht leicht bestimmbar ist und daher nicht wie der Siedepunkt als Charakteristikum für Trennungen dienen kann, ist eine fraktionierte Sublimation nur so durchführbar, daß man die Badtemperatur stufenweise ändert. Es ist zweckmäßig, den Stoff für fraktionierte Sublimationen fein zu pulvern und aus nicht zu dicker Schicht zu verflüchtigen. Dabei gehen nämlich zuerst die an der Teilchenoberfläche befindlichen, leichtflüchtigen Anteile in den Dampfzustand über und die Nachdiffusion durch die sich bildende schwerflüchtige Hülle kann längere Zeit dauern. (Über Temperaturen für beginnende Verflüchtigung in hohem Vakuum vgl. Kempf [8].)

Behelfsmäßig und zur Entscheidung, ob ein Stoff durch Sublimation gereinigt bzw. ob dadurch aus einem amorphen Gemenge ein kristallisierender Anteil abgetrennt werden kann, verfährt man folgendermaßen:

Die gut zerkleinerte Probe wird auf ein Uhrglas entsprechender Größe gebracht und dieses mit einem etwas überstehenden Rundfilter, das in der Mitte einige Male durchlöchert ist, überdeckt. Man legt ein zweites, gleich großes Uhrglas darüber und hält beide mit einer Drahtklammer zusammen. Dann erhitzt man auf einer elektrischen Heizplatte oder auf einem Sandbad und kann das obere Uhrglas, auf dem sich das Sublimat niederschlägt, fallweise mit befeuchtetem Filterpapier kühlen.

Eine weitere behelfsmäßige Anordnung zur Sublimation besteht darin, daß man die Probe auf den Boden eines kleinen Becherglases bringt und einen mit Wasser gefüllten Rundkolben daraufstellt. Muß bei höheren Temperaturen sublimiert werden, so verwendet man an Stelle des Becherglases einen Porzellantiegel.

Stehen für die Durchführung einer Sublimation nur wenige Zentigramm Substanz zur Verfügung, so führt man zur Feststellung der zweckmäßigsten Sublimationstemperatur stets eine Probesublimation unter dem Mikroskop durch. Dazu kann unter Verwendung der Mikrogas- und Sublimationskammer nach Molisch (15) wie folgt verfahren werden:

Auf einen Objektträger, auf dem einige Körnchen der zu sublimierenden Substanz aufgebracht sind, wird ein Glasring entweder lose aufgesetzt oder aufgekittet. Es ist empfehlenswert, eine bestimmte Anzahl von Glasringen verschiedener Höhe vorrätig zu halten. Auf den Glasring wird ein Deckgläschen gelegt und durch vorsichtiges Erwärmen des Objektträgers — am besten auf einem Mikroskopheiztisch unter steter Kontrolle der Temperatur und gleichzeitiger Beobachtung unter dem Mikroskop — die Sublimation durchgeführt.

Noch einfachere Anordnungen beschreibt Tunmann (20). Zwischen zwei Objektträger, die durch ein dazwischengelegtes Steinchen oder einen Glasstab auf Abstand gehalten werden, wird durch Auflegen des unteren Objektträgers auf eine geheizte Asbestplatte die Sublimation durchgeführt. Eine zweite einfache Anordnung, die gleichzeitig Temperaturmessung gestattet, ist folgende:

Aus 2 Asbestplatten und 4 Asbeststreifen wird eine Schachtel gebildet, die seitlich mit einem Loch für das einzuführende Thermometer und oben mit einer Öffnung für ein breiteres Glasröhrchen versehen ist, das, mit Material beschickt, knapp neben der Thermometerkugel ins Innere der Schachtel eingeführt wird. Die Öffnung des Röhrchens wird mit einem Deckgläschen verschlossen, auf dem das Sublimat aufgefangen wird.

Soltys (18) beschreibt folgende einfache Sublimationseinrichtung, die sich für mikropräparative Zwecke besonders eignet: Die Substanz wird in einem Glas- oder Porzellanschiffchen in ein gerades Rohr eingeführt. Schwierig ist die quantitative Überführung von zähflüssigen Stoffen. Man verfährt dann so, daß man die in einer Abdampfschale befindliche Substanz mit einer kleinen Menge Asbestwolle aufsaugt und sie mit der Asbestwolle in das Schiffchen bringt. Man wischt noch zweimal mit etwas Asbest, der mit dem entsprechenden Lösungsmittel befeuchtet ist, die Schale aus. Man kann so mit ganz wenig Lösungsmittel die gesamte Menge ohne Verlust in das Schiffchen bringen. Das

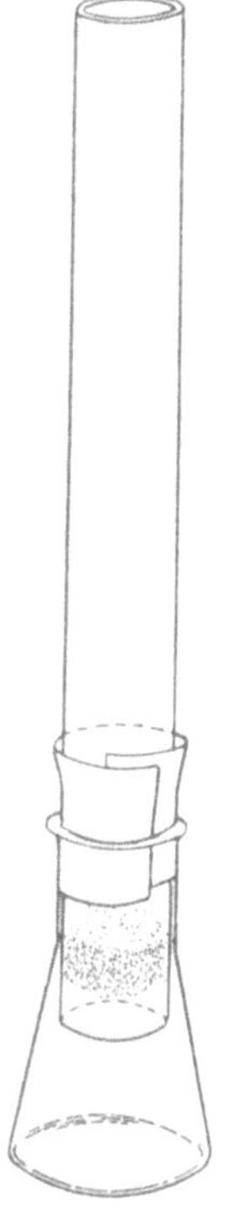

Rohr wird nun in einen entsprechenden Metallblock (PREGLscher Trockenblock) (16) gebracht, dessen Temperatur laufend gemessen wird, und zuerst, ohne erhitzt zu werden, vorsichtig evakuiert. Tritt kein Schäumen ein, so wird langsam angeheizt. Zur Trennung des Sublimats vom Sublimationsgut muß das Rohr zerschnitten werden. Schön auskristallisierte Sublimate werden mit dem Spatel entnommen, Sublimate in Form eines feinen Anfluges gewinnt man, indem der abgeschnittene Teil des Sublimationsrohres mit einem Filterpapierstreifen in den Hals eines kleinen, weithalsigen Erlenmeyerkölbchens eingesetzt wird, das eine kleine Menge des entsprechenden Lösungsmittels enthält. Durch Erhitzen des Kölbchens wird die Substanz unter Rückflußkühlung aus dem Sublimationsrohr herausgewaschen (Abb. 128).

Diese einfache Sublimationsanordnung wurde von SOLTYS (19) durch den Einbau einer *Glasfritteneinlage* verbessert. Ein 120 mm langes, 20 mm weites Glasrohr ist an ein ebenso langes, aber nur 12 mm weites Rohr angeschmolzen. An der Übergangsstelle ist eine Platte aus Glasfrittenmasse angeschmolzen, um ein Mitreißen

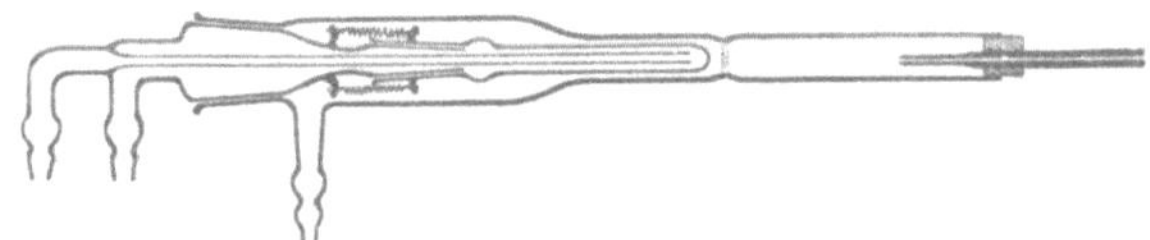

Abb. 128. Herauslösen von Sublimationsgut.

Abb. 129. Sublimationsapparat nach SOLTYS-HURKA.

von nichtflüchtigen Anteilen beim Sublimieren zu verhindern. In den weiten Rohranteil, der einen Ansatz zum Evakuieren besitzt, wird ein mit Wasser zu kühlendes Rohr, ein sogenannter *Kühlfinger*, eingeführt, der vorne etwas verjüngt ist und an dem sich der sublimierende Stoff niederschlägt. Durch einen Gummistopfen mit einer Kapillare wird das Sublimationsrohr verschlossen.

HURKA (7) hat diesen Apparat insofern noch verbessert, als das Kühlrohr mittels eines Schliffes in das weite Rohr eingesetzt wird und am Kühlrohr ein weiterer Schliff für die Anbringung eines auswechselbaren Kühlfingers vorhanden ist (Abb. 129).

Weitere Sublimationseinrichtungen, die zum Teil auch für Arbeiten unter vermindertem Druck geeignet sind, wurden unter anderem von EDER (3), KLEIN und WERNER (10) sowie von FISCHER (4) beschrieben.

Sublimationsrohr von EDER (3): Ein etwa 25 mm langes und 25 mm weites Gefäß verengt sich unten zu einem näpfchenartigen Fortsatz (10 mm lang, 5 mm weit), in den das Sublimationsgut gegeben wird (50 mg und weniger). Am oberen Ende ist das Gefäß mit einem Schliff (*S*) versehen, dem ein langes Glasrohr aufgesetzt ist, das mit einem Tubus zur Einführung eines Thermometers für die Messung der Temperatur am Deckglas und einem Anschlußrohr zur Wasserstrahlpumpe versehen ist. Das Sublimat wird auf einem runden Deckgläschen (18 mm Durchmesser) aufgefangen, das der Verjüngung des Gefäßes aufliegt. Es wird in einem Heizbad unter ständiger Temperaturkontrolle erhitzt, wobei das Näpfchen entweder zur Hälfte oder ganz eingesenkt ist (Abb. 130).

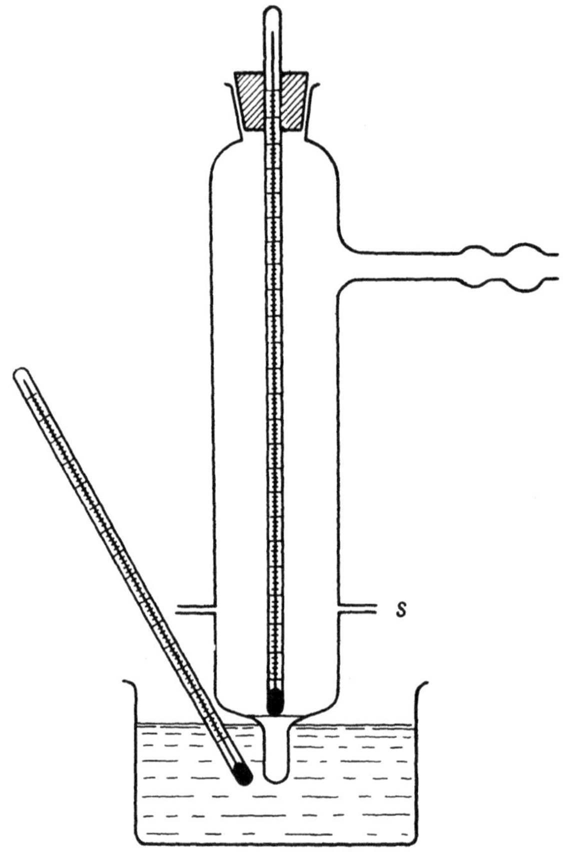

Abb. 130. Sublimationsrohr nach Eder.

Das Sublimationsgerät von Klein und Werner (10) ist im wesentlichen ein dem Sublimationsrohr von Eder nachgebautes, verbessertes Gerät, besitzt aber zusätzlich eine Kühlvorrichtung, die mit Hilfe eines Schliffes von oben her in das Sublimationsrohr eingeführt wird. Dieses ist unten entweder spitz ausgezogen oder gleichmäßig abgerundet. Verwendet man die runde Form, so wird der Boden des Rohres mit Eisenpulver bedeckt und ein Kupferschälchen, welches das Sublimationsgut enthält, aufgesetzt. Durch die Menge des Eisenpulvers läßt sich die Sublimationshöhe einstellen (Abb. 131).

Sublimationsapparat nach Fischer (4): Das wesentliche Merkmal dieses Gerätes ist eine heizbare Messing- oder Aluminiumplatte von ungefähr 150 mm Durchmesser und 13 mm Dicke, die seitlich eine tiefe Bohrung zur Einführung eines Thermometers besitzt. An der oberen Seite befindet sich in der Platte eine Anzahl kreisrunder Aushöhlungen verschiedener Tiefe und verschiedenen

Durchmessers mit einer Stufe von etwa 1 mm Breite und $^1/_3$ mm Tiefe zum Auflegen von runden Deckgläschen (15, 18 und 20 mm Durchmesser, 0,22 mm Dicke) bei der Vakuumsublimation. Quadratische Deckgläschen und Objektträger können bei der Sublimation ohne Vakuum verwendet werden. Um die Löcher ist jeweils eine ringförmige Fläche von 10 bis 14 mm Durchmesser besonders sorgfältig geschliffen und dient zum Aufsetzen von Vakuumglocken; der Durchmesser der geschliffenen Flächen soll in jedem Falle 40 mm betragen. Die entsprechend hergestellten Vakuumglocken (Abb. 132) werden bei erstmaligem Gebrauch mit Bimssteinpulver eingeschliffen. Zur Sublimation werden die Glocken ohne Fett aufgesetzt und müssen, wenn der Schliff einwandfrei ist, vakuumdicht halten. In die Vertiefungen werden genau passende Glasschälchen mit dem Sublimationsgut eingesetzt. Der Rand dieser Schälchen darf die Plattenebene nicht überragen. Das Sublimat wird bei der Vakuumsublimation auf runden Deckgläschen, bei der gewöhnlichen Sublimation, wie erwähnt, auch auf quadratischen Deckgläschen oder Objektträgern

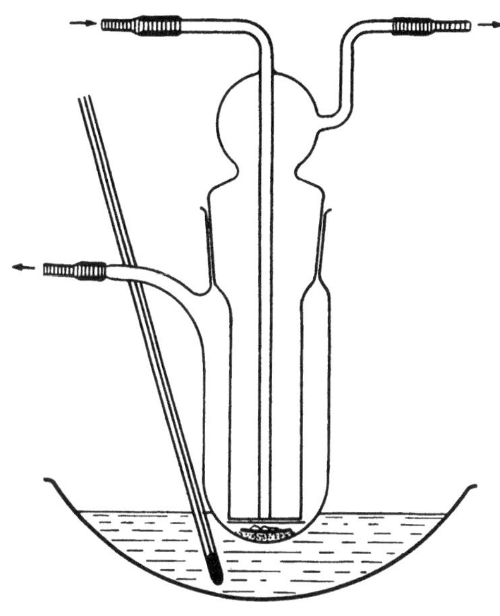

Abb. 131. Sublimationsgerät nach KLEIN und WERNER.

niedergeschlagen. Durch Aufsetzen von Glasringen verschiedener Höhe (0,1 bis 10 mm) und verschiedenen Durchmessers läßt sich die Sublimationshöhe variieren. Das Erwärmen der Platte erfolgt am einfachsten durch Aufsetzen des Sublimationsgerätes auf eine elektrische Kochplatte; doch kann zum Heizen auch Gas verwendet werden. Für tagelang dauernde Sublimationen ist eine automatische Temperaturregelung nötig.

Die Sublimationseinrichtung nach KEMPF (9) gibt sichere Anhaltspunkte über die bei der Isolierung einer Substanz einzuhaltende Temperatur. Sie besteht aus einer elektrisch geheizten, quadratischen Messingplatte (12 cm Kantenlänge) mit seitlicher Bohrung für das Thermometer, die auf einem Porzellanfuß montiert und zwecks selbsttätiger Temperaturregelung mit einem Relais verbunden ist. Als Unterlage für das Sublimationsgut dient eine auswechselbare, völlig ebene Metallscheibe, die auf die Heizplatte gelegt wird. Es ist dies eine 1 mm starke,

Abb. 132. Sublimationsglocke nach FISCHER.

vernickelte Messingblechplatte für Sublimationstemperaturen von 50 bis 250°. Für höhere Temperaturen wird eine Nickelplatte oder Platinfolie oder ein Glimmerplättchen als Unterlage verwendet. Die zu sublimierende Substanz wird in dünner Schicht auf die Platte verteilt und das Sublimat auf Objektträgern aufgefangen, die unmittelbar über dem Sublimationsgut durch Zwischenlegen einer Maske aus Asbestpapier nur 0,1 bis 0,3 mm von dessen Oberfläche entfernt sind. Auf diese Weise gelingt es, bei gewöhnlichem Luftdruck auch sehr schwerflüchtige Substanzen unzersetzt zu sublimieren. Mit diesem Apparat kann man längere Zeit, auch mehrere Tage hindurch, bei einer bestimmten, meist relativ niedrigen Temperatur sublimieren.

Für Vakuumsublimation kleinster Mengen eignet sich ebenfalls die in Abb. 133 gezeigte Apparatur (24). Der Boden des Kühlers ist abgeflacht und reicht dicht über das Sublimationsgut. Wird die Substanz nicht unmittelbar in das äußere Gefäß gebracht, so verwendet man geeignete Trägerstoffe oder Metallschälchen, die in Eisenfeilspäne eingebettet werden.

Für Mengen bis zu 0,1 g eignet sich der Vakuumsublimationsapparat von MARBERG (14) (Abb. 134). Er besteht aus drei mit Schliffen verbundenen Teilen. Der untere, becherförmige Teil nimmt die zu sublimierende Substanz auf. In diesen wird mit Schliff der Anschluß zum Vakuum eingesetzt. Durch beide Teile reicht der weite Kühler bis nahe an den Boden des Apparates. Der obere Teil des Kühlers ist doppelwandig und evakuiert. Dieser Vakuummantel verhindert ein allzu rasches Verdunsten des Kühlmittels. Soll mit Wasser gekühlt werden, so steckt man in die Kühleröffnung einen Stopfen mit einem langen

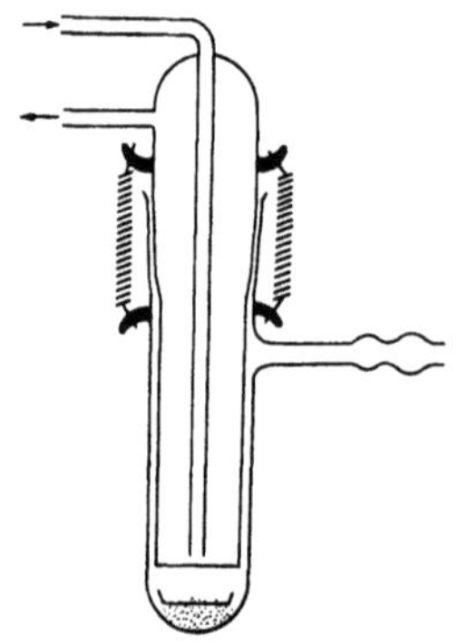

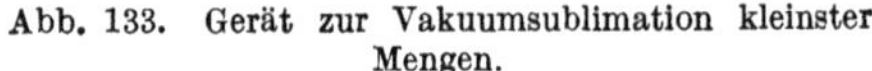

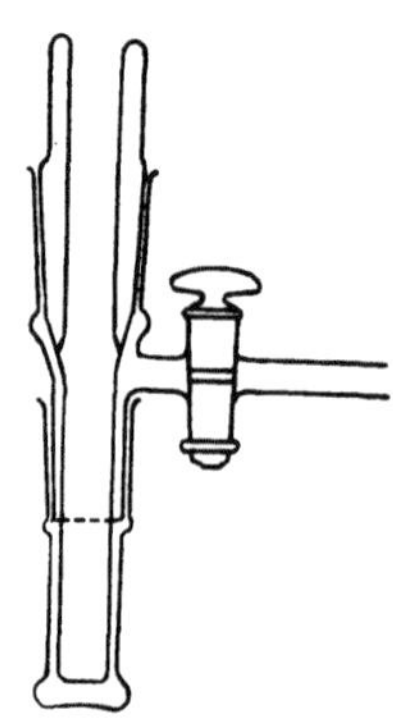

Abb. 133. Gerät zur Vakuumsublimation kleinster Mengen.

Abb. 134. Vakuumsublimationsapparat nach MARBERG.

und einem kurzen Glasrohr zur Zu- und Ableitung des Kühlwassers. Der Vorteil dieses Gerätes besteht darin, daß man auch mit Kältemischungen, wie Trockeneis-Äther, flüssigem Ammoniak oder flüssiger Luft kühlen kann, die in das weite Kühlrohr eingefüllt werden.

CLARKE und HERMANCE (1) beschreiben einen verbesserten Sublimationsapparat, der ganz aus Metall gebaut und mit elektrischer Heizung und Temperaturregler versehen ist. Eine ausführliche Beschreibung und eine Abbildung sind in der Originalarbeit zu finden.

An dieser Stelle seien auch eine von HUBMACHER (6) entwickelte elektrische Heizvorrichtung mit automatischer Temperaturregelung sowie 3 Geräte für die Sublimation von 0,2 bis 2 g Substanz erwähnt. Der zylindrische Heizkörper aus Bronze von 100 mm Durchmesser und 150 mm Höhe besitzt verschiedene Bohrungen zur Aufnahme von Sublimationsrohren, des Thermometers, der automatischen Temperaturregelung und einer elektrischen Heizpatrone. Eine 30 mm dicke, außen mit Asbestpapier abgeschlossene Magnesiaschicht dient als Isolierhülle.

Löw (13) empfiehlt folgende Sublimationsanordnung: ein massiver Metallblock ist mit mehreren horizontalen Bohrungen versehen und mit Asbest isoliert. Die Beheizung erfolgt elektrisch. In eine der Bohrungen wird ein Duran- oder Pyrexrohr eingeführt, dessen herausragender Teil mit Filterpapier umwickelt und durch Auftropfen von Wasser gekühlt wird. Die anderen Bohrungen dienen zur Einführung eines Thermometers zur Messung der Sublimationstemperatur sowie zur Aufnahme eines Thermofühlers, der die Heiztemperatur konstant hält.

Wagenaar (21) führt ein Sublimationsgerät ein, das viel einfacher konstruiert ist als das von Eder angegebene. Ein kurzes, ziemlich starkwandiges Reagensglas (100 mm lang, 17,5 mm Durchmesser) mit rundem Boden dient zur Aufnahme der Substanz. In das senkrecht stehende Röhrchen wird ein rundes Glasplättchen gelegt, dessen Durchmesser so gewählt ist, daß es mit kleinem Abstand über der Substanz zu liegen kommt. Zur Kühlung wird darauf ein rundes Metallscheibchen von 10 mm Durchmesser (eine Münze) gelegt. Das Reagensglas ist mit einem durchbohrten Stopfen verschlossen und kann evakuiert werden. Zu diesem Zweck empfiehlt der Verfasser, die Sublimationsvorrichtung an einen evakuierten großen Exsikkator anzuschließen. Das ganze Gerät wird auf eine mit einem Loch von 2 bis 3 mm Durchmesser versehene Asbestplatte gestellt und vorsichtig mit einem Mikrobrenner erwärmt. In einer späteren Mitteilung (22) wird eine Verbesserung des Gerätes angegeben. In ein horizontal gestelltes, 100 mm langes Glasrohr von 17 mm Innendurchmesser wird eine heberförmig gebogene, massive Messingstange (7 mm Durchmesser) mit dem kürzeren Ende durch einen in der Mitte (von oben unter 90°) angesetzten Tubus eingeführt. Am kurzen Ende ist der Stab glatt poliert, so daß man mit Glycerin ein Deckgläschen ankleben kann. Die Messingstange ist mit einem Gummischlauch luftdicht an die Seitenöffnung angeschlossen. Der längere Teil der Messingstange wird in ein mit Eiswasser oder mit einer Kältemischung gefülltes Kühlgefäß gestellt. Das eine Ende des horizontalen Glasrohres wird mit einem einfach durchbohrten Gummistopfen verschlossen, über den es an das Vakuum angeschlossen ist. An der anderen Seite befindet sich ein doppelt durchbohrter Gummistopfen. Über die eine Bohrung wird ein Manometer angeschlossen, die zweite Bohrung dient zur Einführung eines Thermometers. An der Quecksilberkugel des Thermometers ist ein Löffelchen aus dünnem Platinblech befestigt, in dem sich die zu sublimierende Substanz befindet. Hiedurch erreicht man, daß die abgelesene Temperatur auch diejenige ist, auf die die Substanz erhitzt wird. Durch Einschieben bzw. Herausziehen des Thermometers kann man die Substanz in beliebige Entfernung von dem gekühlten Deckgläschen bringen. Das Sublimationsrohr wird auf eine Haltevorrichtung gelegt und die Heizstelle mit Kupfergaze überzogen. Der ganze Sublimationsraum kann mit einem Mikrobrenner erhitzt werden.

Weitere Sublimationseinrichtungen sind von Rosenthaler (17), Deininger (2), Hoffmann jr. und Johnson (5), Wagenaar (unter Mitarbeit von Schoeller) (23) sowie von Kofler (11) (s. S. 71, Fußnote) angegeben worden. Schließlich kann auch die Universalapparatur von Dubbs (s. S. 53) für Vakuumsublimationen verwendet werden.

W. Kofler (12) beschreibt eine Arbeitstechnik, die als *Adsorptionssublimation* bezeichnet wird. Dabei wird bei vermindertem Druck und einer Temperatur, die meist unterhalb des Schmelzpunktes der betreffenden Substanz liegt, Luft oder ein anderes inertes Gas mit Dampf der Substanz beladen und durch eine auf dieselbe Temperatur erwärmte Adsorptionssäule gesaugt. Durch Variation von Druck, Temperatur und Strömungsgeschwindigkeit ist die Möglichkeit gegeben, die Säule zu entwickeln. Als Adsorptionsmittel werden Kieselsäuregel, Floridin XS und Kohle (Gasmaskenkohle) empfohlen.

Die Wahl des Adsorptionsmittels hängt in erster Linie von der Höhe des Schmelzpunktes bzw. der Sublimierbarkeit des Stoffes ab. Bei niedrigschmelzenden Stoffen muß man im allgemeinen ein schwächeres Adsorptionsmittel (Silicagel) verwenden. Je höher die Sublimationstemperatur liegt, ein um so stärkeres Adsorptionsmittel (Floridin XS, Aktivkohle) muß herangezogen werden, da die Adsorptionskraft mit steigender Temperatur abnimmt.

Das Adsorptionsmittel soll so gewählt werden, daß bei einer Steigerung der Temperatur von 20 bis 30° C über den Schmelzpunkt der größte Teil der adsorbierten Stoffe durch das Waschgas aus dem Adsorptionsmittel ausgetrieben wird. Die obere Grenze der Temperatur hängt ausschließlich von der Zersetzlichkeit der betreffenden Substanz ab.

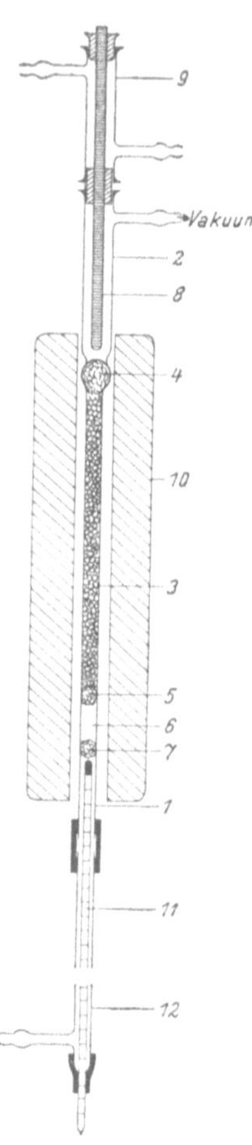

Abb. 135. Gerät zur Adsorptionssublimation nach W. Kofler.

Das Mengenverhältnis zwischen Substanz und Adsorptionsmittel ist vor allem davon abhängig, ob die Substanz nur gereinigt oder ob auch eine Trennung vorgenommen werden soll. Bei Reinigungen kommt man häufig mit einem Verhältnis von 1 Teil Substanz zu 10 Teilen Adsorptionsmittel aus; bei Trennungen empfiehlt sich ein Verhältnis von 1 : 20 und mehr.

Das verwendete Gerät ist in der Abb. 135 dargestellt. Ein 150 mm langes Jenaer Glasrohr von 5 mm lichter Weite [1] ist am oberen Ende mit einem ungefähr 60 mm langen Glasrohr von einem Innendurchmesser von 10 bis 12 mm verschmolzen. Die Adsorptionssäule [3] wird durch 2 Asbestpfropfen [4, 5] gehalten. Unter dem Adsorptionsmittel befindet sich die zu sublimierende Substanz [6], die ebenfalls mit einem Asbestbäuschchen [7] gehalten wird. In den oberen erweiterten Teil des Rohres [2], der seitlich mit einem Tubus zum Anschluß an die Vakuumpumpe versehen ist, wird mit einem Gummistopfen ein 3 bis 4 mm dicker Kupferstab [8] gesteckt. Das herausragende Ende dieses Stabes wird von einem Glasmantel [9] umgeben, der zur Kühlung dient.

Als Wärmequelle wird ein ungefähr 150 mm langer elektrischer Rundofen [10] verwendet, dessen Innendurchmesser so gewählt ist, daß er leicht über das gesamte Rohr — auch über die Erweiterung — verschiebbar ist. Von unten her wird in das Rohr ein Thermometer [11] eingeführt, dessen Quecksilberkugel das Asbestbäuschchen, das die Substanz hält, berührt. Dieses Thermometer sitzt in einem Glasrohr [12] von ungefähr 100 mm Länge und dem gleichen Innendurchmesser, wie ihn das Sublimationsrohr besitzt (5 mm). Mit Vakuumschlauchstücken wird das Thermometer luftdicht eingebaut. Ein an diesem Glasrohr angebrachter seitlicher Ansatz wird mit einem Glashahn zur Regulierung der durchströmenden Gasmenge (0,1 l bis max. 0,5 l pro Minute bei Normaldruck) verbunden.

Zur Füllung wird der Apparat umgekehrt. Zuerst wird der Asbestpfropf bis zur Erweiterung des Rohres geschoben und mit einem Stab von der zweiten Seite her etwas zusammengepreßt. Unter leichtem Aufklopfen auf eine weiche Unterlage wird sodann die Säule mit Adsorptionsmittel gefüllt und mit einem zweiten Asbestpfropf abgeschlossen. Sodann wird die zu sublimierende Substanz auf diesen zweiten Asbestpfropf gegeben und mit etwas Asbest verschlossen (vgl. Abb. 135). Nach dem Einsetzen des Thermometers samt Schutzrohr ist die Adsorptionsröhre für den Versuch vorbereitet.

Um die Säule zu waschen, saugt man Luft oder ein inertes Gas bei langsamer Temperatursteigerung durch, wobei die Strömungsgeschwindigkeit von großer Bedeutung ist. Zu hohe Strömungsgeschwindigkeiten sind zu vermeiden, da sich sonst das Chromatogramm nicht gleichmäßig ausbildet und die Dämpfe zu wenig Zeit haben, sich am Kühler zu kondensieren. Ist die Strömung zu klein gewählt, so ist auch die Sublimationsgeschwindigkeit viel geringer und der Versuch wird unnötig in die Länge gezogen. Bei richtiger Wahl der Strömungsgeschwindigkeit dauert eine Trennung oder Reinigung im allgemeinen nicht länger als 2 bis 3 Stunden. Es empfiehlt sich, das Gas mit einer Geschwindigkeit von 0,1 l pro Minute bei einem Vakuum von 20 bis 25 mm Hg durchzusaugen.

Die oben aus der Säule mit dem Gas austretende Substanz schlägt sich am Kühler in kristallisierter Form nieder. Über durchgeführte Trennungen und Reinigungen ist in der Originalarbeit nachzusehen.

Literatur.

(1) CLARKE, B. L., u. H. M. HERMANCE, Ind. Eng. Chem., Analyt. Ed. **11**, 50 (1939).
(2) DEININGER, J., Pharmaz. Ztg. **78**, 362 (1933).
(3) EDER, R., Dissertation Zürich 1921, S. 5.
(4) FISCHER, R., Mikrochem. **15**, 247 (1934).
(5) HOFFMANN jr., H., u. W. C. JOHNSON, J. Assoc. Off. Agric. Chemists **13**, 367 (1930). — (6) HUBMACHER, M. H., Ind. Eng. Chem., Analyt. Ed. **15**, 448 (1943). — (7) HURKA, W., Mikrochem. **30**, 193 (1942).
(8) KEMPF, R., in HOUBEN-WEYL, Methoden der organischen Chemie, Bd. I, S. 704, 3. Aufl. Stuttgart: G. Thieme. 1925. — (9) Z. analyt. Chem. **62**, 284 (1923). — (10) KLEIN, G., u. O. WERNER, Z. physiol. Chem. **143**, 141 (1925). — (11) KOFLER, L., u. A. KOFLER, Mikromethoden zur Kennzeichnung organischer Stoffe und Stoffgemische. Innsbruck: Universitätsverlag Wagner. 1948. — (12) KOFLER, W., Mh. Chem. **80**, 694 (1949).
(13) LÖW, B., Acta Chem. Scand. **4**, 294 (1950).
(14) MARBERG, C. M., J. Amer. Chem. Soc. **60**, 1509 (1938). — (15) MOLISCH, H., Mikrochemie der Pflanze, 3. Aufl. Jena. 1923.
(16) PREGL, F., Die quantitative organische Mikroanalyse, S. 76, 3. Aufl. Berlin: J. Springer. 1930, und PREGL-ROTH, Quantitative organische Mikroanalyse, 6. Aufl., S. 122. Wien: Springer-Verlag. 1949.
(17) ROSENTHALER, L., Apothek.-Ztg. **47**, 1358 (1932).
(18) SOLTYS, A., Mikrochem., Molisch-Festschr. 393 (1936). — (19) Mikrochem., Emich-Festschr. 275 (1930).
(20) TUNMANN, in G. KLEIN, Handbuch der Pflanzenanalyse, Bd. I, S. 317. Wien: J. Springer. 1931.
(21) WAGENAAR, M., Pharmac. Weekbl. **64**, 10 (1927). — (22) Z. analyt. Chem. **79**, 44 (1930). — (23) Pharmac. Weekbl. **66**, 1121 (1929). — (24) WEYGAND, C., Organisch-chemische Experimentierkunst, S. 115. Leipzig: J. A. Barth. 1938.

IX. Adsorption.

Das Adsorbieren wurde, soweit es für die Entfernung von Verunreinigungen aus Flüssigkeiten oder Lösungen benutzt wird, bereits im Kapitel „Umkristallisieren" beschrieben (s. S. 42).

Das Verfahren, hochmolekulare Substanzen bekannter und unbekannter Konstitution mit Adsorptionsmitteln aus ihren Lösungen niederzuschlagen und anschließend wieder auszuwaschen, stammt von TSWETT (11). Es wird heute sehr häufig angewendet, da sich mit Hilfe dieser Arbeitstechnik — *Chromatographie*[1] genannt — je nach der Ausführung sowohl geringe Mengen genau definierter organischer Substanzen, als auch Toxine, Fermente und anderes reinigen, isolieren und Substanzgemische zerlegen lassen. Man macht dabei von der verschiedenen Affinität der in der Lösung vorhandenen Substanzen

---

[1] Über die chromatographische Arbeitstechnik wird an anderer Stelle des Handbuches ausführlich berichtet.

zu einer adsorbierenden Oberfläche Gebrauch. Da ohne Temperaturerhöhung gearbeitet werden kann, werden die Substanzen sehr geschont. Als Adsorbentien werden Tonerde, aktiviertes Aluminiumoxyd, Calciumoxyd, Magnesiumoxyd, verschiedene Bleicherden (z. B. Frankonit), Zucker, seltener Kaolin, Kieselgur, Silicagel, Talkum, aber auch manche Kohlesorten verwendet.

Handelt es sich um die Reinigung bzw. Trennung wohldefinierter organischer Verbindungen, so wird wie folgt vorgegangen:

Das Adsorptionsmittel, dessen richtige Wahl entscheidend ist, wird in einem indifferenten organischen Lösungsmittel (z. B. Benzin) suspendiert und unter mäßigem Vakuum in eines der später beschriebenen Adsorptionsröhrchen eingefüllt. Sobald nur mehr 2 bis 3 mm Lösungsmittel über dem Adsorptionsmittel stehen,

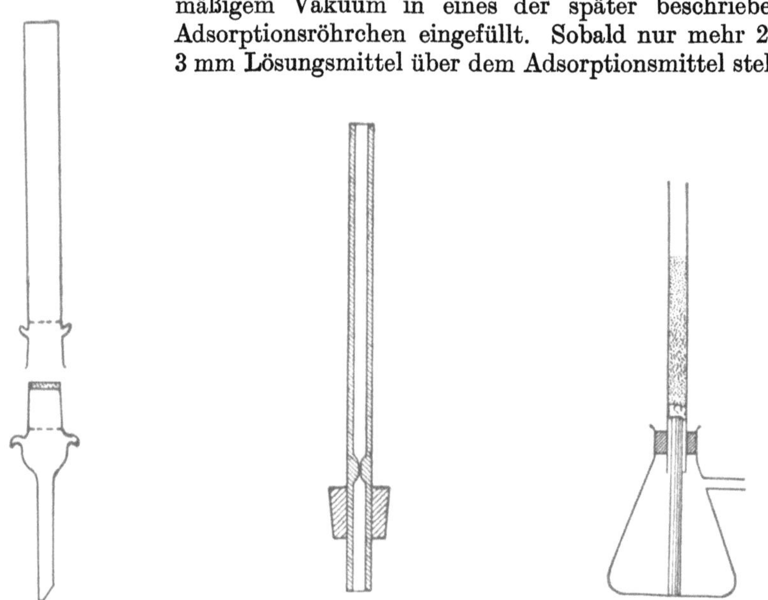

Abb. 136. Adsorptionsrohr nach ZECHMEISTER und CHOLNOKY.

Abb. 137. Adsorptionsrohr nach SCHÖPF und BECKER.

Abb. 138. Adsorptionsrohr nach WILLSTAEDT und WITH.

läßt man die Lösung des Substanzgemisches zufließen. Als Lösungsmittel werden am häufigsten Benzin, Benzol, Petroläther, Schwefelkohlenstoff oder deren Gemische verwendet. Bevor der letzte Rest der Lösung durchgesaugt ist, wird eines der oben angeführten Lösungsmittel nachgegeben, wodurch das Chromatogramm entwickelt, d. h. der Abstand zwischen den einzelnen Zonen vergrößert wird.

Handelt es sich um gefärbte Stoffe, so sind die einzelnen Zonen leicht zu erkennen und können nach dem Ausstoßen der Säule mechanisch getrennt und eluiert werden. Farblose Substanzen können entweder vor der Adsorption in gefärbte Stoffe übergeführt oder mittels Farbreaktionen sichtbar gemacht oder durch Beleuchtung mit UV-Licht erkannt werden.

Die Elution beruht auf Verdrängung des adsorbierten Stoffes. Sehr oft wird zu diesem Zweck zu Petroläther oder Benzin Methylalkohol zugesetzt. Man eluiert in der Kälte oder Wärme und filtriert bzw. zentrifugiert.

In Abb. 136 ist ein einfaches Gerät von ZECHMEISTER und CHOLNOKY (13) gezeigt. Es ist mit einem Schliff versehen; der Unterteil dieser Anordnung trägt als Auflage für das Adsorptionsmittel eine angeschmolzene Sinterglasplatte.

CARLSOHN und EICKE (3) geben eine gut entwickelte, mit Schliffverbindung versehene Anordnung an. Für geringe Mengen werden verschiedene, einfache

Geräte beschrieben. Der von SCHÖPF und BECKER (10) eingeführte Apparat (Abb. 137) besteht aus einem Glasrohr von 5 mm Innendurchmesser, das im unteren Viertel auf 0,5 bis 1 mm verengt ist und auf eine Saugflasche bzw. Saugeprouvette aufgesetzt wird.

WILLSTAEDT und WITH (12) beschreiben ein einfaches Gerät (Abb. 138). Ein Glasrohr von 5 bis 10 mm Innendurchmesser wird, wie aus der Abbildung zu erkennen ist, in ein Sauggefäß eingesetzt. Man stellt einen passenden Glasstab oder eine Kapillare hinein und trägt etwas Asbest auf.

Für geringste Mengen (0,5 bis 1 μg) Substanz empfiehlt HESSE (6) das in Abb. 139 gezeigte Rohr, das man selbst herstellen kann. Bei einer Länge von 300 mm hat es einen Innendurchmesser von 2 mm. Eine andere Anordnung, die ebenfalls für Mikrogramm-Mengen anwendbar ist, geben BECKER und SCHÖPF (2) an. Einer dickwandigen Kapillare (Innendurchmesser 1 mm) ist ein Glasrohr von 4 bis 5 mm Durchmesser aufgeschmolzen (Abb. 140). Die Kapillare ist mit einer Schliff-Fußplatte versehen, die auf ein Glasfilterröhrchen aufgesetzt wird.

CROWE (4) beschreibt ein Mikroverfahren zur Auswahl der besten Adsorptions-, Lösungs- und Eluierungsmittel für die der Chromatographie zuzuführenden Substanzen, bei dem wenige Tropfen genügen und das zur Untersuchung biologischen Materials empfohlen wird:

Jeweils eine kleine Menge Adsorptionsmittel wird mit verschiedenen Lösungsmitteln befeuchtet. Je 2 bis 3 Tropfen dieser Aufschlämmungen werden in die Vertiefungen einer

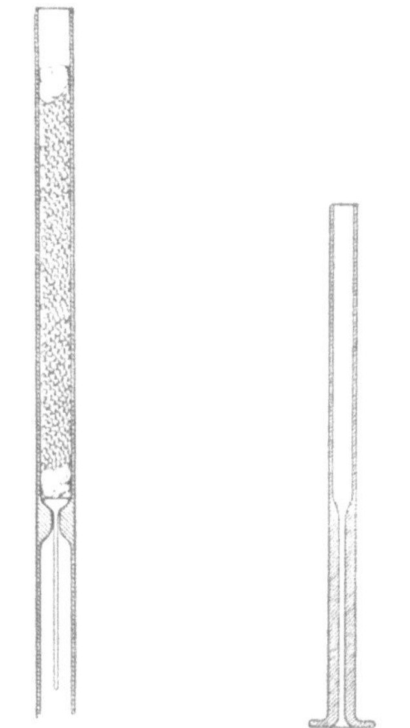

Abb. 139. Adsorptionsrohr nach HESSE.

Abb. 140. Adsorptionsrohr nach BECKER und SCHÖPF.

Tüpfelplatte gegeben und 1 bis 2 Tropfen der zu untersuchenden Lösung an den Rand der Vertiefungen gebracht. Man beobachtet die Adsorption an den verschiedenen Mitteln und wählt das beste für die Aufarbeitung der Gesamtmenge aus. Zur Bestimmung des richtigen Elutionsmittels verfährt man folgendermaßen: Eine Petrischale wird ungefähr zu einem Viertel mit dem vorher bestimmten Adsorptionsmittel gefüllt und bei leichter Schrägstellung mäßig geschüttelt, so daß sich das Adsorptionsmittel so absetzt, daß die Schicht an einem Ende sehr dünn, am anderen mehrere Millimeter dick ist. Die zu untersuchende Lösung wird mittels einer Pipette so in die Mitte der schräggestellten Petrischale getropft, daß sie zunächst durch die dünne Schicht und dann langsam durch die dicke Schicht des Adsorptionsmittels fließt. Dann wird das Elutionsmittel tropfenweise zugegeben. Auf diese Weise erhält man breite, halbkreisförmige Zonen.

Eine leicht herstellbare Anordnung geben LIEB und SCHÖNIGER (8) an (Abb. 141). Das Adsorptionsrohr ist an einer Stelle kapillar verengt. An Stelle der bei größeren Geräten verwendeten Siebplatte ist ein Asbestpfropf angebracht. Diese Anordnung wird in einer Saugeprouvette befestigt. Ein Kühlmantel, der mit Eiswasser gefüllt wird, verhindert bei Verwendung von tiefsiedenden Lösungsmitteln deren vorzeitiges Verdampfen.

Aus der großen Zahl von Veröffentlichungen, in denen über Adsorptionsmittel zum Zweck der Trennung, Erkennung, Bestimmung und Reinigung organischer Verbindungen berichtet wird, sei an dieser Stelle die Arbeit von FISCHER und IWANOFF (5) erwähnt. 118 Substanzen, hauptsächlich pharmazeutische Präparate, werden hinsichtlich ihrer Adsorbierbarkeit an Kohle, Aluminiumoxyd, Frankonit KL, Floridin XXI, Calciumcarbonat, Kaolin, Bolus alba, Talk und Milchzucker unter Verwendung verschiedener Lösungsmittel (Äther, Chloroform, Benzol, Aceton, Alkohol, Wasser) untersucht. In den meisten Fällen wurde mit 1 bis 2 mg Substanz in 1⁰/₀₀iger Lösung unter Zusatz von 0,5 g Adsorptionsmittel gearbeitet, in einzelnen Fällen auch mit 30 bis 40 mg Substanz und 3 bis 5 g Adsorptionsmittel:

In ein zu einer Spitze ausgezogenes Glasrohr von 1 cm Durchmesser und 20 cm Länge bringt man eine Glas- oder Tonkugel und darüber einen kleinen Asbestfilterstopfen und darauf 0,5 g Adsorptionsmittel, das man vorher mit dem in Betracht kommenden Lösungsmittel zu einem Brei angerührt hat. Diese Masse soll weder stark zusammengedrückt werden, noch Hohlräume aufweisen. Vor dem Aufgießen der zu reinigenden Verbindung wäscht man mit 2 bis 3 ml reinem Lösungsmittel die Säule durch. Bei richtiger Anordnung tropft die Flüssigkeit gleichmäßig und langsam ab. Von der zu untersuchenden Substanz stellt man eine 1⁰/₀₀ige Lösung her, pipettiert davon 1 ml in das vorbereitete Adsorptionsrohr und wäscht dann mit reinem Lösungsmittel nach. Der Verdunstungsrückstand aus der in einem Mikrobecherglas gesammelten Flüssigkeit wird dann weiter geprüft. Bei negativer Adsorption ist die Substanz im Filtrat nachweisbar. Bei positiver Adsorption erscheint sie nicht im Filtrat und muß dann aus der Säule herausgelöst werden. Die Wahl des Auswaschmittels ist von dem betreffenden Adsorber abhängig.

Zur Reinigung von Enzymen soll an dieser Stelle nur kurz das Prinzip der Arbeitstechnik beschrieben werden; im übrigen muß fallweise in der umfangreichen Originalbuchliteratur (13, 7, 1, 9) nachgelesen werden. Die Enzyme werden, wenn nötig, durch Zerstörung der Zellen freigelegt und durch Digerieren mit verdünnten Säuren oder Alkalien, Glycerin usw. extrahiert. Man klärt am besten durch Zentrifugieren und reinigt durch Dialyse oder andere Methoden. In das so gewonnene Roh-Enzym wird das gewählte Adsorbens eingetragen, geschüttelt oder gerührt und zentrifugiert. Sodann wird das Adsorbat mit geeigneten Elutionsmitteln behandelt. Dabei ist in den meisten Fällen das Einhalten eines bestimmten pH-Wertes nötig.

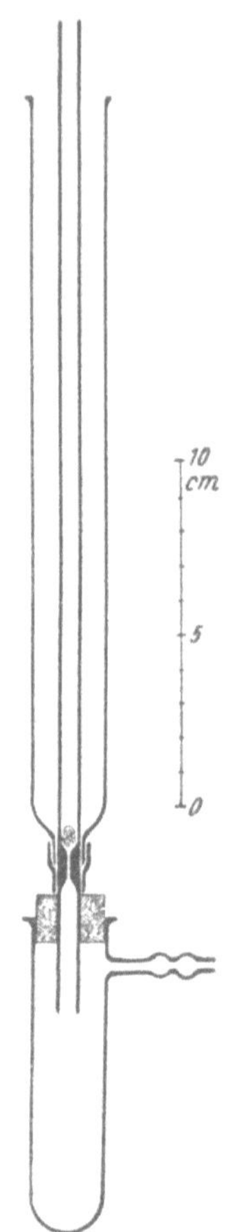

Abb. 141. Anordnung zur Adsorption nach LIEB u. SCHÖNIGER.

Literatur.

(1) BAMANN, E., u. K. MYRBÄCK, Die Methoden der Fermentforschung, S. 1452. Leipzig: G. Thieme. 1940. — (2) BECKER, E., u. C. SCHÖPF, Ann. Chem. **524**, 124 (1936).
(3) CARLSOHN, H., u. H. EICKE, Angew. Chem. **54**, 520 (1941). — (4) CROWE, M. O'L., Ind. Eng. Chem., Analyt. Ed. **13**, 845 (1941).
(5) FISCHER, R., u. W. IWANOFF, Arch. Pharmaz. **1943**, 361.

(6) HESSE, G., Angew. Chem. **49**, 315 (1936).

(7) KLEIN, G., Handbuch der Pflanzenanalyse, Bd. IV, S. 1403. Wien: J. Springer. 1933.

(8) LIEB, H., u. W. SCHÖNIGER, Anleitung zur Darstellung organischer Präparate mit kleinen Substanzmengen, S. 25. Wien: Springer-Verlag. 1950.

(9) OPPENHEIMER, C., u. L. PINCUSSEN, Methodik der Fermente, S. 445. Leipzig: G. Thieme. 1939.

(10) SCHÖPF, C., u. E. BECKER, Ann. Chem. **524**, 49 (1936).

(11) TSWETT, M., Ber. dtsch. chem. Ges. **41**, 1352 (1908); **43**, 3139 (1910); **44**, 1124 (1911).

(12) WILLSTAEDT, H., u. T. K. WITH, Z. physiol. Chem. **253**, 40 (1938).

(13) ZECHMEISTER, L., u. L. v. CHOLNOKY, Die chromatographische Adsorptions-analyse, 2. Aufl. Wien: J. Springer. 1938; ZECHMEISTER, L., Progress in Chromatography 1938 bis 1947. London: Chapman & Hall. 1950.

X. Tabellen.

Tabelle 1. *Lösungsmittel.*

Lösungsmittel	Kp.: ^{0} C	Trocknen mit	Bemerkungen
Aceton	56	$CaCl_2$, entwäss. $CuSO_4$, entwäss. K_2CO_3	mit Wasser unbegrenzt mischbar, gutes Lösungsmittel
Anisol...............	154	Natrium, P_2O_5	gutes Lösungsvermögen
Äthanol	78	Kochen über gebranntem Kalk oder Bariumoxyd	gebräuchlichstes Lösungsmittel (meistens 96%ig)
Benzin	40 bis 80	s. Petroläther, Ligroin!	
Benzol	80	$CaCl_2$, Natrium[1], P_2O_5	für Kohlenwasserstoffe, Alkohole, Aldehyde, Ketone, Nitroverbindungen und vieles andere
n-Butanol	117	Kochen über gebranntem Kalk oder Bariumoxyd	hohes Kristallisationsvermögen, mit H_2O wenig mischbar, gute Kristallisationsfreudigkeit
Chloroform	61	entwäss. K_2CO_3[3], Destillation über P_2O_5	hohes Lösungsvermögen für Halogensubstitutionsprodukte, Fette; nicht brennbar[2]
Dekalin	188	$CaCl_2$, Natrium[1]	gutes Lösungsvermögen für besondere Zwecke
Diäthyläther	35	$CaCl_2$, Natrium[1], geglühtes Na_2SO_4, KOH	in Wasser wenig löslich, auch für tiefschmelzende Substanzen
Di-isoamyläther	175	entwäss. K_2CO_3, Natrium	gutes Lösungsvermögen, vorzüglich kristallisationsfördernd
Dioxan..............	101	über KOH (fest) erhitzen und fraktionieren	mit Wasser mischbar; gutes Lösungsvermögen
Eisessig	118	mehrmaliges Ausfrieren	sehr gut geeignet, besonders für Carbonsäuren
Essig-(säureäthyl-)ester .	77	viel Na_2SO_4, Destillation über Natrium[1]	mit Wasser nicht mischbar, sehr gutes Lösungsvermögen
Heptan..............	bis 100	$CaCl_2$, Natrium[1]	wesentlich höheres Lösungsvermögen wie Pentan, Hexan
Hexalin (Cyclohexan) ..	81	$CaCl_2$, Natrium[1]	an Stelle von Heptan verwendbar
Hexan	60 bis 69	$CaCl_2$, Natrium[1]	etwas besser wie Pentan
Iso-amylalkohol	128 bis 132	Kochen über gebranntem Kalk oder Bariumoxyd	mit Wasser wenig mischbar, gutes Lösungsvermögen
Ligroin..............	60 bis 80	$CaCl_2$, Natrium[1]	gutes Lösungsvermögen für fettartige Stoffe
Methanol	65	Kochen über gebranntem Kalk oder Bariumoxyd	mit Wasser unbegrenzt mischbar, wasserähnlich

(Fortsetzung der Tabelle 1.)

Lösungsmittel	Kp.: ⁰ C	Trocknen mit	Bemerkungen
Methyläthylketon......	88	$CaCl_2$, entwäss. $CuSO_4$, entwäss. K_2CO_3	höheres Lösungsvermögen als Aceton; nur für indifferente Substanzen
Methylenchlorid	40	$CaCl_2$, KOH, K_2CO_3, P_2O_5[4]	an Stelle des Äthers verwendbar
Nitrobenzol	211	$(CaCl_2)$ langsame Vakuumdestillation	für sehr schwerlösliche Stoffe
Pentan	33 bis 39	$CaCl_2$, Natrium[1]	geringes Lösungsvermögen für niedrigschmelzende indifferente Stoffe
Petroläther	40 bis 60	$CaCl_2$, Natrium[1]	gutes Lösungsvermögen für fetthaltige Stoffe
Propylalkohol: Normal- Iso-....	97 82	Kochen über gebranntem Kalk oder Bariumoxyd	höheres Lösungsvermögen als Äthylalkohol
Pyridin..............	116	KOH, BaO	für spezielle Zwecke, auch gemischt mit Wasser
Schwefelkohlenstoff	46	$CaCl_2$, P_2O_5	ähnlich Chloroform, schwer zu reinigen[2]
Tetrachlorkohlenstoff ..	77	KOH, K_2CO_3, P_2O_5, $CaCl_2$[4]	geringeres Lösungsvermögen als Chloroform, nicht brennbar
Tetralin	207	$CaCl_2$, Natrium[1]	gutes Lösungsvermögen für besondere Zwecke
Toluol...............	111	$CaCl_2$, Natrium[1], P_2O_5	wie Benzol, etwas größeres Lösungsvermögen
Xylol	136	$CaCl_2$, Natrium[1], P_2O_5	wie Benzol und Toluol, größeres Lösungsvermögen
Wasser	100		Carbonsäuren, manche Aldehyde, Phenole, Aminoverbindungen

[1] In Drahtform; auch Kalium-Natrium-Legierung verwendbar.
[2] Lichtempfindlich.
[3] Nicht über Kalium oder Natrium trocknen; mit $CaCl_2$ Phosgenbildung. Explosionsgefahr!
[4] Nicht mit Alkalimetall trocknen!

Tabelle 2. Kältemischungen.

Stoff A	Stoff B	Temperatur
100 g Wasser	30 g Ammoniumchlorid	— 8°
100 g Wasser	55 g Natriumnitrat	— 8°
100 g Wasser	110 g Natriumthiosulfat	— 8°
100 g Wasser	250 g Calciumchlorid	— 12°
100 g Wasser	100 g Ammoniumnitrat	— 15°
100 g Wasser	60 g Natriumnitrit	— 17°
100 g Wasser	130 g Ammoniumrhodanid	— 21°
100 g Wasser	150 g Kaliumrhodanid	— 27°
100 g Wasser	{ 31 g Ammoniumchlorid 31 g Natriumnitrat	— 12°
100 g· Wasser	{ 38 g Natriumsulfat 23 g Natriumnitrat 23 g Ammoniumchlorid	— 15°

(Fortsetzung der Tabelle 2.)

Stoff A	Stoff B	Temperatur
100 g Schnee (pulv. Eis)	33 g Natriumchlorid	— 20°
100 g Schnee (pulv. Eis)	100 g Kaliumchlorid	— 30°
100 g Schnee (pulv. Eis)	100 g Schwefelsäure, 66%ig	— 37°
100 g Schnee (pulv. Eis)	150 g Calciumchlorid	— 50°
Kohlensäureschnee	Alkohol, 87,5%ig	— 53°
Kohlensäureschnee	Alkohol, 85,5%ig	— 68°
Kohlensäureschnee	Aceton	— 86°
Kohlensäureschnee	Äther	— 90°
Flüssige Luft (je nach Zusammensetzung)		— 180 bis — 190°

Die angegebenen Temperaturen verschieben sich je nach der Ausgangstemperatur bzw. der Zimmertemperatur.

Tabelle 3. *Heizbäder.*

Badflüssigkeit	Temperatur
Wasser	100°
Kaltgesättigte Natriumcarbonatlösung	105°
Kaltgesättigte Natriumchloridlösung	108°
Kaltgesättigte Kaliumcarbonatlösung	135°
Kaltgesättigte Calciumchloridlösung	180°
Öl	etwa 200°
Glycerin	bis 220°
Schwefelsäure, konz.	bis 250°
Paraffinöl	bis 250°
Festes Paraffin	bis 300°
Vakuumöl	bis 300°
Schmelze von gleichen Teilen Natrium- und Kaliumnitrat (Fp. 218°)	bis 700°
Wood-Metall (Fp. 71°)	bis 250°
Rose-Metall (Fp. 94°)	bis 250°
Lotmetall (Fp. zirka 200°)	bis 300°
Technisches Blei (Fp. etwa 300°)	bis 400°

Tabelle 4. *Extraktionsapparate.*

Extraktionsapparat von	für feste	flüssige Stoffe	Menge (ml, g) < 1	1—5	5—10	kontinuierlich	diskontinuierlich	für Arbeiten mit spezifisch leicht. Lösungsmitteln	schwer.	s. S.
Barrenscheen		+			+	+		+	+	30
Blount	+			+		+				24
Browning	+		+			+				24
Connolly	+		+			+				25
Erdös u. Pollak	+		+			+				25
Fischer u. Hecht	+			+		+				26
Folkmann u. Bartelt	+			+		+				24
Gagarin	+			+			+			23
Gorbach	+		+			+				23
Haanen u. Badum	+			+		+				25
Hetterich	+		+			+				26
Kuhlmann	+			+			+			24
Lees	+			+		+				25
Lieb u. Schöniger	+			+		+				25

(Fortsetzung der Tabelle 4.)

Extraktionsapparat von	für feste Stoffe	für flüssige Stoffe	Menge (ml, g) <1	Menge (ml, g) 1—5	Menge (ml, g) 5—10	kontinuierlich	diskontinuierlich	für Arbeiten mit spezifisch leicht. Lösungsmitteln	für Arbeiten mit spezifisch schwer. Lösungsmitteln	s. S.
Schmalfuss	+			+		+				25
Seuberling	+		+				+			21
Stern u. Kirk	+		+			+				27
Stetten jr., de Witt u. Grail.		+		+		+		+		30
Titus u. Meloche	+		+				+			22
Wasitzky	+		+	+			+			22
Ausschütteln.										
Alber		+	+				+	+	+	27
Browning		+		+			+	+	+	28
Gorbach		+		+			+	+	+	28
Kirk I		+		+			+	+	+	28
Kirk II		+	+				+	+		30
Kirk u. Danielson		+		+			+	+		30

Tabelle 5. *Destillationsapparate.*

Destillationsapparat von	Menge (ml) <1	Menge (ml) 1—5	Menge (ml) 5—10	Kolonne mit	Kolonne ohne	Trennschärfe gut	Trennschärfe gering	Zahl der Frakt. >2	Zahl der Frakt. 2	Vakuum ja	Vakuum nein	s. S.	Bemerkungen
Alber	+			+			+	+		+		56	
Babcock	+				+	+		+			+	49	
Benedetti-Pichler u. Rachele	+				+	+		+			+	50	
Bering		+		+		+		+			+	63	
Bernhauer, Müller u. Neiser		+			+	+		+		+		52	für hochsiedende Substanzen
Cheronis u. Vavoulis		+			+	+		+		+		54	Mehrzweckgerät
Colson		+			+	+		+		+		53	Mehrzweckgerät
Cooper u. Fasce			+	+		+		+		+		57	
Craig I	+	+		+		+		+		+		57	Unterbrechung b. Fraktionsentnahme
Craig II	+	+		+		+			+	+		58	
Craig III	+	+		+		+		+		+		58	Unterbrechung b. Fraktionsentnahme
Dadieu u. Kopper	+				+	+		+		+		48	
Dubbs		+			+	+			+	+		53	Mehrzweckgerät
Emich I	+				+	+	+	+			+	46	
Emich II	+		+		+	+	+	+		+		56	
Erdös			+		+	+	+		+	+		50	
Erdös u. László		+			+	+	+		+	+		50	
Gettler	+				+	+		+			+	48	
Gould, Holzman u. Niemann I	+		+			+		+		+		52	

(Fortsetzung der Tabelle 5.)

Destillations-apparat von	Menge (ml)			Kolonne		Trenn-schärfe		Zahl der Frakt.		Vakuum		s. S.	Bemerkungen
	< 1	1–5	5–10	mit	ohne	gut	ge-ring	> 2	2	ja	nein		
Gould, Holzman u. Niemann II		+		+		+		+		+		53	
Kladisch-tscheff	+				+	+			+	+		46	für tiefsiedende Substanzen
Klenk I			+	+		+		+		+		59	für hochsiedende Substanzen
Klenk II	+	+		+		+		+		+		60	für hochsiedende Substanzen
Klenk u. Schuwirth	+	+		+		+		+		+		60	für hochsiedende Substanzen
Kober		+	+		+	+		+		+		47	für hochsiedende Substanzen
Koch, Hilberath u. Weinrotter		+	+			+		+		+		62	
Lesesne u. Lochte		+	+	+		+		+			+	62	
Lieb u. Schöniger		+			+		+		+	+		51	
Morton u. Mahoney	+			+		+		+			+	55	
Neumann u. Hess		+			+	+			+	+		51	
Peakes jr.	+				+		+	+		+		56	
Schuwirth	+	+		+		+		+		+		61	
Shrader u. Ritzer	+	+		+		+		+		+		57	
Smith	+				+	+		+		+		47	
Soltys	+	+			+	+			+		+	51	für hochsiedende Substanzen
Weygand u. Ellis		+			+	+		+		+		61	
Young	+			+		+		+		+		56	

Tabelle 6. *Sublimationsapparate.*

Sublimationsapparat von	Vakuum		Kühlung			s. S.	Bemerkungen
	mit	ohne	Luft	Wasser	Kälte-mischung		
Eder	+		+			73	
Fischer	+		+	(+)		74	
Klein u. Werner	+			+		74	
Marberg	+		+	+	+	76	
Molisch		+	+			72	unter dem Mikroskop
Soltys	+		+			72	
Soltys u. Hurka	+			+		73	
Tunmann		+	+			72	unter dem Mikroskop
Wagenaar	+		+			77	
....		+	+	(+)		72	2 Uhrgläser

Die angeführten Geräte eignen sich für Mengen unter 1 g.

Mikroskopische Methoden.

Von

Ludwig † und **Adelheid Kofler**, Innsbruck.

Mit 136 Textabbildungen.

Inhaltsverzeichnis.

Einleitung.

Die immer rascher steigende Anzahl neu hergestellter *organischer* Verbindungen hat es notwendig gemacht, zur Identifizierung und Unterscheidung neben jenen physikalischen Konstanten, die der Chemiker als eigentliche „chemische" zu betrachten pflegt, noch weitere physikalische Merkmale der Stoffe heranzuziehen. Neben Schmelzpunkten, charakteristischen Niederschlägen, Farbentests werden daher auch kristallographische, kristalloptische, polarimetrische und eine Reihe anderer Untersuchungsmethoden zur Analyse verwertet. Insbesondere hat die Verwendung des *Mikroskops in der Mikrochemie* in den letzten zwei Jahrzehnten stark an Bedeutung zugenommen.

Eine fruchtbringende Erweiterung der Anwendungsbereiche des Mikroskops ist durch die Verwendung eines *Heiztisches* möglich geworden, mit dessen Hilfe man Stoffe oder Stoffgemische *vor, bei* und *nach* dem Schmelzen bei allen Temperaturstufen beobachten kann.

Auf Grund langjähriger Arbeiten wurde zur Analyse organischer Stoffe ein *mikroskopischer* Arbeitsgang ausgearbeitet, der nicht nur wegen des geringen Substanzverbrauches, sondern auch in vielen anderen Beziehungen als ökonomisches Verfahren anzusehen ist. Neben dem als Ausgangspunkt dienenden Mikroschmelzpunkt werden zwei eutektische Temperaturen mit jeweils zwei bestimmten Testsubstanzen sowie die Lichtbrechung der Schmelze als Indikatoren verwendet. Die Lichtbrechung der Schmelze wird nach L. Kofler mittels 24 Glaspulvern mit bekannten Brechungsexponenten festgestellt. Dieses Verfahren macht bei vielen Substanzen die wegen der optischen Anisotropie häufig sehr mühsame Bestimmung der Brechungsexponenten an der festen kristallisierten Phase überflüssig, ohne daß auf die als besonders charakteristisch geltende Konstante der Lichtbrechung eines Stoffes verzichtet werden muß. Die Ergebnisse der Untersuchungen sind in einer Identifizierungs-Tabelle zusammengefaßt, die derzeit etwa 1200 organische Substanzen umfaßt. An der Erweiterung der Tabelle wird ständig gearbeitet.

Da für diese Bestimmungsart verhältnismäßig reine Substanzen notwendig sind, werden einige Reinigungsverfahren beschrieben.

Ein neues Gerät, die Kofler-*Heizbank*, ist teilweise als wertvolles Hilfsgerät, teilweise als selbständiges Gerät zur Bestimmung von Schmelzpunkten, Mischschmelzpunkten, eutektischen Temperaturen und zur quantitativen Thermoanalyse verwendbar.

Bei der Ausarbeitung der *Mikrothermoanalyse* wurden zwei Arbeitsweisen entwickelt. Die *Kontaktmethode* ermöglicht in einem einzigen mikroskopischen Präparat eine *qualitative* Analyse des vorliegenden Schmelzdiagramms; die *quantitative* Analyse wird unter dem Mikroskop oder auf der Heizbank durchgeführt. Für die Trennung oder Reinigung ist in vielen Fällen die auf dem eutektischen Schmelzen beruhende *Absaugmethode* geeignet.

Die Mikrothermoanalyse polymorpher und isomorpher Stoffe konnte die Häufigkeit und Wichtigkeit der schon lange als *Isodimorphie* bzw. *Isopolymorphie* bekannten Erscheinung für die Beurteilung kristallchemischer Verwandtschaftsbeziehungen *organischer Stoffe* beweisen.

Beobachtungen beim *Schmelzen und Kristallisieren* anorganischer und organischer *Mischkristalle* zeigten, daß der bei diesen Vorgängen notwendige

Konzentrationsausgleich nicht allein durch die Diffusion, sondern auch durch *rhythmische Umlagerungsvorgänge* ermöglicht wird.

Das Studium der *Abscheidungsfolge binärer unterkühlter Gemische* brachte neue Einblicke in die Gesetzmäßigkeiten der anomalen Abscheidungsfolge; die Bedingungen für die auch bei Metallen bekannte Erscheinung der *quasi-eutektischen Kristallisation* sowie für die *Hofbildung* konnten aufgeklärt werden.

In dem Abschnitt über *optische Kristallographie* wird nach kurzer Einführung eine Reihe von Bestimmungen herausgearbeitet, die vom Chemiker auch mit weniger eingehenden Kenntnissen durchgeführt werden können. Die Kenntnis und Verwendung kristalloptischer Methoden ist für den Mikrochemiker zur Ergänzung und gegebenenfalls, wie bei zersetzlichen Stoffen, Hydraten usw., zur Vereinfachung des Identifizierungsvorganges von außerordentlichem Wert.

I. Schmelzpunkt-Mikrobestimmung.

1. Allgemeines und Apparaturen.

a) Wesen und Vorteile.

Die Bestimmung des Schmelzpunktes unter dem Mikroskop hat vor jedem anderen Verfahren den Vorteil, daß der Schmelzvorgang an der zwischen Objektträger und Deckglas befindlichen Substanz während des Erwärmens unmittelbar beobachtbar ist. Darüber hinaus lassen sich die *vor* dem Schmelzen auftretenden Erscheinungen untersuchen sowie die Vorgänge in den Schmelztropfen beim *Abkühlen* prüfen. Die sich daraus ergebende Möglichkeit, charakteristische Eigenschaften einer Substanz zu erkennen, sowie die Einfachheit und Sicherheit der mikroskopischen Arbeitsweise empfehlen ihre Anwendung nicht nur als Sparmaßnahme, sondern auch dann, wenn genügend Material zur Verfügung steht.

Auf die großen Vorteile der Schmelzpunkt-Mikrobestimmung wurde von verschiedenen Autoren schon vor langer Zeit hingewiesen (126, 61). Trotzdem hat diese Methode lange Zeit wenig Eingang in die chemischen Laboratorien gefunden. Erst in den letzten Jahrzehnten nimmt die Schmelzpunkt-Mikrobestimmung und die Ermittlung anderer charakteristischer Konstanten auf mikroskopischem Wege im Dienste der chemischen Analyse an Bedeutung zu.

b) In der Literatur beschriebene Apparate.

Die hier beschriebenen Methoden setzen das Vorhandensein eines *heizbaren Mikroskops* mit Temperaturablesung sowie die Möglichkeit voraus, das mikroskopische Präparat im durchfallenden Licht beobachten zu können.

In der Literatur ist eine große Zahl von „Heiztischen", „Heizmikroskopen" und „Mikroschmelzpunktapparaten" von folgenden Autoren beschrieben: Lehmann (125, 126), Siedentopf (171), Burgess (15), Boecke (4), Weber (191), Jentzsch (75), Cram (23), Brandt (5), Viehoever (185), Clevenger (22), Vorländer und Haberland (187), Friedel (57), Roberts (165), Niethammer (148), Klein (81), Amdur und Hjort (2), Kofler und Hilbck (107), Weygand und Grüntzig (193), Muller (147), Schürhoff (168), Deininger (26), L. Kofler (91), Walsh (190), Fuchs (59), Zscheile und White (199), Bramslev (12), Fonrobert und Brückel (56), Dunbar (30), Halström (66), Shin-Ichiro Fujise (169), Lüdy-Tenger (135) und anderen.

Die ersten Versuche mit einem heizbaren Mikroskop wurden von Lehmann (125, 126) zunächst mit einem einfachen Ölbadmikroskop unternommen, aus

dem er später sein „Kristallisationsmikroskop" entwickelte. Mit Hilfe dieser
Einrichtung hat Lehmann im Laufe mehrerer Jahrzehnte eine große Fülle von
Tatsachen gefunden und veröffentlicht, die in der chemischen Literatur jedoch
kaum Widerhall fanden.

Etwas größere Verbreitung fand der Mikroschmelzpunktapparat von
Klein (81), der einfach und bequem war, aber nicht die vom Autor angegebene
Genauigkeit zeigte (107, 134). Weygand benützte für seine Polymorphieuntersuchungen eine von ihm und Grüntzig (193) entwickelte, von den
optischen Werken Leitz in den Handel gebrachte Apparatur. Für genaue
Temperaturmessungen empfiehlt Weygand (192), die Differenz zwischen dem
Schmelzpunkt einer Testsubstanz und dem der Probe zu ermitteln. Abgesehen
von der Schwierigkeit der Beschaffung der notwendigen Testsubstanzen ist
diese Arbeitsweise recht umständlich.

Der von uns seit Jahren erprobte *Mikroschmelzpunktapparat* wurde zuerst
nur für thermoelektrische Temperaturablesung (Kofler und Hilbck) eingerichtet, wobei ein Kupfer-Konstantan-Thermoelement und ein Millivoltmeter
verwendet wurden. Dieser im Jahre 1931 beschriebene Apparat (107) hat sich
bei uns sehr gut bewährt, so daß an sich kein Grund für eine Veränderung vor-
gelegen wäre. Um aber das teure Millivoltmeter zu umgehen und der Methode
eine weitere Verbreitung zu ermöglichen, konstruierten wir einen *Heiztisch
mit Thermometerablesung* (Kofler [91]). Bei dieser Apparatur wird ein Thermometer ohne Skala mit Hilfe geeigneter Testsubstanzen erst *am Apparat geeicht*,
daher werden korrigierte Schmelzpunkte abgelesen. Wir benützen zwei Thermometer; eines für den Temperaturbereich von 20 bis 240° und eines für die höheren
Temperaturbereiche von 70 bis 350°. In letzter Zeit ist es gelungen, den
Kofler-Heiztisch so herzustellen, daß die Thermometer *auswechselbar* sind;
es können daher jederzeit *Ersatzthermometer* nachgeliefert werden. Die Geräte
von Halström (66) und Shin-Ichiro Fujise (169) sowie der von Lüdy-Tenger
(135) beschriebene Apparat lehnen sich eng an unsere Einrichtung an.

c) Der Kofler-Mikroschmelzpunktapparat.

α) Beschreibung und Bedienung.

Der Mikroschmelzpunktapparat (91) kann auf jedem Mikroskop verwendet
werden, das einen *Objekttisch aus Metall* besitzt. Der Apparat besteht aus einer
elektrisch heizbaren Metallplatte, in deren Mitte eine kleine Öffnung von 1,5 mm
Durchmesser den Durchtritt des Lichtes ermöglicht (Abb. 1). Gegen die umgebende Luft ist der Apparat durch einen an der Peripherie angebrachten,
6 mm hohen Ring, auf den eine Glasplatte aufgelegt wird, geschützt. Der Apparat
ruht auf drei Füßchen und wird mit Hilfe zweier Klemmschrauben auf dem
Objekttisch eines gewöhnlichen Mikroskops oder eines Polarisationsmikroskops
befestigt.

Da der Heizraum des Mikroschmelzpunktapparates während des Arbeitens
von der runden Glasplatte bedeckt ist, können nur Objektive verwendet werden,
deren Objektabstand größer als 6 mm ist. Es lassen sich dabei Vergrößerungen
bis zu 220fach erreichen, was vollständig genügt. In der Regel ist es zweckmäßig,
die Schmelzpunkt-Mikrobestimmung bei ungefähr *80- bis 100facher Vergrößerung*
durchzuführen. Bei der weiter unten beschriebenen Arbeitsweise sind, wie
durch vieljährige Erfahrung erprobt wurde, keinerlei Hitzeschädigungen an
der Optik des Mikroskops zu erwarten.

Die mikroskopische Beobachtung der Schmelzvorgänge erfolgt im *durchfallenden Licht*. Für viele Zwecke ist die Beobachtung in *polarisiertem Licht*

zwischen gekreuzten Nicols vorteilhaft. Dazu setzt man den Mikroschmelzpunkt-apparat auf ein Polarisationsmikroskop auf oder man bringt an ein gewöhnliches Mikroskop eine Polarisationseinrichtung (Polarisator und Analysator) an, wobei mit Vorteil Polarisationsfilter (Polaroide) verwendbar sind. Die Nicols und insbesondere die Polarisationsfilter sind wärmeempfindlich; dabei ist die Hitzestrahlung der Beleuchtungsquellen weitaus gefährlicher als die vom Heiztisch abgeleitete Wärme. Durch Verwendung von Schutzscheiben kann diese Gefahr vollkommen behoben werden. Noch besser ist es, zur Beleuchtung Niedervoltlampen zu benützen.

Das Anheizen des Apparates kann anfangs rasch erfolgen, im Bereich des zu erwartenden Schmelzpunktes darf jedoch der Temperaturanstieg nicht mehr als 4° pro Minute betragen. Der Wärmefluß wird durch einen Widerstand geregelt, der Marken für die verschiedenen Temperaturbereiche trägt. Zur Abkühlung des Apparates zwischen zwei Messungen benützen wir *Kühlwürfel* oder *Kühlzylinder* aus Aluminium von etwa 15 bis 25 mm Durchmesser und ähnlicher Höhe. Am Apparat ist ein *Verschieber* angebracht, um dem Präparat während des Versuches jede beliebige Lage geben zu können (s. Abb. 1).

Für eine Schmelzpunkt-Mikrobestimmung genügen einige wenige Kriställchen; es soll für gewöhnlich nicht mehr als 0,1 mg verwendet werden. In manchen

Abb. 1. KOFLER-Mikroschmelzpunktapparat mit Verschieber (Thermometerablesung).

Fällen, z. B. bei stark flüchtigen Stoffen, ist eine größere Substanzmenge vorteilhafter. Für eine Reihe von Versuchen werden besser *Kristallfilme* verwendet, die durch Erstarren der vorher zwischen Objektträger und Deckglas geschmolzenen Substanz hergestellt werden.

Objektträger werden in dem Format 26 × 38 mm, d. i. die Hälfte des sogenannten englischen und internationalen Formats, verwendet; sie sind ungefähr 1 mm dick. Man achte darauf, daß die Objektträger möglichst gleich dick sind. Die Größe der Deckgläser richtet sich nach dem verfolgten Zweck. Quadratische Deckgläser eignen sich oft besser, da die runden häufig infolge von Spannungen nicht ganz eben sind; wir bevorzugen für einfache Schmelzpunktbestimmungen (bei mäßiger Flüchtigkeit) ein Format 12 × 12 mm, für die Kontaktmethode 15 × 15 mm oder 18 × 18 mm.

Vorausgehendes *Trocknen* der Substanz im Exsikkator ist in der Regel *nicht notwendig*, da etwa vorhandene geringe Feuchtigkeitsmengen beim Erwärmen zwischen Objektträger und Deckglas leicht entweichen können. Ausgenommen sind hygroskopische Stoffe.

Das mikroskopische Präparat wird mit einer „Brücke" bedeckt und der Heizraum mit der dem Apparat beigegebenen *runden Glasplatte* abgeschlossen.

β) Das Heiztischmikroskop.

Die meisten Mikroskope besitzen Zusatzeinrichtungen, die für die Verwendung des Heiztisches nicht notwendig sind. Da ferner nicht in jedem Laboratorium genügend Mikroskope vorhanden sind, um *ein* Mikroskop nur für die Benützung mit dem Mikroheiztisch heranzuziehen, haben die Optischen Werke C. Reichert, Wien, auf unsere Veranlassung das „Heiztischmikroskop" (RCH) auf den Markt gebracht (Abb. 2).

Dieses Mikroskop besitzt nur die für die Benützung des Heiztisches notwendigen Einrichtungen. Der Heiztisch ist auf dem Mikroskop fest montiert. Der Tubus hat nur einen Grobtrieb. Der Feintrieb wurde fortgelassen, da er für die verwendeten Vergrößerungen von 80- bis 100fach nicht notwendig ist. Für die Erzeugung von polarisiertem Licht dient ein Polarisationsfilter, das unter der Irisblende ausschwenkbar montiert ist. Als Analysator wird ein zweites Polarisationsfilter verwendet, das auf das Okular aufgesetzt wird.

γ) Genauigkeit der Temperaturablesung.

Die großen Vorteile der mikroskopischen Bestimmung des Schmelzpunktes und anderer Konstanten werden neuerdings immer mehr erkannt. In vielen Publikationen (14, 17, 18, 58, 77, 146, 160, 161, 162, 166, 196) wird auf die Einfachheit, Zeitersparnis und Sicherheit hingewiesen, die der Schmelzpunktbestimmung und der mikroskopischen Ermittlung anderer Eigenschaften auf dem Heiztisch für analytische Zwecke zukommen. Bei Prüfung von kostbarem Material, wie z. B. von Hormonen (18), ist

Abb. 2. Das Heiztischmikroskop.

die Verwendung des Heiztisches zur Selbstverständlichkeit geworden.

Über die *Genauigkeit* der Temperaturablesung auf dem KOFLER-Heiztisch herrscht aber nicht immer die richtige Meinung. Nach unseren Erfahrungen ist die Fehlergrenze, mit der ein Untersucher bei sorgfältiger, gleichartiger Arbeitsweise rechnen kann, sicher nie größer als $\pm 1°$. Im Schrifttum (58, 77, 145, 160) liest man jedoch manchmal, die Fehlergrenze beim „KOFLER-Block" betrage $\pm 2°$ oder sogar $\pm 3°$. Diese Fehlergrenze ist zu hoch; wenn sie wirklich bei verschiedenen Messungen eines Untersuchers beobachtet wird, dann liegt dies nicht an der mangelnden Genauigkeit des Heiztisches, sondern hat andere Gründe. Wenn eine Apparatur genau sein soll, dann besitzt sie selbstverständlich eine große Empfindlichkeit, die sich sowohl auf das verwendete Material als auch auf die Arbeitsweise erstreckt. Für sorgfältiges Arbeiten auf dem Heiztisch ist es unbedingt notwendig, daß stets Objektträger von gleicher Dicke verwendet werden, daß das Deckglas von der Prüfsubstanz nicht zu weit abgehoben wird, daß womöglich immer die Brücke verwendet und die obere Glasplatte während der Untersuchung nicht gelüftet wird und daß ferner der Temperaturanstieg bei einer bestimmten Untersuchung gleichmäßig und nicht zu rasch erfolgt.

Eine zweite Ursache — und wahrscheinlich die *Hauptursache* — größerer Temperaturunterschiede bei Schmelzpunkten einer Substanz liegt in dem *mangelnden Reinheitsgrad* oder in der Zersetzlichkeit der Substanz. Auch die als reinst geltenden Stoffe „pro analysi" sowie die im Laboratorium dargestellten sind fast nie so rein und daher so scharf schmelzend, daß sie bei der mikroskopischen Beobachtung einen scharfen Schmelzpunkt und nicht ein Schmelzintervall erkennen lassen (s. S. 122). Da die Verunreinigungen —

mikroskopisch gesehen — nie ganz gleichmäßig verteilt sind, können bei verschiedenen Messungen größere Differenzen der Schmelzpunkte, also *Streuungen,* beobachtet werden (s. S. 122). Handelt es sich aber um zersetzliche Stoffe, so muß unbedingt auf diese Eigenschaft unter Angabe des Erhitzungstempos besonders hingewiesen werden.

d) Der Kofler-Mikrokühltisch.

Seit Beginn des Jahrhunderts bis in die letzte Zeit ist eine größere Zahl von Apparaten für tiefere Temperaturen beschrieben worden (Boecke [4], Wahl [189], Vorländer, Selke und Kreiss [187], Mason und Rochow [140], Chamot und Mason [21], Erk [38], Leslie und Heuer [129], Harvalik [67], Tschamler [180], Hocart und Monier [73]). Als Kühlmittel wird bei der Mehrzahl dieser Apparate flüssige Luft verwendet, vereinzelt auch Kohlensäureschnee.

Auf Grund unserer Erfahrungen mit dem Heiztisch (91, 98, 107) haben wir versucht, einen *Mikrokühltisch* (121) herzustellen, der ohne besondere Vorbereitung jederzeit gebrauchsfähig und in seiner Handhabung möglichst einfach ist. Dieser Kühltisch (Abb. 3) enthält neben der Kühl- auch eine Heizvorrichtung, die ohne irgendwelchen

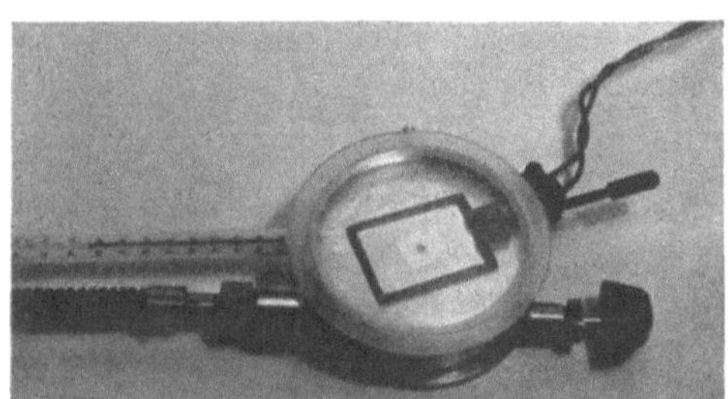

Abb. 3. Der Kofler-Mikrokühltisch.

Umbau beliebig nacheinander oder auch nebeneinander betätigt werden können.

Die Kühlung wird durch *flüssige Kohlensäure* bewirkt, die aus einer der üblichen Kohlensäureflaschen über einen Druckschlauch durch eine Düse in die Kühlkammer geleitet wird. Mit dieser Einrichtung lassen sich Temperaturen bis etwa — 55° erreichen.

Zur Temperaturmessung dient ein Thermometer, das analog wie bei unserem Mikroheiztisch in eine seitliche Bohrung des Kühltisches eingeführt wird. Die Eichung erfolgt am Apparat mittels Schmelzpunkten geeigneter Stoffe oder mittels anderer charakteristischer Temperaturen (z. B. kryohydratischer Temperaturen).

Um starke Unterkühlungen zu vermeiden, kann man mit einem einfachen Mikromanipulator, den man in Form einer Nadel mit umgebogener Spitze durch eine für diesen Zweck im Metallring des Objektraumes angebrachte kleine Öffnung einführt, jederzeit auf das zu untersuchende Präparat Einfluß nehmen.

Das bei jeder Kühltischeinrichtung auftretende, die Untersuchung stark störende Beschlagen des mikroskopischen Präparates wird bei unserer Apparatur dadurch verhindert, daß ein Teil der Kohlensäure, die ihre Aufgabe als Kühlmittel erfüllt hat und in den gasförmigen Zustand übergegangen ist, durch eine feine Düse aus der Kühlkammer in die Arbeitskammer geleitet wird. Die trockene, spezifisch schwerere Kohlensäure verdrängt die Luft, vermindert dadurch den Feuchtigkeitsgehalt und bleibt wegen ihres größeren spezifischen Gewichtes als „See" in dem Arbeitsraum liegen. Die Wirkung ist so vollkommen, daß ein Präparat mehrmals von tiefen Temperaturen auf über 0° gebracht werden kann, ohne daß sich das Präparat beschlägt. Wenn längere Zeit bei tiefen Temperaturen gearbeitet wird, muß die Oberseite der runden Deckplatte mit einem Glycerinstift abgerieben werden.

Ist es notwendig, die Deckplatte längere Zeit zu entfernen, so kann das Beschlagen des Präparats durch Behandeln des Deckglases mit einem Glycerinstift und einem Tropfen einer Glycerin-Wassermischung verhindert werden.

e) Der KOFLER-Hochtemperatur-Block (bis 750°).

Die Schmelzpunkt-Mikrobestimmung wird meist nur bei der Untersuchung organischer Verbindungen angewendet. Der Grund liegt darin, daß die im Schrifttum bekannten Mikroschmelzpunktapparate für höhere Temperaturen häufig unhandlich sind. Viele erfordern eigene Objektive mit besonders großem Arbeitsabstand oder den Einbau eines Zwischenlinsensystems. Häufig wurden diese Apparate nur für einen besonderen Zweck gebaut, so daß sie nicht allgemein verwendbar sind.

In der Literatur sind eine Reihe von Heiztischen für höhere Temperaturen beschrieben worden: BURGESS (15), OBERHOFFER (149), WRIGHT (195), ENDELL (37), FIELDNER, SELVIG und PARKER (39), STADNICHENKO (174), EITEL und LANGE (33), CURTIS (24), SWINDEN, HOWIE und CHESTERS (175), CHALMERS, KING und SHUTTLEWORTH (20), WILLIAMS (194), CECH (19), GRABAR und McCRONE (62).

Wir haben versucht, einen Mikroheiztisch für Temperaturen bis 750° zu bauen, der auf jedes Mikroskop aufgesetzt werden kann und keine Spezialoptik erfordert (s. Abb. 4). Den Temperaturbereich bis 750° haben wir deshalb gewählt, weil bis dahin noch Thermometer verwendet werden können.

Der eigentliche Heiztisch besteht aus einer Scheibe aus hitzebeständigem Stahl mit einem Durchmesser von ungefähr 55 mm. Dieser ist in einem verchromten Messingtopf von 75 mm Durchmesser und 30 mm Höhe so befestigt, daß zwischen beiden Teilen überall ein Luftpolster von mindestens 7 mm vorhanden ist. Der Luftpolster bewirkt eine sehr gute Wärmeisolierung und ebensolchen Strahlenschutz, was für den geheizten Innenteil eine gleichmäßige Wärmeverteilung zur Folge hat.

Der Heiztisch kann mittels zweier Klemmschrauben auf jedem Mikroskop befestigt werden. Auf den Rand des Messingtopfes, der 5,5 mm über den Heiztisch hinausragt, wird eine Aluminiumplatte mit zentralem Glasfenster aufgelegt.

Die Heizung erfolgt mit Niederspannung, die in einem Regeltransformator erzeugt wird. Die maximale Leistungsaufnahme ist die gleiche wie beim gewöhnlichen Heiztisch. Wir verwenden bei diesem Apparat zwei Thermometer, und zwar je eines für den Bereich von 300 bis 500° und für 450 bis 700°.

Der Heiztisch besitzt eine zentrale Bohrung für durchfallendes Licht; wie bei der Verwendung des normalen Heiztisches oder des Kühltisches arbeitet man bei 80- bis 100facher Vergrößerung. Um eine Überhitzung des Objektivs zu vermeiden, ist es besonders bei höheren Temperaturen ratsam, den Tubus nur solange in Bildnähe zu halten, als dies für die Beobachtung unbedingt notwendig ist. Besonders vorteilhaft ist die Verwendung des weiter unten beschriebenen Thermomikroskops, bei dem der Tubus seitlich ausschwenkbar ist.

f) Das KOFLER-Thermomikroskop.

Beim Arbeiten mit dem Heiz- oder Kühltisch haben sich verschiedene Anordnungen in der Bauweise der üblichen Mikroskope als Mängel erwiesen, die die Handhabung bei der Untersuchung unnötig komplizieren.

Bis auf einige neueste Typen sind die Mikroskope so konstruiert, daß der Fuß und der Träger des Tubus auf der dem Benützer zugewendeten Seite liegen. Das Hantieren auf dem Mikroskoptisch ist daher nur von links und rechts oder von der dem Benützer abgewendeten Seite möglich. Diese und andere Nachteile wurden in unserem neuen „Thermomikroskop" beseitigt (Abb. 4).

Das *Thermomikroskop* besitzt anstatt des sonst üblichen gegossenen Mikroskopfußes ein Kästchen, dessen Basis nicht größer ist als die der üblichen Mikroskope. Dieses Kästchen enthält die ganze Beleuchtungseinrichtung in Form einer Niedervoltlampe, ferner die Irisblende, das Rotfilter und Polarisationsfilter. Außerdem ist darin ein Transformator untergebracht, der einerseits zur Speisung der Niedervoltlampe und anderseits zum Betrieb der Aufsatzapparate dient. Der Mikroheiztisch wird bei diesem Mikroskop mit Niedervolt gespeist. Ein Regeltransformator ermöglicht die stufenlose Einstellung des jeweils gewünschten Temperaturbereiches.

Abb. 4. Das Thermomikroskop mit aufgesetztem Hochtemperaturblock.
a mit ausgeschwenktem Tubus, *b* arbeitsbereit.

Der Träger des Tubus ist so auf dem Kästchen angeordnet, daß dieser auf der dem Benützer abgewendeten Seite des Mikroskops liegt. Der Tubus ist mit Schrägblick ausgestattet und kann seitwärts *ausgeschwenkt* werden (Abb. 4a). Die Höhenverstellung der Optik erfolgt durch eine Rändelschraube am oberen Ende des Schwenklagers.

Auf dem Kästchen kann wahlweise der Heiz- oder der Kühltisch befestigt werden. Die Stromzuführung wird durch zwei Kontaktknöpfe an der Unterseite der Apparate und durch zwei Kontaktfedern auf der Oberseite des Kästchens bewerkstelligt. Beim Einlegen eines neuen Präparats bzw. Auflegen eines Kühlblockes wird der Tubus seitlich ausgeschwenkt. Dadurch ist der Heiztisch auch von vorne bequem zugänglich. Beim Einschwenken liegt das Präparat in der Regel schon in der richtigen Einstellebene (Abb. 4b).

Die Bedienung der Blende, des Rot- und Polarisationsfilters erfolgt durch je einen Knopf an der rechten Seite des Kästchens. An der linken Seite ist außerdem ein Schalter angebracht, der zum Ein- bzw. Ausschalten der Stromzufuhr für den Heiztisch dient. Die Netzspannung wird durch einen Gerätestecker an der Hinterseite des Mikroskops zugeführt.

2. Verhalten der Substanzen.
a) Schmelzpunktbestimmung.

Den Schmelzpunkt kann man unter dem Mikroskop auf zweierlei Art bestimmen: in der „durchgehenden" Arbeitsweise und im „Gleichgewicht".

Bei der „durchgehenden" Schmelzpunktbestimmung läßt man die Temperatur des Heiztisches ohne Unterbrechung bis zum vollständigen Schmelzen der Substanz ansteigen. Bei der Temperatur des Schmelzpunktes zerfließen zuerst die kleinsten Splitter, dann folgen die größeren Kristalle. Einen solchen Vorgang beim Schmelzen des Anästhesins zeigt die Abb. 5. Bei 89° sieht man die unveränderten Kristalle, bei 90° den Beginn des Schmelzens, bei 90,5° den Schmelzvorgang und bei 91° die Schmelztropfen. Als Schmelzpunkt wird bei dieser Bestimmung 90,5° abgelesen.

Bei der Schmelzpunktbestimmung mit Hilfe des *Gleichgewichtes* stellt man die Heizung des Apparates ab, bevor die Substanz ganz geschmolzen

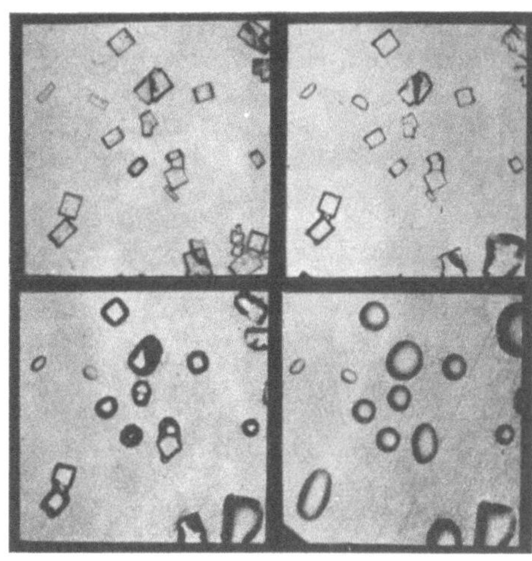

Abb. 5. „Durchgehende" Schmelzpunktbestimmung bei Anästhesin.

ist. Es beginnen dann die in den größeren Schmelztropfen noch vorhandenen Kristallreste zu wachsen, um bei neuerlichem Erhitzen wieder abzuschmelzen. Das *Gleichgewicht zwischen fester und flüssiger Phase* entspricht dem richtigen Schmelzpunkt (Abb. 6).

Die Beobachtung des Kristallisationsvorganges aus dem Gleichgewicht erfolgt am besten zwischen *gekreuzten Nicols*. Bei Ausbildung dünnblättriger Formen (z. B. Fettsäuren) kann der Unterschied zwischen der Lichtbrechung von Kristall und Schmelze so gering sein, daß die Kristalle im weißen Licht kaum zu unterscheiden sind. Um den z. B. bei Kampfer auftretenden Übergang in die kubische Modifikation, wodurch die Doppelbrechung verschwindet, nicht zu übersehen, empfiehlt es sich, während des Arbeitens den Analysator hin und wieder zu drehen. In vielen Fällen ist es für die Bestimmung

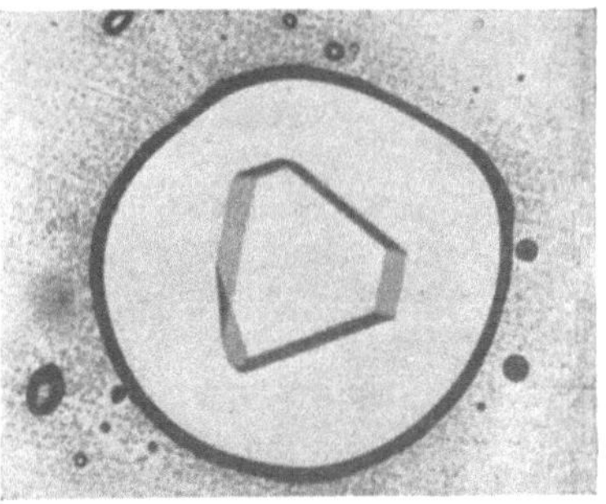

Abb. 6. Gleichgewicht zwischen Schmelze und Kristall (Cardiazol).

im Gleichgewicht vorteilhafter, einen Kristallfilm zu verwenden, den man durch Erstarren eines vorher geschmolzenen Präparats erhält. Da einerseits durch das vorhergehende Schmelzen ein besserer Durchschnitt erreicht wird und anderseits die Schichtdicke dabei verhältnismäßig gleichartig gehalten werden kann, sind die Streuungen (s. S. 122) meist geringer. Auf die Bildung instabiler Modifikationen ist zu achten.

Nur wenige Stoffe bleiben *vor* dem Schmelzen ganz unverändert. Bei den meisten sieht man während des Erhitzens vor Erreichen des Schmelzpunktes mannigfache, durch Sublimationsvorgänge bedingte Veränderungen. Sehr häufig sublimieren die Substanzen teilweise oder ganz vom Objektträger an die Unterseite des Deckglases.

Es können tropfenförmige oder kristallisierte Sublimate oder beide nebeneinander auftreten. Die flüssigen Sublimate bezeichnet man richtiger als *Kondensationströpfchen.* Sie erscheinen meist dann in großer Zahl, wenn die Temperatur sich dem Schmelzpunkt nähert. Die kristallisierten Sublimate können mannigfache Formen von kleinen Nadeln und Körnchen bis zu prachtvoll gestalteten Kristallen bilden. Bei sehr flüchtigen Stoffen schließen sich die Sublimate zu geschlossenen Aggregaten polygonal begrenzter Einzelkristalle zusammen, deren Gefüge wir als „straßenpflasterartig" bezeichnen (z. B. Kampfer, Coffein usw.).

Nach dem Schmelzen erstarren die meisten Substanzen beim *Abkühlen* kristallin, jedoch tritt die spontane Kristallisation insbesondere bei organischen Stoffen meist erst bei einer mehr oder weniger großen Unterkühlung ein. Bei besonders großer Unterkühlbarkeit kann die Keimbildung zunächst überhaupt ausbleiben. Die Schmelzen mancher Stoffe nehmen beim Abkühlen eine mehr oder weniger feste Konsistenz an, so daß man von einem „*glasigen Erstarren*" sprechen kann.

Die Schmelztropfen erstarren häufig zu *Aggregaten* stengeliger Kristalle, die im allgemeinen strahlenbüschelartig angeordnet sind. Nicht selten, insbesondere bei rascher Abkühlung, bilden sich Sphärolithe, das sind kugelige bzw. scheibenförmige Kristallkomplexe, in denen stengelige oder nadelförmige Kristalle regelmäßig um ein Zentrum gelagert sind. Über die Kristallisation aus Schmelzen s. S. 146.

b) Sublimation und Sublimationstemperatur.

Die Schrifttumsangaben über die Sublimierbarkeit organischer Substanzen zeigen mancherlei Unstimmigkeiten und Ungenauigkeiten. Die Ursache liegt u. a. darin, daß in zusammenfassenden Werken und Handbüchern häufig einfach eine Sublimationstemperatur genannt wird ohne Angabe, wie sie festgestellt wurde. Unter den Versuchsbedingungen spielen u. a. Temperatur, Druck, Zeit, Sublimationsabstand, Oberfläche des Sublimationsgutes und die Vorlage eine Rolle (79).

Im Schrifttum wird nicht selten die Sublimierbarkeit bei einer bestimmten Temperatur ohne Angabe der Versuchsbedingungen vermerkt: z. B. Theobromin sublimiert bei 290°. Man kann aber das Theobromin unter geeigneten Versuchsbedingungen schon bei viel niedrigerer Temperatur sublimieren, z. B. nach Kempf (79) schon bei 91°, nach Eder (32) bei 125 bis 138°. Wenn man Theobromin schon bei 91° zur Sublimation veranlassen kann, sublimiert es naturgemäß auch bei 290°. Dies ist aber keine irgendwie ausgezeichnete und des Hervorhebens werte Temperatur, sondern diese Angabe ist wertlos oder sogar irreführend.

Annähernd gleichartige und reproduzierbare Sublimationstemperaturen erhält man bei jeweils bestimmter Arbeitsweise, wie sie z. B. bei der Schmelzpunkt-Mikrobestimmung gegeben ist. Die dabei erhaltenen Werte sind in unserer Identifizierungstabelle eingetragen; es sei nochmals betont, daß diese Temperaturen nur für die beschriebene Arbeitsweise gelten und daher nicht als physikalische Konstanten zu werten sind.

Zur Beurteilung der *Flüchtigkeit* haben wir aus unseren Tabellen für die Schmelzpunktbereiche von 20 zu 20° die Durchschnittswerte der Sublimationstemperaturen berechnet und in ein *Diagramm* eingezeichnet. Die Schmelztemperaturen werden auf der Abszisse, die Sublimationstemperaturen auf der Ordinate eingetragen (Abb. 7). Die Resultierende ergibt eine Gerade, deren Winkel mit der Abszisse kleiner ist als 45°. Die Differenz zwischen Schmelz- und Sublimationstemperatur läßt sich leichter erkennen durch Eintragen der Diagonale in das Diagramm. Sie entspricht den Grenzfällen, bei denen wir beim Schmelzen keine Sublimation beobachten können. Aus dem Diagramm ersieht man, daß mit steigendem Schmelzpunkt der Abstand zwischen Schmelzpunkt und Sublimationstemperatur ständig zunimmt. Von den Durchschnittswerten weichen viele Substanzen weitgehend ab.

Für unsere *mikroskopische Arbeitsweise* ist die Fähigkeit einer Substanz, zu sublimieren, von *außerordentlichem Vorteil*, da sie die Möglichkeit bietet, in kurzer Zeit aus einer unreinen Substanz eine kleine, für die Schmelzpunkt-Mikro- oder Brechungsindexbestimmung genügende Menge reiner Kristalle zu gewinnen. In der Regel erhält man am raschesten und reichlichsten Sublimate, wenn man etwa 10 bis 20° unterhalb des Schmelzpunktes des betreffenden Stoffes sublimiert. Wir benützen meist kleine Glasschälchen oder Objektträger mit aufgelegten Glas- oder Metallringen, innerhalb derer sich die zu reinigende Substanz befindet. Das Schälchen oder der die Substanz umgebende Ring wird mit einem entsprechend großen Deckglas bedeckt.

Die Güte, worunter die Größe und Ebenmäßigkeit der erhaltenen

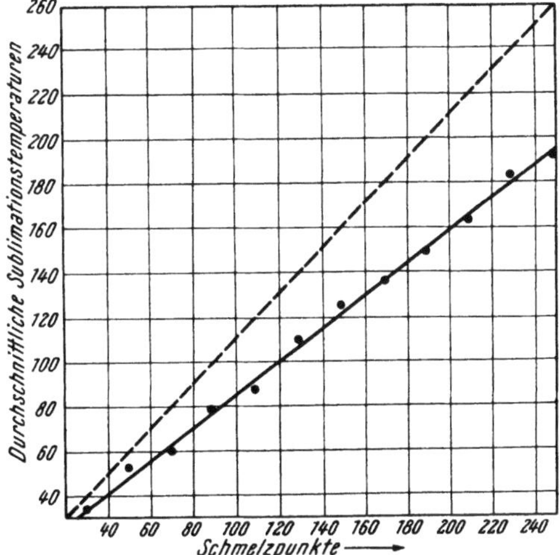

Abb. 7. Sublimationstemperaturen.

Kristalle verstanden wird, hängt u. a. von dem Temperaturgefälle zwischen Sublimationsgut und Vorlage sowie von dem Abstand des Rezipienten ab. Häufig begünstigt eine höhere, in der Nähe des Schmelzpunktes liegende Sublimationstemperatur und ein geringerer Abstand die Ausbildung schöner Kristalle, was aber durchaus nicht immer der Fall ist. Besonders wichtig ist es in vielen Fällen, beim Wechseln des als Vorlage dienenden Glasplättchens dieses vorzuwärmen, und zwar womöglich in bezug auf den betreffenden Schmelzpunkt zu überhitzen. Auf diese Arbeitsweise legte schon WADDINGTON (188) 1867 großen Wert. Der bessere Sublimationserfolg hängt damit zusammen, daß die Keimbildung auf einer zuerst heißen Vorlage nicht so überstürzt erfolgt wie auf einer kalten. Aus demselben Grund erhält man auch besonders schöne Kristalle, wenn man die Temperatur während des Versuches erst allmählich ansteigen läßt.

Um einen günstigen Sublimationseffekt zu erzielen, ist manchmal eine Beeinflussung von außen notwendig (101). Entstehen z. B. zunächst nur Tröpfchen, so kann durch Abheben und Kratzen der Vorlage häufig die Kristallisation angeregt werden, so daß bei Wiederauflegen der Vorlage gut ausgebildete Kristalle entstehen. In anderen Fällen ist das Impfen der Vorlage von sehr großem Vorteil, was einfach durch Verreiben aufgestreuter Kriställchen und Wiederabwischen geschieht. Eine Impfung ist auch dann wichtig, wenn statt der gewünschten stabilen Modifikation spontan nur instabile Formen entstehen.

Für den Zweck der mikroskopischen Identifizierung bzw. der Trennung von Substanzgemischen ist im allgemeinen die oben geschilderte einfache Versuchsanordnung, bei der aus irgendeinem Schälchen mit dem Sublimationsgut auf eine in beliebigem Abstand befindliche Vorlage sublimiert wird, vollkommen ausreichend. Das Glasschälchen wird dabei einfach auf eine bis zur gewünschten Temperatur erwärmte Heizplatte gestellt.

Besonders vorteilhaft hat sich die Verwendung der *Heizbank* (s. S. 107) erwiesen, da hier die Möglichkeit besteht, gleichzeitig bei verschiedenen Temperaturen zu sublimieren und so jeweils rasch die optimale Sublimationstemperatur herauszufinden. Der Sublimationseffekt läßt sich mit der Lupe recht gut kontrollieren, so daß eine mikroskopische Zwischenuntersuchung meist nicht notwendig ist.

Im Schrifttum sind eine Reihe von Sublimationseinrichtungen beschrieben, die für besondere Zwecke vorteilhaft sein können. Mayrhofer (142) beschreibt eine Einrichtung zur gleichzeitigen Bestimmung von Schmelz- und Sublimationstemperatur. Kempf (79) konstruierte eine Sublimationseinrichtung, die vor allem für langdauernde Versuche und geringe Steighöhe eingerichtet ist. Der Sublimationsapparat von Fischer (44) besteht aus einer größeren heizbaren Messingplatte mit mehreren zylindrischen Vertiefungen verschiedener Höhe; sie dienen zur Aufnahme der Schälchen mit dem Sublimationsgut und werden beim Versuch mit einem Deckglas bedeckt. Über die Löcher können auch Vakuumglocken mit oder ohne Kühlung aufgesetzt werden.

Die Sublimation unter dem Mikroskop läßt sich auf dem Heiztisch in folgender einfacher Weise durchführen: die auf einem Objektträger liegende Substanz wird auf zwei Seiten von Glasstreifen flankiert und darüber ein Deckglas gelegt. Die während des Erwärmens sich bildenden Sublimate können ständig beobachtet werden. Für manche Zwecke ist der von Fischer (44) beschriebene kleine, auf den Heiztisch auflegbare Sublimationsblock, dessen zylindrische Vertiefung am Boden eine kleine zentrale Durchlaßstelle für Licht besitzt, von Vorteil.

Für Vakuumsublimation unter dem Mikroskop ist eine Mikrovakuumglocke von Kofler und Dernbach (106) konstruiert worden. Die dabei beobachteten Sublimationstemperaturen sind natürlich niedriger als bei normalem Druck.

Die Mikrosublimation ist erst durch die Schmelzpunkt-Mikrobestimmung in vollem Maße ausnützbar, da andere Untersuchungsmethoden an so kleinen Mengen versagen. So galt z. B. die Sublimation von *Ferulasäure* aus *Asa foetida* als Schulbeispiel für die Anwendbarkeit der Mikrosublimation in der Pharmakognosie. Auf dem Heiztisch erwies sich aber das Sublimat aus *Asa foetida* als *Umbelliferon* (113). In ähnlicher Weise konnte nachgewiesen werden, daß aus *Cetraria islandica* nicht *Lichesterinsäure* (Literatur und Deutsches Arzneibuch) sublimiert, sondern *Fumarsäure* (114).

Vergleichende Untersuchungen einer größeren Zahl von Substanzen wurden von mehreren Autoren für mikrochemische Zwecke durchgeführt, z. B. an Alkaloiden (32), an Schlafmitteln (42), an Konservierungsmitteln (106, 42, 50, 112). Die größte Zahl von Substanzen wurde von Mayrhofer (142) untersucht, der die gebräuchlichsten Arzneimittel und wichtigsten Gifte der Mikrosublimation unterwarf und diese Methode zum Nachweis und zur Unterscheidung heranzog.

Aus Drogen liefert die einfache Sublimation manchmal nicht genügend reines und vor allem manchmal nicht kristallisiertes Material. In diesen Fällen muß durch Extraktion und andere Isolierungsverfahren eine Anreicherung der zu sublimierenden Substanz vorgenommen werden. Auf diese Weise wurden von Marković (136, 138) Anthracenderivate aus Drogen gewonnen, durch Mikrosublimation gereinigt und identifiziert.

c) Schmelzpunktbestimmung stark flüchtiger Stoffe.

α) Einschließen des Präparates.

Bei stark flüchtigen Substanzen, insbesondere bei solchen mit hohen Schmelzpunkten, besteht die Gefahr, daß vor Erreichen der Schmelztemperatur die ganze Substanz verdampft. In vielen Fällen läßt sich diese Gefahr dadurch hemmen, daß man bei der Untersuchung große Deckgläser (21 × 26 mm) verwendet. Wenn diese Maßnahme nicht ausreicht, kann man bei Temperaturen bis etwa 150° das Präparat bei nicht zu langer Erhitzungsdauer mit einem der üblichen Deckglaskitte einschließen; bei längerer Erhitzungsdauer und bei höheren Temperaturen tritt Zersetzung der Kitte unter Blasenbildung ein. Ein weiterer Nachteil ist der, daß die Kitte beim Erwärmen dünnflüssiger werden und in den kapillaren Spalt zwischen Objektträger und Deckglas eindringen, wodurch die Schmelztemperatur beeinflußt wird. Wir ziehen daher für die Schmelzpunktbestimmung stark flüchtiger Stoffe zwei andere Versuchsanordnungen vor, und zwar entweder die „Siliconkammer" oder die „Salzkammer".

Bei der *Siliconkammer* verwenden wir einen 4 mm hohen Messingring mit einem äußeren Durchmesser von etwa 25 mm; die zentrale Bohrung hat einen Durchmesser von 8 mm. An der Unter- und Oberseite ist um die zentrale Bohrung herum eine leichte Vertiefung ausgedreht, in der ein Deckglas mit 12 mm Durchmesser sowohl in der Höhe als im Durchmesser eben Platz hat. Die Unterseite des Ringes wird mit halbfester Siliconpaste bestrichen und das Deckglas in die vorgesehene Vertiefung eingepreßt. Der Ring wird auf den Objektträger, der in der Mitte die zu prüfende Substanz trägt, aufgedrückt und durch leicht drehende Bewegung die Siliconmasse vollständig gleichmäßig verteilt. Der Objektträger mit dem Messingring wird in den Verschieber des Heiztisches eingelegt, in die obere Delle ein Deckglas eingelegt und die Schmelzpunktbestimmung durchgeführt. Mit dieser Versuchsanordnung kann auch die Lichtbrechung von Schmelzen stark flüchtiger Stoffe in einfacher Weise bestimmt werden (87).

Als *Salzkammer* verwenden wir eine eutektische Mischung von Kaliumnitrat (55%) und Natriumnitrit (45%), die bei 141° schmilzt. Am besten ist folgende Arbeitsweise: Man schmelzt die Salzmischung auf einem Objektträger und drückt rasch ein Deckglas darauf, das die zu untersuchende Substanz entweder als Sublimat oder aufgepreßt trägt, so daß die Salzschmelze die Substanz allseitig umgibt. Solange der Dampfdruck bei der Schmelztemperatur nicht über eine Atmosphäre ansteigt, was im allgemeinen nicht der Fall ist (Kampfer hat bei 176° einen Dampfdruck von 354 mm Hg [74]), verdampft beim Erhitzen zwar ein Teil der Substanz, aber an den Restkristallen lassen sich oft auch sehr hohe Schmelzpunkte mit wenig Substanz feststellen (z. B. β-Hexachlorcyclohexan, Fp. 310° [85]).

β) Mikroküvette nach FISCHER (46).

Die Mikroküvette wird aus einem dünnwandigen, widerstandsfähigen Glasröhrchen (Phiolaxglas) von 2 mm Durchmesser und 6 cm Länge dadurch hergestellt, daß man das Röhrchen auf eine Länge von etwa 3 cm flach drückt und am flachen Ende zuschmelzt. Zum Füllen der Küvette bringt man in den offenen Teil des Röhrchens eine kleine Substanzmenge und läßt dann die Küvette mehrmals durch ein etwa 1 m langes Glasrohr auf eine feste Unterlage fallen, um die Substanz in den unteren, flachgedrückten Teil zu befördern. Dann schmelzt man die Mikroküvette in einem kleinen Flämmchen an der Übergangsstelle vom Röhrchen zum flachgedrückten Teil ab. Man kann die Mikroküvette auch evakuieren, bzw. mit Stickstoff oder mit einem anderen Gas füllen.

Zur besseren und gleichmäßigeren Wärmeübertragung dient ein rechteckiges, 1,5 mm dickes Aluminiumplättchen ungefähr von der Größe eines halben Normalobjektträgers (26 × 38 mm), in das ein Schlitz eingeschnitten ist. Auf dem Mikroschmelzpunktapparat befindet sich die Mikroküvette in dem Schlitz des Metallplättchens.

Die Mikroküvette läßt sich auch für Fällungen, zur Brechungsindexbestimmung mittels der Glaspulvermethode (s. S. 113) und zur Bestimmung der kritischen Lösungstemperatur benützen (51, 48).

d) Schmelzen unter Zersetzung.

Bei der Mikrobestimmung *zersetzlicher Substanzen* sind die gleichen Gesichtspunkte zu beachten wie bei der Makromethode. Bekanntlich ist die Temperatur, bei der sich eine organische Substanz zersetzt, in hohem Grade vom Erhitzungstempo abhängig; es ist daher unerläßlich, der Mitteilung der Zersetzungstemperatur auch Angaben über die *Geschwindigkeit des Erhitzens* beizufügen. Da bei der mikroskopischen Bestimmung ein rascherer Anstieg der Temperatur ohne Einbuße an Genauigkeit möglich ist, sind die beobachteten Zersetzungspunkte meistens wesentlich höher; sie lassen sich besser reproduzieren als die beim üblichen Erhitzungstempo des Makroverfahrens erhaltenen. Heizt man mikroskopisch im gleichen Tempo an wie bei der Makrobestimmung, so erhält man bei beiden Verfahren im allgemeinen gleiche Zersetzungstemperaturen. Wenn beim Schmelzen teilweise Zersetzung erfolgt ist, so sinkt die „Gleichgewichtstemperatur" beim Wiederholen der Bestimmung an derselben Probe mehr oder weniger stark ab.

Zur Schmelzpunktbestimmung zersetzlicher Substanzen ist die Kofler-Heizbank besonders geeignet. Infolge des maximal möglichen Erhitzungstempos erhält man die am besten reproduzierbaren Schmelzpunkte. Ferner lassen sich die Veränderungen beim Schmelzen deutlich nach Ausmaß und Zeit verfolgen. Daher wurde die eingehende Besprechung dem Abschnitt über die Heizbank vorbehalten (s. S. 107).

e) Hydrate.

Kristallwasserhaltige Verbindungen können sich beim Erwärmen unter dem Mikroskop verschieden verhalten. Am häufigsten sieht man das Wasser entweichen und dann später die wasserfreie Substanz schmelzen. Bei anderen Stoffen beobachtet man ein Schmelzen des Hydrats, d. i. das Schmelzen der Komplexverbindung der Substanz + Wasser, bei weiterem Steigen der Temperatur ein Wiedererstarren und schließlich das Schmelzen beim Schmelzpunkt der wasserfreien Substanz.

Beim Entweichen des Kristallwassers gehen die Hydratkristalle unter Wahrung ihrer äußeren Form in der Regel in polykristalline Aggregate der wasserfreien Substanz über. Dabei sieht man in durchfallendem Licht die vorher klaren, durchsichtigen Kristalle trüb, braun oder „schwarz" werden. Dieser Vorgang ist am Beispiel des Phloroglucins in Abb. 8 durch Aufnahmen in durchfallendem Licht veranschaulicht. Phloroglucin verliert zwischen 55 und 90° das Kristallwasser und schmilzt dann als wasserfreie Substanz zwischen 215 und 220° unter Zersetzung. Abb. 8a ist bei 55° aufgenommen und zeigt an einzelnen Kristallen den Beginn der Trübung. Die weiteren Abb. 8b, c, d lassen das Fortschreiten der Trübung erkennen. Man sieht deutlich, daß der Umlagerungsvorgang der wasserhaltigen in die wasserfreie Phase *keimbedingt* ist; von den einzelnen, meist am Rand der Kristalle auftretenden Keimen schreitet der Umbau ähnlich wie eine polymorphe Umwandlung fort.

Als Temperatur für das Entweichen von Kristallwasser wird im Schrifttum bei den meisten Substanzen 100 bis 110° angegeben. Unter dem Mikroskop sieht man das Entweichen des Kristallwassers früher, und zwar hängt der Wasserverlust stark von den spezifischen Eigenschaften eines Hydrats ab. Bei dem Temperaturanstieg, wie wir ihn bei der Schmelzpunkt-Mikrobestimmung einhalten, werden die Kristalle der Hydrate durchschnittlich zwischen 60 und 90° trüb. Die Heizung wird dabei entsprechend dem Schmelzpunkt der wasserfreien Substanz eingestellt. Bei manchen kristallwasserhaltigen Stoffen bleiben die Kristalle bis zur Schmelztemperatur des Hydrats unverändert und schmelzen dann homogen als Komplexverbindung der Substanz mit Wasser; aus den Schmelztropfen kristallisiert bei weiterem Erhitzen häufig ein wasserärmeres Hydrat oder die wasserfreie Substanz aus. Dies gilt, abgesehen von richtig homogen schmelzenden Hydraten wie denen des $Mg(NO_3)_2$, besonders für jene Hydrate, deren Schmelzpunkte verhältnismäßig weit unter 100° liegen, wie z. B. bei $Na_2CO_3 \cdot 10\,H_2O$, Fp. 34°, obwohl es sich auch hier um eine inhomogen schmelzende Additionsverbindung handelt (s. S. 161).

In den meisten Fällen ist der *homogene* Schmelzpunkt eines Hydrats *instabil*, da die Komplexverbindungen mit Wasser in der Regel den Charakter inhomogen schmelzender Molekülverbindungen besitzen (s. S. 161). Das homogene Schmelzen kann in diesen Fällen nur dann eintreten, wenn bis zum Erreichen des instabilen Schmelzpunktes die Keimbildung der wasserfreien Phase oder eines wasserärmeren Hydrats ausgeblieben ist. Sind aber irgendwo Keime entstanden, so beginnt das Hydrat bei der der jeweiligen Komplexverbindung zugehörigen *Übergangstemperatur* (176, 89) inhomogen zu schmelzen (s. S. 161), d. h., das Hydrat verflüssigt sich unter gleichzeitiger Abscheidung wasserfreier Kristalle oder eines wasserärmeren Hydrats (Abb. 9). Der Übergangspunkt ist die Temperatur des Dreiphasengleichgewichtes zwischen der ursprünglichen festen Phase, der sekundär auskristallisierenden festen Phase und der Schmelze. Die Einstellung

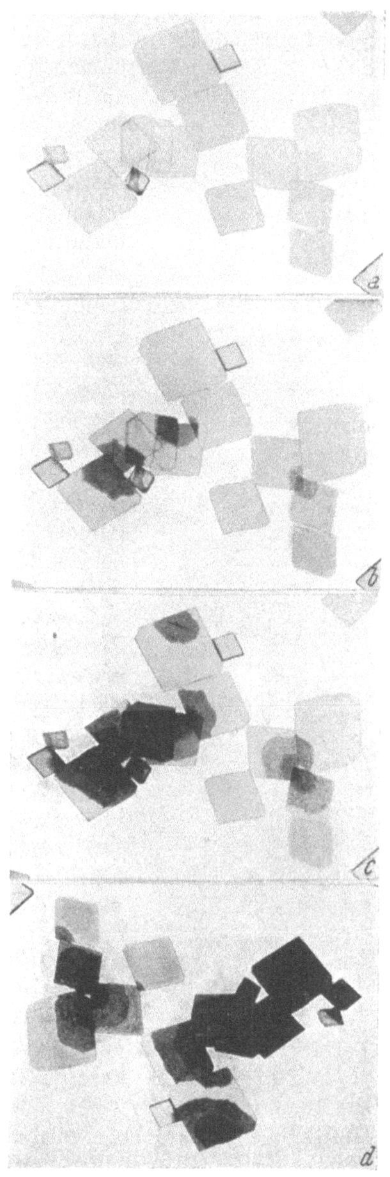

Abb. 8. Entweichen des Kristallwassers unter Trübung (Phloroglucinhydrat).

des Dreiphasengleichgewichtes ist oft träge, nicht nur bei organischen Hydraten, sondern auch bei Salzhydraten; das hängt zum Teil mit der Differenz zwischen dem inhomogenen und dem eigentlichen, homogenen, aber instabilen Schmelzpunkt zusammen (84, 86, 89) (s. S. 162). Aus diesem Grunde verläuft das

Schmelzen der Hydratkristalle unscharf und erstreckt sich meist über Intervalle von mehreren oder auch vielen Graden.

Das Entweichen des Wassers aus den Schmelztropfen, die beim homogenen Schmelzen klar, beim inhomogenen Schmelzen infolge der sekundär entstandenen Kristalle trüb sind, kann man in der Regel nicht unmittelbar wahrnehmen. Sind homogene Schmelztropfen entstanden, so befinden sich diese, sofern inhomogen schmelzende Komplexverbindungen vorliegen, auf jeden Fall in einem instabilen, d. i. *übersättigten Zustand*. Daher kann jederzeit, sobald die Keimbildung eintritt, die Kristallisation beginnen. Da während des Erwärmens ständig Wasser entweicht, nimmt die Übersättigung und damit die Wahrscheinlichkeit der Keimbildung zu, so daß die meisten klaren Schmelztropfen bei weiterem Erhitzen wieder auskristallisieren, und zwar schon dann, wenn noch nicht das ganze Wasser entwichen ist. Nur bei Hydraten, die mehr oder weniger hoch über dem Siedepunkt des Wassers schmelzen, sieht man das Wasser in Form von Dampfblasen aus den Kristallen oder aus der Schmelze entweichen.

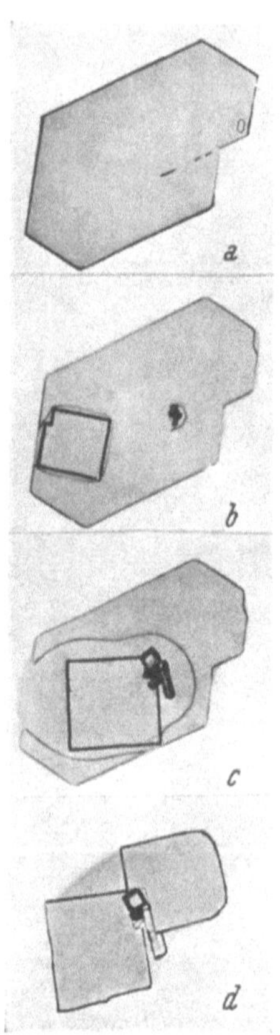

Abb. 9. Inhomogenes Schmelzen von NaBr . 2H₂O unter Abscheidung von wasserfreiem NaBr.

Die *Verschiedenheit der Versuchsbedingungen* ist die Ursache dafür, daß man bei kristallwasserhaltigen Substanzen bei der Makro- und Mikromethode nicht immer dieselben Schmelzpunkte erhält. Bei manchen Substanzen liest man bei der Makromethode im Kapillarröhrchen den Schmelzpunkt des Hydrats ab und unter dem Mikroskop den der wasserfreien Substanz, weil hier das Hydrat vor Erreichen seiner Schmelztemperatur das Kristallwasser verliert. Das gilt z. B. für Oxalsäure. Bei Codein ist im Schrifttum als Schmelzpunkt für die wasserfreie Form 155°, für die wasserhaltige 153° angegeben. Die letztere Angabe ist irreführend. Die Komplexverbindung von Codein $+$ H₂O hat einen inhomogenen Schmelzpunkt von 52°, einen homogenen, instabilen von 80° (84, 89). Wohl aber ist 153° jene Temperatur, bei der Codeinhydrat im Kapillarröhrchen in eine klare Schmelze übergeht, da sich bei dieser Temperatur die nach dem inhomogenen Schmelzen des Hydrats bei 52° abgeschiedene wasserfreie Phase in der sie umgebenden Wasserlösung vollständig auflöst. Bei Einbetten in Paraffinöl sieht man beim Erhitzen auf Temperaturen über 100° das etwa vorhandene Wasser in Form von Gasblasen entweichen (KOFLER und BRANDSTÄTTER [104]).

Das *Einbetten in Paraffinöl* gibt auch die Möglichkeit, den einem Hydrat zukommenden *inhomogenen* oder den *homogenen, instabilen Schmelzpunkt* zu ermitteln. In Paraffinöl wird nämlich die vorzeitige Wasserabgabe, d. i. die Wasserabgabe bei verhältnismäßig niedrigen Temperaturen unterhalb des Übergangspunktes, verhindert. Es ergeben sich daraus beim Erwärmen zwei Möglichkeiten: Entweder beginnt das Hydrat — falls Keime der wasserfreien oder einer wasserärmeren Phase vorliegen — bei seinem *inhomogenen* Schmelzpunkt unter Abscheidung neuer Kristalle zu schmelzen, so daß trübe Tropfen entstehen, oder es kann das „Überhitzen" bis zu dem eigentlichen instabilen Schmelzpunkt des Hydrats getrieben werden, bei dem homogene, d. s. klare Schmelztropfen gebildet werden.

NaBr · 2 H$_2$O verliert beim Erwärmen an der Luft immer das Kristallwasser unter Trübung infolge des Auskristallisierens der wasserfreien Phase. In Paraffinöl dagegen läßt sich so gut wie immer das *inhomogene Schmelzen* des Hydrats unter Ausscheidung kubischer NaBr-Kristalle bei 51° beobachten (Abb. 9) (84). Oxalsäuredihydrat verliert ebenfalls an der Luft immer vorzeitig das Kristallwasser, in Paraffinöl kann man jedoch das *homogene Schmelzen* der Komplexverbindung bei 100,5° beobachten (der inhomogene Schmelzpunkt des Dihydrats liegt sehr nahe dem homogenen, und zwar bei 100°). Wenn bei weiterem Erwärmen das Wasser in Dampfblasen entweicht, scheiden sich aus den klaren Schmelztropfen wasserfreie Oxalsäurekristalle ab. Bei der Sublimation liefern Hydrate in der Regel wasserfreie Kristalle, nur wenn der Sublimationsbeginn unter der Temperatur liegt, bei der die Kristalle das Wasser verlieren, kann man bei geeigneten Versuchsbedingungen Sublimate des Hydrats erhalten, wie z. B. bei Oxalsäure. Substanzen, die mit organischen Flüssigkeiten kristallisieren, verhalten sich ähnlich. Statt Paraffinöl müssen dann wegen der Löslichkeit andere Flüssigkeiten verwendet werden. Das Hemihydrat des Chlorbutols (Chloreton) wird am besten unter Wasser untersucht (83).

Zur *Unterscheidung von Wasser und anderen Kristallflüssigkeiten* kombiniert FISCHER (47) unsere Paraffinölmethode mit dem von BILTZ (3a) angegebenen Nachweis von Feuchtigkeitsspuren mittels Kaliumbleijodid. Er verreibt das Paraffinöl vorher mit Kaliumbleijodid und erhitzt das Präparat. Das aus den Kristallen entweichende Wasser scheidet aus dem Kaliumbleijodid reines Bleijodid ab, was sich an einer Gelbfärbung oder an der Ausbildung gelber Kristalle in der nächsten Umgebung der Hydratkristalle zu erkennen gibt.

3. Die KOFLER-Heizbank.
a) Die normale Heizbank (117).

Diese dient zur raschen Prüfung des Verhaltens organischer Substanzen beim Erhitzen; vor allem zur Bestimmung von Schmelzpunkten, Mischschmelz-punkten, eutektischen Temperaturen, ferner zur Feststellung des Vorhandenseins und des Verhaltens von Kristallwasser, zur Beobachtung von Zersetzungsvorgängen, zur Beurteilung der Flüchtigkeit und zur quantitativen Thermoanalyse. Sie ermöglicht dem organischen Chemiker in vielen Fällen die Durchführung orientie-

Abb. 10. Die KOFLER-Heizbank.

render Vorproben, die ihm häufig andere zeitraubende Untersuchungen ersparen und Hinweise für das weitere Vorgehen geben.

Die Heizbank besteht aus einem 38 mm breiten und 370 mm langen Metallkörper, der auf der einen Seite elektrisch geheizt wird (Abb. 10). Die Temperatur beträgt am linken Ende der Bank ungefähr 260° und fällt nach dem rechten Ende allmählich auf etwa 50° ab. Diese Heizbanktype umfaßt demnach jenen *Temperaturbereich*, in dem die Schmelzpunkte der überwiegenden Zahl der organischen Substanzen liegen. Die Temperatur an der Oberfläche der Heizbank ist von den äußeren Bedingungen abhängig, vor allem von der Stromzufuhr und von der Raumtemperatur. Die Spannung halten wir durch Vorschalten eines *Stabilisators* konstant. Wir verwenden dafür Eisenwasserstoff-widerstände nach der Bauart von Prof. Dr. L. Kahovec (Graz), die für diesen Zweck (waagrechte Haltung) speziell entwickelt wurden und von der Firma K. Bartelt (Graz) bezogen werden. Diese Widerstände haben eine röhrenförmige Gestalt und werden an der Rückseite der Heizbank unter einem perforierten Schutzblech befestigt. Um allenfalls auftretende Regelwertänderungen der Stabilisatoren auszugleichen bzw. ihr störungsfreies Austauschen möglich zu machen, sind unter dem Schutzblech zwei gegeneinander verstellbare Aluminium-blechstreifen angebracht.

Den normalen Schwankungen der Raumtemperatur (zwischen 9 und 31°) trägt die an der Vorderseite der Heizbank angebrachte Temperaturskala samt der dazugehörigen Ablesevorrichtung Rechnung. Die Spitze des Zeigers der Ablesevorrichtung weist auf die Oberfläche der Heizbank. An dem Teil des Läufers, der sich über der Skala befindet, ist ein Reiter angebracht, der am Läufer senkrecht zur Skala verschiebbar ist. Vor Benützung muß die Ablesevorrichtung entsprechend den jeweils herrschenden Bedingungen richtig eingestellt werden. Zu diesem Zweck wird eine Substanz mit bekanntem Schmelzpunkt, z. B. Phenacetin (Fp. 135°), unmittelbar auf die Heizbank aufgestreut. Dann wird der Läufer so eingestellt, daß der Zeiger auf die Grenze zwischen der geschmolzenen und der nicht ge-

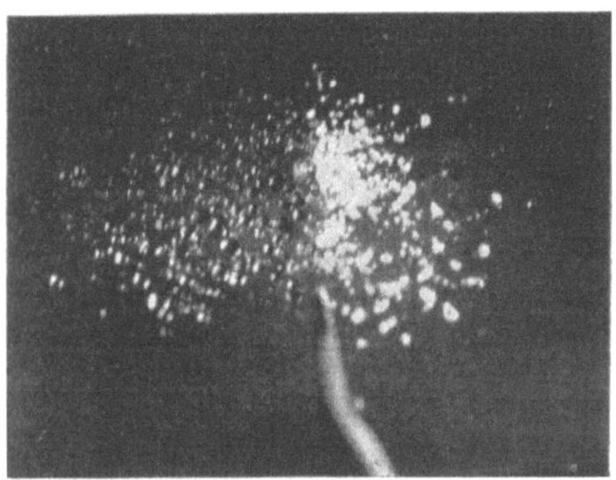

Abb. 11. Schmelzen auf der Heizbank. Der Zeiger steht über der Grenze fest/flüssig.

schmolzenen Substanz zeigt (Abb. 11). Nun läßt man den Zeiger in dieser Lage und verschiebt den Reiter, so daß seine Spitze auf die 135°-Temperaturlinie der Skala zu stehen kommt. Damit ist die Heizbank geeicht. Solange die äußeren Bedingungen, unter denen die Einstellung der Ablesevorrichtung erfolgte, weiterbestehen, ist eine neuerliche Eichung nicht notwendig. Die Beobachtung der Schmelzvorgänge auf der Heizbank erfolgt am besten mittels einer Lupe.

Als Eichsubstanzen werden verwendet: Azobenzol 68°, Benzil 95°, Acetanilid 115°, Phenacetin 135°, Benzanilid 163°, Salophen 190°, Saccharin 228°.

Die Genauigkeit der auf der Heizbank durchgeführten Bestimmungen ist von der Sorgfalt abhängig, die man für die Eichung verwendet. Der Stromverbrauch beträgt höchstens 150 Watt. Die Heizbank braucht nach dem Einschalten des Stromes ungefähr 40 Minuten, bis ein stabiler Zustand erreicht ist. Der größte Vorteil des Arbeitens mit der Heizbank ist die unvergleichliche Zeitersparnis und das bequeme Arbeiten. Die Bestimmung eines Schmelzpunktes samt vorausgehender Einstellung der Ablesevorrichtung erfordert 1 bis 2 Minuten.

Ein außerordentlicher Vorteil kommt der Heizbank im Fabrikslaboratorium bei Reinheitskontrollen von Substanzen zu, da mehrere zu prüfende Präparate gleichzeitig nebeneinander aufgestreut und verglichen werden können.

Viele *Hydrate* schmelzen auf der Heizbank als Hydrat und erstarren dann nach dem Verdampfen des Wassers als wasserfreie Substanz. Andere Hydrate werden sofort trüb und lassen nur den Schmelzpunkt der wasserfreien Substanz erkennen. Das Oxalsäuredihydrat z. B. schmilzt beim Aufstreuen auf eine Heizbankstelle mit einer Temperatur über 140° sofort vollständig durch, um dann nach dem Verdampfen des Kristallwassers wieder zu erstarren. Unterhalb dieser Temperatur entweicht das Wasser mehr oder weniger rasch unter Trübung der Kristalle. Das Entweichen des Wassers aus dem Schmelztropfen des Hydrats erfolgt oft unter Bläschenbildung und „Kochen". Bei Oxalsäure bläht sich der ganze Schmelztropfen zu einer hohlen Blase auf, die dann trüb erstarrt.

Bei Substanzen, die *unter Zersetzung schmelzen*, beobachtet man auf der Heizbank häufig einen Schmelzpunkt, der höher liegt, als den Angaben im Schrifttum entspricht. Dies ist auf die bekannte Tatsache zurückzuführen, daß die Zersetzungstemperaturen in hohem Grade vom Erhitzungstempo abhängig sind, was E. FISCHER (40) bei den Zuckerosazonen ausdrücklich betont. Im Laufe der Jahrzehnte wurde auch von anderen Autoren immer wieder auf den Einfluß der Erhitzungsgeschwindigkeit hingewiesen. KEMPF und KUTTER (80) klagen bei der Zusammenstellung ihrer Schmelzpunkttabellen darüber, daß sich im Schrifttum bei Zersetzungspunkten nur selten eine Angabe über das Erhitzungstempo findet. Damit hängt zusammen, daß die Literaturangaben über die Zersetzungspunkte so große Differenzen aufweisen. Nach FISCHER (40), KEMPF und KUTTER (80) u. a. gewinnt man bei zersetzlichen Substanzen am ehesten scharfe und reproduzierbare Werte, wenn man möglichst rasch erhitzt. Bei den üblichen Methoden der Schmelzpunktbestimmung ist aber der Erhitzungsgeschwindigkeit eine Grenze gesetzt, weil bei raschem Erhitzen kein genügender Wärmeausgleich stattfindet und infolgedessen keine zuverlässigen Temperaturen abgelesen werden können. Bei der *Heizbank* (117) entfallen diese Schwierigkeiten, denn die Substanz kann innerhalb weniger Sekunden zum Schmelzen gebracht und ihr korrigierter Schmelzpunkt abgelesen werden. Dadurch ist es möglich, bei vielen Substanzen reproduzierbare Schmelzpunkte zu bestimmen, bei denen man nach den üblichen Methoden nur unscharfe Zersetzungstemperaturen beobachten konnte. Während bei unzersetzt schmelzenden Stoffen die Schmelzgrenze auf der Heizbank an derselben Stelle verbleibt, *verschiebt* sie sich bei unter Zersetzung schmelzenden Substanzen mehr oder weniger rasch in der Richtung gegen *niedrigere Temperaturen.* Da auf der Heizbank die Substanz so rasch auf die Schmelztemperatur gebracht werden kann, gelingt es bei vielen zersetzlichen Substanzen, den tatsächlichen Schmelzpunkt der unzersetzten Substanz festzustellen, während nach den bisherigen Methoden nur eine Zersetzungstemperatur beobachtet wurde. Bei dem verhältnismäßig langsamen Temperaturanstieg im Kapillarröhrchen tritt nämlich eine Zersetzung schon ein, bevor die Schmelztemperatur erreicht ist.

Aus diesen Gründen beobachtet man auf der Heizbank bei vielen Substanzen eine höhere *Schmelz-* oder *Zersetzungstemperatur* als nach den bisherigen Methoden (116). Beispielsweise besteht über den Fp. des Aspirins (Acetylsalicylsäure [94]) ein umfangreiches Schrifttum, wobei sich die Angaben zwischen 118 und 141° bewegen.

Die Reproduzierbarkeit der Schmelzpunkte zersetzlicher Substanzen ist meist sehr gut, wenn bestimmte Bedingungen eingehalten werden. Wichtig ist feines Pulvern und gleiche Ablesezeit. Es hat sich als vorteilhaft erwiesen, die Schmelzpunkte *10 Sekunden nach dem Aufstreuen der Substanz abzulesen.* Die Substanz wird dabei in einer ganz dünnen Schicht auf die Heizbank aufgetragen oder — was oft vorteilhafter ist — aufgesiebt. Wenn zwischen der vollständig geschmolzenen und der noch vollständig festen Substanz keine scharfe Grenze, sondern eine „feuchte" Zone auftritt, dann wird der Zeiger auf die Grenze zwischen den ganz klaren und den noch trüben Tropfen eingestellt. Bei Einhaltung der beschriebenen Arbeitsweise erhält man auch bei leicht zersetzlichen Substanzen oft überraschend gut reproduzierbare Werte (94). In der folgenden Tab. 1 sind die Schmelzpunkte einiger Substanzen zusammengestellt.

Tabelle 1. *Schmelzpunkte von Substanzen, die unter Zersetzung schmelzen.*

Substanz	Schmelzpunkt ° C		
	Heiz-bank	Mikroheiztisch	Kapillarröhrchen
Chloralhydrat	76	50 bis 63	49 bis 53 (28), 52 bis 57 (152)
Acetylsalicylsäure .	143	130 ,, 136	nicht < 135 (28), 134 bis 141 (152), 134 bis 136 (153)
Glucose	150	146 ,, 148,5	146 (25)
Saccharose	189	185 ,, 190	160 (123), 170 (179), ∼ 180 (142), 185 (25)
Ascorbinsäure	191	183 ,, 190	190 (182), 189 und 194 (152), 192 (25)
Doryl (Carbachol) .	209	203 ,, 206	200 bis 203 (182), 206 bis 210 (152)
Lactose	218	206 ,, 216	201,6 (25)
Phloroglucin	222	205 ,, 220	217 bis 219 (25), 200 bis 209 und 217 bis 219 (80)
Isacen	251	240 ,, 246	241 bis 248 (152)
Morphin	260	245 ,, 255	254 Zers., 254 (80)
d-Arginin	260	220 ,, 230	207 (123)
Sulfadiazin	266	257 ,, 259	252 bis 256 (182), 254 bis 259 (152)

Bei Beschreibung ihres Schmelzpunktapparates, der aus einem einseitig geheizten Kupferstab mit thermoelektrischer Temperaturmessung besteht, erwähnen Dennis und Shelton (27) auch die Bestimmung bei Substanzen, die unter Zersetzung schmelzen, und führen fünf Beispiele an. Nach unserer Arbeitsweise erhält man Werte, die von denen der amerikanischen Autoren zum Teil beträchtlich abweichen. Die beiden Autoren finden z. B. für Phthalsäure 228,5°, wir 234°. Da die Autoren keine genauen Angaben über ihre Arbeitsweise bei zersetzlichen Substanzen und über das Zeitintervall zwischen dem Aufstreuen und der Ablesung machen, läßt sich die Ursache der Abweichungen nicht erkennen.

Darüber hinaus kann man auf der Heizbank auch die *Begleiterscheinungen der Zersetzung* genauer verfolgen als im Kapillarröhrchen. Bei manchen Substanzen sinkt die Schmelzgrenze sehr rasch, bei anderen langsam oder kaum merklich gegen tiefere Temperaturen ab. Dabei ist die vorrückende Grenze entweder scharf, wie z. B. beim Rohrzucker, oder unscharf. Im letzten Falle bildet sich zwischen der vollständig geschmolzenen und der noch festen Substanz eine mehr oder weniger breite „feuchte" Zone wie z. B. beim Aspirin (94).

Die mit der Zersetzung oft einhergehenden *Verfärbungen* zeigen auf der Heizbank ebenfalls von Substanz zu Substanz Verschiedenheiten. Bei manchen Substanzen tritt erst in der Schmelze eine Verfärbung auf, nicht aber in den Kristallen. Bei anderen Substanzen, z. B. bei der Ascorbinsäure, eilt die Verfärbung dem Schmelzen mehr oder weniger voraus.

Man kann auf der Heizbank in einfacher Weise feststellen, welche Temperaturen eine Substanz ohne Zersetzung verträgt, z. B. *Rohrzucker:*

Zeit nach Minuten	$\frac{1}{6}$	5	10	20	30	40	50	60	120	180	240
Schmelzgrenze ° C	189	188	185	182	178	176	172	170	163	160	159

Für die *Sublimation* ist die Heizbank ausgezeichnet verwendbar, da jederzeit alle Temperaturen zwischen 60 und 260° zur Verfügung stehen. Die zu sublimierende Substanz wird entweder in kleine Glasschälchen mit etwa 1 cm Durchmesser und 3 bis 5 mm Höhe eingebracht oder es wird ein Objektträger verwendet. Im letzteren Falle legt man die Substanz in die Mitte eines Glas- oder auch Metallringes, dessen Höhe je nach den gewünschten Erfordernissen beliebig gewählt werden kann. Das zum Auffangen der Sublimate dienende Deckglas wird, wenn man isoliert liegende Kristalle wünscht, vorher erhitzt. Soll aber ein dichter Belag erzeugt werden, wie dies für die Bestimmung des Brechungsindex oder der eutektischen Temperaturen notwendig ist (s. S. 119), so ist es besser, das Deckglas kalt aufzulegen oder gegebenenfalls noch durch Auflegen eines kleinen Aluminiumzylinders zu kühlen. Eine Kühlung des Rezipienten ist bei der Sublimation von unter etwa 80° schmelzenden Stoffen günstig.

b) Zwei Spezialheizbänke.

α) Heizbank für tiefere Temperaturen (10 bis 210°).

Der Temperaturbereich der normalen Heizbank reicht von etwa 50 bis 260°. Um auch die Untersuchung von Substanzen zu ermöglichen, die unter 50° schmelzen, haben wir eine Heizbanktype gebaut, die noch Schmelzpunktbestimmungen bis etwa 10° ermöglicht (119); die obere Grenze ist 210°. Besonders wichtig ist diese Type für die Untersuchung von Fetten, Wachsen, Harzen, einigen Reagenzien und Arzneimitteln.

Diese Heizbank besitzt an der rechten Seite ein Gefäß, in das das rechte Ende der Heizbankoberfläche hineinragt. Durch Füllen des Gefäßes mit Eiswasser wird die Temperatur des kalten Endes der Heizbank auf etwa 10° erniedrigt. Eine weitere Senkung der Temperatur wäre zwecklos, da sich schon in diesem Temperaturbereich die Oberfläche der Heizbank je nach der herrschenden Luftfeuchtigkeit mehr oder weniger weit nach oben mit Kondenswasser beschlägt. Die Arbeitsweise und die Eichung erfolgen in der gleichen Weise wie bei der normalen Heizbank; für den Temperaturbereich unterhalb 68° wird β-Naphtholäthyläther (Fp. 35°) verwendet. Oberhalb von 95° kann die beschriebene Spezialheizbank wie die normale Heizbank benützt werden, die übliche Eichung vorausgesetzt.

Die *Genauigkeit* der gekühlten Heizbank ist analog der der normalen. Bei sorgfältiger Arbeitsweise ist der zu erwartende Fehler nicht größer als $\pm 1°$. Die Fehlergrenze ist im allgemeinen kleiner als bei der Bestimmung im Kapillarröhrchen. Die gekühlte Heizbank verwenden wir ferner für die Ermittlung der zur Identifizierung organischer Stoffe benützten eutektischen Temperaturen mit bestimmten Testsubstanzen, sofern sie in der Nähe der Raumtemperatur oder zwischen der Raumtemperatur und 10° liegen.

β) Heizbank mit gedehntem Temperaturbereich (80 bis 180°).

Die Genauigkeit der normalen Heizbank ist für die allermeisten Zwecke vollauf genügend. Eine größere Genauigkeit ist in der Regel bei der Messung von Temperaturdifferenzen, z. B. bei der Überprüfung des Reinheitsgrades oder zur Feststellung von Schmelzpunktdepressionen auf Grund willkürlich beigegebener Zusätze von Interesse.

Für diese Sonderfälle wurde eine eigene Heizbanktype mit *gedehntem Temperaturbereich* gebaut. Die Temperaturdifferenz auf dieser Heizbank ist nur etwa 100° (80 bis 180°). Der Abstand der einzelnen Grade voneinander ist daher doppelt so groß wie bei den anderen Heizbänken, die ein Temperaturintervall von etwa 220° aufweisen. Die Temperaturlinien der Eichskala sind von Grad zu Grad gezogen. Bei der gedehnten Heizbank wurde der genannte Temperaturbereich deshalb gewählt, weil er der größten Nachfrage in der Praxis entspricht. Die Herstellung gedehnter Heizbänke mit anderen Temperaturintervallen bietet keinerlei Schwierigkeiten.

Das Auftragen der Substanzen erfolgt wie bei der normalen Heizbank oder, was sich besonders bewährt hat, mittels eines Siebes. Bei gepulverten Stoffen, die nicht selten die Neigung zum Zusammenballen haben, und bei größeren

Kristallen ist diese Methode unentbehrlich, um eindeutige Ergebnisse zu erhalten. Zu diesem Zweck stellen wir uns *napfförmige Siebe* von 15 mm Durchmesser her, die aus Messingdraht mit einer Maschenweite von 0,5 mm gepreßt werden. Durch Klopfen oder Rühren der Substanz innerhalb des Siebes wird eine gleichmäßige Verteilung der Substanz auf der Heizbankoberfläche erreicht. Die Eichung ist mit besonderer Sorgfalt durchzuführen. Ist der Eichpunkt verhältnismäßig weit von der erwarteten Temperatur entfernt (etwa 15°), so ist bei der Vergleichsmessung zwischen Prüf- und Testsubstanz mit einer Genauigkeit von $\pm$ 0,5° zu rechnen. Bei Bestimmungen, bei denen der Abstand vom Eichpunkt unter etwa 5° liegt, beträgt die Genauigkeit $\pm$ 0,3°.

Die Möglichkeit, die Schmelzpunkte zweier zu vergleichender Stoffe *nebeneinander* zu prüfen, ist schon bei der normalen Heizbank als Vorteil hervorgehoben worden. Noch viel leichter ist die Beurteilung von Schmelzpunktdifferenzen auf der gedehnten Heizbank. Vergleicht man z. B. nebeneinander Phenacetin und Harnstoff, so erkennt man deutlich, daß der Schmelzpunkt des letzteren nur um 0,3° tiefer liegt als der des Phenacetins. Im Schrifttum (25, 184) sowie in den „International Critical Tables" wird für Phenacetin 135°, für Harnstoff 132,5° angegeben. Die mangelnde Reinheit einer Substanz tritt auf dieser Apparatur besonders deutlich an dem mehr oder weniger großen Schmelzpunktintervall hervor. Als Schmelzpunkt wird die Grenze zwischen den klaren und den trüben Tropfen abgelesen.

Besonders gut ist die Heizbank mit gedehntem Temperaturbereich für *thermoanalytische Untersuchungen* verwendbar, weil sowohl die Schmelzpunkterniedrigung als auch das Schmelzintervall genauer als auf der normalen Heizbank abgelesen werden können. Diese Heizbanktype läßt sich auch ausgezeichnet zur Ermittlung der *Soliduskurve* bei Systemen mit Mischkristallbildung verwenden. Das Temperaturintervall zwischen Liquidus- und Soliduskurve, in dem feste und flüssige Phase nebeneinander beständig sind, ist als „feuchte" Zone deutlich zu erkennen.

II. Lichtbrechung der Schmelze.

Da die Brechungsindizes sehr charakteristische Eigenschaften der Kristalle sind, hat man sie mit Recht als Indikatoren für die Mikroanalyse herangezogen. Während in optisch isotropen (kubischen) Kristallen die Lichtbrechung in allen Richtungen gleich ist, so daß der Brechungsexponent in jeder Lage des Kristalls bestimmt werden kann, sind bei optisch anisotropen Kristallen die Brechungsindizes von der Lage der Kristalle abhängig. Die Hauptbrechungsindizes doppelbrechender Kristalle können nur dann richtig bestimmt werden, wenn die Kristalle jeweils auf bestimmten Kristallflächen liegen. Zur Beurteilung der Orientierung optisch anisotroper Kristalle sind aber mehr oder weniger eingehende kristallographische Kenntnisse notwendig. Aus diesem Grunde sowie wegen der nicht selten auftretenden Löslichkeit in den Einbettungsflüssigkeiten stößt die allgemeine Anwendung der Brechungsindizes als Identifizierungskonstanten in der organischen Chemie auf große Schwierigkeiten (s. Kapitel XI, S. 210).

Um von dem eingehenden Studium der Kristallkunde absehen zu können, wurde von SCHROEDER VAN DER KOLK (167) empfohlen, das Hauptaugenmerk auf den *größten* und den *kleinsten* Brechungsindex zu legen und die Bestimmung an einer größeren Anzahl von Kristallsplittern durchzuführen. Auch KLEY (82) und MAYRHOFER (142) haben diese Methode benützt. Es wurden nach der Höhe der so bestimmten Brechungsindizes und nach dem Grad der Doppelbrechung

Tabellen zusammengestellt, die zur Identifizierung der einzelnen Substanzen dienen. Eingehende Nachprüfungen ließen die Unzuverlässigkeit dieser Methode (101) erkennen. Amerikanische Autoren lehnen ebenfalls die Bestimmung des kleinsten und größten Brechungsexponenten als zu ungenau ab und empfehlen dafür in den letzten Jahren in steigendem Maße die Bestimmung der Hauptindizes (MITCHELL [144]).

Manche Autoren verzichten auf jeden Versuch einer genaueren kristalloptischen Untersuchung und verwerten nur die äußere *Morphologie* zur Unterscheidung und Identifizierung von Substanzen. Es ist zweifellos, daß manche Stoffe bei einer bestimmten Art der Kristallisation in einer Form auftreten, die eine eindeutige Identifizierung erlaubt; z. B. erhält man bei g-Strophantin durch eine bestimmte Arbeitsweise schon bei sehr kleinen Mengen *charakteristische* und für die Identifizierung eindeutige Hydratkristalle (97) (s. S. 212). Im allgemeinen wird aber der Wert der Habitusbilder überschätzt. Schon BEHRENS (3) wies darauf hin, daß der äußeren Form der Kristalle als Diagnostikum kein großer Wert beigelegt werden darf.

Trotz dieser auch später wiederholten Hinweise findet man bis in die neueste Zeit immer wieder Beschreibungen, Zeichnungen und Mikrophotographien von „charakteristischen" Kristallbildungen. Diese stellen häufig nicht einmal Abbildungen gut ausgebildeter Einzelkristalle, sondern Bilder von Kristallaggregaten oder Kristallskeletten dar. Vor kurzem publizierte TURFITT (182) in einer Arbeit über die Identifizierung von Barbitursäurederivaten eine große Anzahl von angeblich „charakteristischen Kristallbildern". Auch diese erwiesen sich bei einer Nachprüfung durch BRANDSTÄTTER (9) als nicht eindeutig reproduzierbar.

Die Bestimmung der Brechungsexponenten an Kleinkristallen wird mittels der *Immersionsmethode* durchgeführt. Diese beruht darauf, daß ein durchsichtiger Stoff in einem umgebenden Medium nur dann sichtbar ist, wenn ein Unterschied der Lichtbrechung beider Stoffe vorhanden ist. Eine Stoffpartikel tritt gegen ihre Umgebung um so deutlicher hervor, je größer die Differenz der Lichtbrechung zwischen der Partikel und dem umgebenden Medium ist. Wenn die Lichtbrechung von Partikel und Medium gleich ist, wird erstere unsichtbar. Bettet man daher den zu untersuchenden Körper der Reihe nach in Flüssigkeiten verschiedener, aber bekannter Lichtbrechung ein, so läßt sich die Gleichheit der Lichtbrechung beider Stoffe an dem Unsichtbarwerden der zu prüfenden Partikel in der betreffenden Flüssigkeit erkennen. Für den Arbeitsgang ist es wichtig zu wissen, welcher der beiden Körper die höhere Lichtbrechung besitzt. Dazu wird die bekannte Erscheinung der im Mikroskop bei nicht ganz scharfer Einstellung eines Objekts auftretenden *hellen Linie* benützt, die als BECKEsche *Linie* bezeichnet worden ist (s. S. 114, 230).

Um die *Unannehmlichkeit der optischen Anisotropie* der meisten kristallisierten, organischen Stoffe auszuschalten, kam L. KOFLER (92) auf den Gedanken, bei der Lichtbrechungsbestimmung aus der anisotropen, kristallisierten Phase in die optisch-isotrope, d. h. in die *Schmelze* zu flüchten. Naturgemäß hat diese Methode die Verwendung eines Heizmikroskops zur Voraussetzung. Zur Bestimmung der Lichtbrechung versetzt man das mikroskopische Präparat der zu prüfenden Substanz mit ein *paar Stäubchen eines Glaspulvers* von bekanntem Brechungsexponenten, schmelzt und vergleicht die Lichtbrechung der Schmelze mit der der Glassplitter (92).

Anfangs wurde die Glaspulverskala benutzt, die LINCK und KOEHLER (132) zusammengestellt hatten, um die zur Einbettungsmethode verwendeten Flüssigkeiten annähernd auf ihren Brechungsexponenten zu prüfen, wenn kein Refraktometer zur Verfügung steht. Die Skala bestand aus 16 Glaspulvern, deren Brechungsexponenten sich um durchschnittlich 0,02 unterschieden.

Da dieser Abstand zwischen den einzelnen Glaspulvern sich für unsere Zwecke bald als zu groß erwies, stellten wir, unterstützt durch den freundlichen Rat von Herrn Geheimrat Linck und das Entgegenkommen des Jenaer Glaswerkes Schott u. Gen., eine neue Skala zusammen, deren Abstand durchschnittlich 0,01 beträgt (Kofler und Ruess [115], L. und A. Kofler [99]). Da fast alle Vorräte der im Jahre 1938 hergestellten Glaspulverskalen während des Krieges verloren gegangen sind, wurde in gemeinsamer Arbeit mit den Jenaer Glaswerken Schott u. Gen. eine neue, fast gleiche Skala zusammengestellt.

Die derzeit im Handel befindliche Skala enthält Glaspulver mit folgenden Indizes: 1,3400, 1,4339, 1,4584, 1,4683, 1,4842, 1,4936, 1,5000, 1,5101, 1,5203,

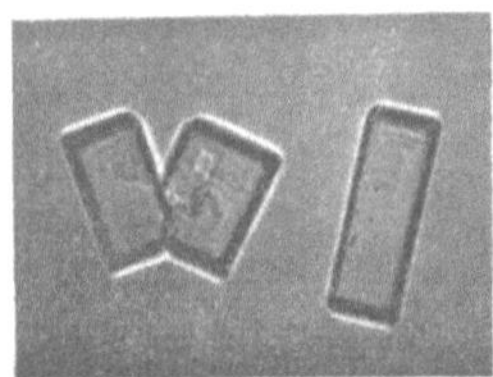 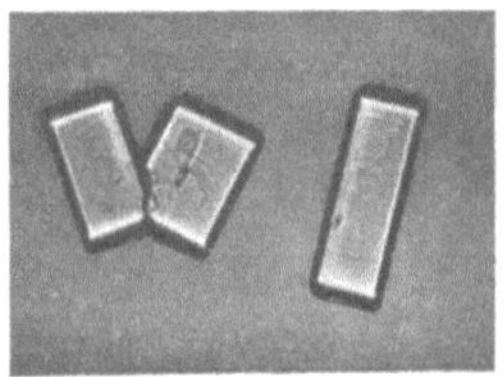

Abb. 12. Kristalle mit niedrigerer Lichtbrechung als das umgebende Medium.
Links bei gehobenem Tubus, rechts bei gesenktem Tubus.

1,5299, 1,5403, 1,5502, 1,5611, 1,5700, 1,5795, 1,5897, 1,6010, 1,6128, 1,6231, 1,6333, 1,6483, 1,6598, 1,6715, 1,6877.

Nach oben ließen wir die Skala mit dem Glas 1,6877 endigen, weil sich unter den mehr als 1000 bisher untersuchten Substanzen nur sehr wenige mit einem höheren Index fanden.

Der tiefste Index (1,3400) entspricht Kryolith, der nächste Flußspat (1,4339) und der dritte Quarzglas (1,4584). Die dazwischen klaffende Lücke von 0,0245 konnte bisher nicht überbrückt werden. Ähnliches gilt für die Lücke zwischen Kryolith und Flußspat.

Für die Bestimmung der Lichtbrechung organischer Flüssigkeiten in der Mikroküvette zieht Fischer (46, 47, 49) auch Natriumchlorid (1,3255) und Lithiumfluorid (1,3918) heran. Es gelang ihm, davon glasige, isotrope Schmelzen herzustellen.

Ein Objekt erscheint in einer Flüssigkeit bei mittlerer Einstellung durch eine scharfe, dunkle Linie von dem umgebenden Medium abgegrenzt. Beim Heben des Tubus entsteht sofort neben der Grenze auf der Seite des stärker lichtbrechenden Mediums eine *helle Linie*, die sich beim weiteren Heben des Tubus gegen die stärker lichtbrechende Substanz zu verschieben scheint. Abb. 12 (links) zeigt 3 Kristalle in einer höherbrechenden Einbettungsflüssigkeit. Beim Senken des Tubus wandert diese helle Linie, d. i. die Beckesche Linie, gegen das schwächer lichtbrechende Medium (Abb. 12, rechts). Als einfache Merkregel gilt die Gedächtnisregel der 3 H: Beim *H*eben des Tubus wandert die *h*elle Linie gegen das *h*öher brechende Medium. Die Beckesche Lichtlinie ist um so deutlicher, je größer der Unterschied der Lichtbrechung der beiden Medien ist. Bei vollständiger Gleichheit der Brechungsindizes verschwindet die Beckesche Linie vollständig; das Objekt ist in diesem Falle in der umgebenden Flüssigkeit unsichtbar. Becke erklärte das Auftreten dieser Lichtlinie als eine Folge der an der Grenze zweier Medien auftretenden Lichtbrechung und Totalreflexion. Spangenberg (173) betrachtete diese Erscheinung als einen im wesentlichen durch Beugung hervorgerufenen Lichteffekt; in neuester Zeit ist eine allgemeine Theorie von M. BEREK gegeben worden (s. BURRI [16]).

Das Verhalten der BECKEschen Linie läßt sich nur bei entsprechend *ein-geengtem Beleuchtungskegel* deutlich verfolgen. Dies kann durch eine Irisblende oder durch Senken des Beleuchtungsapparates erreicht werden. Ferner ist in der Regel die Verwendung von annähernd monochromatischem Licht erforderlich, was später ausführlich begründet wird.

Um einen *genügend großen Schmelztropfen* zu erhalten, nimmt man mehr Substanz als bei der Schmelzpunktbestimmung allein, nämlich ungefähr 1 bis 2 mg. Dabei muß man allerdings manchmal etwas über den Schmelzpunkt erhitzen, bis diese verhältnismäßig große Substanzmenge, bei der der Deckglasabstand größer und daher ein stärkeres Temperaturgefälle vorhanden ist, vollständig durchschmilzt.

Man prüft eine geschmolzene Substanz solange mit verschiedenen Glaspulvern der Skala, bis man zwei benachbarte Glassorten gefunden hat, von denen die eine stärker, die andere schwächer lichtbrechend ist als die Schmelze. Das erfordert bei einiger Übung in der Regel nicht mehr als drei Versuche.

Die Tatsache, daß die *Lichtbrechung der Schmelzen mit steigender Temperatur abnimmt,* während die der Gläser praktisch unverändert bleibt, ermöglicht eine noch genauere Bestimmung. Zu diesem Zweck wählt man von den beiden Gläsern, zwischen denen die Lichtbrechung der geschmolzenen Substanz liegt, das Glas mit dem niedrigeren Index. Unmittelbar nach dem Schmelzen ist die Schmelze höher lichtbrechend als die Glassplitter. Bei weiterem Erhitzen nimmt jedoch der Brechungsindex der Schmelze ab, die BECKEsche Lichtlinie und somit die Glassplitter werden immer undeutlicher, um schließlich bei Übereinstimmung der Lichtbrechung vollständig zu verschwinden. Bei weiterem Temperaturanstieg tauchen die Glassplitter wieder auf, aber die BECKEsche Linie zeigt das umgekehrte Verhalten wie vorher; sie wandert jetzt beim Heben des Tubus gegen die Glassplitter, der Beweis dafür, daß die Schmelze jetzt niedriger brechend geworden ist. Das Ergebnis wird dann folgendermaßen angegeben: 1,5403 bei 121 bis 122°, d. h. bei 121° sind die Glassplitter eben noch als niedriger brechend erkennbar, zwischen 121 und 122° sind sie unsichtbar und bei 122° tauchen sie als höher brechend wieder auf.

Die Tatsache des Abnehmens des Brechungsindex beim Erwärmen wurde nach einer von GAUBERT (60) vorgeschlagenen und von EMMONS (36) ausgearbeiteten Methode bei Immersionsflüssigkeiten im umgekehrten Sinne wie oben beschrieben verwendet. Ein zu untersuchender Kristall wird dabei in eine etwas höher brechende Immersionsflüssigkeit eingebettet und die auftretende BECKEsche Linie durch Erwärmen zum Verschwinden gebracht. Mit Hilfe des Temperaturkoeffizienten der Flüssigkeit wird dann der richtige Brechungsindex für die Immersionsflüssigkeit bei Raumtemperatur und damit der Brechungsindex für den Kristall berechnet.

Im weißen Licht können die Grenzflächen zwischen zwei Medien nur dann vollständig verschwinden, wenn die *Dispersion* in beiden Medien annähernd gleich ist. Sind größere Unterschiede in der Dispersion vorhanden, so treten dann, wenn Gleichheit der Lichtbrechung für eine bestimmte Wellenlänge erreicht ist, an der Grenze der Medien *farbige Säume* auf (CHRISTIANSEN-Effekt). Statt der hellen BECKEschen Lichtlinie beobachtet man ein farbiges Doppelband in grünlichblauen und orangerötlichen Farbtönen. Das Auftreten dieser Farberscheinungen wurde von einigen Autoren als Hilfsmittel für eine wenigstens annähernd quantitative Ermittlung der Lichtbrechung verwendet (MASCHKE [139], EBNER [31], SCHROEDER VAN DER KOLK [167]). Dieser farbige

Doppelsaum wandert beim Heben und Senken nicht als einheitliche Lichterscheinung, sondern beide Einzelbänder verhalten sich entgegengesetzt. Beim Heben des Tubus wandert stets der orangerötliche Farbsaum nach dem Innern des Glassplitters und der grünlichblaue Saum nach außen; beim Senken des Tubus kehrt sich der Vorgang um. Diese konstante Erscheinung hat ihren Grund darin, daß, soweit bekannt ist, die Dispersion in Flüssigkeiten immer größer ist als die in festen Körpern. Beim Ändern der Temperatur verschiebt sich mit den Änderungen der Lichtbrechung der Wellenbereich für die Gleichheit der Lichtbrechung, weshalb auch die Farbtöne der Säume und ihre Helligkeit veränderlich sind. Während des Erwärmens findet ein Wechsel der Lichtintensität der farbigen Säume statt.

In der Praxis hat sich gezeigt, daß die Schmelzen der organischen Stoffe bei der Prüfung mit Glaspulvern, besonders mit den höher brechenden Pulvern der Skala, sehr häufig Dispersionsunterschiede aufweisen. Das Auftreten der farbigen Säume wird bei der Untersuchung störend empfunden, einerseits, weil die Beurteilung des Helligkeitsgrades verschiedener Farben nicht leicht ist, und anderseits, weil sich der Vorgang des Intensitätswechsels über mehrere Grade hinzieht. Um diese Fehlerquelle auszuschalten, werden die Untersuchungen nicht in weißem Licht, sondern nach Vorschalten eines Lichtfilters, und zwar eines *Rotfilters*, durchgeführt. Das Filter wird auf den Blauscheibenhalter des Mikroskops gelegt oder vor den Spiegel des Mikroskops gestellt. Bei vollkommen monochromatischem Licht verläuft die Umkehr der Lichtlinie mit dem Zwischenstadium des Verschwindens wie bei Untersuchungen ohne Auftreten von Farbensäumen in weißem Licht. Diese Umkehr ist in der Regel ebenso deutlich wie dort, also meist in Temperaturintervallen von 1 bis 2 Graden kenntlich. Die Verwendung eines Lichtfilters erleichtert insbesondere auch die Untersuchung *farbiger* Schmelzen.

Die Brechungsexponenten der Glaspulver sind die uns vom Jenaer Glaswerk Schott u. Gen. angegebenen sogenannten *mittleren Brechungsexponenten* n_D bei Raumtemperatur. Im Licht unserer Rotfilter ist der Brechungsexponent der einzelnen Gläser naturgemäß ein etwas anderer, wobei auch die Temperatur eine allerdings geringe Änderung bedingt. Diese und eine Reihe anderer Überlegungen sind für die Zwecke der Identifizierung organischer Substanzen ohne Belang, denn für die Praxis ist die Reproduzierbarkeit einer bestimmten Erscheinung ausschlaggebend. Die Reproduzierbarkeit ist im allgemeinen sehr gut, wenn auch nicht in allen Fällen gleich weitgehend, da sie von verschiedenen Faktoren abhängig ist. Dispersionsunterschiede, Form der Glassplitter usw. modifizieren manchmal in gewissem Grade den Lichteffekt der Beckeschen Linie und beeinträchtigen die Genauigkeit der Temperaturablesung. Die gute Reproduzierbarkeit ergibt sich aus dem Vergleich der Werte, die unabhängig voneinander an verschiedenen Präparaten von Reimers (163) in Kopenhagen und von uns ermittelt wurden; die Differenzen betragen maximal $\pm\,1°$ (98).

Eine weitere Ursache liegt in Schlieren, die sich auch in optischen Gläsern nicht ganz ausschließen lassen (Thiene [177]). Alle diese Faktoren zusammen bewirken im allgemeinen keine größeren Schwankungen als $\pm\,1°$. Die Abweichungen sind also nicht größer, als man sie mit dem Refraktometer erhält, wenn die Temperatur um $\pm\,1°$ schwankt.

Bei vielen Substanzen lassen sich die Brechungsexponenten mit *zwei* verschiedenen Gläsern der Skala ermitteln. Aus den Werten kann man annähernd den *Temperaturkoeffizienten* berechnen; beim Novatophan erhält man z. B. 0,00045. Die Temperaturkoeffizienten zeigen von Substanz zu Substanz beträchtliche Unterschiede. Sie liegen bei den Schmelzen der bisher in dieser Richtung untersuchten Substanzen zwischen 0,0002 (Guanidinhydrochlorid) und 0,0009 (9,10-Dihydronaphthacen). Aus diesem Grunde sind die Temperaturkoeffizienten trotz der vorgebrachten Einschränkungen für die Kennzeichnung und Identifizierung von großem Wert. So ist z. B. die Verschiedenheit der Temperaturkoeffizienten bei der Identifizierung einiger Arzneimittel (Cliradon, Heptalgin, Polamidon) von ausschlaggebender Bedeutung (6).

Innerhalb bestimmter Stoffgruppen sind nach REIMERS (163) die Temperaturkoeffizienten ziemlich gleichartig; sie liegen z. B. bei einer größeren Zahl von Barbitursäurederivaten zwischen 0,00033 und 0,00050. Einzelne Substanzen lassen sich nach dem Schmelzen abkühlen, ohne zu erstarren. Hier kann man daher den Brechungsexponenten der Schmelze bei Temperaturen unter dem Schmelzpunkt bestimmen, was dann in Frage kommt, wenn sich eine Substanz über ihrem Schmelzpunkt allzu rasch verflüchtigt, und insbesondere dann, wenn sie sich bei höheren Temperaturen zersetzt.

Bei Stoffen, die sich beim Schmelzen unter Bräunung und Gasblasenbildung zersetzen, ist eine genaue Bestimmung der Brechungsexponenten erschwert, so daß ein größeres Temperaturintervall für das Verschwinden der Glassplitter angegeben werden muß; in einigen Fällen ist die Bestimmung unmöglich. Bei Substanzen, die verhältnismäßig rasch zersetzlich sind, muß man sich damit begnügen, anzugeben, zwischen welchen beiden Gläsern der Skala der Brechungsexponent unmittelbar nach dem Schmelzen liegt, z. B. 1,5101 bis 1,5203. Meist ist es bei solchen Bestimmungen notwendig, möglichst rasch zu arbeiten. Auch dieser Bestimmung kommt oft großer Wert bei der Diagnose zu.

Sehr starke *Flüchtigkeit* der Substanzen kann die Bestimmung des Brechungsexponenten der Schmelzen zwischen Objektträger und Deckglas unmöglich machen; man kann in solchen Fällen das Präparat einkitten oder in Siliconmasse einschließen oder aber die Mikroküvette von FISCHER (46) benützen.

Je mehr sich im Laufe der letzten Jahre der große Wert unserer *Glaspulvermethode für die Identifizierung organischer Substanzen* erwies, um so bedauerlicher wurde es empfunden, daß dieses einfache Verfahren nicht auch auf zersetzliche Substanzen anwendbar ist. Gerade hier ist eine zuverlässige Identifizierung von besonderer Wichtigkeit, da die Schmelzpunkte unscharf und weniger gut reproduzierbar sind als bei anderen Substanzen. Diese oft empfundene Lücke wird durch das von LENNARTZ (127) beschriebene *Zumischverfahren* ausgefüllt. Zunächst war dieses Verfahren dazu bestimmt, Gemische zersetzlicher Substanzen der Gehaltsbestimmung mittels der Glaspulvermethode zugänglich zu machen. Anschließend bewährte es sich dann auch für die Identifizierung zersetzlicher Substanzen, wie am Beispiel der Alkaloide gezeigt werden konnte (KOFLER und LENNARTZ [108]).

Beim *Zumischverfahren* mischt man der zersetzlichen Substanz eine geeignete andere Substanz zu, wodurch man den Schmelzpunkt unter die Zersetzungstemperatur herabdrückt, um dann die Lichtbrechung in der unzersetzten Schmelze zu bestimmen. Als Zumischsubstanz wählt man einen Stoff, der den Schmelzpunkt der zu prüfenden Substanz möglichst weit herabsetzt. Weiterhin darf die Zumischsubstanz nicht zersetzlich und nicht allzu stark flüchtig sein. Anhaltspunkte für geeignete Zumischsubstanzen finden sich in unseren Identifizierungstabellen. Die Menge der Zumischung richtet sich nach der Zersetzlichkeit der zu prüfenden Substanz. Im allgemeinen nimmt man zum Zwecke der qualitativen Analyse so viel Zumischsubstanz, daß ein Gemisch 1:1 entsteht. Die Reproduzierbarkeit der Lichtbrechungswerte beim Zumischverfahren ist dann gut, wenn genau gewogen, gut gemischt, das Präparat bei einer möglichst tiefen

Temperatur zum Durchschmelzen gebracht und unmittelbar nachher schnellstens abgekühlt wurde.

Kofler und Lennartz (108) untersuchten alle ihnen zugänglichen Alkaloide in Form ihrer Basen und der therapeutisch verwendeten Salze, wobei sich zeigte, daß unter Heranziehung des Zumischverfahrens auf diesem Wege fast alle Alkaloidsalze mit Sicherheit unterscheidbar sind. Von den Alkaloidbasen war nur die am höchsten schmelzende, nämlich das Theobromin, mit Hilfe des Zumischverfahrens nicht erfaßbar. Das Zumischverfahren eignet sich auch zur Bestimmung des Brechungsexponenten jener Substanzen, deren Werte über 1,6877, dem höchstbrechenden Glas unserer Skala, und solchen, die in dem großen Zwischenraum zwischen 1,4339 und 1,3400 liegen.

Die mikroskopische Methode läßt sich manchmal auch in Fällen anwenden, bei denen die Lichtbrechung üblicherweise im Refraktometer bestimmt wird, z. B. bei *Fetten, fetten Ölen* (Kaufmann und Lund [78]). Nach Kofler und Opfer-Schaum (110) kann man mit Hilfe der Glaspulvermethode auch im Unverseifbaren der Fette und Öle die Lichtbrechung bestimmen, die im allgemeinen größere Unterschiede zeigt als die Lichtbrechung der Öle selbst. Insbesondere läßt sich Olivenöl dadurch leicht von anderen Ölen unterscheiden. Die Unterschiede beruhen nicht auf den Sterinen, sondern auf den anderen Bestandteilen des Unverseifbaren. Bei der Bestimmung von *Flüssigkeiten* hat unsere Methode den Vorteil, daß man sich die etwas umständliche Einstellung der Temperatur des Refraktometers erspart. Bei sehr flüchtigen Substanzen und flüchtigen organischen Flüssigkeiten (z. B. Methylalkohol, Äther) empfiehlt Fischer die Bestimmung in der Mikroküvette (46, 49).

III. Gemische.

1. Allgemeines über die Thermoanalyse.

a) Einfaches Schmelzdiagramm.

Zum Verständnis der folgenden Abschnitte ist es zweckmäßig, sich an Hand eines Zustandsdiagrammes (176, 186) das Verhalten von Substanzgemischen auf dem Heiztisch vor Augen zu halten. Das in Abb. 13 dargestellte Diagramm gilt nur für Stoffe, deren flüssige Komponenten in jedem Verhältnis mischbar sind, die keine Verbindung miteinander eingehen und auch keine Mischkristalle bilden. Die Gleichgewichtskurven schneiden einander in *E*, dem *eutektischen* Punkt. In diesem Schnittpunkt ist die Lösung an *A* und *B* gesättigt. Unterhalb der Temperatur des Punktes *E* ist der flüssige Zustand nicht beständig; beide Stoffe kristallisieren nebeneinander aus. Eine kristallisierte Mischung zweier Stoffe im Mengenverhältnis ihres Eutektikums

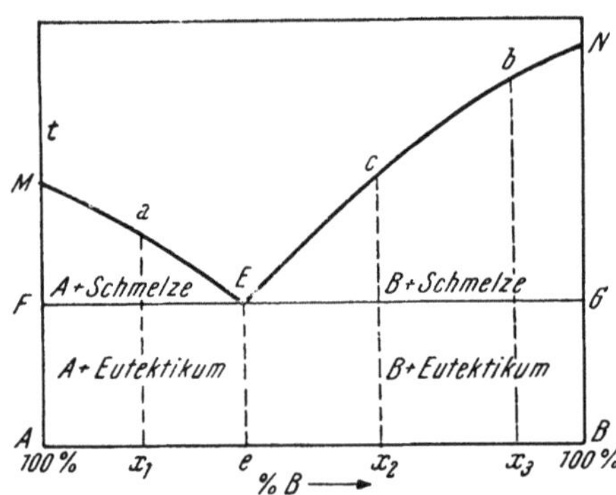

Abb. 13. Schmelzdiagramm mit einfachem Eutektikum.

schmilzt, feines Pulvern vorausgesetzt, scharf bei der Temperatur des Punktes *E*. Bei allen anderen Mischungsverhältnissen der beiden Komponenten vollzieht sich das Schmelzen sowie das Kristallisieren innerhalb eines *Temperaturintervalls*. Alle Gemische *beginnen* bei der *eutektischen* Temperatur zu schmelzen, und zwar bleibt bei einer Mischung x_1 die Komponente A in Restkristallen übrig, bei den Mischungen x_2 und x_3 die Komponente B. Mit steigender Temperatur verflüssigt sich immer mehr von der noch vorhandenen festen Phase. Für die Ermittlung der jeweiligen Schmelzpunkte a, b, c, das sind die „Punkte der primären Kristallisation", wird das Gleichgewicht an den letzten Resten der Kristalle festgestellt (s. S. 157).

b) Mischschmelzpunkt.

Zur Entscheidung der Frage, ob zwei Substanzen identisch sind oder nicht, ist die Bestimmung des Mischschmelzpunktes unter dem Mikroskop noch besser geeignet als die übliche Bestimmung im Kapillar-röhrchen. Wenn genügend Substanz zur Verfügung steht, verwendet man für die Mischprobe ungefähr 0,1 mg der Mischung. Am einfachsten und raschesten läßt sich der Mischschmelzpunkt auf der *Heizbank* durchführen; auch geringe Depressionen, wie z. B. bei Mischkristallbildung mit Minimum, lassen sich auf der Heizbank bei der Prüfung nebeneinander deutlich erkennen.

Bei flüchtigen Stoffen ist es ratsam, die Misch-substanz in Form eines Mikrosublimats mit der Probe in Berührung zu bringen. Die Probe wird mit einem Deckglas, das an der Unterseite ein Mikrosublimat trägt, bedeckt. Durch leichtes Andrücken des Deck-glases wird das Kriställchen der Probe zerdrückt. Die unregelmäßigen Splitter der Probe sind von den Sublimationskristallen der Mischsubstanz leicht zu unterscheiden (90) (Abb. 14a). Wenn man das Deck-glas mit dem Sublimat so auf den Objektträger legt, daß die Probe ungefähr in die Mitte des Sublimats zu liegen kommt, wird durch die mehrfache Menge der Mischsubstanz auch bei leicht flüchtigen Stoffen, wie z. B. beim Naphthalin, ein Wegsublimieren der Probe vor Erreichen des Schmelzpunktes verhindert. Wenn die Probe und das Sublimat der Mischsubstanz identisch sind, sieht man beide gleichzeitig und unter denselben Erscheinungen schmelzen. Sind sie da-gegen verschieden, so beobachtet man den Beginn des Schmelzens bei der eutektischen Temperatur. Die Erscheinung ist sehr deutlich zu erkennen, und zwar

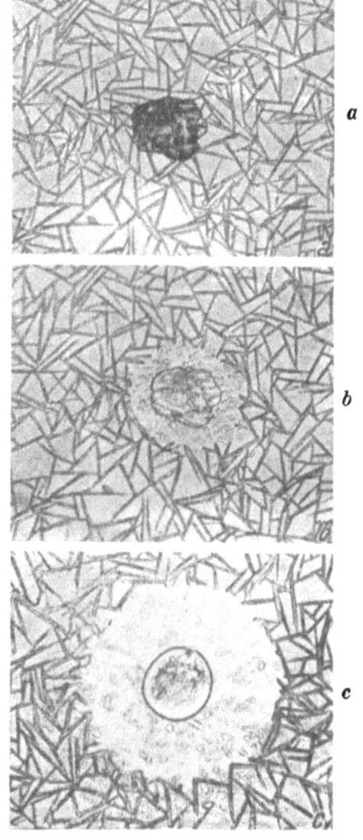

Abb. 14. „Mischschmelzpunkt" zweier nicht identischer Stoffe; Schmelzbeginn bei der eutek-tischen Temperatur.

bilden sich um die Probe herum zunächst Tröpfchen (Abb. 14b), dann schmilzt ein Loch heraus (Abb. 14c), während die Kristalle in weiterer Entfernung noch völlig intakt sind.

c) Eutektische Temperatur.

Die Bestimmung des Mischschmelzpunktes unter dem Mikroskop läßt nicht nur die Frage entscheiden, ob zwei Substanzen identisch sind, sondern führt darüber hinaus bei Ungleichheit der gemischten Substanzen noch zu weiterer Charakterisierung und *systematischer Identifizierung*. Unter dem Mikroskop läßt sich nämlich in einfacher Weise mit einer *einzigen Bestimmung* die eutektische Temperatur des Gemisches feststellen. Da diese für jedes Stoffpaar einen charakteristischen Wert darstellt, kann sie als *Konstante* verwertet werden.

Zur Ermittlung der eutektischen Temperatur werden kleine Mengen der beiden Stoffe zwischen zwei Objektträgern verrieben und eine kleine Probe davon auf dem Heiztisch erhitzt. Wenn die eutektische Temperatur erreicht ist, schmilzt ein Teil der Substanz zu Tropfen zusammen, die aber nicht klar sind, sondern noch Kristallreste der überschüssigen Komponente enthalten. Je nach der Lage des eutektischen Punktes des betreffenden Stoffpaares und dem bei der Mischung nach dem Augenmaß angewandten Mengenverhältnis ist der bei der eutektischen Temperatur schmelzende Anteil verschieden groß. Unter dem Mikroskop kann man in den meisten Fällen selbst bei nur 1%igem und oft noch geringerem Anteil einer Komponente den Beginn des Schmelzens und damit die eutektische Temperatur erkennen.

Als Testsubstanzen können die verschiedensten Stoffe herangezogen werden. Man wählt zweckmäßig solche, deren Schmelzpunkt nicht allzu weit von dem der Probe entfernt ist. Die Testsubstanz soll nicht allzu leicht flüchtig und möglichst rein sein. Sie darf mit der Probe keine Mischkristalle bilden (vgl. S. 163) und nicht in Form einer instabilen Modifikation verwendet werden (vgl. S. 139).

Durch Verwertung der eutektischen Temperaturen eröffnet sich eine fast unbegrenzte Möglichkeit zur Kennzeichnung und Identifizierung organischer Substanzen. Unter anderem kann man Substanzen mit gleichem oder ähnlichem Schmelzpunkt leicht unterscheiden, wenn man sie mit geeigneten Testsubstanzen vergleicht, wie an einem Ausschnitt aus unseren Identifizierungs-Tabellen auf S. 128 gezeigt werden soll. Die in Tab. 2 angeführten Substanzen schmelzen bei 135 oder 136°, können also durch die Schmelzpunkte nicht unterschieden werden, wohl aber durch ihre eutektischen Temperaturen mit Acetanilid und mit Phenacetin.

Die Bestimmung der eutektischen Temperatur eines oder mehrerer Gemische macht bei vielen organischen Substanzen die zum qualitativen Nachweis üblichen, häufig unsicheren Farbreaktionen oder auch die Herstellung von Derivaten überflüssig. Wertvoll ist die Methode ferner für den Nachweis und die Charakterisierung von Substanzen, die infolge Zersetzung keinen scharfen Schmelzpunkt besitzen. Hier kann man durch Mischen mit geeigneten Substanzen häufig scharfe Eutektika erhalten; z. B. zeigt das bei 130 bis 136° unscharf unter Zersetzung schmelzende Aspirin (Acetylsalicylsäure) mit Acetanilid eine eutektische Temperatur von 81° und mit Phenacetin von 97°.

Die Reproduzierbarkeit der eutektischen Temperaturen ist im allgemeinen sehr gut, vorausgesetzt, daß reine Substanzen vorliegen. Die Abweichungen betragen in der Regel nicht mehr als $\pm 1°$ oder $\pm 2°$. Größere Abweichungen können unter Umständen durch Polymorphie der Prüfsubstanzen bedingt sein, wie man z. B. am Sulfathiazol verfolgen kann. Die stabile Modifikation schmilzt bei 201°, die instabile bei 174° (164, 65). Die Substanz wird therapeutisch verwendet und kommt unter dem Namen Eleudron und Cibazol in den Handel. Beide Präparate bestehen aus der instabilen Modifikation und verhalten sich auch sonst gleich, so daß die folgenden Angaben für beide Präparate gelten. Bei der Schmelzpunkt-Mikrobestimmung beginnt das Eleudron bei 174° zu schmelzen; es schmilzt aber bei dieser Temperatur nur ein Teil der Substanz, weil sich ein anderer Teil schon vorher in die stabile Modifikation umgewandelt hat, die dann bei 201° schmilzt. Die eutektischen Temperaturen der beiden Modifikationen zeigen beträchtliche Unterschiede.

| | Eutektische Temperatur mit | |
	Salophen	Dicyandiamid
Mod. I (F. 201°)	172°	167°
Mod. II (F. 174°)	159°	152°

Bei Verwendung des Eleudrons als Originalsubstanz erhält man die eutektischen Temperaturen der *instabilen Modifikation*. Erhitzt man aber das Eleudron vorher für sich allein 10 Minuten auf 170°, so wandelt es sich um und man beobachtet dann nur die eutektischen Temperaturen der stabilen Modifikationen.

Wir haben bei der Bearbeitung von mehr als 1200 Substanzen für unsere Identifizierungs-Tabelle beobachtet, daß im allgemeinen die Reproduzierbarkeit der eutektischen Temperaturen besser ist als die der einfachen Schmelzpunkte. Dabei fällt auch der schon oben erwähnte Umstand ins Gewicht, daß auch Substanzen, die wegen Zersetzung keinen scharfen Schmelzpunkt zeigen, häufig gut reproduzierbare eutektische Temperaturen geben.

Isomorphe Substanzen mit ähnlichen Schmelzpunkten erzeugen mit Testsubstanzen ähnliche eutektische Temperaturen. Eine Unterscheidung ermöglicht hier in den meisten Fällen die Bestimmung der Lichtbrechung der Schmelze (s. S. 112) oder, je nach dem Typus der Isomorphie, die Kontaktmethode (siehe S. 159).

Hydrate geben im Gemisch mit unseren Testsubstanzen in den meisten Fällen dieselben eutektischen Temperaturen wie die entsprechenden wasserfreien Stoffe (KOFLER und BRANDSTÄTTER [104]). Die Ursache liegt bei einer Anzahl der Fälle darin, daß in der Regel die Hydrate ihr Wasser bei verhältnismäßig niedriger Temperatur verlieren (vgl. S. 104), so daß eigentlich nur die wasserfreie Substanz mit der Testsubstanz in Kontakt kommt. So geben Morphin (247 bis 254°), Phloroglucin (215 bis 220°) und Oxalsäure (188 bis 191°) mit Salophen (Fp. 190°) als Hydrat wie als wasserfreie Substanz die gleichen Eutektika. Wählt man aber als Testsubstanz einen niedriger schmelzenden Stoff, so wird die eutektische Temperatur des Hydrats beobachtet. Z. B. zeigt Phloroglucin als Hydrat mit Acetanilid (Fp. 115°) ein Eutektikum bei 64°, im wasserfreien Zustand bei 84°.

Bei einigen Stoffen erhält man bei der Prüfung der eutektischen Temperatur keine merkliche Depression, weder mit der wasserhaltigen noch mit der wasserfreien Substanz. Meist ist dies durch die geringe oder überhaupt fehlende Mischbarkeit der flüssigen Phasen der betreffenden Stoffe bedingt.

d) Reinheitsprüfung.

Bei der Schmelzpunkt-Mikrobestimmung erkennt man das Vorhandensein von Verunreinigungen zunächst am vorzeitigen Schmelzen einzelner Teilchen. Es ist selbstverständlich, daß man auf diese Weise bei der 80- bis 100fachen mikroskopischen Vergrößerung noch wesentlich kleinere Mengen von Verunreinigungen erkennen kann als im Kapillarröhrchen bei Beobachtung mit freiem Auge oder mit der Lupe. Unter dem Mikroskop macht sich beim Erwärmen von Pulverpräparaten in der Regel schon etwa $1/_4$% Verunreinigung durch vorzeitigen Schmelzbeginn bemerkbar (96), bei der Makromethode zeigen im allgemeinen erst Mengen über 2% diesen Effekt.

Handelt es sich bei der Verunreinigung um eine einzige Substanz in entsprechender Menge, z. B. um ein Isomeres, so ist der Beginn des Schmelzens bei der eutektischen Temperatur zu erkennen. In der Regel genügt hierfür schon eine Beimengung von 1% (96). Unter 1% spielt der Verteilungsgrad eine Rolle. Bei geringen Mengen einer Verunreinigung ist der Beginn des Schmelzens nicht mehr scharf bei der eutektischen Temperatur, sondern später zu erkennen, was darauf beruht, daß die bei der eutektischen Temperatur entstehende eutektische Schmelze an Menge sehr gering ist und daher leicht zwischen den Kristallen kapillar angesaugt bleibt, so daß keine Tropfenbildung zustande kommen kann. Erst wenn sich bei weiterem Erhitzen ein Teil der Kristalle in der eutektischen Schmelze auflöst, so daß die Flüssigkeitsmenge vermehrt wird, tritt der Schmelzbeginn deutlich hervor.

Der *Reinheitsgrad* der in der Regel durch mehrmaliges Umkristallisieren erhaltenen Laboratoriumspräparate oder der im Handel als „reinst", „pro analysi" oder „für wissenschaftliche Zwecke" verkäuflichen Präparate ist sehr verschieden, oft auch dann, wenn eine bestimmte Substanz die gleiche Signatur trägt. Das sehr unliebsame „*Zuvielsehen*" bei der mikroskopischen Beobachtung ist dann ein Vorteil, wenn man sich damit abfindet, daß es „absolut" reine Substanzen nicht gibt.

Die Unreinheit zeigt sich bei der mikroskopischen Schmelzpunktbestimmung durch Auftreten eines Schmelzintervalls anstatt eines scharfen Schmelzpunktes. Im allgemeinen sind die Verunreinigungen — mikroskopisch gesehen — ungleichmäßig verteilt. Das bedingt bei der Schmelzpunktbestimmung gepulverter Proben (also beim „durchgehenden" Schmelzpunkt) zwei Folgeerscheinungen. An dem Pulver eines Handelspräparates kann man z. B. den Schmelzbeginn häufig bei einer niedrigeren Temperatur erkennen, als wenn man die Probe zuerst durchgeschmolzen, erstarrt und wieder gepulvert hat. Die sozusagen „molekulare" Verteilung im letzten Falle läßt das Auftreten von Schmelze erst bei höheren Temperaturen erkennen (96). Ferner ist die ungleichmäßige Verteilung von Unreinheiten die Ursache dafür, daß bei der mikroskopischen Prüfung „*Streuungen*" des Schmelzpunktes, insbesondere bei der „durchgehenden Arbeitsweise" beobachtet werden. Aus diesem Grunde wird im allgemeinen die Schmelzpunktbestimmung im „Gleichgewicht" vorgezogen, denn ein Schmelztropfen umfaßt eine größere Masse und entspricht daher einem besseren Durchschnittswert. Wenn man bei der Bestimmung außerdem das „letzte Gleichgewicht" (d. i. das Gleichgewicht mit den letzten Kristallresten) bestimmt, so sind im allgemeinen die Differenzen sehr klein.

Die beste Reproduzierbarkeit von Schmelzpunkten ist bei der Bestimmung an *Kristallfilmen* möglich, die durch vorausgegangenes Schmelzen und Wiedererstarren zwischen Deckglas und Objektträger erhalten werden. Kristallfilme lassen sich auch zu einer überaus empfindlichen Reinheitsprüfung verwenden (96). Läßt man nämlich eine Substanz langsam in der Nähe ihres Schmelzpunktes erstarren, so findet die bestmögliche Entmischung von den gelösten Verunreinigungen statt. Die aus diesem Grunde zuletzt erstarrte Restschmelze beginnt daher beim Erwärmen schon bei viel tieferer Temperatur zu schmelzen als die Hauptmasse des Kristallisates. Der Beginn des Schmelzens zeigt sich im Mikroskop sehr deutlich an dem sogenannten „*Vakuolenwandern*" (96). Die in der Restschmelze eingeschlossenen oder durch Volumskontraktion beim Kristallisieren verbleibenden Bläschen werden bei der Kristallisation der Restschmelze zu unregelmäßigen Hohlräumen verzerrt. Tritt aber beim Erwärmen die erste Schmelze auf, so nehmen die Hohlräume Kugel- bzw. Scheibengestalt an und lassen durch ihre Bewegung das Auftreten von Flüssigkeit erkennen.

In anderen Fällen kann man bei langsam erstarrten Präparaten direkt die Verunreinigung erkennen, und zwar dann, wenn sie hauptsächlich aus einer bestimmten Substanz besteht (z. B. aus einem Isomeren). Das letzte Erstarren erfolgt in diesen Fällen als annähernd eutektisches Kristallisieren und ist als solches in Form einer feinkristallinen *Auflagerung* auf den großen Kristallen der Substanz kenntlich. So kann man nicht selten an „pro analysi"-Präparaten von m-Dinitrobenzol eine solche Auflagerung eines Isomeren erkennen.

Eine weitere Möglichkeit, insbesondere um bestimmte Verunreinigungen zu erkennen, bietet die Feststellung eutektischer Temperaturen. Ist die Probe rein, so erhält man mit einer gewählten Testsubstanz die dem Stoffpaar zukommende charakteristische eutektische Temperatur. Bei Anwesenheit einer Verunreinigung, also einer dritten Substanz, tritt der Schmelzbeginn früher ein, denn das ternäre Eutektikum liegt tiefer. Acetanilid gibt mit Anästhesin eine eutektische Temperatur von 67°; enthält Acetanilid etwas Antipyrin, so tritt der Schmelzbeginn schon bei 30° ein, bei Gehalt an Phenacetin bei 62°. Es läßt sich dadurch noch 1% der Verunreinigung erkennen (111).

Antipyrin eignet sich zu derartigen Bestimmungen deshalb besonders gut, weil es mit vielen Stoffen sehr niedrig liegende eutektische Temperaturen gibt. Mittels der *Antipyrinprobe* läßt sich z. B. die Anwesenheit von *m-Aminophenol* in *p-Aminobenzoesäure* in einfacher Weise erkennen (88).

Bei zersetzlichen Stoffen ist die Verwendung von eutektischen Temperaturen zur Reinheitsprüfung häufig von besonderem Vorteil; denn sie sind auch bei zersetzlichen Stoffen gut reproduzierbar und zeigen daher Verunreinigungen in ähnlicher Weise an wie bei anderen Stoffen (103).

Bei dem oben erwähnten m-Dinitrobenzolpräparat (91°) „pro analysi", bei dem durch langsames Erstarren eine feinkristalline Auflagerung sichtbar wurde, kann die Heranziehung der eutektischen Temperaturen in einfacher Weise zur Identifizierung des Isomeren dienen. In dem Präparat wurde ein Schmelzbeginn bei 64° festgestellt, d. i. die eutektische Temperatur von o- und m-Dinitrobenzol. Mischt man o-Dinitrobenzol zu dem Originalpräparat, so ändert sich nichts an dem Schmelzbeginn. Mischt man hingegen p-Dinitrobenzol zu, so sinkt der Schmelzbeginn auf 60°, d. i. das ternäre Eutektikum zwischen m-, o- und p-Dinitrobenzol. Das verunreinigende Isomere war daher o-Dinitrobenzol.

In selteneren Fällen wird auch durch das Auftreten von polymorphen Modifikationen Unreinheit einer Substanz vorgetäuscht. Atophan und Voluntal liegen in der Handelssubstanz als instabile Modifikationen mit niedrigerem Schmelzpunkt vor. Wenn durch eine andere Art der Darstellung die stabile Form zur Auskristallisation kommt, kann wegen des höheren Schmelzpunktes ein besserer Reinheitsgrad vorgetäuscht werden (z. B. Atophan [102]).

Eine andere Art der Täuschung bei Auftreten polymorpher Modifikationen kommt dadurch zustande, daß das als instabile Form vorliegende Präparat sich zunächst bei seinem Schmelzpunkt zu verflüssigen beginnt, während des Schmelzvorganges aber langsam die Umwandlung in die stabile Form mit dem höheren Schmelzpunkt vor sich geht. Sulfathiazol, das als Eleudron oder Cibazol im Handel ist, liegt stets als Mod. II (174°) vor (s. S. 120). Während des Erwärmens tritt zwar an einigen Kristallen die Umwandlung in die stabile Form (201°) ein, andere schmelzen aber bei 174°. Bei Unkenntnis der Sachlage kann daher ein großes Schmelzintervall von 174 bis 210° festgestellt werden (98).

e) Trennung und Reinigung
durch Absaugen der eutektischen Schmelze.

Durch Absaugen der eutektischen Schmelze mit einem geeigneten Filtrierpapier (gehärtetes Filtrierpapier Schleicher-Schüll Nr. 575) kann man kleine Mengen, wie sie zur Bestimmung der in unseren Identifizierungs-Tabellen eingetragenen Konstanten notwendig sind, in kurzer Zeit reinigen bzw. aus einem Gemisch isolieren (118). Man breitet eine dünne Schicht der Substanz auf ein Stückchen Filtrierpapier aus, das auf einem Objektträger liegt, und legt einen zweiten Objektträger quer darüber. Auf dem Heiztisch wird beim Erwärmen über die eutektische Temperatur die entstehende Schmelze von dem Filtrierpapier aufgesaugt, die Substanz hingegen bleibt am oberen Objektträger haften.

Durch mehrmaliges Wechseln des Filtrierpapieres unter ständigem Steigen der Temperatur kann man auf diese Weise die Substanz gewissermaßen „mit sich selbst auswaschen" und bei Annäherung an den Schmelzpunkt zu verhältnismäßig reinen Produkten gelangen. Diese Arbeitsweise ist bei Substanzen angezeigt, die nicht gut sublimieren oder, was besonders bei unter 80° schmelzenden Substanzen eintritt, statt kristallisierter Sublimate nur Kondensationströpfchen abscheiden. Für höhere Temperaturen über 300° können auch Tonplättchen von etwa 18 × 18 mm und 1,5 mm Dicke verwendet werden (118). Erwärmen auf Ton wurde von v. Braun, Gmelin und Schultheiss (13) und später von Lindner (133) mit gutem Erfolg zur Trennung von Chinolin- und Chinaldinderivaten benützt.

f) Chromatographische Adsorptionsanalyse.

Bei der Prüfung schlecht sublimierbarer, stark verunreinigter Substanzen oder bei Vorhandensein intensiv gefärbter Beimengungen reicht das Absaugen der eutektischen Schmelze oder einfaches Umkristallisieren nicht aus. Zur Reinigung kann man dann als einfache Adsorptionsmethode die Lösung mit Tierkohle versetzen und durch ein Filter abnutschen. Wesentlich mehr leistet die auf Tswett (181) zurückgehende *chromatographische Adsorptionsanalyse*, bei der die Lösungen durch Säulen gepulverter Adsorptionsmittel durchgesaugt werden (einige zusammenfassende Arbeiten über die chromatographische Adsorptionsanalyse s. die einschlägige Literatur [68 bis 71, 128, 156, 197, 198]; siehe auch S. 79).

Von der großen Reihe der in Verwendung stehenden Adsorptionsmittel reichen für unsere Zwecke in der Regel Aktivkohle, Aluminiumoxyd (Brockmannsches standardisiertes oder Aluminiumoxyd puriss. Merck) oder Milchzucker aus. Als Lösungsmittel genügen Petroläther, Benzol, Chloroform, Äther, Aceton, Äthylalkohol, Wasser oder Methylalkohol. Die Lösungsmittel sind so angeordnet, daß dieselbe Substanz aus Petroläther am stärksten, aus Methylalkohol am schwächsten adsorbiert wird (71, 128). Da für die Reinigungsmaßnahme ein nicht zu starkes Festhalten der Hauptsubstanz erwünscht ist, wählt man in der Regel abhängig von der Löslichkeit Aceton, Äthylalkohol oder Wasser.

Die einfachste Versuchsanordnung für unsere Zwecke besteht in der Verwendung eines etwa 10 cm langen Glasröhrchens mit ausgezogener Spitze und einem Lumen von 0,5 cm. An die Grenze gegen den verjüngten Teil wird ein Wattepfropfen eingebracht und hierauf das Adsorptionsmittel — in der Regel Aluminiumoxyd —, das mit dem zu verwendenden Lösungsmittel zu einem Brei angerührt wurde, in die Röhre etwa 5 cm hoch eingeschlämmt. Die zu reinigende Lösung (wenige Milliliter) wird dann zugegossen, wenn über dem Aluminiumoxyd noch etwa 2 mm hoch Flüssigkeit s eht. Unter schwachem Saugen (meist genügt das Saugen mit dem Mund über eine kleine Absaugflasche) wird die Lösung durch die Säule getrieben, wobei meist die gefärbte Verunreinigung im oberen Teil der Säule abgefangen wird. Die Lösung bringt man am besten tropfenweise auf einen Objektträger. Das Verdunsten wird durch leichtes Erwärmen beschleunigt. Um das Kriechen der Lösung zu verhindern, legt man den Objektträger auf eine durchlochte, erwärmte Metallplatte und tropft im zentralen Teil über dem Loch auf (Behrens-Kley [3]), denn die Lösung verdampft in der Wärme rascher und zieht sich daher in den kälteren, zentralen Teil zurück. In vielen Fällen, wenn die Tendenz zu kriechen nicht allzu groß ist und immer nur wenig Lösung aufgetropft wird, ist es besser, ein Deckglas zu verwenden, das auf einer mäßig erwärmten Metallplatte liegt.

Wenn die Lösung zur Unterkühlung neigt, kann entweder durch Reiben mit einem Glasstab oder durch Impfen mit der Ausgangssubstanz die Kristallisation eingeleitet werden.

Es sei auch darauf hingewiesen, daß eine Reihe von Stoffen über Molekülverbindungen isoliert werden kann, so z. B. ungesättigte Kohlenwasserstoffe über gut kristallisierte Pikrate oder Trinitrobenzolate (156). Die Rückgewinnung der reinen Substanz erfolgt am einfachsten durch eine Adsorptionssäule, da in dieser die Pikrinsäure (oder Trinitrobenzol) festgehalten wird. Man verwendet dabei als Lösungsmittel Benzol oder ein Gemisch von Benzol und Cyclohexan. Von der Zerlegung der Molekülverbindungen kann man bei Pikraten in bestimmten Identifizierungsfällen Gebrauch machen.

g) Die Adsorptionssublimation.

Für viele Zwecke hat sich die von W. KOFLER (120) ausgearbeitete Adsorptionssublimation als vorteilhaft erwiesen. Sie stellt eine Kombination der gasanalytischen Adsorptionsmethoden mit der chromatographischen Adsorptionsanalyse nach TSWETT dar. Der Vorteil liegt im Wegfall der Verwendung eines Lösungsmittels und in der Möglichkeit, den Reinigungseffekt an einer kleinen Probe, die jederzeit aus der Apparatur entnommen werden kann, schrittweise zu verfolgen. Die Adsorptionssublimation ist der von HESSE und EILBRACHT (72) beschriebenen Adsorptionsdestillation an die Seite zu stellen.

Voraussetzung für diese Arbeitsweise ist hinreichende Flüchtigkeit der Substanz. Bei der mikroskopischen Schmelzpunktbestimmung (98) hat sich gezeigt, daß sehr viele organische Stoffe mehr oder weniger stark sublimieren, so daß im gegebenen Fall etwa vier Fünftel der organischen Stoffe der hier beschriebenen Arbeitsweise zugänglich sind. Eine bekannte Verwendung von Adsorptionsmitteln bei der Sublimation ist der seit langem übliche Zusatz von Kohle, gebranntem Kalk, Sand und Eisenfeile bei der Sublimation des Kampfers.

Bei der Adsorptionssublimation wird bei vermindertem Druck und einer Temperatur, die meist unterhalb des Schmelzpunktes liegt, Luft oder ein anderes Trägergas mit Dämpfen der Substanz gesättigt und durch eine auf die gleiche Temperatur erwärmte Adsorptionssäule gesaugt. Durch Variation von Druck, Temperatur und Strömungsgeschwindigkeit ist die Möglichkeit gegeben, die Säule entsprechend zu entwickeln. Bei Substanzen, die unter ihrem Schmelzpunkt nicht oder nur sehr wenig flüchtig sind, läßt sich das hier beschriebene Verfahren häufig so durchführen, daß man die Substanzen zunächst *über* ihren Schmelzpunkt erwärmt; da der Dampfdruck der Schmelze wesentlich höher ist, wird auf diese Weise eine genügend große Flüchtigkeit erreicht.

Die für die gasanalytischen Verfahren sowie die gewöhnliche Chromatographie verwendeten Adsorptionsmittel sind meist für die Adsorptionssublimation zu stark. In der Regel werden bei dieser Arbeitsweise Kieselsäuregel, Floridin XS und Kohle als Adsorptionsmittel verwendet. Bei niedrigschmelzenden Stoffen muß man im allgemeinen ein schwächeres Adsorptionsmittel verwenden. Je höher die Sublimationstemperatur liegt, ein desto stärkeres Adsorptionsmittel muß herangezogen werden, da die Adsorptionskraft mit steigender Temperatur abnimmt. Die Stärke des Adsorptionsmittels ist so zu wählen, daß bei einer Steigerung der Temperatur von 20 bis 30° über den Schmelzpunkt der größte Teil der adsorbierten Substanz durch das Waschgas aus dem Adsorptionsmittel herausgetrieben wird. Die obere Grenze der Temperatursteigerung hängt ausschließlich von der Zersetzlichkeit der betreffenden Substanz ab.

Das „*Waschen*" der Säule geschieht hier durch Hindurchsaugen von Luft oder eines indifferenten Gases bei langsamem Temperaturanstieg, wobei die *Strömungsgeschwindigkeit* von großer Bedeutung ist. Im allgemeinen empfiehlt sich ein Gasvolumen von etwa 0,1 l pro Min., wobei mit einem mittels einer Wasserstrahlpumpe erzielten Vakuum von etwa 20 bis 25 mm Hg gearbeitet wird.

Die oben aus der Säule mit dem Gas austretende Substanz schlägt sich in dem über der Adsorptionssäule befindlichen Raum an einem gekühlten Kupferstab („Kühler") nieder. Die Prüfung des Sublimats geschieht am einfachsten auf der Heizbank oder auf dem Mikroschmelzpunktapparat. Wenn ein Gemisch vorliegt, empfiehlt es sich, den Kühler häufiger zu wechseln. Dabei entnimmt man unter Temperatursteigerung etwa 4 bis 10 Fraktionen.

Neben echter Adsorption kann auch *Kapillarkondensation* eintreten, also Verflüssigung der Dämpfe in den feinsten Kapillaren infolge Dampfdruckerniedrigung. Da die Kapillarkondensation nicht immer Hand in Hand mit der echten Adsorption geht, kann sie Störungen und Substanzverluste verursachen. Um diese Fehler zu umgehen, wird bei vermindertem Druck gearbeitet, wodurch Kapillarkondensation weitgehend vermieden wird.

Mit Hilfe der beschriebenen Arbeitsweise lassen sich auch unreine *technische Präparate* durch einmaliges Hindurchsublimieren durch eine Adsorptionssäule vollständig rein erhalten, z. B. o-, m- und p-Nitroanilin, Anästhesin, m-Aminophenol, p-Nitrophenol, Anthrachinon, p-Nitrochlorbenzol, p-Nitroanisol und 2-Methyl-1,4-Naphthochinon. Die aus dem Benzoeharz durch Sublimation gewonnene Benzoesäure, das „Acidum Benzoicum e resina" der Apotheken, hat eine kaffeebraune Farbe und stark aromatischen Geruch. Auch durch wiederholte Sublimation ist es nicht möglich, diese Benzoesäure rein zu erhalten. Durch Adsorptionssublimation dagegen gewinnt man aus der Harzbenzoesäure ein rein weißes und völlig geruchloses Präparat.

Durch Adsorptionssublimation kann man z. B. eine Trennung eines Benzoesäure-Zimtsäure-Gemisches erreichen, was durch einfache fraktionierte Sublimation nicht möglich ist (122). Ebenso lassen sich o-, m- und p-Nitroanilin trennen, und zwar in der gleichen Reihenfolge, die Karrer und Nielson (76) bei der Adsorption aus Flüssigkeiten feststellten. Ein Beispiel für die Trennung eines isomorphen Stoffpaares ist 2,4,6-Tribromphenol und 2,4,6-Trichlorphenol.

IV. Arbeitsgang zur Identifizierung.

Die nach den beschriebenen mikroskopischen Methoden herausgearbeiteten für die *qualitative Analyse* verwertbaren physikalischen Konstanten sind in einer *Identifizierungs-Tabelle* (Tab. 2) zusammengestellt. Die Tabelle umfaßt derzeit etwa 1200 Substanzen, die keine Auswahl darstellen, und enthält alle uns zur Verfügung stehenden und bisher bearbeiteten Stoffe. An der Erweiterung der Tabelle wird ständig gearbeitet.

Die Substanzen sind in der Tabelle nach ansteigendem Schmelzpunkt geordnet. Für jede Substanz sind ferner *zwei eutektische Temperaturen* angeführt, die mit jeweils bestimmten, von der Höhe des Schmelzpunktes abhängigen Testsubstanzen ermittelt wurden. Außerdem sind das für die jeweilige Substanz in Anwendung kommende *Glaspulver* und jene Temperatur angegeben, bei der Glaspulver und Schmelze gleiche Brechung zeigen. Diese vier Konstanten ermöglichen eine rasche und einwandfreie Identifizierung einer organischen Substanz. In einer eigenen Spalte sind „Besondere Kennzeichen" angeführt, die während des Erwärmens der Substanz auf dem Mikroheiztisch beobachtet werden können und zur Erleichterung der Identifizierung geeignet sind. In besonderen Fällen werden noch weitere Merkmale oder Reaktionen angegeben, die zur Sicherung der Diagnose dienen können.

Reaktionsprodukte werden entweder durch die übliche Fällung erzeugt oder nach anderen Methoden hergestellt. Bei flüchtigen Substanzen läßt sich die als Räucherverfahren bezeichnete Arbeitsweise mit Vorteil anwenden (s. S. 130).

Alkaloide werden durch Herstellung ihrer Styphnate und deren Schmelzpunktbestimmung nachgewiesen (41, 109, 150).

Der Vorgang bei der Identifizierung soll an dem S. 128 dargestellten Ausschnitt aus der Identifizierungs-Tabelle kurz erörtert werden. Die Probe wird zuerst in Beziehung auf Geruch und Farbe geprüft. Eine Reihe von Stoffen hat einen charakteristischen *Geruch*, der dem Erfahrenen die Identifizierung erleichtern kann. Hier sind zu nennen: Kohlenwasserstoffe, niedere Fettsäuren, Ketone, Aldehyde, Phenole, aromatische Mononitroverbindungen, verschiedene Ester usw. *Eigenfarben* zeichnen sich in der Regel durch *reine Farbtöne* aus, während mißfarbene Proben den Verdacht auf Unreinheit erwecken.

Die Schmelzpunktbestimmung wird am einfachsten zuerst auf der Heizbank — falls eine vorhanden ist — durchgeführt, was nur 1 bis 2 Minuten in Anspruch nimmt. Bei alleiniger Benützung eines Mikroheiztisches ist es ratsam, zuerst eine approximative Bestimmung mit rascherem Temperaturanstieg durchzuführen und erst dann die genaue Bestimmung folgen zu lassen. Die Anwendung beider Instrumente — Heizbank und Heiztisch — läßt meist an dem Verhalten beim Schmelzen erkennen, ob eine reine oder eine verunreinigte Substanz vorliegt oder ob es sich um ein Gemisch handelt.

Die Reinheit erkennt man an der Schärfe des Schmelzpunktes; unreine Substanzen zeigen ein mehr oder weniger großes Schmelzintervall. Wenn die Probe auch nur wenig mißfarben war, zeigen die Schmelztropfen doch meist dunklere Farben. Die Reinigung erfolgt am einfachsten durch Sublimation. Bei niedriger — etwa unter 80° — schmelzenden Stoffen bilden sich häufig statt kristallisierter Sublimate nur Kondensationströpfchen. Meist kann durch Kühlung der Vorlage mit einem kleinen Metallzylinder ein kristallisiertes Sublimat erhalten werden. In manchen Fällen ist das Absaugen der eutektischen Schmelze günstiger (s. S. 123).

Muß umkristallisiert werden, so ist besonders bei stärker verfärbten Stoffen das Vermengen einer Lösung mit Tierkohle sehr wirksam. Filtrieren durch ein Röhrchen mit Glasfrittenplatte, im gegebenen Fall unter Verwendung einer Zentrifuge, wie sie von Lieb und Schöniger (130, 131; s. S. 40) angegeben wird, kann zu genügend reinen Proben führen. In bestimmten Fällen ist zur Reinigung oder zur Isolierung einer Komponente aus einer Molekülverbindung die Adsorptionsanalyse notwendig (s. S. 124). Bei *Gemischen* wird durch Absaugen zunächst eine Komponente isoliert und identifiziert (s. S. 123). Für die Verschiebung des Mischungsverhältnisses auf die andere Seite des Eutektikums ist ebenfalls Umkristallisieren oder Chromatographie notwendig.

Nach dem Schmelzpunkt werden die eutektischen Temperaturen mit den zwei Testsubstanzen bestimmt. Erst nach Erhalt der drei Konstanten vergleicht man diese mit denen der Identifizierungs-Tabelle in dem entsprechenden Temperaturbereich.

Tab. 2, die einen Ausschnitt aus der Identifizierungs-Tabelle darstellt, umfaßt eine Reihe von Stoffen, deren Schmelzpunkte um 135° liegen. Beim Vergleich der eutektischen Temperaturen ist zu erkennen, daß schon aus diesen, gegebenenfalls noch durch die „Besonderen Kennzeichen" unterstützt, eine Wahr-

Tabelle 2. *Identifizierungstabelle.*

Fp. °C	Substanz	Eutekt. Temp.		Glaspulver	Temp. °C	Besondere Kennzeichen
		Acet-anilid	Phen-acetin			
134	Sorbinsäure $CH_3 \cdot CH : CH \cdot CH : CH \cdot COOH$	85	102	1,4842	134 bis 136	Säuerlicher Geruch. Ab 60° Nadeln, Körner, Prismen. Gleichgewicht: Körner; sinkt ab. Brechungsindex wegen Flüchtigkeit erschwert. Unreine Präparate beige verfärbt. Reinigung durch Sublimation.
134	Benzoin $\bigcirc$—CH(OH) · CO—$\bigcirc$	96	110	1,5502 1,5403	132 bis 135 154	Ab 90° Nadeln, Stengel, Prismen. Erstarrt zu feinstrahligem Sphärolithenmosaik; polymorph.
134	Essigsäure-β-Aminonaphthalid —NH · CO · CH$_3$	87	102	1,6010 1,5898	146 bis 147 170 ,, 172	Ab 90° Nadeln, Blättchen. Gleichgewicht: Blättchen, Balken. Erstarrt zu Sphärolithen. Polymorph: II 133°, III 126°.
134	4,6-Dinitro-1,5-dimethyl-3-tert.-butyl-2-acetylbenzol	94	109 tr.	1,4937 1,4840	133 153 bis 155	Ab 90° Nadeln, Körner. Gleichgewicht: Blättchen, Balken. Erstarrt zu Sphärolithenmosaik. Dimorph.
132 bis 135	Raffinose (= Melitose) $C_{18}H_{32}O_{16} + 5\,H_2O$	114	130	1,5203 1,5299	166 bis 168 129 ,, 131	Beim Schmelzen Gasblasen. Schmelze sehr zäh. Erstarrt glasig. Bei 110° aufgelegt vollständiges Schmelzen (Kristallwasser). Schmilzt in Paraffin homogen bei 78 bis 80°. Für Brechungsindexbestimmung zuerst bei 110° trocknen; Bestimmung durch Blasen erschwert.

135	Harnstoff $NH_2 \cdot CO \cdot NH_2$	103	125	1,4683 1,4584	156 175 bis 177	Ab 110° Spieße. Gleichgewicht: Körner, Prismen.
135	Zimtsäure —CH : CH · COOH	84	98	1,5609 1,5502	136 156 bis 157	Ab 100° Rauten, quadratische Blättchen. Gleichgewicht: Blättchen. Dimorph: II 133°.
135	Phenacetin $CH_3 \cdot CO \cdot NH$— —$O \cdot C_2H_5$	90	135	1,5101 1,5000	134 bis 135 156 ,, 157	Ab 100° Balken, Nadeln, Blättchen. Gleichgewicht: Körner, Balken. Polymorph: II 129°.
135	2,6-Dimethylpyron HC—CO—CH $H_3C \cdot C$—O—$C \cdot CH_3$	68	91	1,4683	146 bis 147	Ab 60° Stengel, Nadeln, kurze Prismen. Gleichgewicht: Sechseckige Blättchen und Rauten. Erstarrt zu strahligen Aggregaten.
135,5	Zimtsäureanhydrid —CH : CH · CO O —CH : CH · CO	79	96	1,5898 1,5794	141 bis 142 164 ,, 165	Ab 100° kleine Körner. Gleichgewicht: Prismen.
136	Malonsäure (= Methandicarbon- säure) COOH CH_2 COOH	62	84	<1,4339	—	Ab 100° Nadeln, Prismen, Rauten. Einige Kristalle schmelzen bei 130 bis 132°; Schmelztropfen erstarren oft wieder. Enantiotrop dimorph.
130 bis 136	Acetylsalicylsäure (= Aspirin) —COOH —$O \cdot CO \cdot CH_3$	81	97	1,4840 bis 1,4937	—	Ab 105° Nadeln, Stengel. Gleichgewicht träge: Balken, teilweise Zersetzung. Auf der Heizbank Fp. 143°, sinkt bald ab.

scheinlichkeitsdiagnose gestellt werden kann. *Eindeutig* wird die Diagnose durch die Bestimmung der *Lichtbrechung der Schmelze* mittels des entsprechenden Glaspulvers.

V. Identifizierung und Analyse organischer Flüssigkeiten.

1. Indirekter Nachweis über feste Derivate.

In der Mikrochemie werden die zum Zwecke der Identifizierung organischer Flüssigkeiten verwendeten Reaktionsprodukte häufig mittels des sogenannten „*Räucherverfahrens*" hergestellt. Bei diesem (63) befindet sich das Reagens als Lösung oder in fester Form in einem Flüssigkeitstropfen an der Unterseite eines Objektträgers oder Deckglases, auf das man in geeigneter Weise den nachzuweisenden Stoff in Gasform einwirken läßt. Eine bekannte Anwendungsform dieser Arbeitsweise ist beispielsweise die GRIEBELsche *Mikrobechermethode* (63, 64) zum Nachweis von Aldehyden und Ketonen. Die zu untersuchende Flüssigkeit wird in einem Mikrobecher mit einem den Reagenstropfen tragenden Deckglas bedeckt und zur Austreibung der flüchtigen Aldehyde und Ketone leicht erwärmt. Im Probetropfen entsteht dann eine kristallisierte Fällung der Verbindung zwischen dem Reagens und dem Aldehyd bzw. Keton. GRIEBEL und WEISS (64) verwendeten zur Identifizierung das mit mehreren Reagenzien (substituierte Phenylhydrazine, Semicarbazid usw.) erhaltene positive oder negative Ergebnis und legten dabei großen Wert auf das Aussehen der Kristalle des Reaktionsproduktes. FISCHER und Mitarbeiter (45, 52) zeigten an Hand eindeutiger Mikrophotographien, daß die meist nadelförmigen Niederschläge in vielen Fällen sehr wenig charakteristisch und einander sehr ähnlich sind; eine Unterscheidung auf Grund des Aussehens der Kristalle ist kaum möglich. Sie zogen daher die Schmelzpunkt-Mikrobestimmung zur Identifizierung heran und stellten dadurch das Räucherverfahren auf eine sichere Grundlage. FISCHER und PAULUS (54) benützen das Verfahren auch zum Nachweis der flüchtigen Alkaloide Coniin und Nikotin. Über die Identifizierung von Niederschlägen auf Grund des Räucherverfahrens s. auch OPFER-SCHAUM (151) und MARKOVIČ (137).

Zur Identifizierung von Aldehyden und Ketonen wurden von MATHIESSEN und HAGEDORN (141) die zu prüfenden Stoffe in ihre 2,4-Dinitrophenylhydrazone übergeführt und ihr Verhalten auf dem Heiztischmikroskop geprüft. BRANDSTÄTTER (7) benützt die gleiche Reaktion zur quantitativen Bestimmung unter Verwendung der Glaspulvermethode (s. S. 178).

Eine Reihe weiterer Untersuchungen von BRANDSTÄTTER und THALER (11) wurde an Alkoholen, Phenolen, Estern, aliphatischen Säuren, Benzolderivaten u. a. durchgeführt. Die primären, einwertigen Alkohole wurden in ihre 3,5-Dinitrobenzoesäureester (161) übergeführt, die Phenole in p-Nitrobenzoesäureester. Die Derivate werden in beiden Fällen mittels der Identifizierungstabelle nachgewiesen.

Die Ester werden zuerst verseift, der entstandene Alkohol abdestilliert oder ausgeäthert und als Derivat nachgewiesen. Die Säurekomponenten werden entweder mit Mineralsäure aus alkalischer Lösung ausgefällt und als freie Säure bestimmt oder als Hydrazid oder Hydrazon nachgewiesen.

Der Nachweis der aliphatischen Säuren erfolgt durch Überführung in die S-Benzyl-thiuroniumsalze (29). Die Benzolderivate Anilin, Nitrobenzol und Benzol werden als Tribromanilin nachgewiesen. Pyridin und Chinolin geben gut bestimmbare Pikrate.

2. Die direkte Ermittlung charakteristischer Konstanten.

Die direkte Identifizierung benützt den Mikrosiedepunkt, die Brechungsindizes und im gegebenen Falle die kritische Temperatur.

Die Mikrosiedepunktbestimmung wurde von FISCHER (49) nach der EMICHschen Methode (35) vorgenommen, wobei die Siedepunktkapillare etwas modifiziert werden mußte. Es genügen für diese Bestimmung etwas geringere Mengen, als ALBER und BRYANT (1) benötigen. BRANDSTÄTTER und THALER (11) führten die Siedepunktbestimmungen nach der Methode von SIWOLOBOFF (172) durch, die in der Ausführung einfacher ist als die Methode nach EMICH. Die Kapillare wird zur mikroskopischen Bestimmung in den für die Molekulargewichtsbestimmung (s. S. 133) verwendeten Metallblock gelegt.

Zur Brechungsindexbestimmung verwendet FISCHER (49) die Mikroküvette, die mit der Flüssigkeit und den notwendigen Glaspulvern beschickt wird. Aus den nach der Glaspulvermethode erhaltenen Ergebnissen der Gleichheitstemperatur für zwei Gläser wird mittels der Temperaturkoeffizienten (93) der Brechungsindex für 20° berechnet und mit dem Literaturwert verglichen.

Die Bestimmung der *kritischen Temperatur* führten FISCHER und REICHEL (55) in einer Kapillare unter dem Mikroskop aus; sie kann im gegebenen Falle als wertvolle Kennzahl dienen.

3. Die kritische Mischungstemperatur zur Identifizierung und Analyse.

Zur Mikrobestimmung der kritischen Mischungstemperatur verwenden FISCHER und Mitarbeiter (48, 51) Kapillaren von 0,7 bis 0,8 mm Weite und 30 mm Länge, die mit beiden Komponenten gefüllt, zugeschmolzen und dann auf dem Heiztisch erwärmt werden. Das Verschwinden und die Wiederkehr des Meniskus sind praktisch bei der gleichen Temperatur ablesbar. Zur Bestimmung genügen 1 bis 2 mg Substanz. Die kritische Mischungstemperatur (MT_k) läßt sich als charakteristische Konstante zur Identifizierung, zur quantitativen Bestimmung und zur Reinheitsprüfung verwenden.

Für die Identifizierungs- und Reinheitsprüfung schlagen FISCHER und Mitarbeiter (51) folgende Substanzen vor:

a) *Anilin, Benzylalkohol, Trikresylphosphat* für aliphatische Kohlenwasserstoffe;

b) *Ameisensäure* für Halogenderivate niederer aliphatischer Kohlenwasserstoffe;

c) *Methanol* und *Anilin* für Naphthene;

d) *Paraffinöl* für niedere aliphatische Alkohole;

e) *Wasser* für mittlere aliphatische Alkohole;

f) *Glycerin* für aliphatische Aldehyde und Ketone;

g) *Paraffinöl* für Fettsäuren;

h) *Glykol* oder *Äthylencyanid* (178) für Halogenderivate, Benzol u. Homologe;

i) *Wasser* für Phenole;

k) *Glykol* für ätherische Öle;

l) *Butanol* oder *Phenol* für wäßrige Lösungen anorganischer Stoffe.

Der Nachweis einer organischen Flüssigkeit ist mit Hilfe der MT_k und des Brechungsindex möglich.

Zur Analyse *binärer Gemische* werden folgende Testsubstanzen empfohlen (51):

Phenol und *n-Butanol* für anorganische Verbindungen, *Äthylencyanid, Wasser, Glykol, Acetophenon, Aceton* und *Paraffinöl* für organische Systeme. Aus den Abb. 15 und 16 ist die *quantitative* Bestimmung binärer Systeme zu ersehen.

Für die Stoffpaare Benzol : Xylol und Benzol : Toluol wird als Testsubstanz Äthylencyanid (178) verwendet. Die MT_k von Benzol mit Äthylencyanid beträgt 47°, von Toluol mit Äthylencyanid 134,5°, von Xylol mit Äthylencyanid 187°. Die Werte der Mischungen liegen dazwischen, und zwar auf einer schwach gekrümmten Kurve (Abb. 15). Bei der steileren Kurve der Benzol : Xylol-Mischungen ist naturgemäß die Genauigkeit größer. Abb. 16 zeigt die Systeme Phenol : Anilin und Phenol : Cyclohexanol. Als Testsubstanz

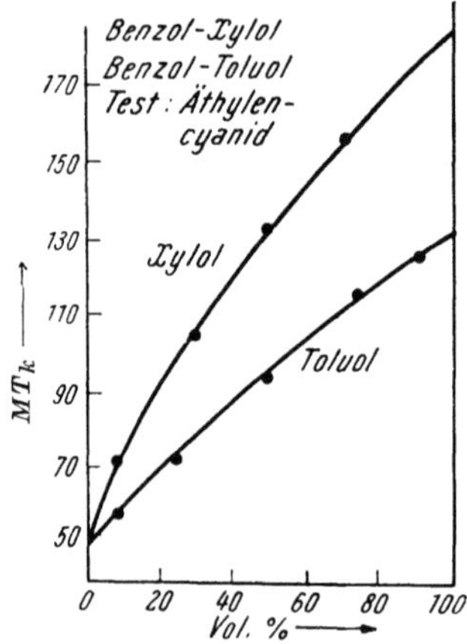

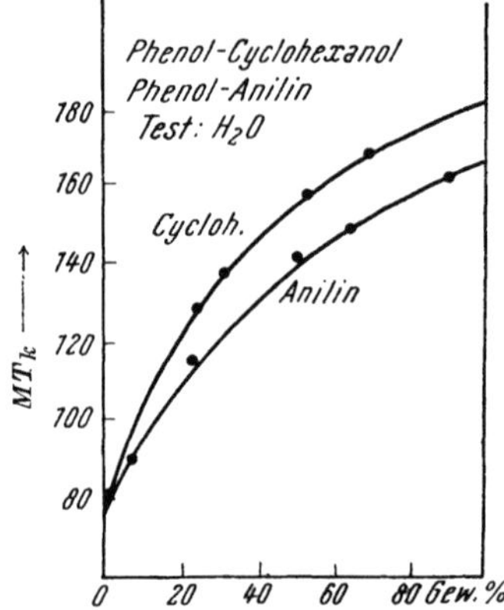

Abb. 15. Kritische Lösungstemperatur der Mischungen Benzol : Xylol und Benzol : Toluol mit Äthylencyanid als Test (nach FISCHER).

Abb. 16. Kritische Lösungstemperatur der Mischungen Phenol : Cyclohexanol und Phenol : Anilin mit Wasser als Test (nach FISCHER).

wurde Wasser verwendet, das mit Phenol eine MT_k bei 66°, mit Anilin bei 167°, mit Cyclohexanol bei 182,5° besitzt. Die MT_k der Mischungen liegen in bezug auf die Testsubstanz Wasser auf den eingetragenen Kurven. Die kritische Lösungstemperatur kann auch zur Gehaltsbestimmung ätherischer Öle herangezogen werden (51).

4. Identifizierung auf dem Kühltisch.

Auf dem S. 96 beschriebenen Kühltisch (121) können Temperaturen bis — 55° erreicht werden. Die Schmelzpunktbestimmung auf diesem hat den Vorteil, daß der Reinheitsgrad beurteilbar ist. Zur Identifizierung werden außer dem Schmelzpunkt die Brechungsindizes bestimmt. Die Bestimmung mit zwei Gläsern ist so durchzuführen, daß eine der Gleichheitstemperaturen über 20°, die andere unter 20° liegt. Es läßt sich dann aus den erhaltenen Ergebnissen der Temperaturkoeffizient am einfachsten für die im Schrifttum in der Regel angegebene Temperatur berechnen. Als weiteres Kriterium wird die Löslichkeit in β-Naphtholäthyläther, Benzol und Wasser herangezogen. Die eutektischen Temperaturen können in der Mischung zweier Tröpfchen oder im Kontaktpräparat bestimmt werden. Auch das spezifische Gewicht ist verwertbar, wenn genügend Substanz zur Verfügung steht. Die Ausarbeitung für eine größere Reihe von Flüssigkeiten ist noch im Gange.

VI. Molekulargewichtsbestimmung.

Seit die mikroskopischen Methoden zur Bestimmung des Schmelzpunktes und anderer physikalischer Konstanten allmählich eine größere Beachtung fanden, wurde wiederholt die Frage aufgeworfen, ob sich nicht auch das Molekulargewicht auf dem Mikroschmelzpunktapparat bestimmen läßt. Vor allem lag es nahe, die Methode von RAST (158) unter dem Mikroskop auszuführen, in der Erwartung, daß sich das Schmelzen der letzten Kristalle hier leichter verfolgen läßt als bei der Beobachtung mit freiem Auge oder mit der Lupe. Nach den Untersuchungen von KOFLER und BRANDSTÄTTER (105) kann man dabei in einfacher Weise vorgehen. Man schmelzt das Gemisch auf dem Heizmikroskop entweder zwischen Objektträger und Deckglas oder in einem zugeschmolzenen Röhrchen.

a) Zwischen Objektträger und Deckglas.

Im allgemeinen arbeitet man auf dem Heizmikroskop lieber mit Objektträger-Deckglaspräparaten, weil sich so die Vorgänge am besten verfolgen lassen. Für die Molekulargewichtsbestimmung mit Kampfer läßt sich dieses Verfahren jedoch infolge der sehr großen Flüchtigkeit des Kampfers nicht anwenden.

An Stelle des Kampfers wurde eine der von PIRSCH (155) vorgeschlagenen Substanzen, und zwar Bornylchlorid, gewählt. Das verwendete Bornylchlorid hatte einen Schmelzpunkt von 134° und eine Moldepression von 45°. Der Schmelzpunkt und die Moldepression des jeweils benützten Präparates müssen eigens bestimmt werden, da beide Werte, besonders der letztere, stark vom Reinheitsgrad abhängig sind. Die Flüchtigkeit des Bornylchlorids ist zwar nicht so außerordentlich groß wie die des Kampfers, sie macht aber doch ein *Einkitten* des Deckglasrandes notwendig, um bei der Bestimmung des Endschmelzpunktes eine Verflüchtigung zu vermeiden. Statt des Einkittens läßt sich auch die „Siliconkammer" (s. S. 103) mit Vorteil verwenden.

Ein zuerst rasch durchgeschmolzenes und mit einer Kittmasse umrahmtes Präparat wird bei 80° auf das Heizmikroskop gelegt und weitergeheizt. Die beim beginnenden Schmelzen übrigbleibenden Kristalle von Bornylchlorid bilden ein feinwabiges Netzwerk, das man am besten bei ziemlich weitgehend verengter Blende — weil optisch isotrop — beobachten kann. Man verfolgt die Auflösung des Bornylchlorids und liest die Temperatur ab, bei der die letzten Kristallreste verschwinden. Der Regulierwiderstand wird so eingestellt, daß die Temperatur im Bereich des Schmelzpunktes um $1/_2$° in der Minute steigt. Für die Berechnung des Molekulargewichtes wird das Mittel aus mehreren Bestimmungen verwendet. Mit Bornylchlorid können mit Rücksicht auf seinen Schmelzpunkt nur Substanzen mit Schmelzpunkten unter etwa 130° erfaßt werden.

b) Im Kapillarröhrchen.

Allgemeiner anwendbar ist nach KOFLER und BRANDSTÄTTER (105, 10) sowie BRANDSTÄTTER (8) die zweite Arbeitsweise, nämlich die Bestimmung in der Schmelzpunktkapillare auf dem Heizmikroskop. Das Kapillarröhrchen mit etwa 1,8 mm Durchmesser wird dabei in einen flachen Metallblock eingeführt, der ein kleines Fenster zur Beobachtung des unteren Teiles der Kapillare besitzt. Dieser Metallblock kann in irgendeiner Weise auf dem Mikroschmelzpunktapparat befestigt werden, am besten durch Einlegen in den Rahmen eines normalen Verschiebers. Der Metallblock ist — entsprechend dem Rahmen des

Verschiebers — 38 mm lang, 26 mm breit und 5 mm hoch und besitzt von einer
Schmalseite ausgehend eine Bohrung mit 3 mm Durchmesser. Das Fenster
für die Beobachtung befindet sich etwas unterhalb der Mitte des Metallblockes
und hat einen Durchmesser von 3 mm. Der Metallblock wird mit Hilfe des
Verschiebers auf dem Mikroschmelzpunktapparat so angebracht, daß das Fenster
sich gerade über dem runden Loch der Heizplatte befindet, das für den Durchlaß
des Lichtes bestimmt ist.

Da die Eichung unserer Mikroschmelzpunktapparate unter der Voraussetzung
erfolgt, daß das Schmelzen der Substanz zwischen Deckglas und Objektträger
und nicht wie in der hier beschriebenen Versuchsanordnung in einem Röhrchen
im Metallblock durchgeführt wird, sind die auf diese Weise erhaltenen Werte
nicht korrigiert. Da es sich aber bei der
Molekulargewichtsbestimmung nur um die
Bestimmung der Temperaturdifferenz handelt, ist eine Korrektur nicht notwendig.

Beim Erhitzen unter dem Mikroskop
kann man das Verschwinden der letzten
Kampferkristalle wesentlich besser und
sicherer verfolgen als durch Beobachtung
mit freiem Auge oder mit der Lupe, insbesondere dann, wenn man die Irisblende
zuzieht. Vor allem ist die spontane Kristallisation des Kampfers bei neuerlichem Abkühlen sehr eindrucksvoll, da ganz plötzlich
sternförmige Kristalle aufschießen, die dann
rasch zu christbaumartigen Gebilden heran-
wachsen (Abb. 17). Wir bestimmen nun
sowohl den Erstarrungspunkt als auch den
Schmelzpunkt; der Berechnung legen wir
im allgemeinen die Schmelzpunkte zu-
grunde. Die spontanen Erstarrungspunkte
liegen bei reinem Kampfer 1 bis $1^1/_2$°, bei

Abb. 17. Primäre Kampferkristalle bei der
Molekulargewichtsbestimmung.

Gemischen mit 10%igem Zusatz etwa 2 bis $2^1/_2$° tiefer als die betreffenden Schmelzpunkte. Durch die Bestimmung des Erstarrungspunktes, die nebenbei erfolgt,
haben wir eine Kontrolle für den Schmelzpunkt. Die Bestimmung wird nun
in der Weise durchgeführt, daß man das Gemisch vollständig durchschmelzt,
dann langsam abkühlen läßt (1° pro Minute) und die Temperatur der primären
Kristallisation bestimmt. Nun wird wieder langsam geheizt und die Schmelztemperatur der letzten Kristalle vermerkt. An Stelle starken Abblendens ist
die Verwendung eines Blaufilters zu empfehlen.

Die Temperaturablesung erfolgt auf dem am Mikroheiztisch angebrachten
Originalthermometer mit 1°-Teilung, auf dem halbe Grade gut abgelesen werden
können. Versuche mit einem in Zehntelgrade unterteilten ANSCHÜTZ-Thermo-
meter, das ebenfalls gut in die Bohrung des Heiztisches eingeführt werden kann,
zeigten, daß die Ablesung von halben Graden völlig ausreichend ist.

Es wurde wiederholt vorgeschlagen, das Verschwinden der letzten Kristalle
des Lösungsmittels zwischen gekreuzten Polarisationselementen zu beobachten.
Sicher wäre das vorteilhaft, nur ist leider beim größeren Teil der als Lösungsmittel geeigneten Stoffe die Verwendung von polarisiertem Licht nicht möglich,
da die Kristalle optisch isotrop sind. Dies gilt auch für den Kampfer. Dieser
besitzt zwar eine doppelbrechende Modifikation, die sich aber, je nach dem
vorliegenden Reinheitsgrad, zwischen 80 und 125° in die kubische, *optisch*

isotrope Form umwandelt, so daß in den in Betracht kommenden Temperaturbereichen nur die isotrope Phase vorliegt.

Nach den Angaben in der Literatur erfährt die Kampfermethode Einschränkungen (157, 124), wenn die Substanz mit Kampfer eine Verbindung eingeht, wie z. B. Phenol, Salicylsäure, Salol u. a. m. Wir haben eine Reihe von Substanzen, die nach Literaturangaben mit Kampfer Molekülverbindungen bilden, geprüft und dabei festgestellt, daß die Fehler nicht größer sind als in Fällen, bei denen keine Molekülverbindung bekannt ist. Vielmehr hat RAST seine Konstante für Kampfer aus einem Diagramm berechnet, von dem sich nachträglich durch Arbeiten von LE FÈVRE und WEBB (124) herausstellte, daß es eine Molekülverbindung aufweist. Auch für Salicylsäure und Salol, die beide speziell unter den Substanzen angeführt sind, auf die sich die Einschränkung bezieht, erhielten wir Werte mit den üblichen Abweichungen. Die in den genannten Systemen auftretenden Molekülverbindungen besitzen nur ein ganz flaches Maximum; bei der in Frage kommenden Konzentration ist die Verbindung bereits soweit dissoziiert, daß keinerlei Störungen zu erwarten sind. Wesentlich größere Bedeutung kommt der Frage der Unlöslichkeit eines Stoffes in Kampfer zu, denn während man bei empfindlichen Stoffen ein tiefer schmelzendes Lösungsmittel verwenden kann, ist es schwer, ein Lösungsmittel zu finden, falls die Substanz in Kampfer unlöslich ist.

Zur Prüfung der Frage, ob eine Substanz in Kampfer überhaupt löslich ist oder nicht, ziehen wir die Kontaktmethode (s. S. 159) heran. Bei der Herstellung der Präparate muß in diesem Falle darauf geachtet werden, daß sich der Kampfer während des Erwärmens nicht verflüchtigt. Der Kampfer wird daher zuerst geschmolzen und dann mit der Schmelze des zweiten Stoffes allseitig umgeben. Beim Erwärmen läßt sich die Mischungslücke feststellen, wie auf S. 162 angegeben ist.

Für die Molekulargewichtsbestimmung kommen nur Stoffe mit hoher BECKMANN-Konstante in Betracht. Als Substanzen mit der gemeinsamen Konstitutionseigentümlichkeit abnorm kleiner Schmelzwärme sieht PIRSCH (155) solche an, die kugelige Molekülform besitzen wie der Kampfer und andere sich ähnlich verhaltende Stoffe. Nach RAST (159) kommt auch die Häufigkeit von Verzweigungen in Betracht und vor allem das Nahebeisammenliegen von Schmelz und Siedepunkt. RAST macht dabei die Einschränkung, daß es Substanzen mit hoher BECKMANN-Konstante gibt, die keiner dieser Bedingungen genügen (Cyclohexanol, Exalton), dagegen aber andere, die sie gut erfüllen, obwohl sie eine kleine BECKMANN-Konstante haben (Monobromkampfer), so daß diese Frage noch ziemlich ungeklärt scheint.

EKBORN (34) berichtete vor kurzem ebenfalls über die Durchführung der RASTschen Molekulargewichtsbestimmung auf unserem Mikroschmelzpunktapparat.

<h3 style="text-align:center">Literatur I bis VI.</h3>

(1) ALBER, K. H., u. W. M. D. BRYANT, Ind. Eng. Chem., Analyt. Ed. 12, 305 (1940). — (2) AMDUR, I., u. E. V. HJORT, Ind. Eng. Chem., Analyt. Ed. 2, 259 (1930); Chem. Zbl. 1930 II, 2409.

(3) BEHRENS-KLEY, Organische mikrochemische Analyse. Leipzig: Voss. 1922. — (3a) BILTZ, W., Ber. dtsch. chem. Ges. 40, 2182 (1907). — (4) BOEKE, H., Z. Instrumentenkunde 29, 72 (1909); durch Chem. Zbl. 1909 II, 1402. — (5) BRANDT, R., Z. wiss. Mikroskop. mikroskop. Techn. 30, 497 (1913). — (6) BRANDSTÄTTER, M., Arzneimittelforsch. 3, 33 (1953). — (7) Mikrochem. 32, 33, 162 (1944). — (8) Mikrochem. 36/37, 291 (1951). — (9) Mikrochem. 38, 68 (1951). — (10) BRANDSTÄTTER, M., u. L. KOFLER, Mikrochem. 34, 364 (1949). — (11) BRANDSTÄTTER, M., u. H. THALER, Mikrochem. 38, 358 (1951). — (12) BRAMSLEV, E. R., Gas- u. Wasserfach 79, 943 (1936); durch Chem. Zbl. 1937 I, 2068. — (13) v. BRAUN, J., W. GMELIN u. A. SCHULT-

Heiss, Ber. dtsch. chem. Ges. **56**, 1338 (1923). — (14) Burckhardt, V., u. T. Reichstein, Helv. Chim. Acta **25**, 1437 (1942). — (15) Burgess, G. K., Bull. Bur. Stand. **3**, 345 (1907); Physikal. Z. **14**, 158 (1913). — (16) Burri, C., Das Polarisationsmikroskop. Basel: Birkhäuser. 1950. — (17) Butenandt, A., Ann. Chem. **568**, 83 (1950). — (18) Butenandt, A., u. L. Schäffler, Z. Naturforsch. **1**, 82 (1946).

(19) Cech, R. E., Rev. Sci. Instruments **21**, 747 (1950). — (20) Chalmers, B., R. King u. R. Shuttleworth, Proc. Roy. Soc. London, Ser. A **193**, 465 (1948). — (21) Chamot, E. M., u. C. W. Mason, Handbook of Chemical Microscopy, Vol. I. New York: John Wiley and Sons. 1938. — (22) Clevenger, J., Ind. Eng. Chem., Analyt. Ed. **16**, 854 (1924). — (23) Cram, P., J. Amer. Chem. Soc. **34**, 954 (1912). — (24) Curtis, T. S., Bull. Amer. Ceram. Soc. **11**, 114 (1932).

(25) D'Ans, J., u. E. Lax, Taschenbuch für Chemiker und Physiker. Berlin: Springer-Verlag. 1943. — (26) Deininger, J., Pharmaz. Ztg. **78**, 362 (1923). — (27) Dennis, L. M., u. R. S. Shelton, J. Amer. Chem. Soc. **52**, 3128 (1930). — (28) Deutsches Arzneibuch. 6. Ausg. 1926. — (29) Donleavy, J., J. Amer. Chem. Soc. **58**, 1004 (1936). — (30) Dunbar, R. E., Ind. Eng. Chem., Analyt. Ed. **11**, 516 (1939).

(31) v. Erner, V., S.-B. Wien. Akad. Wiss. **95**, 55 (1887). — (32) Eder, R., Über Mikrosublimation von Alkaloiden im luftverdünnten Raum. Diss. Zürich. 1912. — (33) Eitel, W. u. B. Lange, Z. anorg. Chem. **171**, 168 (1928). — (34) Ekborn, G., Collectanea Pharmac. Suecica I (1946). — (35) Emich, F., Lehrbuch der Mikrochemie. München: Bergmann. 1926. — (36) Emmons, R. C., Amer. Mineralogist **14**, 414, 482 (1929); Geol. Soc. Amer. **8**, 59 (1943). — (37) Endell, K., Z. Kristallogr. **56**, 191 (1921). — (38) Erk, S., Physikal. Z. **36**, 451 (1935).

(39) Fieldner, A. C., W. A. Selvig u. W. L. Parker, Ind. Eng. Chem., Analyt. Ed. **14**, 695 (1922). — (40) Fischer, E., Ber. dtsch. chem. Ges. **41**, 73 (1908). — (41) Fischer, R., Arch. Pharmaz. **271**, 466 (1932). — (42) Arch. Pharmaz. **277**, 306 (1939). — (43) Chemie **55**, 244 (1942). — (44) Mikrochem. **10**, 409 (1931); **15**, 247 (1934). — (45) Mikrochem. **13**, 123 (1933). — (46) Mikrochem. **28**, 173 (1940). — (47) Mikrochem. **31**, 296 (1944). — (48) Mikrochem. **36/37**, 296 (1951). — (49) Siehe (43). — (50) Z. Unters. Lebensmittel **67**, 161 (1933). — (51) Fischer, R., u. G. Karasek, Mikrochem. **33**, 316 (1948). — (52) Fischer, R., u. A. Moor, Mikrochem. **15**, 74 (1934). — (53) Fischer, R., u. E. Neupauer, Mikrochem. **34**, 319 (1949). — (54) Fischer, R., u. W. Paulus, Mikrochem. **17**, 356 (1935). — (55) Fischer, R., u. T. Reichel, Mikrochem. **31**, 102 (1944). — (56) Fonrobert, E., u. K. Brückel, Farben-Ztg. **43**, 497 (1938); durch Chem. Zbl. **1938** II, 425. — (57) Friedel, G., Rev. opt. théor. instr. **6**, 34 (1927); Dtsch. opt. Wschr. **26**, 361 (1927); zit. nach G. Klein, Mikrochem., Pregl-Festschrift 192 (1929). — (58) Fuchs, H. G., u. T. Reichstein, Helv. Chim. Acta **26**, 511 (1943). — (59) Fuchs, L., Mikrochim. Acta **2**, 317 (1937).

(60) Gaubert, P., Bull. soc. chim. France **45**, 89 (1922). — (61) Goldschmidt, V., Verh. naturwiss. med. Ver. Heidelberg, N. F. S., 2. H. (1893); zit. nach Meyer, H., Analyse und Konstitutionsermittlung organischer Verbindungen, 4. Aufl. Berlin: J. Springer. 1922. — (62) Grabar, D. G., u. W. C. McCrone, J. Chem. Education **27**, 649 (1950). — (63) Griebel, C., Z. Unters. Nahrungs- u. Genußmittel **47**, 438 (1924). — (64) Griebel, C., u. F. Weiss, Mikrochem. **5**, 146 (1927). — (65) Grove, D. C., u. G. L. Keenan, J. Amer. Chem. Soc. **63**, 97 (1941).

(66) Halström, F., Om Stofidentifikation i den forensikke Kemi. Kopenhagen, 1940. — (67) Harvalik, Z., Ind. Eng. Chem., Analyt. Ed. **13**, 581 (1941); durch Chem. Zbl. **1942** I, 2909. — (68) Hesse, G., Adsorptionsmethoden im chemischen Laboratorium. Berlin: Springer-Verlag. 1943. — (69) Chem.-Ztg. **74**, 634, 647 (1950). — (70) Angew. Chem. **49**, 315 (1936). — (71) Hesse, G., in J. D'Ans, Chemisch-technische Untersuchungsmethoden, Erg. z. 8. Aufl., I. S. 189. Berlin: J. Springer. 1939. Dort auch zahlreiche Literaturangaben. — (72) Hesse, G., u. H. Eilbracht, Ann. Chem. **546**, 233 (1941). — (73) Hocart, R., u. J. C. Monier, Colloque de Lausanne, 3 sept. 1949. Communication du laboratoire de minéralogie et de pétrographie de l'Université de Strasbourg.

(74) Jänecke, E., Die Welt der chemischen Körper bei hohen und tiefen Temperaturen und Drucken. Weinheim/Bergstraße: Verlag Chemie. 1950. — (75) F. Jentzsch, Z. wiss. Mikroskop. mikroskop. Techn. **27**, 259 (1910).

(76) Karrer, P., u. A. Nilsson, Zangger-Festschrift, S. 954. Zürich: 1934. — (77) Katz, A., Helv. Chim. Acta **31**, 998 (1948). — (78) Kaufmann, H. P., u. M. Lund, Fette u. Seifen **47**, 570 (1940). — (79) Kempf, R., in Methoden der organischen Chemie, herausgegeben von J. Houben. S. 661. Leipzig: Thieme. 1925. — (80) Kempf, R., u. F. Kutter, Schmelzpunkttabellen zur organischen Molekularanalyse.

Braunschweig: Vieweg. 1928. — (81) KLEIN, G., Mikrochem., PREGL-Festschrift 192 (1929). — (82) KLEY, C., Z. analyt. Chem. **43**, 160 (1912). — (83) KOFLER, A., Arch. Pharmaz. **284**, 13 (1951). — (84) Chem. Ber. **83**, 594 (1950). — (85) Chem. Ber. **84**, 376 (1951). — (86) Mikrochem. **36/37**, 302 (1951). — (87) unveröffentlicht. — (88) Naturwiss. **38**, 46 (1951). — (89) Z. analyt. Chem. **133**, 31 (1951). — (90) KOFLER, L., Ber. dtsch. chem. Ges. **76**, 1096 (1943). — (91) Mikrochem. **15**, 242 (1934). — (92) Mikrochem. **22**, 241 (1937). — (93) Mikromethoden zur Kennzeichnung organischer Substanzen. Beih. Z. Ver. dtsch. Chem. Nr. 46 (1942). — (94) Pharmaz. Zentralhalle **89**, 223 (1950). — (95) KOFLER, L. u. A., Arch. Pharmaz. **272**, 537 (1934). — (96) Ber. dtsch. chem. Ges. **74**, 1394 (1941). — (97) Mikrochem. **35**, 83 (1950); Mh. Chem. **80**, 555 (1949). — (98) Mikromethoden zur Kennzeichnung organischer Stoffe und Stoffgemische. Innsbruck: Universitätsverlag Wagner. 1948. — (99) Chem. d. Erde **13**, 316 (1940). — (100) Angew. Chem. **53**, 434 (1940). — (101) KOFLER, L., A. KOFLER u. A. MAYRHOFER, Mikroskopische Methoden in der Mikrochemie. Wien: E. Haim u. Co. 1936. — (102) KOFLER, L., u. M. BIRNER, Arch. Pharmaz. **280**, 401 (1942). — (103) KOFLER, L., u. M. BRANDSTÄTTER, Ber. dtsch. chem. Ges. **74**, 1720 (1941). — (104) Chemie **55**, 77 (1942). — (105) Mikrochem. **33**, 20 (1947). — (106) KOFLER, L., u. W. DERNBACH, Mikrochem. **9**, 346 (1931). — (107) KOFLER, L., u. H. HILBCK, Mikrochem. **9**, 38 (1931). — (108) KOFLER, L., u. H. J. LENNARTZ, Mikrochem. **33**, 70 (1947). — (109) KOFLER, L., u. I. A. MÜLLER, Mikrochem. **22**, 43 (1937). — (110) KOFLER, L., u. R. OPFER-SCHAUM, Fette u. Seifen 48, 49, 359 (1941). — (111) KOFLER, L., u. M. PIRISTI, Arch. Pharmaz. **282**, 69 (1944). — (112) KOFLER, L., u. D. PRAUSE, Pharmaz. Zentralhalle 88, 129 (1949). — (113) KOFLER, L., u. H. RATZ, Arch. Pharmaz. **269**, 689 (1931). — (114) Arch. Pharmaz. **270**, 338 (1932). — (115) KOFLER, L., u. H. RUESS, Chem. d. Erde 11, 590 (1938). — (116) KOFLER, L., u. H. SITTE, Mh. Chem. **81**, 619 (1950). — (117) KOFLER, L. u. W., Mikrochem. **34**, 374 (1949). — (118) KOFLER, L., u. R. WANNENMACHER, Ber. dtsch. chem. Ges. **73**, 1388 (1940). — (119) KOFLER, W., Mikrochem. **39**, 84 (1952). — (120) Mh. Chem. **80**, 694 (1949). — (121) KOFLER, W., A. KOFLER u. L. KOFLER, Mikrochem. **38**, 218 (1951). — (122) Kommentar zum Deutschen Arzneibuch, 6. Ausg. 1926, I, S. 91. Berlin: 1928.

(123) LANDOLT-BÖRNSTEIN, Physikalisch-chemische Tabellen, 5. Aufl., Erg.-Band IIb, S. 1481. Berlin: J. Springer. 1931. — (124) LE FÈVRE, W., u. A. WEBB, J. Chem. Soc. London **1931**, 1211. — (125) LEHMANN, O., Molekularphysik, Leipzig: Engelmann. 1888. — (126) Das Kristallisationsmikroskop. Braunschweig: Vieweg. 1910. — (127) LENNARTZ, H. J., Z. analyt. Chem. **127**, 5 (1944). — (128) Angew. Chem. **59**, 158 (1947). — (129) LESLIE, R. T., u. W. W. HEUER, J. Res. Nat. Bur. Standards **18**, 639 (1937); durch Chem. Zbl. **1938 I**, 3325. — (130) LIEB, H., u. W. SCHÖNIGER. Anleitung zur Darstellung organischer Präparate mit kleinen Substanzmengen. Wien: Springer-Verlag. 1950. — (131) Mikrochem. **35**, 94 (1950). — (132) LINCK, G., u. E. KOEHLER, Chem. d. Erde 4, 458 (1930). — (133) LINDNER, J., Mh. Chem. **44**, 337 (1924); **46**, 231 (1926); **72**, 330, 354, 361 (1939); Ber. dtsch. chem. Ges. **74**, 231 (1941); Mikrochem. **34**, 382 (1949); **35**, 205 (1950). — (134) LINSER, H., Mikrochem. **9**, 253 (1931). — (135) LÜDY TENGER, F., Pharm. Acta Helv. **22**, 460 (1947).

(136) MARKOVIČ, D., Farm. Glasnik 4, 181 (1948); s. auch Farm. Glasnik 2, 255 (1946). — (137) Mikrochem. **32**, 6 (1944). — (138) Mikrochem. **36/37**, 1158 (1951); **38**, 419 (1951). — (139) MASCHKE, O., Ann. Physik 11, 722 (1880). — (140) MASON, C. W., u. T. G. ROCHOW, Ind. Eng. Chem., Analyt. Ed. **6**, 367 (1934). — (141) MATTHIESSEN, G., u. H. HAGEDORN, Mikrochem. **29**, 55 (1941). — (142) MAYRHOFER, A., Mikrochemie der Arzneimittel und Gifte. Berlin—Wien: Urban & Schwarzenberg. 1923 und 1928. — (143) MEYER, H., Nachweis und Bestimmung organischer Verbindungen. Berlin: J. Springer. 1933. — (144) MITCHELL, J. jr., Analyt. Chemistry **21**, 448 (1949). — (145) MOHR, K., u. T. REICHSTEIN, Pharm. Acta Helv. **24**, 246 (1949). — (146) MÜLLER, J., Helv. Chim. Acta **31**, 1117 (1948). — (147) MULLER, P., Ann. chim. analyt. chim. appl. (2) **14**, 340 (1932); durch Chem. Zbl. **1933 I**, 265.

(148) NIETHAMMER, A., Mikrochem. **7**, 223 (1929).

(149) OBERHOFFER, P., Z. Elektrochem. **15**, 634 (1909). — (150) OLIVERIO, A., Ann. chim. appl. **28**, 353 (1938); OLIVERIO, A., u. F. S. TRUCCO, Atti acad. Gioenia sc. naturali Catania [6], Vol. IV (1939). — (151) OPFER-SCHAUM, R., Mikrochem. **31**, 324 (1944); Arch. Pharmaz. **281**, 380 (1943); OPFER-SCHAUM, R., u. M. PIRISTI, Mikrochem. **32**, 148 (1944).

(152) Pharmacopoea Danica 1948. — (153) Pharmacopoea Helvetica V, 1933. — (154) Siehe (3a). — (155) PIRSCH, J., Ber. dtsch. chem. Ges. **66**, 349, 1694 (1933); **67**, 1115 (1934). — (156) PLATTNER, P. A., u. A. ST. PFAU, Helv. Chim. Acta **20**,

224 (1937). — (157) Pregl, F., Quantitative organische Mikroanalyse, 5. Aufl., neubearbeitet von H. Roth. Wien: Springer-Verlag. 1947.

(158) Rast, K., Ber. dtsch. chem. Ges. 55, 1051, 3727 (1922). — (159) Mikrochem. 36/37, 295 (1951), Diskussionsbemerkung. — (160) Reichstein, T., Chimia 4, 47 (1950). — (161) Reichstein, T., Helv. Chim. Acta 9, 799 (1926). — (162) Reichstein, T., und Mitarbeiter, Helv. Chim. Acta 31, 697 (1948). — (163) Reimers, F., Dansk Tidsskr. Farmac. 15, 81 (1941). — (164) Dansk Tidsskr. Farmac. 15, 177 (1941). — (165) Roberts, H. S., Zentr.-Ztg. Opt. Mech. Nr. 12, 162 (1927); zit. nach G. Klein, Mikrochem., Pregl-Festschrift 192 (1929). — (166) Rosenthaler, L., Toxikologische Mikroanalyse. Berlin: Borntraeger. 1935.

(167) Schroeder van der Kolk, J. L. C., Tabellen zur mikroskopischen Bestimmung der Mineralien nach ihrem Brechungsindex, 2. Aufl. Wiesbaden: 1906. — (168) Schürhoff, P. N., Arch. Pharmaz. 270, 363 (1932). — (169) Shin-ichiro Fujise, Sci. Pap. Inst. Physic. Chem. Res. 38, Nr. 1001/03; Bull. Inst. Physic. Chem. Res. (Abstr.) 19, 63 (1940); durch Chem. Zbl. 1941 I, 3552. — (170) Shoppee, C. W., u. G. H. R. Summers, J. Chem. Soc. London 1950, 687. — (171) Siedentopf, N., Z. Elektrochem. 12, 593 (1906); zit. nach R. Kempf, Methoden der organischen Chemie, herausgegeben von J. Houben, Bd. I, S. 805. Leipzig: Thieme. 1925. — (172) Siwoloboff, N., Ber. dtsch. chem. Ges. 19, 795 (1886). — (173) Spangenberg, K., Fortschr. Mineral., Kristallogr. Petrogr. 7, 3 (1922). — (174) Stadnichenko, T., J. Opt. Soc. Amer. 10, 605 (1925). — (175) Swinden, T., T. W. Howie u. J. H. Chesters, Trans. Brit. Ceram. Soc. 38, 245 (1939).

(176) Tammann, G., Heterogene Gleichgewichte. Braunschweig: Vieweg. 1924. — — (177) Thiene, H., Glas, I. S. 267, Jena: Fischer. 1931. — (178) Timmermans, J., Z. physik. Chem. 58, 129 (1907). — (179) Trier, G., Chemie der Pflanzenstoffe. Berlin: Borntraeger. 1924. — (180) Tschamler, H., Mikrochem. 35, 353 (1950). — (181) Tswett, M., Ber. dtsch. botan. Ges. 24, 284 (1906). — (182) Turfitt, G. B., Quart. J. Pharmac. Pharmacol. 21, 1 (1948).

(183) United States Pharmacopoeia XIII, 1947. — (184) Utermark, W., Schmelzpunkttabellen organischer Verbindungen. Berlin: Akademie-Verlag, 1951.

(185) Viehoever, A., Third Rep. Assoc. Off. Agric. Chemists 6, 477 (1923). — (186) Vogl, R., Die heterogenen Gleichgewichte. Leipzig: Akad. Verlagsges. 1937. — (187) Vorländer, D., u. U. Haberland, Ber. dtsch. chem. Ges. 58, 2652 (1925); Vorländer, D., W. Selke u. G. Kreiss, Ber. dtsch. chem. Ges. 58, 1802 (1925).

(188) Waddington, H. J., Pharmac. J. Transact. (II) 9, 409 (1867). — (189) Wahl, W., Proc. Roy. Soc. London, Ser. A, 87, 371 (1912). — (190) Walsh, W. L., Ind. Eng. Chem., Analyt. Ed. 6, 468 (1934). — (191) Weber, H., Dtsch. med. Wschr. 1912, 167. — (192) Weygand, C., Angew. Chem. 49, 243 (1936). — (193) Weygand, C., u. W. Grüntzig, Mikrochem. 10, 1 (1931). — (194) Williams, A. L., G. E. Research Laboratory Report, RL-230 (1949). — (195) Wright, F. E., J. Washington Acad. Sci. 3, 223 (1913).

(196) Zacherl, M. K., Mikrochem. 34, 350 (1949). — (197) Zechmeister, L., Progress in Chromatography 1938—1947. London: Chapman and Hall. 1950. — (198) Zechmeister, L., u. L. v. Cholnoky, Die chromatographische Adsorptionsmethode, 2. Aufl. Wien: J. Springer. 1938. — (199) Zscheile, F. P., u. J. W. White, Ind. Eng. Chem., Analyt. Ed. 12, 436 (1940).

VII. Mikrothermoanalyse.

Die Kenntnis der Zustandsdiagramme organischer Systeme stützte sich bisher fast ausschließlich auf die Ergebnisse der Thermoanalyse. Nur in wenigen Fällen, z. B. bei Fettsäuren, sind Strukturanalysen von Mischungen ausgeführt worden. Die einseitige Bestimmung der Punkte der „primären Kristallisation", sei es mittels der Haltepunkte und Haltezeiten, sei es mittels des Kapillarröhrchens, brachte es mit sich, daß viele Einzelheiten innerhalb der Systeme bezüglich der auftretenden kristallisierten Phasen nicht erkannt wurden und daher der Aufbau organischer Systeme für einfach galt. Es schien, als ob sich jedes organische Zweistoffsystem in eine der theoretischen Grundtypen einordnen ließe.

Durch die *Mikrothermoanalyse*, d. i. die mikroskopische Durchführung der Thermoanalyse auf einem Heiztisch, konnten neue Einblicke in den Aufbau organischer Zweistoffsysteme gewonnen werden. Widersprüche und Streitfragen des Schrifttums konnten in mehreren Fällen ohne besondere Schwierigkeiten erkannt und aufgeklärt werden. In einer Reihe von Fällen wurden neue, innerhalb bestimmter Mischungsintervalle auftretende, bisher nicht beobachtete Kristallphasen aufgefunden, die jeweils entweder einer Molekülverbindung oder einer bestimmten Mischphase angehören. Letztere hängen mit der Polymorphie bzw. mit der Isopolymorphie der entsprechenden Stoffe zusammen. Teils gehen sie aus stabilen Phasen einer Komponente hervor und wurden bei der Makrothermoanalyse deshalb nicht erkannt, weil die entsprechenden Teilkurven zu wenig voneinander abweichen. Teils aber entstehen neue Mischphasen aus instabilen Modifikationen, die nunmehr im Mischverband in bestimmten Bereichen stabile Zustandsformen annehmen. Derartige neue, bisher bei organischen Stoffpaaren nicht bekannte Phasen werden als *stabilisierte Zwischenphasen* bezeichnet; sie verdienen wegen ihrer Analogie mit den intermediären metallischen Phasen (ohne geordnete Verteilung) besonderes Interesse.

Durch mikrothermoanalytische Untersuchungen konnte neuerdings die Wichtigkeit der *Isodimorphie* bzw. *Isopolymorphie organischer Stoffe,* auf die bereits von BRUNI und GROTH eindringlich hingewiesen wurde, bestätigt werden; sie ist für die Beurteilung des isomorphen Verhaltens *organischer Stoffe* unerläßlich und erklärt zwanglos die Tatsache, daß Stoffe, deren stabile Modifikationen nicht isotyp, sondern nur homöotyp oder heterotyp sind, häufig weitgehend im festen Zustand miteinander mischbar sind. In vielen isodimorphen Systemen hat sich gezeigt, daß schon geringe isomorphe Beimengungen von einem oder wenigen Prozenten nicht nur die Haltbarkeit einer instabilen Modifikation erhöhen können, sondern sie stabil werden lassen, während die stabile Modifikation des betreffenden Stoffes durch die geringe Beimengung in den instabilen Zustand übergeht.

Die Mikrothermoanalyse in der in den folgenden Abschnitten beschriebenen Arbeitsweise gibt die Möglichkeit, alle in einem System auftretenden kristallisierten Phasen wirklich zu erkennen, und ist daher geeignet, als Grundlage für alle weiteren, mit irgendeinem Verfahren durchgeführten, morphologisch-strukturellen Untersuchungen zu dienen. In *isodimorphen Fällen,* die sich durch große Unbeständigkeit der entsprechenden, aus instabilen Modifikationen hervorgegangenen Mischphasen auszeichnen und deshalb einer kristallstrukturellen Untersuchung nicht zugänglich sind, bietet die mikroskopische Thermoanalyse den einzigen Weg, sich über die vorliegenden Verhältnisse zu orientieren und die richtigen Verwandtschaftsbeziehungen zu erkennen.

Vor Besprechung der mikroskopischen Methoden zur Untersuchung von Zwei- und Dreistoffsystemen und der daraus gewonnenen neuen Erkenntnisse soll die Erscheinung der Polymorphie und der Isopolymorphie behandelt werden, weil ohne genaue Kenntnis dieser Erscheinungen ein Verständnis der kristallchemischen Verwandtschaft bei organischen Stoffen nicht möglich ist.

1. Polymorphie.

a) Allgemeines.

Unter Mehrgestaltigkeit oder Polymorphie versteht man das Auftreten von zwei oder mehreren Kristallarten — Modifikationen — bei gleichbleibender chemischer Beschaffenheit einer Verbindung. MITSCHERLICH (201) beobachtete diese Erscheinung im Jahre 1821 zuerst am Mononatriumphosphat (202). 1832 entdeckten WÖHLER und LIEBIG (321) die Dimorphie des Benzamids als erstes Beispiel bei einem organischen Stoff; dann folgte die Entdeckung von zwei Modifikationen bei p-Nitrophenol (166) und bei 1,2,4-Chlordinitrobenzol (111). Bald zeigte sich, daß die Polymorphie in allen Stoffklassen, anorganischen und organischen, eine häufig auftretende Erscheinung darstellt.

Das Problem der Polymorphie ist noch bei weitem nicht geklärt. Es konnte aber an einer Reihe *anorganischer* Stoffe durch eingehende röntgenographische Strukturanalysen der Zusammenhang von Bausteingröße, Gitterordnung, Temperatur und Druck gezeigt werden. Bei der Vorstellung nehme man z. B. an, daß ein kleineres Kation in der Mitte eines Würfels von 8 Anionen so umgeben ist, daß letztere in den Ecken des Würfels sitzen, daß also *Achterkoordination* vorliegt; wird das Anion durch andere, immer größer werdende Anionen ersetzt, so muß es einen Grenzfall geben, bei dem sich alle acht mit dem Kation in Berührung befindlichen Anionen auch untereinander berühren. Das Verhältnis der Radien hat bei dieser Koordination einen ganz bestimmten Grenzwert (0,73). Vergrößert sich z. B. durch Temperaturerhöhung der Anionenradius, so drängen sich die Anionen auseinander, die Berührung mit dem Kation wird gelockert. Das bedeutet ein Instabilwerden des betreffenden Gitters; ein neues tritt an dessen Stelle, z. B. eines mit *Sechserkoordination* (im Raum). So hat z. B. CsCl bei Temperaturen unter 445° Achterkoordination, über 445° Sechserkoordination. Nach BUERGER (34) ist das Auftreten von Gittern mit *größerer* Koordinationszahl bei *niedrigeren Temperaturen* (bzw. größeren Drucken) die Regel (92, 114).

Auch bei der Polymorphie von $CaCO_3$ und KNO_3 ist in der Reihe der Carbonate bzw. Nitrate mit steigendem Kationenradius (Li, Na, K oder Mg, Ca, Sr, Ba) ein bestimmter Grenzwert erreicht; bei weiterem Steigen der Radien tritt statt des trigonalen Gittertyps ein rhombischer Gittertyp auf. Die Verbindungen $CaCO_3$ und KNO_3 mit den *Grenzwerten* der Radienverhältnisse vermögen *beide Gitterordnungen* zu bilden (92, 114).

Bei *organischen Stoffen* ist die Zahl der gitterstrukturell untersuchten Stoffe, insbesondere polymorpher Stoffe, noch sehr gering. Der Grund liegt neben anderen Schwierigkeiten auch in der Kompliziertheit der Bestimmung von Strukturen mit niedrigerer Symmetrie, die bei den organischen Stoffen vorherrschen. Strukturelle Polymorphieuntersuchungen sind nur in wenigen Gruppen durchgeführt worden, wie z. B. bei Pikrylbromid (101) oder bei organischen Stoffen mit Kettenmolekülen (s. S. 147). Hingegen existiert eine große Zahl von experimentellen Arbeiten, die das Auftreten von Polymorphie als eine bei organischen Stoffen sehr häufige und in Beziehung auf die Anzahl der Modifikationen sehr reichhaltige Eigenschaft erkennen lassen.

Als kristallaufbauende Kräfte kommen bei organischen Stoffen, die zum Unterschied von Ionen- oder Atomgittern in Molekülgittern kristallisieren, VAN DER WAALsche und elektrostatische Kräfte, insbesondere Wasserstoffbindungen in Frage (NOWACKI [219]).

Bei den neueren Vorstellungen der Polymorphieursachen organischer Stoffe wird die Annahme, daß die polymorphen Modifikationen aus vollkommen identischen Molekülen aufgebaut sind, immer mehr verlassen (295). Vielmehr hält man für wahrscheinlich, daß bei den einzelnen Modifikationen irgendwelche Unterschiede der gitteraufbauenden Partikel anzunehmen sind, die in einer Assoziation oder in Unterschieden der Konfiguration begründet sein können.

Bei zahlreichen Untersuchungen verschiedener Art wurde immer wieder bewiesen, daß die flüssigen oder gasförmigen Zustände polymorpher Stoffe vollkommen identisch sind. Diese Tatsache bildet den Unterschied der Polymorphie gegenüber der Isomerie (295). Aber schon bei dem von ZINCKE (325) als polymorph beschriebenen Benzophenon wurde bei eingehender Untersuchung durch Schaum (262) auf Grund kleiner Differenzen in der Refraktion und Viskosität der Schmelzen die Frage aufgeworfen, ob die Verschiedenheit wirklich nur im Kristallgitter bestehe. Ähnliche Ergebnisse über spezifisches Verhalten von aus verschiedenen Modifikationen hervorgegangenen Schmelzen brachten die Untersuchungen über Pyrazolone (3), Nitrostilbene (230), ferner über die drei Allozimtsäuren (281, 54 a), die Chalkone (48, 312) und über die Derivate, die die Benzylidengruppe enthalten (49, 50, 74, 203).

Daß sich auf Grund der genannten Beobachtungen die Abgrenzung zwischen Polymorphie und Isomerie immer schwieriger gestaltet, zeigt sich insbesondere bei dem von Hantzsch (91) an Nitroverbindungen beobachteten Auftreten der Chromoisomerie und der Homochromisomerie. Im ersten Falle handelt es sich um das sowohl bei heteropolaren als auch bei homöopolaren Nitroverbindungen vorkommende Auftreten *verschieden gefärbter* Formen. Im zweiten Falle, der Homochromisomerie, sind die Modifikationen dagegen gleichfarbig, unterscheiden sich aber durch die Löslichkeit und den Schmelzpunkt. Nach Hantzsch sind diese eigenartigen Isomeriefälle auf geringfügige Konfigurationsänderungen der Atomordnung im Raum zurückzuführen. Das Auftreten verschiedener Formen wird durch geringe Änderungen der Bindungsverhältnisse innerhalb des Moleküls erklärt, wobei der Beteiligung der Sauerstoffatome an der Bindung im Falle der Chromoisomeren maßgebende Bedeutung zugeschrieben wird. Die Chromoisomerie und Homochromisomerie werden von ihrem Entdecker selbst der Isomerie zugerechnet. Bilmann (10) betrachtet diese Erscheinung jedoch als zur Polymorphie gehörig.

Betrachtet man die beschriebenen Erscheinungen von dem Begriff der dynamischen Isomerie (255) aus, so lassen sich die Abweichungen ohne weiteres unter einen Gesichtspunkt bringen, so daß nach den neuesten Auffassungen (189, 320, 297, 294) die *polymorphen Modifikationen als einfache Stereoisomere* zu betrachten sind, die jedoch *nur* im *kristallinen Zustand* verifiziert sind. Sie sind durch die Fähigkeit ausgezeichnet, sich in der flüssigen Phase rasch ineinander umzuwandeln bzw. sich in den der flüssigen Phase zukommenden Molekül- oder Gleichgewichtszustand einzustellen. Denkt man sich die Umwandlungsgeschwindigkeit bei Übergang in eine isotrope Phase schrittweise verlangsamt, so muß man notwendigerweise zu Formen kommen, die den echten Isomeren nahe kommen und schließlich mit ihnen zusammenfallen (295).

Das Auftreten von *Polymorphie* erscheint bei *Molekülgittern* wegen der Möglichkeit verschiedener „Stabilitätslagen" der Atome innerhalb des Moleküls (247) günstiger als bei anderen Raumgittern (246). Die Annahme, daß sich alle Stoffe unter geeigneten Umständen (in Abhängigkeit von Temperatur, Druck oder Beimengungen) in mehr oder minderem Grad polymorph erweisen, wird dadurch gerechtfertigt (32).

b) Enantiotropie und Monotropie.

Die Modifikationen verhalten sich wie verschiedene Aggregatzustände ein und derselben Substanz. Sie zeigen daher Unterschiede in ihren physikalischen Eigenschaften, wie Schmelzpunkt, Schmelzwärme, spezifische Wärme, Löslichkeit, Dichte, Kristallstruktur, Lichtbrechung, elektrische Leitfähigkeit usw. Bei einem bestimmten Druck und einer bestimmten Temperatur ist jeweils nur eine Form *stabil;* die andere ist *instabil,* sofern nicht gerade die Zustandsbedingungen des Umwandlungspunktes vorliegen. Die instabilen Modifikationen wandeln sich mit mehr oder weniger großer Geschwindigkeit in die stabile Form um (86).

Zwei Modifikationen lassen sich bei einer bestimmten Temperatur dadurch unterscheiden, daß die instabile Phase leichter verdampft und die größere Löslichkeit besitzt. Die beiden Eigenschaften, der Dampfdruck und die Lösungstension, steigen mit zunehmender Temperatur; diese Abhängigkeit kann für einen bestimmten äußeren Druck durch eine Kurve dargestellt werden, die für beide Modifikationen verschieden ist (222, 255). In Abb. 18 stellt *I—I* die Dampfdruckkurve der einen, *II—II* die der anderen Form und *f—f* die der flüssigen Phase dar. *I* und *II* schneiden sich im Punkte *u*. Erwärmt man die bei Raumtemperatur beständige Form *II* über *u* hinaus, so wird sie, da sie jetzt den größeren Dampfdruck besitzt, unbeständig und wandelt sich in Modifikation *I* um, deren Schmelzpunkt bei F_1 liegt. Gelingt es jedoch, *II* ohne Umwandlung zu erwärmen, so tritt Verflüssigung bei F_2, also bei einer niedrigeren Temperatur als bei *I* ein. Geht man umgekehrt von der geschmolzenen Substanz aus, so wandelt sich die aus den Restkristallen entstandene Form *I* bei Abkühlung

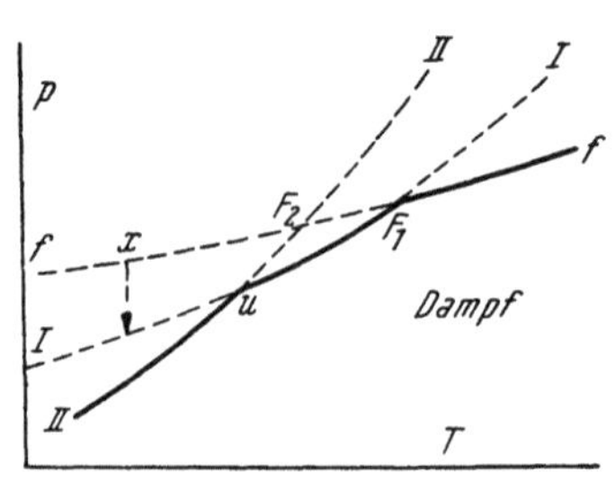

Abb. 18. Dampfdruckkurven bei Enantiotropie.

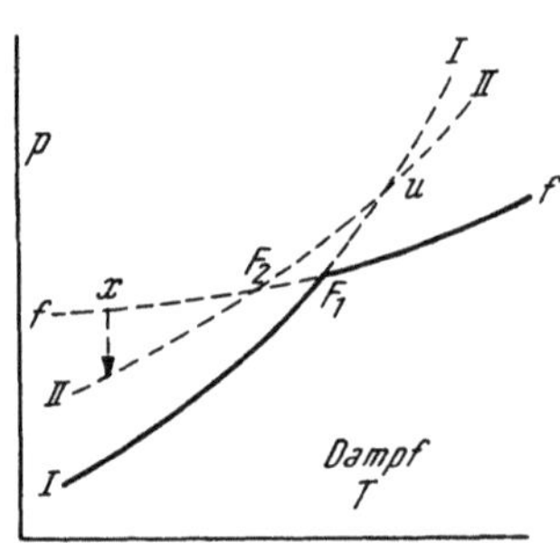

Abb. 19. Dampfdruckkurven bei Monotropie.

über *u* in *II* zurück. Man nennt ein derartiges Verhalten polymorpher Stoffe *enantiotrop* (178). Gelingt es, die Schmelze bis *x* zu unterkühlen, so erstarrt sie spontan meist zu der bei dieser Temperatur unbeständigen Modifikation *I*, entsprechend der sogenannten Ostwaldschen Regel, nach der beim Verlassen irgendeines Zustandes nicht die für die entsprechenden Bedingungen stabilste Phase entsteht, sondern die nächstliegende, d. i. diejenige, die unter möglichst geringem Verlust an freier Energie erreicht werden kann.

Der Umwandlungspunkt zeigt gewisse Analogie mit dem Schmelzpunkt. Dementsprechend erfolgt bei Umwandlung von *II* in *I* bei *u* eine Wärmetönung. *I* besitzt in der Regel eine größere spezifische Wärme und eine geringere Dichte als *II*.

Die Dampfdruckkurven können auch so liegen, daß der Umwandlungspunkt oberhalb des Schmelzpunktes zu liegen kommt und dadurch virtuell wird (Abb. 19). Bei solchen Stoffen (es ist die größere Zahl) ist Modifikation *II* mit dem stets höher bleibenden Dampfdruck durchaus instabil, Modifikation *I* mit dem stets niedriger bleibenden Dampfdruck stabil. Beim Erwärmen schmilzt *I*, ehe der virtuelle Umwandlungspunkt erreicht werden kann. Die Umwandlung geht hier nur in einer Richtung, und zwar von *II* zu *I* und nicht umgekehrt. Man nennt solche Modifikationen *monotrop* (Lehmann [178]).

Bei vielen polymorphen Stoffen gelingt es ohne weiteres, auch den Schmelzpunkt F_2 der jeweils instabilen Form *II* der Abb. 18 und 19 zu bestimmen. Bezüglich des Auftretens von Enantiotropie und Monotropie bei organischen Stoffen lassen sich bestimmte Gesetzmäßigkeiten aufstellen (Timmermans und Deffet [297]).

Grenzfälle kommen dann zustande, wenn die Dampfdruckkurve der Schmelze *f—f* durch den Umwandlungspunkt geht, was bedeutet, daß die

Schmelzpunkte beider Modifikationen gleich sind und außerdem mit dem Umwandlungspunkt zusammenfallen (z. B. β-Naphthol [115]); bei γ-Hexachlorcyclohexan ist die Schmelzpunktdifferenz zwischen den Modifikationen *I* und *II* eben noch erkennbar (etwa $1/_{10}°$ [117]).

TAMMANN (286) wies darauf hin, daß die Einteilung in enantiotrope und monotrope Stoffe nicht eindeutig ist, da das Verhalten auch von den Zustandsbedingungen (Druck) abhängt.

Bei organischen Stoffen wird im allgemeinen nur das Verhalten bei Atmosphärendruck geprüft und bei den Ergebnissen die Einteilung in enantiotrope und monotrope polymorphe Formen aus praktischen Gründen beibehalten. Die Ausdrücke „stabil" und „instabil" werden im folgenden so verwendet, daß unter *stabiler* Form immer jene verstanden wird, die den *höheren Schmelzpunkt* besitzt, gleichgültig, ob sich die Modifikationen enantiotrop oder monotrop verhalten. Die Modifikationen werden mit römischen Ziffern, womöglich mit beigegebenem Schmelzpunkt bezeichnet, wobei *I* der Modifikation mit dem höchsten Schmelzpunkt und die steigenden Ziffern den Modifikationen mit der Reihe nach absteigenden Schmelzpunkten zugeordnet werden. Die

Abb. 20. Drei Modifikationen des Luminals bei Kristallisation aus der Schmelze.

Abb. 20 zeigt eine erstarrte Schmelze von Luminal mit drei Modifikationen (Aufnahme bei gekreuzten Nicols).

Untersuchungen über das Verhalten polymorpher Stoffe bei höheren Drucken wurden von TAMMANN (288, 289), BRIDGMAN (31), DEFFET (44) u. a. ausgeführt. Alle bis dahin bekannten polymorphen organischen Verbindungen wurden von DEFFET zusammengestellt (45).

c) Umwandlungsvorgänge.

Instabile Modifikationen, die sich bei den gegebenen Bedingungen verhältnismäßig schwer in die stabile Form umwandeln, heißen *haltbar* (metastabil). Bemerkenswert ist, daß die Haltbarkeit mancher instabiler Formen durch geringfügige isomorphe oder nichtisomorphe Verunreinigungen, nicht selten unter 1%, stark gesteigert werden kann, so daß bei Reinsubstanzen instabile Formen nur sehr schwer entstehen und sich rasch in die stabilen Formen umwandeln, während sie bei unreinen Präparaten ohne Umwandlung zum Schmelzen gebracht werden können. Diese Erscheinung ist auch bei Legierungen (310) und bei Silikaten bekannt (56).

Die Feststellung der Individualität mehrerer Modifikationen kann in verschiedener Weise erfolgen. Bei der mikroskopischen Arbeitsweise werden einerseits die verschiedenen Schmelzpunkte ermittelt, anderseits die an dem optischen Verhalten erkennbare *Phasenumwandlung* festgestellt. Abb. 21 zeigt zwei Modifikationen des Benzalazins; beim Erwärmen wandelt der zentrale Sphärolith die umgebende instabile Modifikation um (Abb. 22).

Weiters sind insbesondere die exakte Strukturanalyse (210, 268, 299), die Bestimmung der Dichte, der Dielektrizitätskonstante (323) und anderer

Konstanten von entscheidender Bedeutung. In Grenzfällen kann eine oder die andere Untersuchungsart versagen, wie z. B. die Schmelzpunktbestimmung, wenn die Schmelzpunkte der Modifikationen gleich sind (115) oder sich nur wenig unterscheiden (116, 117). In anderen Fällen verlaufen Umwandlungen ohne optisch erkennbare Veränderungen (GeH_4) (39). Sogar die Struktur-

Abb. 21. Zwei Modifikationen des Benzalazins aus der Schmelze.

analyse liefert in bestimmten Fällen keine sicheren Resultate, während hier die optische Untersuchung den deutlichen Nachweis der Phasenumwandlung erbringen kann. So fanden Kruis und Kaischew (171) bei polarisationsmikroskopischen Untersuchungen, daß die oberen Umwandlungen von Bromwasserstoff und Jodwasserstoff Gitterumwandlungen sind, was röntgenographisch nicht festgestellt werden konnte. Auch von Rinne (250) wurde auf einen derartigen Fall hingewiesen. Ähnliche Erscheinungen liegen bei Schwefelwasserstoff vor (112, 170).

Der *Übergang aus instabilen in stabilere Zustände* kann in verschiedener Weise erfolgen: 1. schlagartig; 2. allmählich. Im ersten Falle findet mit großer Geschwindigkeit ein „*Umklappen*" ganzer Netzebenen eines Gitters in die Orientierung des anderen Gitters statt. Diese Umwandlung erfolgt nicht durch thermischen Platzwechsel der Kristallbausteine, sondern ist eine durch innere Spannungen ausgelöste Umlagerung. Nach Dehlinger und Kochendörfer (46) handelt es sich dabei um eine Art

Abb. 22. Die zentralen Sphärolithe wandeln beim Erwärmen die umgebende instabile Modifikation um (Benzalazin).

von Kettenreaktion im Kristallgitter. Das Weiterschreiten der Umwandlung geschieht nicht durch Vergrößerung eines einmal entstandenen Kristalls, sondern auf Grund neuer Umklappungen. Häufig entstehen dabei Lamellensysteme aus parallel gelagerten, zueinander in Zwillingsstellung befindlichen Teilindividuen; die Umwandlung verhält sich meist enantiotrop, sie ist nicht an Keime gebunden und läßt sich nicht aufhalten. Diese bei Metallen (89, 224) gut bekannte Erscheinung wurde auch an dem Salz $K_2Cr_2O_7$ (272) gefunden. Die bei organischen Stoffen, und zwar bei

Korksäure (116) und bei Methylbutylketon-2,4-Dinitrophenylhydrazon (18) beobachtete, sehr rasch ablaufende, reversible Umlagerung zu Lamellensystemen wird von den Autoren (Kofler und Brandstätter) ebenfalls als ein Umklappen aufgefaßt. Kristallstrukturell erfordert diese Art der Umwandlung naturgemäß einen strengen Zusammenhang zwischen der Orientierung der primären und der sekundären Phase, was z. B. für Austenit-Martensit von Kurdjumow und Sachs (172) bestätigt wurde.

Bei der zweiten Art der Umlagerung, die auch als *Umbau-Umwandlung* (191) bezeichnet wird, erfolgt die Bewegung nicht für alle Bausteine eines zusammenhängenden Gitterbereiches gleichzeitig, sondern durch *Platzwechselvorgänge*, die durch die thermische Beweglichkeit an den Berührungsflächen der beiden Modifikationen ermöglicht werden. Diese verlaufen daher mit meßbarer, temperaturabhängiger Geschwindigkeit und kommen wie die Diffusion bei tiefer Temperatur zum Stillstand. Die Umwandlung ist *keimbedingt*. Auch bei Modifikationen, die durch Umbauumwandlungen ineinander übergehen, bestehen mehr oder weniger ausgeprägte Orientierungsbeziehungen (322, 71, 8). Bei der röntgenographisch untersuchten enantiotropen Umwandlung des rhombischen Kaliumnitrats in die trigonale Modifikation stellten BORCHERT und LEONHARDT (17) fest, daß der Gitterumlagerung beim Abkühlen ein Zwischenzustand vorausgeht, in dem das ursprüngliche Gitter deformiert ist. Erst nachher tritt der Zerfall in kleine Kristalle mit rhombischem Gitter ein.

In Umwandlung begriffene Stoffe zeigen eine Erhöhung der Reaktivität, wie HEDVALL (95) an Schwefel beim Umwandlungszustand vom rhombischen in den monoklinen Schwefel nachweisen konnte. Auch bei der Umwandlung von Anatas (TiO_2) in Rutil wurden durch besondere Eigenschaften ausgezeichnete *Zwischenzustände* gefunden (107).

Polarisationsmikroskopische Beobachtungen an polymorphen organischen Stoffen und deren Umwandlungserscheinungen wurden in größerem Umfang bereits von LEHMANN (178), SCHWARTZ (273), TAMMANN (286), SCHAUM (263), SCHAELING (261), MÜLLER (208), LAUTZ (175), ferner von WEYGAND und Mitarbeitern (312), KOFLER und Mitarbeitern (160, 116, 122, 186, 187) und vielen anderen gemacht.

Die Umwandlung einer unter den jeweiligen Bedingungen unbeständigen Kristallart in eine beständigere ist eine Funktion der Keimzahl (K. Z.) (s. S. 146) und der linearen Umwandlungsgeschwindigkeit (U. G.) (286). Die U. G. enantiotroper Stoffe wächst zuerst mit dem Anstieg der Temperatur, erreicht ein Maximum und fällt dann bei Erreichen der Umwandlungstemperatur auf Null herab. Im Umwandlungspunkt sind beide Kristallphasen nebeneinander beständig. Bei weiterem Erwärmen nimmt die U. G. mit umgekehrtem Vorzeichen in der Regel rasch zu. Arbeiten in dieser Richtung wurden beim Schwefel von GERNEZ (73), bei organischen Stoffen von LEHMANN (178), SCHWARTZ (273), LAUTZ (175) u. a. ausgeführt. Es besteht auch die Möglichkeit, den Umwandlungspunkt durch das Verhalten des betreffenden Stoffes im Zweistoffsystem festzustellen (175). Dies beruht auf der Tatsache, daß der Umwandlungspunkt durch Beimengungen nicht verändert wird, falls es nicht zur Bildung von Mischkristallen kommt.

Der Umwandlungspunkt enantiotroper Stoffe wird ferner durch verschiedene Methoden, die auf der diskontinuierlichen Änderung bestimmter Eigenschaften beim Umwandlungspunkt beruhen, festgestellt. Dilatometrische Methoden (173, 298) messen die Volumsänderung, dynamische Methoden (59) bestimmen die Haltepunkte auf Erhitzungs- oder Abkühlungskurven, röntgenographische Methoden (79) die Änderung der Kristallwinkel, thermooptische Methoden (15) die optischen Konstanten vor und nach der Umwandlung usw. (55).

Die Lage des Umwandlungspunktes u der Abb. 18 und 19 ist vom Druck abhängig, wobei u durch Druckänderung steigen oder fallen kann. Daraus ergibt sich die Möglichkeit, einen enantiotropen Stoff durch entsprechenden Druck zu einem monotropen zu machen. Diese experimentell nachgewiesene Tatsache bildete den Beweis der in der Abb. 18 und 19 zum Ausdruck kommenden OSTWALDschen Theorie. Der Umwandlungspunkt wird auch durch Beimengungen, die mit dem betreffenden Stoff Mischkristalle zu bilden vermögen, geändert (257), wobei er wie bei verändertem Druck steigen oder fallen kann. Daraus läßt sich die Möglichkeit ableiten, den Übergang eines monotropen in einen enantiotropen Stoff mit Hilfe geeigneter Zusätze herbeizuführen. Diese Erscheinung konnte bei einer Reihe organischer Stoffe festgestellt werden (129), z. B. bei Zimtsäure : Hydrozimtsäure (141), ferner in der Trinitrobenzolgruppe (138), in der Dibenzylgruppe (139), m-Dinitrobenzolgruppe (24) u. a. (s. S. 168).

Bei monotroper Polymorphie nimmt die U. G. in der Regel mit der Temperatur infolge der erhöhten Platzwechselvorgänge zu. Dieses Verhalten ist jedoch nicht zwingend, da es auch auf die relative Lage der Dampfdruckkurven bzw. auf die Lage des virtuellen Umwandlungspunktes ankommt (300, 286).

d) Keimbildung.

Das Entstehen polymorpher Modifikationen ist eine Frage der Keimbildung, wobei es sich entweder um Keimbildung in isotropen Phasen (Schmelze oder Dampf) oder in einer anisotropen Phase handeln kann.

In *Schmelzen* steigt zunächst die Anzahl der Keime mit dem Unterkühlungsgrad, um nach Erreichen eines Maximums wieder abzufallen (286). Durch Zusätze kann die Keimzahl (K. Z.) steigen oder fallen (286). Durch Überhitzung der Schmelze nimmt die Keimbildungsgeschwindigkeit ab (168, 223, 286), eine auch bei Metallen bekannte Erscheinung (106, 197, 266). Ein höherer Unterkühlungsgrad fördert im allgemeinen die Ausbildung instabiler Formen (311). Beim mikroskopischen Arbeiten sieht man häufig die Kristallisation von *kritischen* Stellen (264) ausgehen, an denen meist mikroskopisch kleine Fremdkörper gefunden wurden. Daß tatsächlich heterogene Stoffpartikel als Keimbildner wirken, ist durch den Nachweis bekräftigt worden, daß filtrierte oder zentrifugierte Schmelzen länger unterkühlt gehalten werden können (82, 11, 200, 248, siehe auch 251). Als Kristallisationserreger wirken auch Druck, Erschütterung und elektromagnetische Felder. Die Wirkungsweise von Fremdstoffpartikeln ist noch nicht vollständig geklärt.

Keimbildungserleichternd wirken grundsätzlich alle festen Oberflächen, um so mehr, wenn die Unterlage auf Grund irgendeiner gitterstrukturellen Beziehung eine Keimwirkung auf die Schmelze ausübt. Daß es sich auch bei chemisch nicht verwandten Stoffen um ganz bestimmte Beziehungen handelt, geht aus der häufig beobachteten spezifischen Wirkung hervor. So erzeugt z. B. Stilben in einer Trionalschmelze regelmäßig und sicher die instabile Modifikation *II* 56°, die beim Erstarren von reinem Trional nicht spontan auftritt (124).

Beim mikroskopischen Arbeiten macht man die Beobachtung, daß Stoffe, die die Fähigkeit zu orientierter Verwachsung zeigen (s. S. 182), im allgemeinen auch gegenseitig keiminduzierend wirken. Diese Erscheinung ist aus den beim orientierten Aufwachsen ablaufenden Vorgängen vollkommen verständlich. Der Keimbildung geht eine *Adsorption* an der in Frage kommenden Grenzfläche des Trägerkristalls voraus (274). Aus dem mehr oder weniger „starren kondensierten Film" (284) entwickelt sich der geordnete, wirksame Keim. Es handelt sich also um eine Keimwirkungskatalyse der Grenzschicht (284), wofür nach Seifert (274) eine „eindimensionale" Strukturanalogie genügen kann (s. auch S. 183).

Die Keimbildung bei Kristallisation aus *Lösungen* ist im allgemeinen bezüglich der Zahl der Modifikationen beschränkter als beim Erstarren unterkühlter Schmelzen. Instabile Formen entstehen in der Regel leichter bei überstürzter Kristallisation, sei es durch Abkühlen heißgesättigter Lösungen oder durch rasches Verdunsten des Lösungsmittels. Eine Reihe organischer Stoffe kristallisiert beim üblichen Umkristallisieren immer in einer bestimmten, monotrop instabilen Form aus, die erst während des Erwärmens bei der Schmelzpunktbestimmung in die stabile Modifikation übergeht, so daß der normale Schmelzpunkt gefunden wird. Hierher gehören Veronal, Sulfathiazol usw. In einzelnen Fällen wirken bestimmte Lösungsmittel spezifisch für die Ausbildung einer bestimmten Modifikation, z. B. beim Follikelhormon (143) (s. auch Atophan [137]). Aus Lösungsmitteln fällt im allgemeinen eher die bei der entsprechenden Temperatur beständige Form aus, jedoch gibt es eine Reihe von Ausnahmen (s. auch S. 151). Enantiotrope Stoffe bilden in der Regel aus Lösungen (in Abhängigkeit vom Umwandlungspunkt) die bei Raumtemperatur beständige Form *II* mit dem niedrigeren Schmelzpunkt, während aus der Schmelze bei spontaner Kristallisation meist Form *I* entsteht.

Bei flüchtigen Stoffen ist die *Sublimation* zur Herstellung instabiler Modifikationen im allgemeinen sehr aussichtsreich, wobei wegen des geringen Dampfdruckes der instabilen Modifikationen normaler Druck einem verminderten Druck vorzuziehen ist (s. S. 150).

Die *Keimbildung* einer weniger instabilen Form *innerhalb* einer *kristallisierten Phase* kann einerseits durch Allgemeinerscheinungen, wie z. B. Grenzflächenvorgänge, erfolgen oder durch Störstellen, wie z. B. Sprünge, Einschlüsse und dergleichen (2, 42, 265), angeregt werden, anderseits durch Strukturverwandtschaft der stabilen Form mit der entsprechenden instabilen Modifikation erleichtert werden (Dibenzyl, *β*-Naphthol).

e) Polymorphieursachen bei organischen Stoffen.

Im allgemeinen wird die Meinung vertreten, daß Polymorphie bevorzugt bei jenen Stoffen auftritt, die zur Bildung von Molekülverbindungen neigen; darin kommt die Vorstellung zum Ausdruck, daß die für die Molekülverbindungen verantwortlichen Restvalenzen sich auch bei der reinen Substanz in verschiedener Bindungsart der Atome und damit in der verschiedenen Aneinanderkettung der arteigenen Moleküle auswirken können.

Nach SCHAUM (262) kommen bei organischen Stoffen folgende Polymorphieursachen in Betracht: 1. Assoziationspolymorphie; 2. Konfigurationspolymorphie.

Die Möglichkeit der Assoziationspolymorphie wurde bereits von TAMMANN betont. Ein Fall von Assoziationspolymorphie liegt z. B. nach HERTEL und SCHNEIDER (102) bei p-Cyan-o-nitro-p'-methoxystilben vor; diese Verbindung bildet eine stabile, rote, trikline Modifikation mit *unimolekularen* Bausteinen und eine instabile, gelbe, rhombische Form mit *Doppelbausteinen*.

Die *Konfigurationspolymorphie* kann weiter unterteilt werden:

α) Orientierungspolymorphie.

Sie ist bei den aliphatischen Kohlenwasserstoffen vertreten. Die Modifikationen lassen sich hier aus einer Grundform ableiten. In der rhombischen Modifikation liegen die Kettenmoleküle parallel zueinander und senkrecht zur Basisebene. Eine Änderung des Kristallgitters tritt dann ein, wenn die Ketten — bei fast gleichbleibendem gegenseitigem Abstand — in der Längsrichtung gegeneinander um ein oder mehrere Kettenglieder verschoben sind (53, 66, 72, 165, 193, 205, 207, 209, 232—234, 269, 278).

β) Verdrillungspolymorphie.

Die relative Lage der Atome im Molekül weicht voneinander ab, wobei Teile gegeneinander verdrillt sind. Hierher ist Dibenzyl zu rechnen. Bei der stabilen Form wurde röntgenographisch ein nichtplanarer Bau des Moleküls gefunden (252); für die instabile, bei ungefähr 50° schmelzende Form (221) muß ein planarer Zustand angenommen werden, da sie mit Stilben und Azobenzol, bei denen röntgenographisch der planare Bau nachgewiesen wurde (253), isomorph und lückenlos mischbar ist (139).

Die Dimorphie der Bernsteinsäure beruht nach DUPRÉ LA TOUR (52) darauf, daß in der β-Form die beiden Teilketten hintereinander, in der α-Form nebeneinander liegen.

γ) Verzerrungspolymorphie.

Sie ist durch Verschiedenheit der Valenzwinkel bedingt.

δ) Bewegungspolymorphie.

Es tritt eine Modifikation auf, bei der die Moleküle (oder Teile davon) im Gegensatz zu den anderen Modifikationen rotieren. Hierher gehören die kubischen Hochtemperaturformen vieler kugel- oder flächensymmetrischer Verbindungen, ferner die hexagonalen Hochtemperaturformen langkettiger aliphatischer Verbindungen und fettsaurer Salze.

Der sichere Nachweis der Rotation von Molekülen im Gitterverband ist durch die Arbeiten von BONHOEFFER und HARBECK (16) bei Ortho- und Para-Wasserstoff und fast gleichzeitig von CLUSIUS und HILLER (40) bei Methan erbracht; das Problem wurde von PAULING (226) in Beziehung auf die moderne Quantentheorie bearbeitet. Auf experimentelles Material gestützt, entwickelte SCHÄFER (260) eine Theorie der Rotationsumwandlung. Weitere theoretische Abhandlungen über die Rotationsumwandlung stammen von EICHHORN (54), SMITS (279) sowie von KRUIS und KAISCHEW (171) (s. auch EUCKEN [57], BIJVOET und KETELAAR [13]).

Eine Reihe von *Paraffinen* mit 24 bis 44 C-Atomen haben Umwandlungspunkte etwa 5 bis 10° unterhalb ihres Schmelzpunktes, wobei eine hexagonale Modifikation entsteht. Dieser Phasenwechsel wird nach A. MÜLLER (206) mit der einsetzenden Rotation der Kohlenstoffketten erklärt. Auch bei kürzeren Kohlenstoffketten, z. B. bei $C_{12}H_{25}OH$, fand BERNAL (9) bei Kristallisation aus der Schmelze (24°) eine hexagonale Modifikation mit rotierenden Zickzackketten. Die bei den primären Aminen der aliphatischen Kohlenwasserstoffe mit 3 bis 9 C-Atomen auftretenden Symmetrieverhältnisse erklärt HENDRICKS (97) ebenfalls mit der Rotation der langen Kohlenstoffketten in diesen Verbindungen.

Bei einer Reihe von organischen Stoffen mit Kugelmolekülen (4) wurden Hochtemperaturformen gefunden, die kubisch kristallisieren und als Modifikationen mit rotierenden Molekülen aufgefaßt werden (5, 227, 228). Die Schmelzwärmen solcher Modifikationen sind oft klein (37, 235), die Umwandlungswärme der Tieftemperaturform in die Hochtemperaturform jedoch groß (61, 63, 293). Es wird daher diese Art der Umwandlung auch als „Vorschmelzen" bezeichnet. Die Regel von WALDEN (306), nach der die Schmelz-Entropie von Molekülgittern organischer, nicht assoziierter Verbindungen konstant und gleich 13,5 sein soll, trifft hier nicht zu. Bei polymorphen Stoffen erfolgt die Entropiezufuhr gewissermaßen in Stufen und die gesamte Entropie setzt sich aus den Umwandlungs-Entropien und der Schmelz-Entropie der höchstschmelzenden Modifikationen zusammen.

Bei einigen Stoffen mit kugelförmigen Molekülen wurde zur Erklärung noch auf eine andere Möglichkeit der Entstehung einer kubischen Kristallstruktur hingewiesen (113, 229, 324, 216, 218), und zwar auf die statistisch ungeordnete Verteilung der Molekülachsen im Raumgitter, z. B. bei Chinuclidin (216).

ε) Bindungspolymorphie.

Diese macht die beiden Formen des Kohlenstoffs, Diamant mit homöopolarer Bindung und Graphit mit gemischter Bindung (teils homöopolar, teils metallisch) erklärlich. Graphit tritt wieder in mehreren Formen auf (6, 319).

f) Polymorphie organischer Molekülverbindungen.

Das Auftreten mehrerer Formen bei *Molekülverbindungen* kann entweder in der „Stereoisomerie" der in Frage kommenden Komponenten oder in der verschiedenen Bindung der Moleküle beider Komponenten untereinander begründet sein (231, 96). Da aber nicht bei allen bekannten Molekülverbindungen (M. V.) diese beiden Möglichkeiten klar zum Ausdruck kommen, muß man drei Gruppen unterscheiden (132).

1. Die Modifikationen der M. V. zeigen Beziehungen zu den Modifikationen einer Komponente.

2. Die Modifikationen lassen sich auf den Bindungszustand, d. h. auf verschiedene Aneinanderkettung der entsprechenden Moleküle zurückführen (Komplexisomerie [98, 99]).

3. Die Modifikationen zeigen keine Beziehungen im Sinne von 1 und 2.

g) Flüssige Kristalle.

Zu den polymorphen Modifikationen sind ferner die kristallinflüssigen (kr.-fl.) Phasen zu rechnen. Es handelt sich dabei um gewisse Ordnungszustände der Moleküle, ohne daß dabei der bei einem Kristall für notwendig gehaltene feste Zustand erreicht wird. Das von REINITZER (245) zuerst an Cholesterin beobachtete Phänomen der *trüben Schmelzen* wurde erstmalig von LEHMANN (179) im Sinne „flüssiger" oder „fließender" Kristalle gedeutet, d. h. die Anisotropie durch Gleichrichtung der Moleküle erklärt.

VORLÄNDER (302) fand das Auftreten kr.-fl. Phasen vorzugsweise bei aromatischen Stoffen. Sämtliche in Frage kommenden Substanzen lassen sich auf das Molekülschema F—⟨ ⟩—M—⟨ ⟩—F zurückführen, in dem zwei Benzolringe durch ein Mittelstück verbunden und in p-Stellung mit Flügelgruppen substituiert sind. Das Mittelstück kann symmetrisch (z. B. —CH_2—CH_2—, —CH=CH—, —N=N— usw.) oder unsymmetrisch (—CH=N—, —NH—CH_2— usw.) sein. Der Grundtypus von Flügelketten ist der normalkettige Alkylrest, z. B. $CH_3(CH_2)_n$—.

Bei den kr.-fl. Zuständen lassen sich zwei Erscheinungsformen auseinanderhalten, die von VORLÄNDER (302) je nach ihrem vornehmlichen Auftreten als Pl-Formen (an *Phenol*äther) und als Bz-Formen (an *Benzoe*säureestern) bezeichnet werden. Die Pl-Formen treten beim Abkühlen der Schmelze als doppelbrechende Tröpfchen auf. Am Röntgenbild ist keinerlei Struktur erkennbar. Die Bz-Formen scheiden sich ebenfalls zuerst in doppelbrechenden Tröpfchen ab, die zwischen gekreuzten Nicols einen schwarzen Balken oder ein Sphärithenkreuz zeigen; im Röntgenbild zeigen Bz-Formen häufig Struktur.

Eine große Anzahl von Stoffen mit kristallinflüssigen Modifikationen wurde von VORLÄNDER (302) und WEYGAND (312, 313) untersucht. In der neuesten Zeit wurde von CAMPBELL, HENDERSON und TAYLOR (35) bei den Untersuchungen einiger Azo- und Azoxyverbindungen auch ein Fall von Monotropie einer kristallflüssigen Form gefunden, und zwar bei p,p′-Azoxytoluol.

h) Mikroskopische Untersuchung polymorpher Stoffe.

Obwohl allgemein bekannt ist, daß viele Substanzen polymorph sind, rechnet der Chemiker bei seiner üblichen Arbeitsweise in der Regel nicht mit dem Auftreten verschiedener Modifikationen.

Für Phenylchinolincarbonsäure (Atophan) wird im Schrifttum und in den Arzneibüchern ein Schmelzpunkt von 209 bis 213° angegeben. Bei der fabriksmäßigen Herstellung des Präparats wurde beobachtet, daß die durch Mineralsäure aus wäßriger Lösung ihrer Alkalisalze ausgefällte Substanz einen Schmelzpunkt von 217 bis 218° aufweist. Nach dem Reinigen und Umkristallisieren aus organischen Lösungsmitteln sinkt der Schmelzpunkt auf 210 bis 213°. Mikroskopische Untersuchungen brachten eine Erklärung dieses merkwürdigen Verhaltens (137); die Phenylchinolincarbonsäure bildet unter bestimmten Bedingungen eine höher schmelzende, bisher unbekannte Modifikation, die durch Behandeln mit organischen Lösungsmitteln in die Modifikation *II* mit dem Schmelzpunkt 213° übergeht. Auch bei *Sulfonamiden* zeigte sich, daß Differenzen im Literaturschmelzpunkt auf das Vorliegen verschiedener Modifikationen zurückzuführen sind (153).

Durch die mikroskopische Untersuchung konnte eine Reihe von Irrtümern des Schrifttums erkannt werden, die darin bestehen, daß der Schmelzpunkt der stabilen Modifikation eines Stoffes einer kristallographisch oder auch röntgenographisch untersuchten Kristallart zugeschrieben wird, die eine instabile Modifikation mit niedrigerem Schmelzpunkt darstellt (126). Dies gilt z. B. für Cholesterinacetat (83), Resorcin (84), Thiosinamin (85), Veronal (88, 100) u. a. Es handelt sich dabei entweder um enantiotrope oder um haltbare monotrope Modifikationen, wie z. B. beim Veronal (64, 120).

Aus der Schmelze bilden sich instabile Modifikationen, besonders beim Erstarren in mehr oder weniger stark unterkühltem Zustand. Häufig entstehen verschiedene Modifikationen nebeneinander, meist in Form von Sphärolithen, seltener als Einzelkristalle oder als Kristalldrusen.

Das Erkennen einer *Enantiotropie* ist in jenen Fällen einfach, bei denen ohne weiteres reversible Umwandlungsvorgänge beobachtet werden können (z. B. 2,6-Dinitrotoluol, 2,4,6-Tribromphenol, Xylolmoschus [153]). Die genaue Feststellung des Umwandlungspunktes ist von der U. G. abhängig. Nicht selten sind die Umwandlungsvorgänge träg und kommen in der Nähe des Umwandlungspunktes fast zum Stillstand. Eine genaue Ermittlung ist oft nur durch die Feststellung des Verhaltens im Zweistoffsystem möglich (s. S. 145).

Bei monotroper Polymorphie nimmt die U. G. meist mit zunehmender Temperatur zu, bei sehr nahe liegenden Schmelzpunkten nimmt sie jedoch in der Nähe der Schmelzpunkte häufig wieder ab, offenbar deshalb, weil der virtuelle Umwandlungspunkt (Abb. 19) nahe bei der Dampfdruckkurve der Schmelze *f—f* liegt.

In vielen Fällen ist die Herstellung instabiler Formen durch *Sublimation* möglich, da nach den Erfahrungen bei der Schmelzpunkt-Mikrobestimmung (153) ungefähr vier Fünftel aller organischen Stoffe sublimierbar sind (s. S. 100). Ein Sublimat von Atophan ist in Abb. 23 wiedergegeben. Die schiefwinkligen Kristalle der Abb. 23a gehören der Modifikation *III* 196° an, der rechtwinklige Kristall in der Mitte der Modifikation *II* 213°. Bei 196° schmelzen die schiefwinkligen Kristalle der Modifikation *III* (Abb. 23b, c), der rechtwinklige Kristall *II* ist nicht geschmolzen, sondern im Gegenteil bei weiterem Erhitzen größer geworden (Abb. 23d, e). Bei etwa 208° ist der rechtwinklige Kristall *II* auf Kosten zweier Tropfen von *III* stark vergrößert; bei 211—213° schmilzt der stabilere Kristall *II* (Abb. 23f).

Aus *Lösungsmitteln* fällt im allgemeinen eher die bei der entsprechenden Temperatur beständige Form aus, jedoch kommt das Auskristallisieren instabiler Formen aus organischen Lösungsmitteln häufig vor (Veronal, Atophan usw.).

Eine weitere Möglichkeit, instabile Modifikationen herzustellen, bietet die durch Kristalle einer chemisch verwandten Substanz auf eine Schmelze ausgeübte *Impfwirkung*. Es handelt sich dabei entweder um direktes „isomorphes Fortwachsen" (s. S. 163), wie z. B. bei s-Trinitrobenzol : Pikrinsäure (138) und bei Styphninsäure : Pikrinsäure (20), oder um eine durch geringere gitterstrukturelle Verwandtschaft bedingte *Keimbildungserleichterung* (s. S. 146).

Für die *Bestimmung der Schmelzpunkte instabiler Modifikationen* bestehen zwei Möglichkeiten:

a) Die direkte Bestimmung an Kristallisaten aus der Schmelze oder an Sublimaten.

b) Die indirekte Bestimmung auf Grund der Schmelzkurven im Zweistoffsystem oder mittels der eutektischen Temperaturen mit geeigneten Testsubstanzen.

Bei Kristallisaten aus der Schmelze ist das weitere Vorgehen davon abhängig, ob nur *eine instabile* oder *mehrere Formen* mit oder ohne stabile Form entstanden sind. Liegt nur eine instabile Form vor, so kann in vielen Fällen ihr Schmelzpunkt ohne weiteres bestimmt werden.

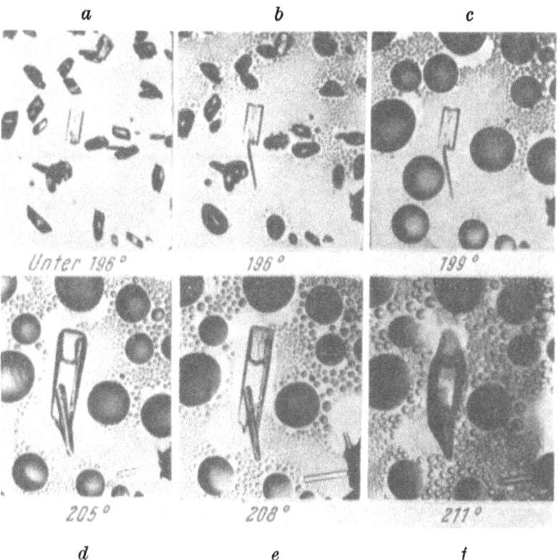

Abb. 23. Atophan: *a)* schiefwinklige instabile Kristalle (*III* 196°), ein rechteckiger Kristall der Mod. *II* 213° in der Mitte, *b)* und *c)* Schmelzen der Form *III*, *d)* und *e)* Vergrößerung des Kristalls *II* durch Sublimation, *f)* Schmelzen des Kristalls *II*.

Bei Auftreten mehrerer Modifikationen überträgt man das Präparat sofort nach der Bildung einiger Herde auf den entsprechend vorgewärmten Heiztisch. Bei sofortigem Weitererwärmen gelingt es oft noch, isolierte, von Schmelze umgebene Einzelkristalle oder Sphärolithe bis zum Schmelzpunkt zu erhitzen, z. B. bei Pikrylchlorid (140) oder Nicotinsäureamid (144). Geht der Erstarrungsvorgang sehr rasch vor sich, so besteht bei Auflegen des vollständig erstarrten, aber noch nicht umgewandelten Präparats auf den entsprechend vorgewärmten Heiztisch noch die Aussicht, den Schmelzpunkt einzelner instabiler Modifikationen festzustellen. Steigt aber die U. G. sehr stark mit der Temperatur, so wird die Umwandlung noch vor Erreichen der Schmelztemperatur der primären Phase vollzogen und die Bestimmung unmöglich. In solchen Fällen versucht man die Schmelzpunktbestimmung im kleinen Schmelztropfen.

Gelingt die Schmelzpunktbestimmung im kleinen Tropfen nicht, z. B. deshalb, weil dieser nicht erstarrt, so kann man noch folgenden Kunstgriff versuchen. Man hebt von einem zwischen Objektträger und Deckglas hergestellten, dünnen Kristallfilm das Deckglas ab, wobei viele Teile der instabilen Form aus dem allgemeinen Verband gerissen werden. Beim weiteren Erwärmen wandelt sich zwar häufig noch der größte Teil des instabilen Kristallisates um, aber an isolierten Bruchstücken kann die Schmelzpunktbestimmung doch gelingen (144, 154).

Bei der Untersuchung von Sublimaten ist darauf zu achten, daß diese auf der Unterseite des Deckglases haften und nicht auf dem Objektträger. Infolge der isolierten Lage der Einzelkristalle besteht bei Sublimaten eher die Möglichkeit, ohne Umwandlung den Schmelzpunkt zu erreichen. So kann man z. B. an der durch Sublimation erhaltenen instabilen Modifikation des Acetanilids den Schmelzpunkt von 100° bestimmen. Im Schrifttum (178, 208, 45) finden sich zwar verschiedene Angaben über die Existenz und Kristallographie einer instabilen Modifikation des Acetanilids, aber keine Angabe über den Schmelzpunkt.

Die indirekte Bestimmung gelingt in vielen Fällen durch die *thermoanalytische Untersuchung* der instabilen Modifikationen in Mischung mit einer isomorphen oder auch nichtisomorphen Substanz. Da häufig die Haltbarkeit durch Beimengungen erhöht wird, kann man in Mischungen die Schmelzpunkte instabiler Formen feststellen und einen Teil der instabilen Schmelzkurve erhalten. So wird z. B. instabiles Acetanilid in Mischung mit Phenacetin so stabilisiert, daß sein Kurvenast festgelegt werden kann, dessen Verlängerung die Ordinate für die reine Substanz bei 100° trifft (Abb. 24), d. i. der im Sublimat erhaltene Schmelzpunkt für instabiles Acetanilid. In ähnlicher Weise konnte für Modifikation *II* des 1,3-Dinitrobenzols von Brandstätter (24) ein Schmelzpunkt von 75° ermittelt werden. Diese Art der Schmelzpunktbestimmung ist auch bei Polymorphieuntersuchungen an Monocarbonsäureäthylestern von Francis und Piper (65) sowie von Philipps und Mumford (233) verwendet worden.

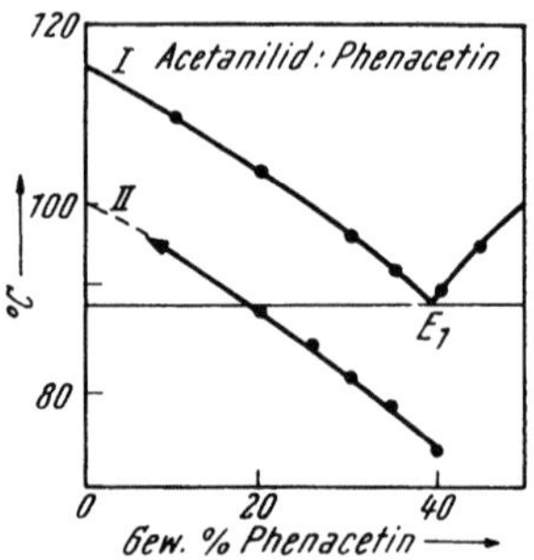

Abb. 24. Schmelzpunkt von Acetanilid *II* 100° durch Verlängerung der Schmelzkurve im Zweistoffsystem mit Phenacetin.

Der zweite Weg benützt die *eutektischen Temperaturen* mit geeigneten Testsubstanzen (145).

2. Isomorphie.

Der Kristallbau hängt in gesetzmäßiger Weise mit dem Chemismus eines Stoffes zusammen. Einfache chemische Beschaffenheit führt im allgemeinen zu hochsymmetrischem Kristallbau; so kristallisieren z. B. fast alle Elemente, deren Kristallform man kennt, im kubischen, trigonalen oder hexagonalen System.

Bei *organischen* Stoffen besitzen die höchste Symmetrie das Methan und diejenigen seiner Derivate, in denen alle vier Valenzen des Kohlenstoffs durch gleiche Atome oder Atomgruppen gesättigt sind. So ist bei den Tetrahalogeniden, z. B. bei CCl_4, durch Interferenzversuche des gasförmigen Zustandes mit Röntgenstrahlen bzw. Elektronenstrahlen nachgewiesen worden, daß das Molekül im freien Zustand wirklich Tetraedergestalt besitzt (92, 114, 43), wie es den klassischen Vorstellungen van 't Hoffs und le Bells entspricht. Die Verbindungen CBr_4 (195), CJ_4 (62, 38, 41, 58, 60, 93) sowie SiJ_4, $TiBr_4$, TiJ_4, GeJ_4, SmJ_4 (94) kristallisieren alle kubisch. Auch andere Symmetrieverhältnisse des Moleküls können im Kristallgitter bewahrt bleiben; so kristallisiert z. B. GeN_3 mit trigonaler Molekülsymmetrie rhomboedrisch (220). Die hohe Molekülsymmetrie von Urotropin (Hexamethylentetramin) findet in dem kubisch innenzentrierten Kristallgitter ihren Ausdruck (47, 195, 196).

Auf Grund von Röntgenanalysen fand man jedoch, daß die Zusammenhänge zwischen Kristallsymmetrie und Molekülsymmetrie nicht so einfach sind, wie aus dem Verhalten einzelner Stoffe früher geschlossen wurde. Das geht schon daraus hervor, daß die oben genannten Verbindungen polymorph sind und außer der kubischen, mit der Molekülsymmetrie im Einklang stehenden Modifikation auch andere, *nichtkubische Kristallgitter* zu bilden vermögen.

Benzol kristallisiert rhombisch bipyramidal, obwohl die Molekülsymmetrie nach allen, auch den röntgenanalytischen Erfahrungen (42 a, 314) ein ebenes, regelmäßiges Sechseck darstellt. Die Symmetrieverringerung kommt durch die Anordnung im Kristallgitter zustande; offenbar ist eine Packung, die im Kristallgitter die volle Symmetrie des Moleküls wiedergibt, nicht stabil (12). Anderseits kristallisieren Stoffe mit komplizierten Molekülen, wie Kampfer oder Camphen, im kubischen System. Bei diesen Stoffen bewirken jedoch andere Eigenschaften ein kugelsymmetrisches Verhalten der Moleküle (s. S. 148). Durch verschiedenartige Assoziation von Molekülen zu Mikrobausteinen kann die Symmetrie gesteigert oder vermindert werden (247, 246, 308).

Die gesetzmäßigen Beziehungen zwischen Kristallstruktur und chemischer Beschaffenheit zeigen sich darin, daß Substitutionen im Bau eines Moleküls von bestimmten Änderungen begleitet sind, denen zufolge chemisch verwandte Stoffe auch kristallographische Verwandtschaft zeigen. So ändern sich z. B. die Achsenverhältnisse bzw. Winkel der chemisch verwandten Stoffe K_2SO_4, Rb_2SO_4, Cs_2SO_4 nur in geringer, aber gesetzmäßiger Weise derart, daß in der Reihenfolge von der K- zur Cs-Verbindung die kristallographische a-Achse abnimmt, während in gleicher Ordnung die c-Achse zunimmt (215). Nicht selten zeigen sich gleiche Gesetzmäßigkeiten bei ähnlicher Substitution in verschiedenen Reihen; GROTH nennt diese Erscheinung Morphotropie (86). Bei chemisch nahe verwandten Stoffen ist der morphotropische Effekt sehr gering, d. h. die Kristallstrukturen solcher Stoffe sind fast gleich.

Die Übereinstimmung der Kristallform chemisch verwandter Stoffe wurde zuerst von MITSCHERLICH 1821 an den Salzen KH_2PO_4 und KH_2AsO_4 beobachtet; er prägte für diese Erscheinung den Begriff *Isomorphie*. Er erkannte ferner auch die Fähigkeit isomorpher Stoffe, miteinander *Mischkristalle* zu bilden.

Während bei den ersten Beurteilungen isomorpher Stoffe hauptsächlich morphologische Merkmale Berücksichtigung fanden, gewann durch die Untersuchungen RETGERS' (237) eine neue Auffassung Boden. RETGERS stellte fest, daß die *physikalischen Eigenschaften isomorpher Stoffe stetige Funktionen ihrer Zusammensetzung* sind und daher der Kristallstruktur kein höherer Rang als einer anderen physikalischen Eigenschaft gebühre. Den Grad der Isomorphie beurteilten RETGERS, später NERNST (211) u. a. nach der Mischbarkeit.

Das Problem des Isomorphismus wurde und wird auch heute besonders im Gebiet der Mineralogie behandelt. Es erweist sich aus verschiedenen Gründen oft als sehr kompliziert. Daher wurde sehr viel über die Definition und Begriffassung des Isomorphismus geschrieben und diskutiert (77, 78, 87, 104, 192, 249, 285). Im Mineralreich stehen natürlicherweise kristallgeometrische Untersuchungen im Vordergrund, da man oft nicht in der Lage ist, die Mischbarkeit in allen Konzentrationen festzustellen.

In der *organischen Chemie* wird das *Mischbarkeitsverhalten* häufig als Hilfsmittel zum Studium der *Konstitution* herangezogen. Da bisher verhältnismäßig wenig Strukturanalysen von organischen Stoffen vorliegen, was auf die meist geringen Symmetrieverhältnisse und andere Schwierigkeiten zurückzuführen ist, wird vor allem aus dem thermoanalytisch ermittelten Mischbarkeitsverhalten auf Isomorphie geschlossen.

„Mischkristalle" sind nicht nur kristallgeometrisch zu definieren, sondern ein Mischkristall ist auch ein thermodynamischer bzw. phasentheoretischer

Begriff (215, 254, 287, 288, 300). Sind zwei Stoffe lückenlos mischbar, so bilden sie aus Mischschmelzen oder Lösungen einheitliche Kristalle in von Druck, Temperatur und Konzentration abhängigen Mengenverhältnissen. Die Komponenten sind in dem Mischkristall gleichmäßig nach den Gesetzen der Statistik verteilt. Die physikalischen Eigenschaften dieser Mischphasen sind kontinuierliche Funktionen ihrer prozentualen Zusammensetzung. Diese Funktionen müssen durchaus nicht linearen Charakter besitzen, sondern können Maxima oder Minima aufweisen (307). Ein Kristall wächst in der Lösung oder Schmelze eines isomorphen Stoffes weiter wie in der eigenen.

Je nach der Art des Einbaues der zweiten Komponente in einen Mischkristall unterscheidet man 1. *Substitutionsmischkristalle*, bei denen an Stelle eines Bausteines der einen Komponente ein solcher der zweiten tritt, und zwar in regelloser, *statistischer* Verteilung in Abhängigkeit von der Zusammensetzung. 2. *Geordnete Mischkristalle*, in denen die Bausteine der beiden Komponenten ganz bestimmte Plätze einnehmen („Ordnungskonzentration" nach C. Wagner und Schottky [303, 304]). 3. *Einlagerungsmischkristalle*. In diesem Falle lagert sich die zweite Komponente zwischen die Gitterpunkte der ersten. Dies ist nur möglich bei kleinen Bausteinen und außerdem in beschränktem Maße. 4. *Adsorptionsmischkristalle*, bei denen der Fremdstoff in sehr kleiner Menge und molekulardisperser Form durch adsorptives Festhalten in einem artfremden Kristall eingebaut wird (215). Hierher gehören die diluten Färbungen. Johnson (110) bezeichnete diese Mischphasen als „anomale Mischkristalle". Derartige Mischkristalle sind in größerem Umfang zuerst von O. Lehmann (180) (etwa 300 Fälle) untersucht worden, später von Retgers (238), Marc und Wenk (194), Seifert (276), Neuhaus (213) u. a.

Bei den im folgenden beschriebenen Mischkristallen handelt es sich jedoch ausschließlich um die beiden ersten Fälle, die als *echte Mischkristallbildung* bezeichnet werden, wobei Fall 2 bisher nur bei Legierungen bekannt ist. Der wesentliche Unterschied der echten Mischkristalle von den anderen Arten des Einbaues liegt in dem Grad der Mischbarkeit; bei Einlagerungsmischkristallen und besonders bei Adsorptionsmischkristallen kann der Fremdstoff nur in sehr kleiner Menge in dem Gitterträger eingebaut werden. Man hat zur Abgrenzung vorgeschlagen, die Komponenten von Mischkristallen erst dann als isomorph zu bezeichnen, wenn mehr als 5% (molekular) des Fremdkörpers vorhanden sind (Struntz [285]).

Es soll jedoch hervorgehoben werden, daß es Fälle gibt, bei denen sich die Entscheidung über die Zuordnung zur echten Mischkristallbildung oder zu einer anderen Art des Einbaues nicht mit Sicherheit treffen läßt. Von derartigen Grenzfällen soll jedoch im Rahmen des Folgenden abgesehen werden; sie bilden an sich keinen Widerspruch mit der sonst üblichen Einteilung.

Im Schmelzdiagramm liegen die Schmelz- bzw. Erstarrungspunkte einer *lückenlosen* Mischkristallreihe, da sie thermodynamisch eine *einzige Phase* darstellt, auf einer *ununterbrochenen Kurve* (s. S. 163).

Damit zwei Stoffe eine *lückenlose Mischkristallreihe* bilden, müssen sie bestimmte chemische und energetische Analogien aufweisen und außerdem sehr ähnliche Kristallgitter besitzen. Dabei genügt gleicher Gitteraufbau allein nicht, sondern es muß für die Fähigkeit zur Mischkristallbildung auch eine entsprechende Analogie der Wirkungsradien vorhanden sein. „Als den höchsten Grad chemisch-kristallographischer Verwandtschaft werden wir daher den zweier Substanzen bezeichnen, die wie Kalium- und Ammoniumchlorid oder -sulfat eine lückenlose Mischkristallreihe bilden" (Steinmetz [280]). Man spricht bei lückenloser Mischbarkeit von „Isomorphismus im engeren Sinn"

(MACHATSCHKI [191], NOWACKI [217] u. a.). Ähnlich fordert NEUHAUS (214) für die Fähigkeit zu lückenloser Mischbarkeit „streng isostrukturellen" Bau.

In neuester Zeit wird nicht mehr von Isomorphie, sondern von „Isomorphiebeziehungen" gesprochen (75). Als die wichtigsten Kriterien in dieser Richtung werden ähnlich wie früher 1. die kristallgeometrischen Ähnlichkeiten, die man unter dem Begriff der *Typie* zusammenfaßt, genannt und 2. die *Mischbarkeit* betrachtet.

Unter *Typie* versteht man den Grad von Gleichheit bzw. Ähnlichkeit oder Verschiedenheit der Gitter, die man als *Isotypie*, *Homöotypie* und *Heterotypie* mit jeweils ganz bestimmten Forderungen beschreibt (75). Die Beziehung zwischen Kristallstruktur und Mischkristallbildung wird dabei folgendermaßen formuliert (319):

„Die Bildung von Mischkristallen zwischen zwei oder mehreren kristallinen Phasen wurde früher als ein besonders sicheres Charakteristikum für strukturelle Gleichheit chemisch verschiedener Stoffe betrachtet. Heute weiß man jedoch, daß Mischkristallbildung nicht nur zwischen isotypen Stoffen auftritt, sondern auch zwischen homöotypen und sogar heterotypen. Man unterscheidet daher Mischbarkeit zwischen isotypen Kristallen = isomorph mischbar, Mischbarkeit zwischen homöotypen Kristallen = homöotyp mischbar, Mischbarkeit zwischen heterotypen Kristallen = heterotyp mischbar."

Bei allen drei Arten sollen Beispiele für „vollständige", gute und schlechte Mischbarkeit bei anorganischen Stoffen vorhanden sein, woraus der Schluß gezogen wird, „daß gleicher Formeltyp der Komponenten und chemische Ähnlichkeit ihrer Bausteine durchaus nicht charakteristisch für die Mischkristallbildung sind, sondern daß sie bedingt ist durch die Art des Kristallgitters der Komponenten und durch die Gleichheit bzw. Ähnlichkeit der Bausteingrößen".

Nach unseren Erfahrungen lassen sich die *Mischkristallbildungen von nichtisotypen Stoffen* bei *organischen Stoffen* in einfacher Weise mit *Isodimorphie* — einem schon von BRUNI und GROTH eingeführten Begriff — erklären. Bisher ist ein einziger Fall, und zwar bei Mg:Cd, bekannt geworden (108), der lückenlose Mischbarkeit zweier nicht isotyper, sondern homöotyper Kristallgitter aufweist. Aber auch dieses System zeigt Besonderheiten, die als im obigen Sinn nicht vollständig geklärt betrachtet werden müssen.

Wir konnten bei vielen organischen Systemen nachweisen, daß Mischbarkeit von Stoffen mit weniger verwandten Kristallgittern nicht „trotz" der Verschiedenheit vorkommt, sondern daß sie deshalb möglich ist, weil die Komponenten jeweils eine *instabile Modifikation* besitzen, die mit der stabilen der anderen eine lückenlose Mischkristallreihe bildet.

Ein Teil dieser Mischkristallreihe liegt im stabilen, ein anderer im instabilen Existenzbereich. Ob der Schnittpunkt der beiden in Frage kommenden Reihen bei sehr hohen oder mittleren Konzentrationen einer Komponente liegt, ist prinzipiell ganz gleich, denn die Lage dieses Punktes ist nur davon abhängig, in welchem Ausmaß die beigemengte Substanz die *Stabilisierung einer instabilen Modifikation* bewirkt. Wir kennen Fälle, bei denen sehr instabile Formen schon bei 1 bis 3% Beimengung stabil werden (s. S. 193, 194).

Vollständige Mischbarkeit kann bei Isotypie dann fehlen, wenn die Gitterkonstanten soweit verschieden sind, daß die Toleranzgrenze für die homogene Mischbarkeit überschritten ist, wie z. B. bei KCl:KJ (Größenunterschied 22% [319]). Jeder Stoff kann dabei oft noch einen hohen Prozentsatz des anderen in sich aufnehmen, aber in einem bestimmten Konzentrationsintervall ist der Aufbau eines homogenen Mischkristalles nicht mehr möglich; die Mischbarkeit bleibt beschränkt.

Bei Vorhandensein von *beschränkter Mischbarkeit* tritt im Schmelzdiagramm nicht mehr eine ununterbrochene Schmelzkurve auf, sondern *zwei Teilkurven*, die sich entweder unter Bildung eines Eutektikums oder eines Übergangspunktes schneiden (s. S. 166). Bei drei chemisch verwandten Stoffen *A, B, C* findet man manchmal den Fall, daß zwischen *A* und *B*, ferner zwischen *B* und *C* lückenlose Mischbarkeit auftritt, zwischen *A* und *C* die Mischbarkeit aber beschränkt bleibt (z. B. Ag : Au : Cu [90]). Thermoanalytisch findet man im System *A : B* und im System *B : C eine* Phase, im System *A : C zwei* Phasen, obwohl es sich kristallchemisch um dieselbe „Kristallart" (215) handelt und die Gitter isotyp sind. Daraus geht hervor, daß der Begriff „*Phase*" bei den hier in Frage kommenden Mischbarkeitsgraden enger begrenzt ist als der einer kristallgeometrisch definierten Kristallart.

Ein besonderer Grad kristallchemischer Verwandtschaft, der vollkommene Mischbarkeit ermöglicht, ist die „polymere Isomorphie" (Goldschmidt [76]). In diesem Falle ist nicht je eine Elementarzelle zweier Kristallarten äquivalent, sondern erst ganzzahlige Multipla der Elementarzellen. Hierher gehört die als gekoppelte Substitution bezeichnete, vollständige Mischbarkeit der Plagioklase (Albit $NaAlSi_3O_8$ und Anorthit $CaAl_2Si_2O_8$), bei der Na^+ und Si^{4+} durch die ähnlich großen Ca^{2+} und Al^{3+} ersetzt werden. Weitere Arten von Substitutionen sind bei Metallen als *Additions-, Subtraktions-* und schließlich *Divisionssubstitution* (176) bezeichnet worden.

Die Aufstellung von Schmelzdiagrammen organischer Stoffe erfolgte bisher makroskopisch, zum Teil auch mikroskopisch, durch Ermittlung der Punkte der „primären Kristallisation". Dabei war es nicht zu vermeiden, daß Überschneidungen von Teilkurven mit nur schwach ausgeprägten Knicken nicht als solche erkannt wurden und daher thermoanalytisch *eine* Phase statt *zweier* festgestellt, d. h. lückenlose Mischbarkeit statt unvollständiger Mischbarkeit gefunden wurde.

Mit Hilfe der „Kontaktmethode" (s. S. 159) kann in vielen Fällen das Auftreten einer oder mehrerer Phasen mit Sicherheit erkannt und daher das richtige Schmelzdiagramm ermittelt werden. Die Feststellung einer einzigen Phase gründet sich auf das *isomorphe Fortwachsen*, während bei Auftreten zweier Phasen die Erscheinung eines Eutektikums oder eine Übergangsreaktion beobachtet werden muß. Eine nähere Beschreibung der bei Isomorphie auftretenden Arten von Schmelzdiagrammen findet sich im Kapitel „Kontaktmethode" (S. 159).

Sind zwei chemisch nahe verwandte Stoffe dimorph bzw. polymorph, so können zwei bzw. mehrere Mischkristallreihen gebildet werden, was als *Isodimorphie* bzw. *Isopolymorphie* bezeichnet wird (s. S. 166). Dabei ist entweder Mischkristallbildung zwischen den stabilen Formen einerseits und zwischen den instabilen anderseits möglich, oder aber, was den häufigeren Fall darstellt, es erfolgt Mischkristallbildung zwischen je einer stabilen und je einer instabilen Modifikation. In solchen Fällen ist daher Isotypie zwischen der *stabilen* Form einer Komponente und einer *instabilen* der anderen Komponente anzunehmen. Die stabilen Formen können sich in beliebigem Grad unterscheiden, sie können sich homöotyp oder heterotyp verhalten.

So sind z. B. die stabilen Modifikationen von Pikrinsäure (rhombisch pyramidal) und s-Trinitrobenzol (rhombisch bipyramidal) nur homöotyp. Die Mischkristallbildung kommt nicht „trotzdem" zustande, sondern sie ist deshalb möglich, weil einerseits s-Trinitrobenzol eine bei 109° schmelzende, der stabilen Pikrinsäureform korrespondierende Modifikation besitzt, während stabiles Trinitrobenzol mit Pikrinsäure III (75°) lückenlos mischbar ist. Die beiden Reihen schneiden sich in einem eutektischen Punkt (135, 138) (s. S. 192).

Untersuchungen über die Vertretbarkeit bestimmter Atome oder Atomgruppen bei organischen Stoffen wurden bereits von GROTH, BRUNI, GARELLI u. a. ausgeführt. BRUNI nannte solche Atomgruppen „Isomorphogene" (33). Den wichtigsten, die früheren Beobachtungen erklärenden Erkenntnisfortschritt bedeutet der *Hydridverschiebungssatz* von GRIMM (80).

Die in der Tab. 3 senkrecht untereinander stehenden Atome und Pseudoatome besitzen nach GRIMM (80) vergleichbaren Elektronenaufbau und sind daher befähigt, einander im entsprechenden Kristallverband isomorph zu vertreten. Eine Reihe von Untersuchungen organischer Stoffpaare brachten Übereinstimmungen, aber auch Widersprüche mit der GRIMMschen Regel.

Tabelle 3. *Hydridverschiebungssatz.*

IV	V	VI	VII	0	I
C	N CH	O NH CH_2	F OH NH_2 CH_3	Ne FH OH_2 NH_3 CH_4	Na — FH_2 OH_3 NH_4
4	3	2	1	0	— 1

$\rightarrow$ Wertigkeit gegen Wasserstoff

Eine der Ursachen für letztere ist darin zu suchen, daß vielfach die durch Makromethoden festgestellten Zustandsdiagramme unvollständig oder unrichtig sind und vor allem die Erscheinung der Polymorphie und Isopolymorphie so gut wie vollständig außer Acht gelassen wurde (153).

3. Methodik zur Aufnahme von Zustandsdiagrammen.

a) Mikroskopische Bestimmung des Punktes der „primären Kristallisation".

Die übliche Bestimmung des Zustandsdiagramms zweier organischer Stoffe erfolgt durch Serienversuche, bei denen an verschiedenen Mischungen der Stoffe A und B jeweils die Temperaturen der primären Kristallisation mittels der auf den Abkühlungskurven auftretenden „Haltepunkte", ergänzt durch die „Haltezeiten", ermittelt werden (287, 300).

Die bei der thermischen Analyse organischer Systeme auftretenden Schwierigkeiten, wie Neigung zur Unterkühlung, Zähflüssigkeit, verhältnismäßig großer Materialverbrauch usw., haben dazu geführt, statt der Erstarrungspunkte die Schmelzpunkte der Mischungen im *Kapillarröhrchen* festzustellen. Dabei wurden auch die Temperaturen des jeweiligen eutektischen Schmelzens registriert, die auf den „eutektischen Geraden" liegen. STOCK (282) nannte die damit parallel verlaufende Linie „Sinterpunktskurve". RHEINBOLDT (239) bezeichnete die eutektische Linie als „Taupunktskurve".

Die Beobachtung der Sinterpunkts- bzw. Taupunktskurve gestattet häufig die Entscheidung, ob ein einfaches Eutektikum oder eine Molekülverbindung vorliegt. Bei einem einfachen Eutektikum verläuft die Sinterpunktskurve parallel der eutektischen Geraden, nur an den beiden Enden gegen die reine Komponente zu steigt sie steil an. Im Kapillarröhrchen ist das eutektische Schmelzen durch das Auftreten feinster Tröpfchen an der Glaswand zu erkennen. Da die Menge der bei der eutektischen Temperatur entstehenden flüssigen Phase mit dem Gehalt an Fremdsubstanz abnimmt und außerdem kapillar in dem Kristallpulver festgehalten wird, wird ihre Wahrnehmbarkeit immer schwieriger, je mehr sich die Mischung einer reinen Komponente nähert. Unterhalb 5 bis 10% Fremdstoffgehalt kann daher im Kapillarröhrchen der Beginn des Schmelzens nicht mehr bei der eutektischen, sondern erst bei einer höheren Temperatur erkannt werden.

Das Auftreten einer Molekülverbindung drückt sich im Schmelzdiagramm durch einen neuen Kurventeil in der Mitte aus. Zu den beiden Ausgangsstoffen ist jetzt eine dritte Substanz, die Molekülverbindung, getreten (Abb. 25). Das Schmelzdiagramm besteht nun aus zwei Teildiagrammen, die in der Vertikalen M—N aneinandergelegt sind; die Vertikale gibt die Zusammensetzung der Molekülverbindung an. Die Molekülverbindung bildet mit jeder Reinsubstanz ein Eutektikum. Die „Sinterpunktskurve" (282) steigt daher nicht nur gegen die reinen Stoffe A und B, sondern auch gegen das Maximum der Kurve entsprechend der Molekülverbindung an (Abb. 26). Man kann durch Feststellung der Lage der Spitze innerhalb der Sinterpunktskurve die stöchiometrische Zusammensetzung einer Verbindung ermitteln.

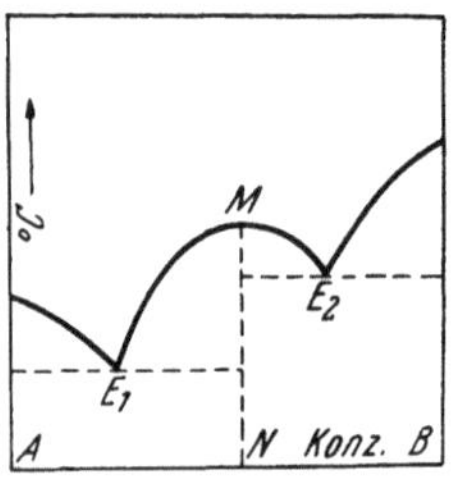

Abb. 25. Schmelzdiagramm mit Molekülverbindung.

Die anderen Arten von Zustandsdiagrammen werden im nächsten Abschnitt „Kontaktmethode" behandelt. Wesentlich mehr als die beiden beschriebenen Methoden kann die *Thermoanalyse mit Hilfe des heizbaren Mikroskops* leisten. Schon O. Lehmann (178) zog sein „Kristallisationsmikroskop" zur Kennzeichnung und zu Polymorphieuntersuchungen der Stoffe heran, indem er zwei einander berührende Schmelztropfen prüfte; er nannte dieses Verfahren „vergleichende Kristallanalyse". Lange Zeit fand die mikroskopische Arbeitsweise wenig Beachtung, erst in neuester Zeit wurden vereinzelt *mikroskopische Bestimmungen* von *Zustandsdiagrammen* durchgeführt, und zwar von Grimm, Günther und Tittus (81) mit dem Heiztisch von Vorländer und Haberland, von Lettré, Barnbeck und Lege (185) mit dem thermoelektrischen Schmelzpunktapparat von Kofler und Hilbck (158), ferner von Lüttringhaus und Hauschild (190), von Reinboldt und Mathias (241).

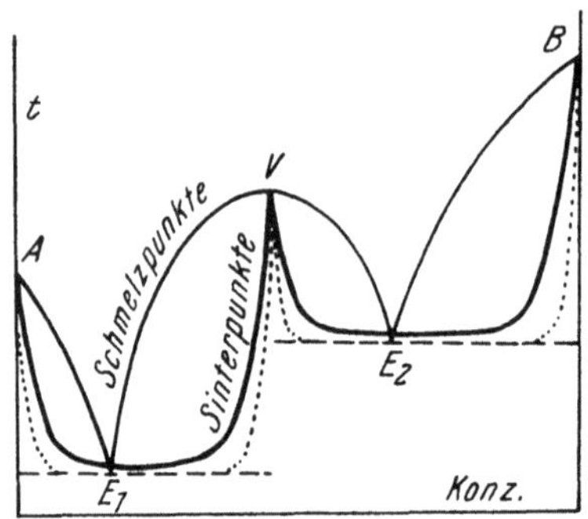

Abb. 26. „Sinterpunktskurve" von A. Stock.

Die mikroskopische Untersuchung wird an Präparaten zwischen Objektträger und Deckglas durchgeführt, wobei zweierlei Arbeitsweisen in Betracht kommen (133). Die eine besteht in der Beobachtung von Pulverpräparaten, d. s. feingepulverte Mischungen. Diese Art der Beobachtung ist direkt mit der makroskopischen Untersuchung im Kapillarröhrchen zu vergleichen, aber mit dem Unterschied, daß Einzelheiten des Schmelzvorganges bei der mikroskopischen Vergrößerung (80- bis 100fach) leichter und eindeutiger erkannt werden können. Von den oben genannten Autoren wurde ausschließlich diese Art der mikroskopischen Schmelzpunktsbestimmung, d. h. die Bestimmung an gepulverten Mischungen angewendet, zum Teil auch ohne Verwendung eines Deckglases.

Die zweite, von uns eingeführte Untersuchungsart (133) verwendet Kristallfilme, die man durch Erstarren der geschmolzenen Substanz zwischen Deckglas und Objektträger erhält. Während die erste Arbeitsweise zur Bestimmung der eutektischen Temperatur vorteilhafter und vor allem bequemer ist, eignet sich die zweite besonders zur Ermittlung der Punkte der „primären Kristallisation", d. h. zur Gleichgewichtsbestimmung an den letzten Resten der jeweils überschüssigen Komponente.

Das Erkennen der eutektischen Temperatur im Pulverpräparat ist in der Regel leicht und vollkommen eindeutig bis zu einem Fremdstoffgehalt von 1%; auch $^1/_2$ und $^1/_4$% Beimengung kann oft — Nichtmischbarkeit im festen Zustand vorausgesetzt — noch an Pulverpräparaten erkannt werden (151). In diesen Fällen ist jedoch häufig ein Verschieben des Präparats notwendig. Bei äußerst feiner Verteilung, wie man sie nach Durchschmelzen, raschem Erstarren und Wiederpulvern erhalten kann, liegt die Grenze für das Erkennen des Eutektikums etwas höher, und zwar bei etwa 2%.

Der Endpunkt der Verflüssigung, d. i. der Punkt der primären Kristallisation, wird vorteilhafterweise an Kristallfilmen bestimmt. Man wählt zur Beobachtung womöglich eine Stelle in der Mitte des Deckglases und sieht dann nach Überschreiten der eutektischen Temperatur die überschüssige Komponente als Gitterwerk oder als gekörnte Masse von annähernd gleichartiger Maschen- bzw. Korngröße in der Schmelze zurückbleiben. An den letzten Resten stellt man das Gleichgewicht ein.

Man bestimmt an einer Anzahl von Mischungen verschiedener Zusammensetzung, etwa von 10 zu 10% steigend, die Punkte der primären Kristallisation und zeichnet unter Berücksichtigung der eutektischen Temperatur das Zustandsdiagramm. Bei den Mischungen in der Nähe des Eutektikums kann man bei der mikroskopischen Arbeitsweise oft schon an der Morphologie der Restkristalle erkennen, auf welchem Ast die vorliegende Mischung liegt. Eutektische Mischungen erkennt man daran, daß zunächst beim Schmelzen Restkristalle beider Komponenten nebeneinander übrig bleiben. Man erhält meist nicht den theoretischen, scharfen Schmelzpunkt, weil die Korngröße auch bei sehr feiner Verteilung immer noch zu grob ist. Die genaue eutektische Konzentration wird besser im Kontaktpräparat bestimmt (s. S. 160).

Die zur Erzeugung möglichst feinkristalliner Aggregate notwendige rasche Erstarrung bringt es mit sich, daß dabei häufig instabile Formen gebildet werden; daher ist es notwendig, sich vorher über die Polymorphieverhältnisse des vorliegenden Stoffes zu orientieren. Diese Schwierigkeit besteht auch bei der Kapillarröhrchenmethode (240); sie hat bei letzterer Arbeitsweise manchmal zu unrichtigen Ergebnissen geführt (s. S. 189). Bei Untersuchungen von binären Systemen mit besonderer Flüchtigkeit einer Komponente in dem in Frage kommenden Temperaturbereich (große Schmelzpunktdifferenz) müssen bestimmte Vorsichtsmaßregeln getroffen werden (153). Bei besonders flüchtigen Stoffgemischen kann man die Mikroküvette von FISCHER (s. S. 103) oder ein Kapillarröhrchen benützen, ähnlich wie bei der Molekulargewichtsbestimmung (s. S. 133).

Über die *Vereinfachung der Thermoanalyse* durch Verwendung der Heizbank s. S. 181.

b) Kontaktmethode.

Bei der Kontaktmethode (133—136, 125) wird die Mischzone zweier zwischen Objektträger und Deckglas sich berührender Stoffe bei Temperaturänderungen unter dem Mikroskop beobachtet.

Die dafür notwendigen Präparate werden in folgender Weise hergestellt: Man bringt zunächst eine Probe der höher schmelzenden Substanz zum Schmelzen und achtet darauf, daß die Schmelze nur etwa die Hälfte des Raumes zwischen Objektträger und Deckglas ausfüllt (Abb. 27, Stelle *a*). Dann läßt man die Schmelze erstarren. Die zweite Substanz bringt man an den Rand des Deckglases neben die erstarrte erste Substanz (Stelle *b* der Abb. 27) und erwärmt, bis sie schmilzt, wobei die Schmelze in den noch freien Raum zwischen Objektträger und Deckglas einfließt.

In der Berührungszone wird durch die Schmelze der zweiten Substanz etwas von der festen, ersten aufgelöst. Dadurch ist für die beiden Stoffe Gelegenheit

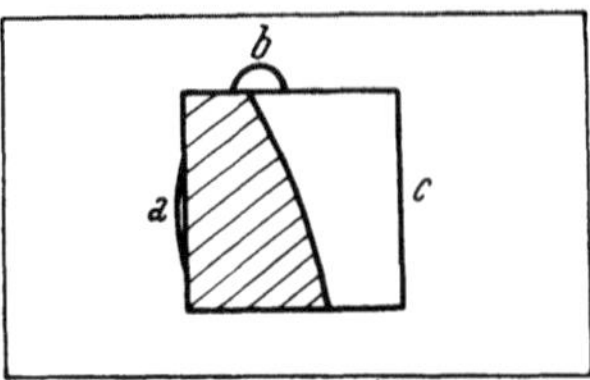

Abb. 27. Kontaktpräparat.

gegeben, sich entweder nur zu mischen oder zu Molekülverbindungen zusammenzutreten. In letzterem Falle ist es vorteilhaft, das Kontaktpräparat nach Einbringen der zweiten Substanz nochmals vollständig durchzuschmelzen, um eine breitere Mischzone und dadurch eine bessere Reaktionsmöglichkeit zu erreichen. Dann läßt man wieder abkühlen und erstarren. Beim Wiedererwärmen auf dem Heizmikroskop können an derartigen Kontaktpräparaten in der Mischzone alle Erscheinungen in anschaulicher Weise abgelesen werden, die in dem Schmelzdiagramm des betreffenden binären Systems ihren Ausdruck finden.

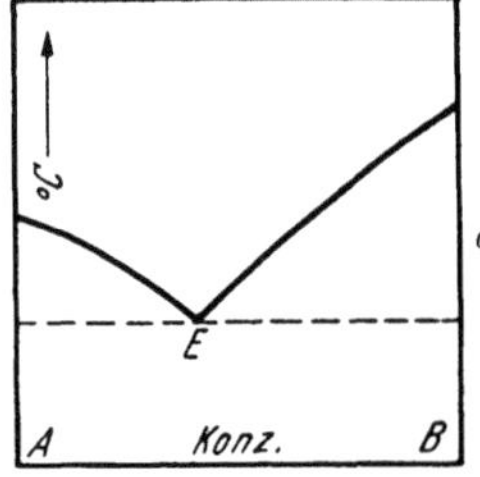

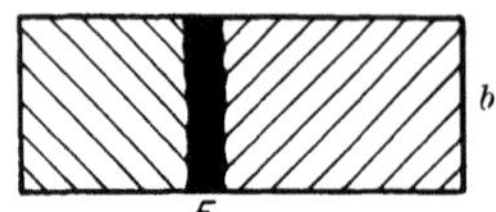

Abb. 28. Einfaches Eutektikum, Schmelzbeginn im schematischen Kontaktpräparat.

Wenn die beiden Stoffe nicht miteinander reagieren und auch im festen Zustand keine Löslichkeit ineinander besteht, so muß an einer bestimmten Stelle der Grenzschicht das Mischungsverhältnis des Eutektikums vorliegen. Beim Erwärmen wird daher bei Erreichen der eutektischen Temperatur zuerst dieser Teil der Grenzzone zu schmelzen beginnen. Es ist vorteilhaft, die Vorgänge in polarisiertem Licht zwischen *gekreuzten Nicols* zu beobachten, weil sich dabei die Schmelze als *schwarzer Streifen* besonders deutlich von den infolge der Doppelbrechung aufleuchtenden, noch festen Anteilen abhebt (Abb. 28 und 29).

Das eutektische Schmelzen ist die Zerstörung des Kristallgefüges infolge Hineindiffundierens der anderen Komponente. Nach TAMMANN wird beim Erhitzen eines Gemisches zuerst für die niedriger schmelzende Komponente eine Temperatur erreicht werden, bei der ein Platzwechsel der Bausteine im Gitter merklich wird; daher werden diese bestrebt sein, in das Gitter der zweiten Komponente hineinzudiffundieren, wobei eine Zerstörung, d. h. ein Schmelzen eintritt.

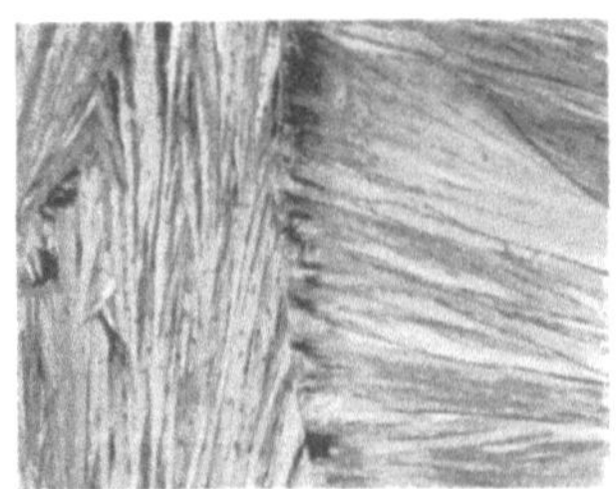

Abb. 29. Kontaktpräparat, Diphenyl : Acetanilid *a*) unterhalb der eutektischen Temperatur, *b*) oberhalb der eutektischen Temperatur.

In der Regel liegt bei Schmelzpunktsgleichheit das Eutektikum relativ am niedrigsten (167); je größer die Schmelzpunktsdifferenz ist, um so mehr rückt das Eutektikum gegen hohe Konzentrationen der niedriger schmelzenden Komponente. Dies tritt in Ausnahmsfällen dann nicht ein, wenn eine der Komponenten eine hohe BECKMANNsche Konstante besitzt (z. B. Kampfer) und die Schmelzkurve dieser Komponente sehr steil abfällt.

Wenn zwei Stoffe miteinander reagieren, d. h. miteinander eine Molekülverbindung bilden, so kann man dies an dem erstarrten Präparat häufig schon makroskopisch daran erkennen, daß innerhalb der Grenzschicht ein neuer, meist trüb und undurchsichtig erscheinender Streifen mit abweichendem Gefüge auftritt. Zu den zwei ursprünglichen Stoffen ist nun ein dritter, die Molekülverbindung, hinzugekommen, wodurch die Grenzschicht eine Unterteilung erfährt. Beim Erhitzen können in solchen Kontaktzonen beide Eutektika hintereinander (bei Gleichheit der eutektischen Temperaturen nebeneinander), nämlich einerseits das Eutektikum E_1 zwischen der niedriger schmelzenden Substanz und der Molekülverbindung und anderseits das Eutektikum E_2 zwischen der Molekülverbindung und der höher schmelzenden Substanz, beobachtet werden (Abb. 30 und 31).

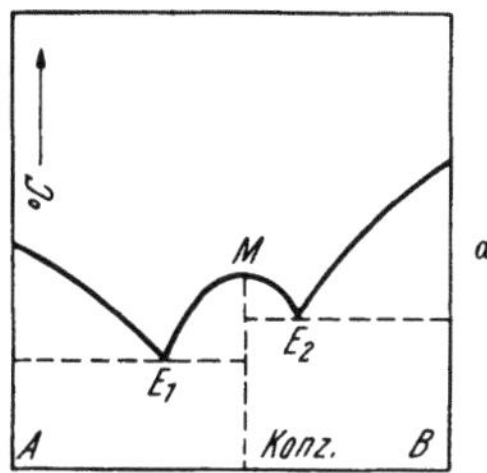

Abb. 30. *a*) Diagramm mit Molekülverbindung, *b*) schematisches Kontaktpräparat

Sind zwei Molekülverbindungen in verschiedenen Mengenverhältnissen entstanden, so liegen sie im Kontaktpräparat, der verschiedenen prozentualen Zusammensetzung entsprechend, nebeneinander und

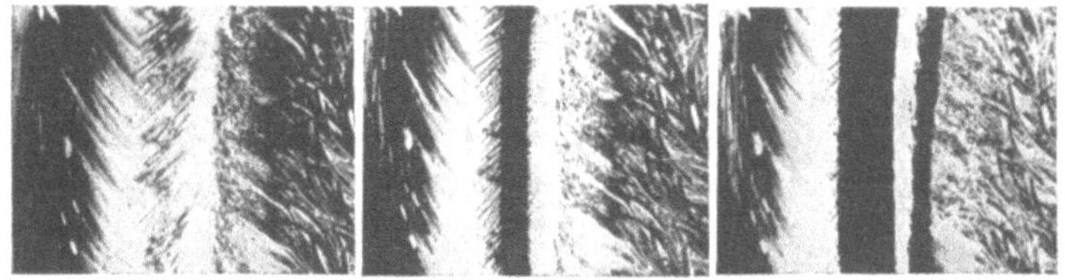

Abb. 31.   Kontaktpräparat, 2,4-Dinitrotoluol: Naphthalin mit äquimolekularer Molekülverbindung.

ergeben beim Wiedererwärmen drei verschiedene Eutektika. So bildet Nicotinsäureamid mit einigen Dicarbonsäuren zwei Molekülverbindungen (152), ebenso Hydrochinon mit Antipyrin (239, 169). Bei Nicotinsäureamid : Brenzcatechin entstehen drei Molekülverbindungen (152).

Inhomogen schmelzende Verbindungen lassen sich ebenfalls im Kontaktpräparat erkennen. Im Gegensatz zu homogen schmelzenden Molekülverbindungen ist hier kein zweites Eutektikum, d. i. eine Schmelzpunktsdepression zwischen der Molekülverbindung und der höher schmelzenden Komponente, erkennbar. „Die Molekülverbindung schmilzt inhomogen" heißt, daß sie nicht zu einer homogenen Flüssigkeit schmilzt, sondern daß sie bei einer bestimmten Temperatur in eine Schmelze von bestimmter Zusammensetzung und eine neue Kristallart mit höherem Schmelzpunkt zerfällt (287, 300). Dieser Fall tritt meist bei großen Schmelzpunktsdifferenzen der Komponenten ein. In dem Diagramm Abb. 32 sind drei Teilkurven zu erkennen, die den drei auftretenden Kristallarten entsprechen, und zwar bestehen die Restkristalle von Gemischen der Konzentrationen zwischen a und E aus der Komponente A, zwischen E und K aus der Molekülverbindung und zwischen K und b aus B-Kristallen. Der höchste Punkt der Kurve E—K, das Maximum M,

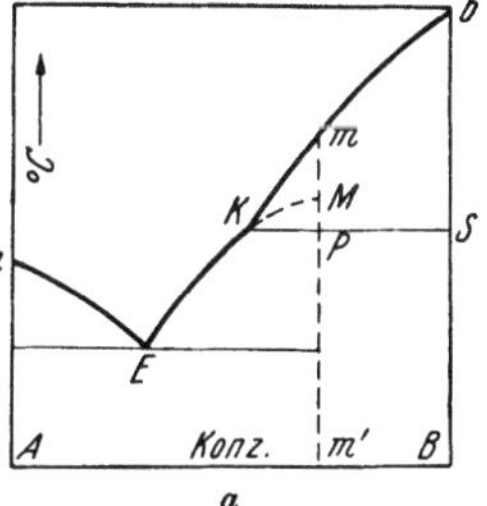

Abb. 32. *a*) Diagramm mit inhomogen schmelzender Verbindung, *b*) schematisches Kontaktpräparat.

wird von der Schmelzkurve der höher schmelzenden Komponente überlagert (verdecktes Maximum). Alle Mischungen rechts von K schmelzen bei der Temperatur der Horizontalen KPS, d. i. der Peritektalen, inhomogen unter Ausscheidung von B.

Das verdeckte Maximum M entspricht einem instabilen Zustand; es läßt sich dann realisieren, wenn das inhomogene Schmelzen bei der Übergangstemperatur P infolge des Fehlens von Keimen der Komponente B nicht eintritt (s. Hydrate, S. 104). Die Molekülverbindung kann dann über ihren inhomogenen Schmelzpunkt, d. h. über die peritektische Temperatur „überhitzt" werden, bis maximal die Temperatur des Punktes M erreicht ist und *homogenes* Schmelzen eintritt (128). Tritt nachträglich die Keimbildung von B ein, so geht letzteres erst bei der Temperatur m in Lösung (123).

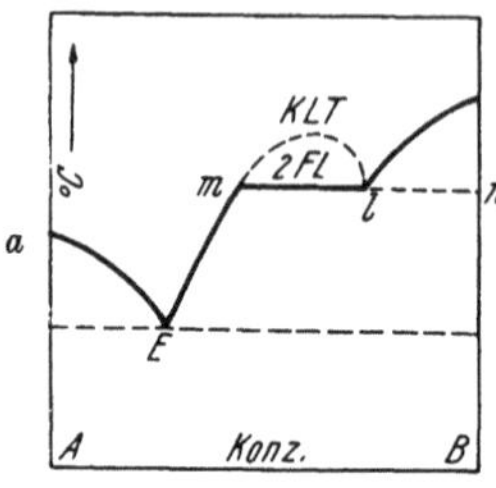

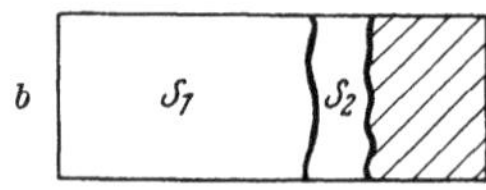

Abb. 33. *a*) Diagramm mit Mischungslücke der flüssigen Phasen, *b*) schematisches Kontaktpräparat.

Ein Kontaktpräparat eines Stoffpaares mit einer inhomogen schmelzenden Molekülverbindung hat das gleiche Aussehen wie ein Kontaktpräparat mit einer homogen schmelzenden. Der Unterschied ist beim Erwärmen zu erkennen, und zwar daran, daß nach erfolgtem Schmelzen des unteren Eutektikums das allmähliche Auflösen der Molekülverbindung beobachtet wird, die schließlich bei der dem Knick K in der Schmelzkurve entsprechenden Temperatur vollständig verschwindet. Der sichere Nachweis wird durch die *peritektische Reaktion* erbracht, die sich am besten bei der Untersuchung der der Verbindung entsprechenden Mischung beim Erwärmen auf die peritektische Temperatur erkennen läßt. Bei dieser Temperatur schmilzt die Verbindung unter Abscheidung von B; die peritektische Temperatur stellt das Dreiphasengleichgewicht zwischen der Verbindung, der Komponente B und der Schmelze dar. Der Vorgang läuft analog der peritektischen Reaktion bei beschränkter Mischbarkeit (Typus IV) ab (s. S. 165, Abb. 41).

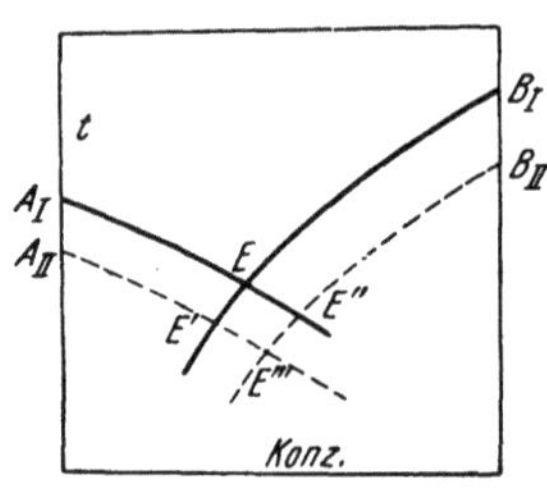

Abb. 34. Eutektika zwischen stabilen und instabilen Modifikationen.

In manchen Fällen entstehen Molekülverbindungen, die nicht bis zur eutektischen Temperatur beständig sind, sondern *vorher inhomogen schmelzen*, wie z. B. im System α-Naphthol : β-Naphthylamin (142) oder bei Anthracen : 2,4-Dinitrophenol.

Eine Reihe von Stoffpaaren zeichnet sich dadurch aus, daß ihre *flüssigen Phasen* nicht in allen Verhältnissen mischbar sind. Das Schmelzdiagramm zeigt dann die in Abb. 33 wiedergegebene Form. Mischungen zwischen den Konzentrationen m—l schmelzen zu zwei Schichten, von denen die eine die gesättigte Lösung der Komponente B in A, die andere eine solche von A in B darstellt. Das Intervall m—l wird „Mischungslücke" genannt. Mit steigender Temperatur nimmt in der Regel die Löslichkeit zu, daher wird das gestrichelt umrandete Gebiet der zwei flüssigen Phasen mit steigender Temperatur immer kleiner, bis bei der „kritischen Lösungstemperatur" (KLT) wieder unbegrenzte Mischbarkeit der flüssigen Phasen eintritt. Auch dieses Verhalten läßt sich an einem einzigen Kontaktpräparat einwandfrei erkennen (136, 153).

Die Untersuchung von Kontaktpräparaten ermöglicht es, unter Einhaltung bestimmter Bedingungen auch die *Beziehungen instabiler Formen* zu verfolgen und die Schmelzdiagramme in dieser Hinsicht zu vervollständigen. Bei Ausbildung gut haltbarer instabiler Formen oder bei Unkenntnis einer vorliegenden

Enantiotropie können bei der Makromethode fehlerhafte Schmelzdiagramme zustande kommen. Liegt im Diagramm Abb. 34 statt der stabilen Modifikation A_I die instabile A_{II} vor, so wird als Eutektikum mit B_I statt der Temperatur E der niedrigere Wert E' gefunden; wenn umgekehrt B_{II} mit A_I zur Berührung kommt, erhält man E''. Beide instabilen Formen geben zusammen ein Eutektikum E'''. Alle Kombinationen außer $A_I : B_I$ stellen „instabile Gleichgewichte" dar, die bei der Kristallisation organischer Stoffe durchaus nicht selten sind. Die größere Zahl geht aber beim Erwärmen in den stabilen Zustand über (132).

Außerordentlich wertvoll erwies sich die Kontaktmethode für das Studium von *Isomorphieerscheinungen*. Die Eigenschaft isomorpher Stoffe, in der Schmelze

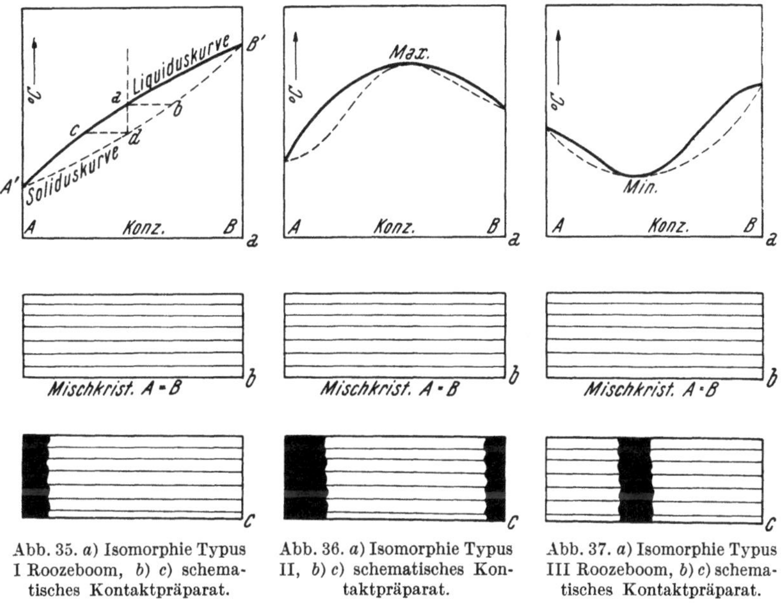

Abb. 35. *a*) Isomorphie Typus I Roozeboom, *b*) *c*) schematisches Kontaktpräparat.

Abb. 36. *a*) Isomorphie Typus II, *b*) *c*) schematisches Kontaktpräparat.

Abb. 37. *a*) Isomorphie Typus III Roozeboom, *b*) *c*) schematisches Kontaktpräparat.

oder gesättigten Lösung der entsprechenden isomorphen Substanz oder einer Mischung der beiden Stoffe in gleicher kristallographischer Richtung weiterzuwachsen wie in der eigenen, läßt sich im Kontaktpräparat ausgezeichnet verfolgen. In vielen Fällen kann die Zugehörigkeit zu den fünf Typen Roozebooms rasch erkannt werden.

Bilden sich Mischkristalle zwischen zwei Stoffen in jedem Verhältnis, so spricht man von „*lückenloser Mischbarkeit*" (287, 300, 215, 86). Solche Stoffe werden als „isomorph im engeren Sinne" bezeichnet (s. S. 153) zum Unterschied von *beschränkt mischbaren*, die „isomorph im weiteren Sinn" genannt werden. Die Schmelzkurven können bei lückenloser Mischkristallbildung nach Roozeboom drei verschiedene Typen bilden, und zwar Typus I, Typus II und III (Abb. 35, 36, 37). Die bei der Mischung entstehenden festen Phasen gehören *einer* Kristallphase an, deren Schmelzpunkte auf einer *ununterbrochenen* Kurve liegen. Bei Typus I steigen die Schmelzpunkte der Mischphasen vom Schmelzpunkt der niedriger schmelzenden Komponente zu dem der höher schmelzenden Komponente ohne Abfall an (Abb. 35). Die obere Kurve wird Liquidus-, die untere Soliduskurve genannt; das Gebiet zwischen den beiden Kurven ist dadurch ausgezeichnet, daß Schmelze und feste Phase nebeneinander beständig sind. Wird eine bestimmte Mischung der Abb. 35 bis *a* abgekühlt, so scheidet sich ein Mischkristall der Zusammensetzung *b* ab. Während der weiteren Abscheidung erhöht sich nicht nur die Konzentration der Schmelze an *A*, d. h. in der Richtung nach *c*, sondern auch der Mischkristall muß seine Zusammensetzung ständig von der Konzentration *b* in der Richtung gegen *d* ändern. Wenn der Vorgang vollständig im Gleichgewichtszustand abläuft, hat der Mischkristall am Ende des Erstarrens die Zusammensetzung der ursprünglichen Schmelze, die durch die Vertikale *a—d* gegeben ist.

Da bei lückenloser Mischkristallbildung der Typen I bis III die Stoffe in allen Verhältnissen mischbar sind, verläuft das

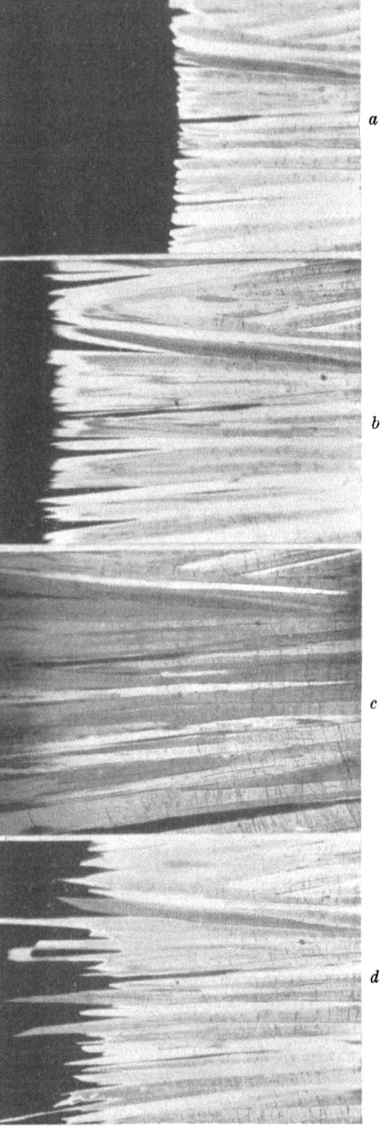

Abb. 38.   Kontaktpräparat   Propyl-3-Methylbutylbarbitursäure: *n*-Butylpropylbarbitursäure.   Typus I ROOZEBOOM.

Abb. 39.   Kontaktpräparat Allylbutylbarbitursäure: Dipropylbarbitursäure. Typus III ROOZEBOOM.

Erstarren der Kontaktpräparate gleichartig. Bei Kristallisationsanregung in der höher schmelzenden Komponente *B* (rechts) durchwächst die entstehende Kristallisationsfront (bei Temperaturen unterhalb der Soliduskurve) ungehindert in gleicher Phase die *Mischzone* und bringt die reine Schmelze der zweiten

Komponente zum Erstarren (Abb. 35b bzw. 36b, 37b). Bei entsprechender Unterkühlbarkeit läßt sich selbstverständlich der Kristallisationsvorgang auch umgekehrt, d. h. von der niedriger schmelzenden Komponente aus leiten.

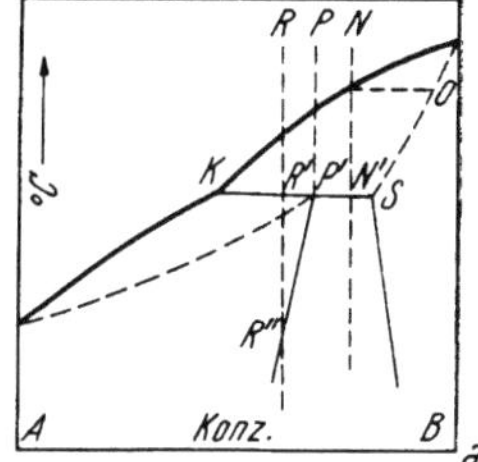

Die Zugehörigkeit zu einer der drei genannten Typen wird beim Erwärmen eindeutig erkannt, und zwar beginnt bei Typus I der Schmelzvorgang in der reinen, niedriger schmelzenden Komponente A (Abb. 35c) und schreitet allmählich, dem kontinuierlichen Ansteigen der Schmelzkurve entsprechend, bis zum Schmelzpunkt der zweiten Komponente fort. Abb. 38 zeigt das System Propyl-3-Methylbutylbarbitursäure(A) : n-Butylpropylbarbitursäure (B) im Kontaktpräparat (29). Die Kristallisationsfront von B (rechts) grenzt an die Schmelze von A. Beim Abkühlen wächst B isomorph durch die Mischzone in die Schmelze von A unter Bildung einer einzigen, festen Phase (Abb. 38b, c).

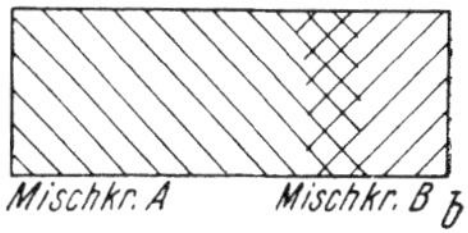

Beim Typus II schmilzt zuerst die niedriger schmelzende Komponente und dann die zweite Komponente unter Zurücklassung eines Streifens der dem Maximum entsprechenden Mischkristalle (Abb. 36). Bei Typus III beginnt das Schmelzen in der Mischzone entsprechend dem Minimum des Zustandsdiagramms (Abb. 37). Man sieht hier die vollkommen einheitlich erscheinenden

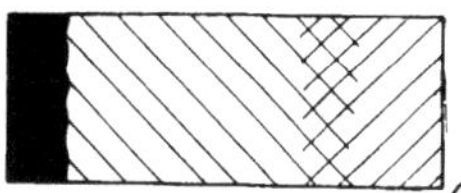

Abb. 40. *a*) Beschränkte Mischbarkeit Typus IV ROOZEBOOM, *b*), *c*) schematisches Kontaktpräparat.

Kristalle mitten entzweischmelzen. Ein Beispiel ist in Abb. 39 wiedergegeben.

Die ROOZEBOOMschen Typen IV und V unterscheiden sich von den zuerst genannten drei Typen dadurch, daß keine lückenlose Mischbarkeit zwischen

a   b   c

Abb. 41. Peritektische Reaktion im System Dibenzyl: Stilben. *a*) Beginn der peritektischen Reaktion: Schmelzen der Mischkristalle des Dibenzyltyps unter Ausscheidung von Rauten der Mischkristalle des Stilbentyps. *b*) Peritektisches Gleichgewicht (Dreiphasengleichgewicht). *c*) Beginnendes Lösen der Mischkristalle des Stilbentyps bei geringem Abkühlen unter die peritektische Temperatur.

den beiden Komponenten besteht. Statt *einer* Kristallart treten *zwei* auf, von denen jede nur einen bestimmten Prozentsatz der zweiten Komponente aufnehmen kann. Im Mischungsgebiet KP' bei Typus IV (Abb. 40) verhalten sich die Vorgänge bei der Kristallisation bzw. beim Schmelzen analog wie die bei der inhomogen schmelzenden Verbindung beschriebenen Vorgänge der Abb. 32

zwischen K und M. Der Vorgang der peritektischen Reaktion ist in der Abb. 41a, b, c beim System Dibenzyl : Stilben dargestellt. Jede Mischung, die in dem Konzentrationsbereich $K—P$ liegt, besteht nach dem vollständigen Erstarren aus Mischkristallen des Gittertyps A (Dibenzyl). Beim Erwärmen

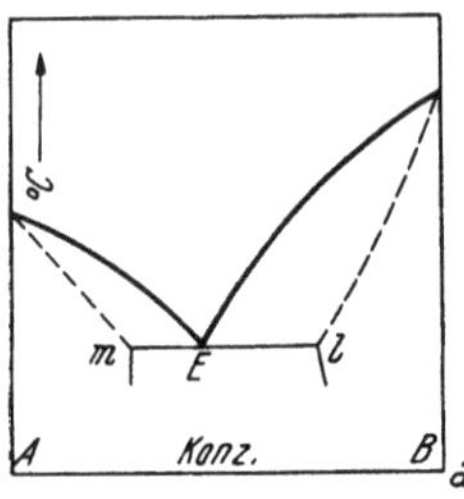

auf die Temperatur der Peritektalen $K—S$ beginnen diese Mischkristalle zu schmelzen (Abb. 41a), unter gleichzeitiger Ausscheidung von Rauten des Mischkristalltyps B (Stilben). In Abb. 41b ist der Dreiphasengleichgewichtszustand erreicht. Bei geringer Abkühlung unter die peritektische Temperatur wird die Reaktion rückläufig, die Rauten der Mischkristalle B beginnen sich wieder zu lösen, während die Mischkristalle A neuerdings wachsen (Abb. 41c).

Typus V (Abb. 42) verhält sich beim Erstarren und Schmelzen ähnlich wie ein einfaches Eutektikum; statt der reinen Komponenten scheiden sich aber Mischkristalle aus.

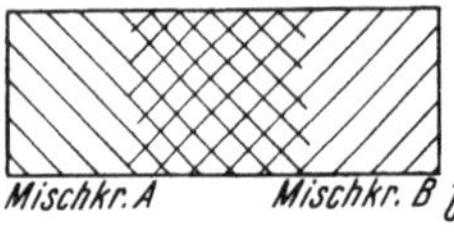

Die beiden Typen IV und V haben zwei Ursachen (259). 1. Die *Mischungslücke* beruht auf Überschreitung der Toleranzgrenze der Strukturdifferenz (s. S. 155). 2. Es liegt *Isodimorphie* vor.

Von Isodimorphie (s. S. 156) wird dann gesprochen, wenn zwei dimorphe Stoffe zwei Mischkristallreihen bilden. Gibt es mehrere Mischkristallreihen entsprechend mehreren Modifikationen, so spricht man von Isopolymorphie. Abb. 43 stellt einen Fall dar, bei dem je zwei stabile und je zwei instabile Modifikationen untereinander lückenlose Mischkristallreihen bilden. Ein derartiges Verhalten bezeichnen wir als *gleichlaufende Isodimorphie.* p-Chlor- und p-Brom-

Abb. 42. *a)* Beschränkte Mischbarkeit: Typus V Roozeboom, *b) c)* schematisches Kontaktpräparat.

acetanilid bilden nach Brandstätter (25) zwei Mischkristallreihen analog der Abb. 43. Bei 1-Chlor-2,4-Dinitrobenzol : 1-Brom-2,4-Dinitrobenzol konnte M. Brandstätter (23) vier untereinander liegende Mischkristallreihen vom Typus I feststellen (s. S. 194). Auch Pikrylchlorid : Pikrylbromid gehört hierher (121).

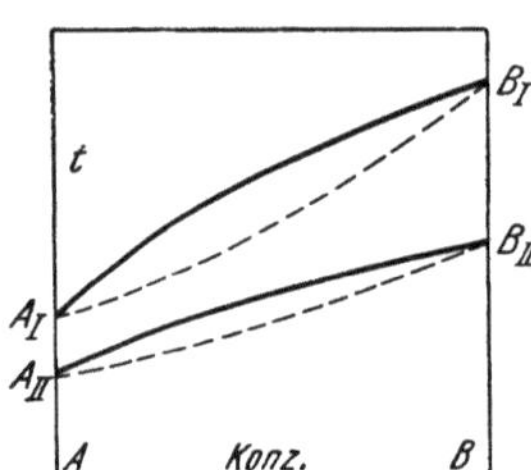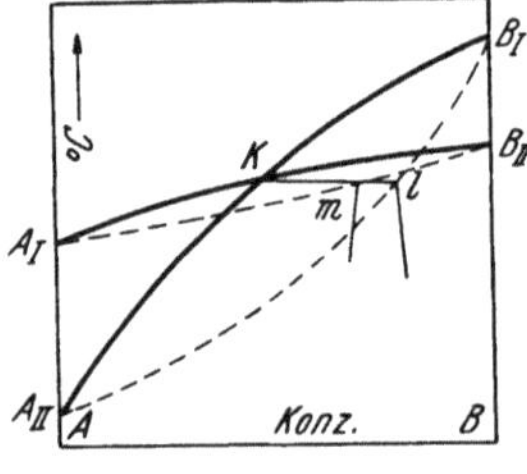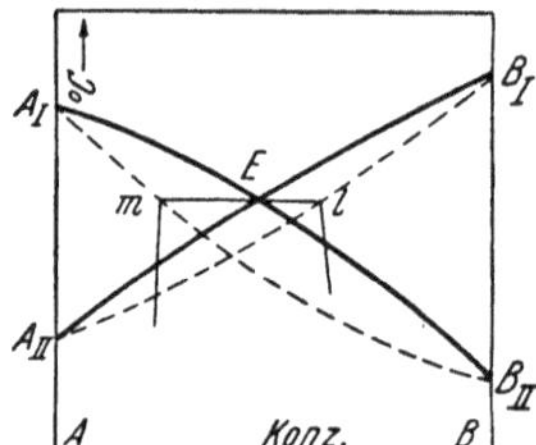

Abb. 43. Gleichlaufende Isodimorphie.

Abb. 44. Gekreuzte Isodimorphie: Typus IV Roozeboom.

Abb. 45. Gekreuzte Isodimorphie: Typus V Roozeboom.

Häufig tritt aber die Mischkristallbildung nicht zwischen den beiden stabilen bzw. instabilen Formen ein, sondern je eine stabile bildet mit je einer instabilen eine lückenlose Mischkristallreihe. Die Schmelzkurven der beiden Mischungsreihen müssen einander daher überschneiden: *gekreuzte Isodimorphie* (Abb. 44 und 45). Von der Lage des Schnittpunktes ist die Mischbarkeitsgrenze und das Aussehen des Diagramms abhängig. In den Abb. 44 und 45 sind die Schmelzpunkte der stabilen Formen mit A_I und B_I, die der instabilen mit A_{II} und B_{II} bezeichnet. A_I bildet mit B_{II}, A_{II} mit B_I eine lückenlose Mischkristallreihe.

Die beiden Kurven schneiden einander in Abb. 44 im Punkte K; aus dem Verlauf der Soliduskurven läßt sich die auftretende Mischungslücke zwischen m und l konstruieren. Bei dieser Art der Überschneidung steigt der Schmelzpunkt der Mischphasen von A mit zunehmendem Gehalt an B unter Bildung eines Knickes an (Typus IV ROOZEBOOM), z. B. Dibenzyl : Stilben (139).

Die beiden isodimorphen Mischkristallkurven können einander aber auch so schneiden, daß der Schnittpunkt tiefer liegt als der Schmelzpunkt der niedriger schmelzenden Komponente (Abb. 45). Es entsteht ein Eutektikum, das von zwei Arten von Mischkristallen gebildet wird, d. i. Typus V, wie z. B. Benzalanilin : Azobenzol (30).

Es ist jedoch bei Auftreten von Isodimorphie durchaus nicht zwingend, daß alle Überschneidungen nach Typus IV oder V erfolgen müssen. Es kann ein Typus III mit einem Typus IV kombiniert sein (Dibenzyl : Azobenzol [139], Diphenylenoxyd : Diphenylensulfid [153]) oder es können einander drei Mischkristallreihen überschneiden (141) (s. stabilisierte Zwischenphasen [129], S. 168).

Bei isodimorpher Mischkristallbildung können in vielen Fällen beide Mischkristallreihen vollständig, in anderen Fällen jedoch nur unvollständig realisiert werden. So wächst Pikrinsäure in der unterkühlten Schmelze von s-Trinitrobenzol isomorph weiter und bildet in dieser die instabile Form III (109°). In ähnlicher Weise wächst die stabile Modifikation des Trinitrobenzols isomorph in der Pikrinsäureschmelze fort und bildet eine instabile Pikrinsäuremodifikation mit einem Schmelzpunkt von 75°, die nach Typus I mit Trinitrobenzol lückenlos mischbar ist (138) (Schema der Abb. 45, s. auch S. 192).

Die thermoanalytische Feststellung unvollständiger Mischbarkeit vermag über die kristallstrukturelle Verwandtschaft zweier Kristallarten A und B direkt nichts auszusagen. Zur Lösung dieser Frage müssen noch weitere Untersuchungen angestellt werden. Für den ersten Fall der beschränkten Mischbarkeit auf Grund des Überschreitens der Toleranzgrenze ist durch Heranziehen eines dritten, verwandten Stoffes C die Aufklärung möglich. Ist nämlich dieser Stoff C einerseits mit A, anderseits mit B lückenlos mischbar, so kann es sich bei der unvollständigen Mischbarkeit zwischen A und B nur um ein Überschreiten der Toleranzgrenze handeln. Einen solchen Fall stellt das System Gold : Silber : Kupfer dar (90, 215). Bei organischen Stoffen ist bisher nur ein Fall dieser Art in der Pentachlorbenzolgruppe bekannt geworden (26) (s. S. 195).

Je geringer bei zwei einander überschneidenden Mischkristallreihen das Mischvermögen der einen Komponente ist, desto näher rückt im Diagramm der Schnittpunkt K oder E zu hohen Konzentrationen der betreffenden Komponente. So liegt z. B. im System Dibenzyl : Stilben (139) (Typus IV, Schema Abb. 44) der Punkt K bei 3% Stilben. Im System p-Dichlorbenzol : p-Dibrombenzol (Typus V) liegt das Eutektikum bei 2% p-Dibrombenzolgehalt (25).

Wegen des Auftretens von Isodimorphie geht es nicht an, nur die Gitter der beiden stabilen Formen zu vergleichen, denn die stabilen Formen der betreffenden Stoffe können einen ganz anderen Grad von Typie aufweisen, wie z. B. bei Zimtsäure und Hydrozimtsäure (141). Leider liegen bisher nur verhältnismäßig wenige röntgenographische Strukturaufnahmen von organischen Stoffen vor, insbesondere fehlen solche von instabilen Formen.

Bei den in der neueren Literatur (75, 319) als homöotyp bzw. als heterotyp und „praktisch" vollständig mischbar genannten Systemen, z. B. Mg : Li, handelt es sich um Kurvenlagen, die denen in oben genannten Systemen organischer Stoffe durchaus analog sind, insofern als die Punkte K und E bei hohen Konzentrationen einer Komponente liegen (90). Es handelt sich also hier in Wirklichkeit um *keine* lückenlose Mischbarkeit; der Ausdruck „praktisch vollständig mischbar" ist irreführend. Es ist auch hier der Gedanke nicht von der Hand zu weisen, daß die weitgehende Mischbarkeit in den genannten metallischen Systemen durch den Umstand gegeben ist, daß die Gitterstruktur der vorherrschenden Mischkristalle eine auch bei der zweiten Komponente

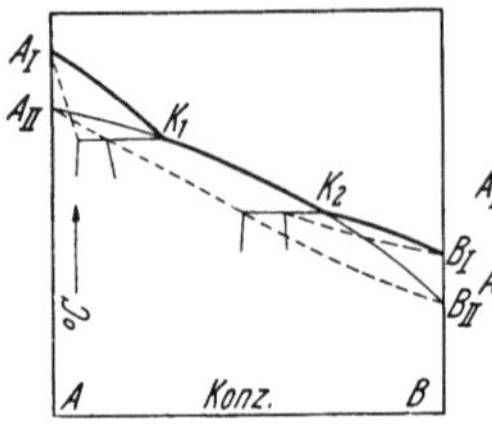

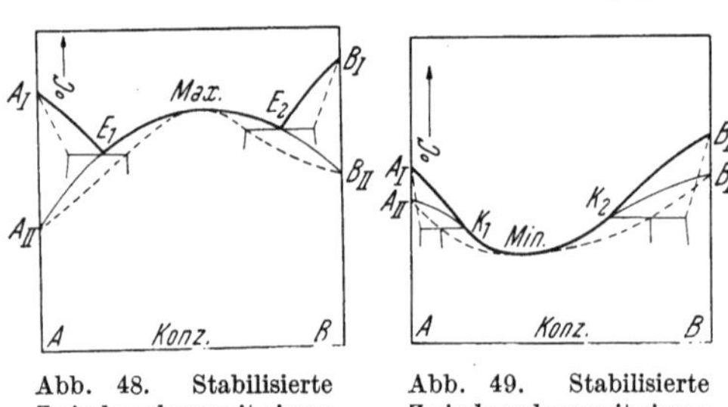

Abb. 46. Stabilisierte Zwischenphase mit zwei peritektischen Punkten.

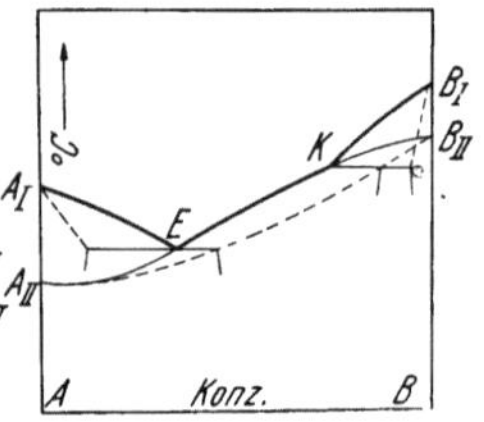

Abb. 47. Stabilisierte Zwischenphase mit einem Eutektikum und einem peritektischen Punkt.

mögliche, aber instabile Gitterordnung darstellt.

Eine besondere Art von Isodimorphie organischer Stoffe stellen jene Fälle dar, bei denen es zur Ausbildung sogenannter stabilisierter Zwischenphasen (129) kommt. Sie entstehen bei Überschneidung von mehr als zwei Mischkristallreihen, wie bereits oben erwähnt wurde. Es handelt sich dabei um *Mischphasen*, die aus *instabilen Modifikationen* der beiden Komponenten hervorgehen, in einem bestimmten Bereich des Zustandsdiagramms aber stabile Zustandsform annehmen. Die Stabilisierung läßt sich auch so auffassen, daß ein monotrop polymorpher Stoff, dessen Umwandlungspunkt oberhalb der Schmelztemperatur liegt und daher virtuell ist (Abb. 19, S. 142), durch die Mischkristallbildung in reale Existenzgebiete herabgedrückt wird. (Über die Änderung des Umwandlungspunktes durch Mischkristallbildung s. Roozeboom [256].) Dieser Effekt wird um so leichter eintreten können, je näher der virtuelle Umwandlungspunkt

Abb. 48. Stabilisierte Zwischenphase mit einem Maximum.

Abb. 49. Stabilisierte Zwischenphase mit einem Minimum.

(u der Abb. 19) bei der Dampfdruckkurve der flüssigen Phase *f—f* liegt.

Die verschiedenen Möglichkeiten für die Kurvenlagen stabilisierter Zwischenphasen sind in Abb. 46 bis 49 dargestellt. In allen vier Fällen wird eine *lückenlose Mischkristallreihe* zwischen den *instabilen Modifikationen II* beider Komponenten gebildet ($A_{II} = B_{II}$). In Abb. 46 wird diese Mischkristallreihe von Kurvenästen der beiden stabilen Formen A_I und B_I in

zwei Umwandlungs- bzw. Übergangspunkten K_1 und K_2 geschnitten (Beispiel: Zimtsäure : Hydrozimtsäure [141]) (s. S. 195). In Abb. 47 entsteht durch die Überschneidung der Äste von A_I und B_I ein Eutektikum E und ein Übergangspunkt K (Beispiel: Benzalanilin : Dibenzyl [30], s. S. 190). In Abb. 49 entspricht die lückenlose Mischkristallreihe einem Typus III Roozeboom, die Schnittpunkte mit den stabilen Ästen sind Übergangspunkte (Beispiel: Barbitursäurederivate [29]). Abb. 48 stellt eine instabile Mischkristallreihe nach Typus II dar, die von den stabilen Ästen in zwei eutektischen Punkten geschnitten wird (Beispiel: d- und l-Bromkampfer [225, 292]).

Der in Abb. 49 schematisch dargestellte Fall ist in dem Beispiel Allylisopropylbarbitursäure (A) : Äthylpropylbarbitursäure (B) in Abb. 50a, b, c, d veranschaulicht (29). Abb. 51 zeigt schematisch das aus dem Verhalten im Kontaktpräparat abgeleitete Schmelzdiagramm (ohne Soliduskurven). Das Kristallisat der Abb. 50 entspricht einer Mischkristallreihe, die im Schema der Abb. 51 von A_{III} zu B_{II} geht und eine Mischkristallreihe nach Typus III bildet.

Während des Erwärmens wandelt sich B_{II} in die stabile Form B_I um, wie im rechten Teil der Abb. 50b an der Strukturänderung kenntlich ist. Der linke Teil der Abbildung zeigt zunächst keine Veränderung, sondern nur das Schmelzen des Minimumgemisches bei der entsprechenden Temperatur. Erwärmt man langsam weiter, so wandelt sich A_{III} ebenfalls um, und zwar entsteht zunächst A_{II}, dessen Kurvenast im Schema Abb. 51 durch A_{II}—R angedeutet ist (Abb. 50c). Das in der Mitte übriggebliebene Kristallisat entspricht also dem von der instabilen Mischkristallreihe (Abb. 50a) übriggebliebenen, in diesem Konzentrationsbereich stabilen Kristallisat, in dem das Minimum herausgeschmolzen ist. Beim Abkühlen wächst das Minimum wieder zusammen. In Abb. 50d wandelt sich außerdem das Mischkristallisat (dem Kurvenstück PR entsprechend) in Modifikation A_I um, die im unteren Teil auch schon auf A_{II} überzugreifen beginnt.

Die Schmelzkurven mancher isomorpher, organischer Zweistoffsysteme können auch mehrere singuläre Punkte — Maxima, Minima — aufweisen. Maxima (Typus II) findet man bei Systemen von optischen Isomeren, z. B. d- und l-Carvoxim (1, 240); ferner wurde von Lettré (184) bei Epihydro- und Dihydrolumisterin ein Schmelzdiagramm mit Maximum gefunden, wie auch bei β-Naphthol : β-Naphthylamin (142). Meist werden die Maxima als Molekülverbindungen betrachtet, welche Auffassung jedoch nicht zwingend ist (270).

Die Versuchsanordnung eines Kontaktpräparats ist auch für das *Studium der Impfwirkung* besonders geeignet. Das Problem der Keiminduktion gestaltet sich aus verschiedenen Gründen schwierig, da eine Reihe von Faktoren wirksam sein können. Neben Grenzflächenvorgängen (301, 36, 282) spielen mechanische Reizwirkungen (70) eine Rolle, die wieder von den thermoanalytischen Beziehungen der in Frage kommenden Stoffe (einfaches Eutektikum, Molekülverbindung, Mischkristallbildung verschiedener Roozeboomscher Typen) beeinflußt werden. Im allgemeinen ist Keiminduktion dann zu erwarten, wenn die beiden Stoffe zueinander wenigstens in der Verwandtschaftsbeziehung des orientierten Aufwachsens stehen.

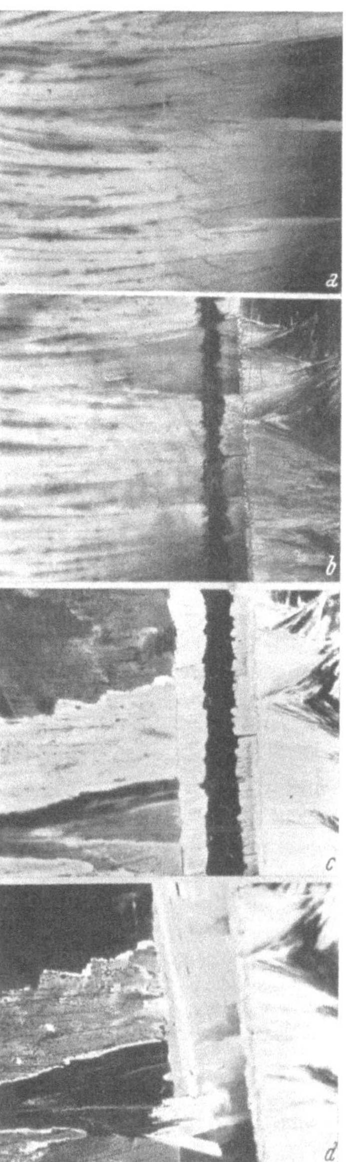

Abb. 50. Kontaktpräparat Allylisopropyl-: Äthylpropylbarbitursäure. *a)* instabile Mischkristalle $(A_{III} = B_{II})$, *b)* rechts: Umwandlung in B_I und Schmelzen des Minimums, *c)* links: Umwandlung in A_{II}; Zwischenphase mit geschmolzenem Minimum, *d)* Minimum der Zwischenphase wieder erstarrt, links beginnende Umwandlung in A_I.

Der in neuester Zeit gebrauchte Begriff „Impfisomorphie" (75) bezieht sich offenbar auf Fälle von Keiminduktion auf Grund bestimmter Gitteranalogien. „Impfisomorphie" darf aber nicht mit „Impfverwandtschaft" (312) verwechselt werden. Letztere bedeutet einen positiven Impfeffekt ohne Rücksicht und Kenntnis der thermoanalytischen Verhältnisse, so daß auch unspezifische Kristallisationsanregungen in Betracht kommen.

Die Kontaktmethode wurde in neuester Zeit von Fredga und Matell (69) zur *Konfigurationsbestimmung optisch-aktiver Stoffe* herangezogen, wobei sie sich wegen der einfachen Durchführung und wegen des geringen Substanzverbrauches als sehr vorteilhaft erwies. Das Prinzip der Untersuchung beruht nach einer von Timmermans (296) angegebenen und insbesondere von Fredga (68) ausgearbeiteten Methode auf folgenden Eigenschaften optischer Antipoden:

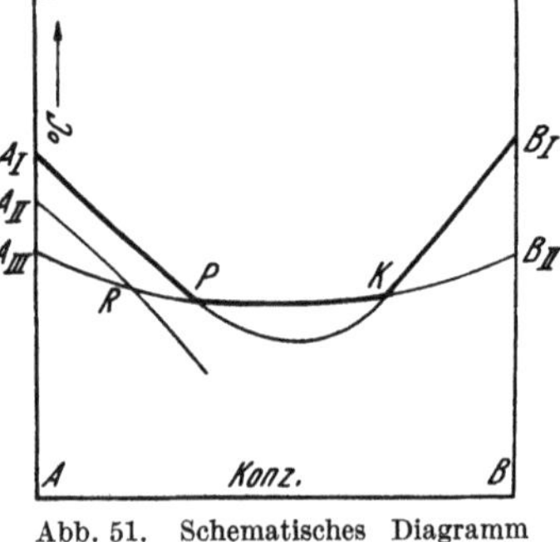

Abb. 51. Schematisches Diagramm ohne Soliduskurven zu Abb. 50.

Äquimolekulare Mengen *optischer Antipoden* bilden entweder eine Molekülverbindung — *echtes Racemat* —, ein Mischkristallisat — *Pseudoracemat* — oder ein eutektisches Kristallisat, d. i. ein *Konglomerat*. Die Bildung eines Racemats ist so häufig, daß sie als normal bezeichnet werden muß. Ein echtes Racemat bildet ein Maximum bei 50% mit zwei symmetrisch gelegenen eutektischen Punkten. Wenn in *einer* der beiden *Komponenten* eine kleine strukturelle Veränderung vorgenommen wurde, so bildet das neue Komponentenpaar oft auch eine Molekülverbindung, ein sogenanntes *Quasiracemat*. Im Schmelzdiagramm besteht ein Maximum bei 50% und zwei Eutektika, die aber nicht mehr symmetrisch liegen.

Die Konfigurationsbestimmung wird nun so durchgeführt, daß man ein Paar Antipoden *d—B* und *l—B* wählt mit schon festgestellter Konfiguration, und zwar mit einer von der zu prüfenden Substanz *A* wenig verschiedenen Struktur. Wenn im System (+) *A* : *d—B* eine Molekülverbindung eintritt, während (+) *A* : *l—B* nur ein Eutektikum zeigt, so liegt im ersten Fall ein Quasiracemat vor und (+) *A* hat eine zu *d—B* entgegengesetzte Konfiguration.

Auf diese Weise wurde von Fredga und Matell (69) der konfigurative Zusammenhang von α-(1-Naphthoxy)-propionsäure und α-(2-Naphthoxy)-propionsäure festgestellt. Ferner wurde von Matell (198, 199) auf diese Weise das Auftreten von quasiracemischen Verbindungen zwischen homologen Alkylbernsteinsäuren geprüft und weitere Untersuchungen in Aussicht genommen.

c) Schmelzen und Kristallisieren von Mischkristallen.

Bei der mikroskopischen Arbeitsweise lassen sich die beim Schmelzen und Kristallisieren von Mischkristallen ablaufenden Vorgänge schrittweise unter ständiger Kontrolle beobachten. *Homogene* Mischkristalle einer Schmelze mit bestimmter Konzentration können auf zweierlei Weise erhalten werden: erstens durch langsame Kristallisation einer Schmelze im Gleichgewichtszustand oder zweitens durch rasches Abkühlen, so daß die Kristallisation unterhalb des zugehörigen Soliduspunktes erfolgt.

Im ersten Falle ist sehr viel Zeit notwendig, denn der während des Schmelzoder Erstarrungsvorganges ständig notwendige Konzentrationsausgleich geht nur langsam vor sich. Es wird allgemein angenommen, daß der Konzentrationsausgleich sowohl in der flüssigen als auch in der festen Phase durch Diffusion erfolgt. Da die Diffusion in der festen Phase nur sehr langsam fortschreitet, stellt sich der Gleichgewichtszustand bei der häufig im Experiment eingehaltenen

Abkühlungsgeschwindigkeit nur sehr langsam ein. Die Folge davon ist, daß die zuerst ausgeschiedenen Anteile reicher an der zuerst abgeschiedenen Komponente sind; es entstehen *Zonenkristalle*. Diese Erscheinung ist bei Metallen als *Kornseigerung* bekannt (197).

Die zweite Art der Herstellung homogener Mischkristalle einer bestimmten Zusammensetzung gelingt in vielen Fällen durch Abschrecken der Schmelze.

Abb. 52. Homogene Mischkristalle $NaNO_3/KNO_3$ (80% $NaNO_3$).

Abb. 53. Rhythmische Umlagerung während des Schmelzens im Temperaturintervall zwischen Solidus- und Liquiduskurve (235—275°).

Diesbezügliche Versuche wurden an Mischkristallen von $KNO_3/NaNO_3$ (80% $NaNO_3$) durchgeführt (119). Bei raschem Erstarren erhält man spindelförmige oder polygonale Kristalle der Abb. 52. Während des Schmelzvorganges muß sich die Zusammensetzung der Mischkristalle beständig ändern, was, wie bisher allgemein angenommen wurde, durch *Diffusion in der festen Phase* geschehen soll. Bei der mikroskopischen Beobachtung des Schmelzvorganges konnte

Abb. 54. Primäre Dendriten bei langsamem Abkühlen.

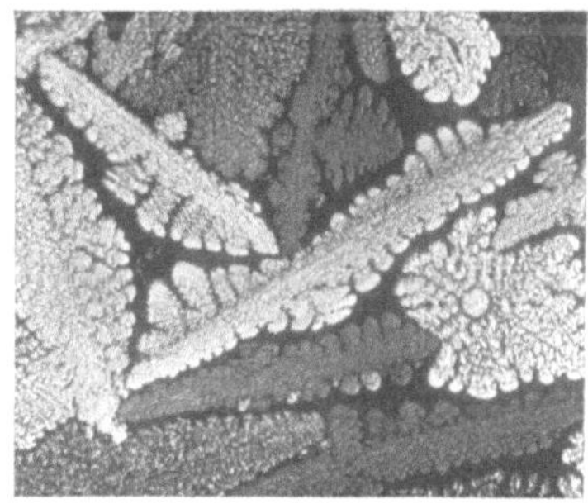

Abb. 55. Umlagerung der Dendriten bei weiterer Temperatursenkung.

beobachtet werden, daß zum Ausgleich der Konzentration neben der Diffusion noch ein *rhythmisch ablaufender Lösungs- und Kristallisationsprozeß* vor sich geht (119). Bei 20% KNO_3 enthaltenden Mischkristallen von $NaNO_3$ findet ab 235° eine Umlagerung statt, bei der ring-, hufeisenförmige und arabeskenartige neue Kristalle entstehen, die ineinandergreifen oder spiralartig eingerollt sind. Während des Wachsens der inneren Teile werden die äußeren Bögen wieder aufgelöst, manchmal wird ein Ring von seinem eigenen, arabeskenartig eingeschlagenen Ende (offenbar infolge einer Konzentrationsdifferenz) wieder aufgelöst. In der Regel geht die Umlagerung eines Mischkristalles bis zu seinem endgültigen Schmelzen in vier bis sechs rhythmischen Folgen vor sich, wenn die übliche

Erhitzungsgeschwindigkeit von 4° pro Minute (153) eingehalten wird. Die letzte Ursache dieser Erscheinung dürfte darin liegen, daß die Keimbildungs- und Kristallisationsgeschwindigkeit in bestimmten Konzentrationszonen größer ist als die Diffusion in der festen Phase.

Kühlt man langsam ab, indem man die Heizung abschaltet, so entstehen spontan zunächst einheitliche Dendriten (Abb. 54), die sich aber bei weiterem Abkühlen infolge Bildung neuer Keime und deren Wachstum zerteilen und umlagern (Abb. 55). Die Umlagerung findet aber in dieser Abkühlungszeit nicht vollständig statt; nach vollendeter Erstarrung liegen *Zonenkristalle* vor (Abb. 56). Beim Schmelzen dieser Zonenkristalle beginnt der Umlagerungsvorgang zuerst an den Korngrenzen und greift dann auf das Innere der Kristalle über. Bis zum Ende des Schmelzens ist kein Teil der ursprünglichen Kristalle erhalten geblieben; sie werden in rhythmischen Folgen allmählich abgebaut.

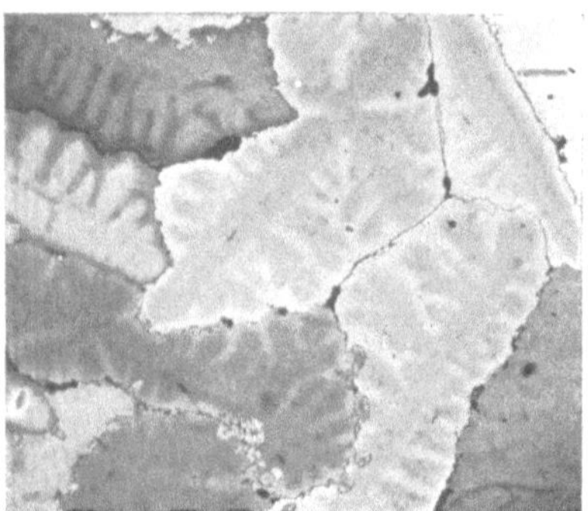

Abb. 56. Zonenkristalle bei ungenügendem Konzentrationsausgleich während des Erstarrens.

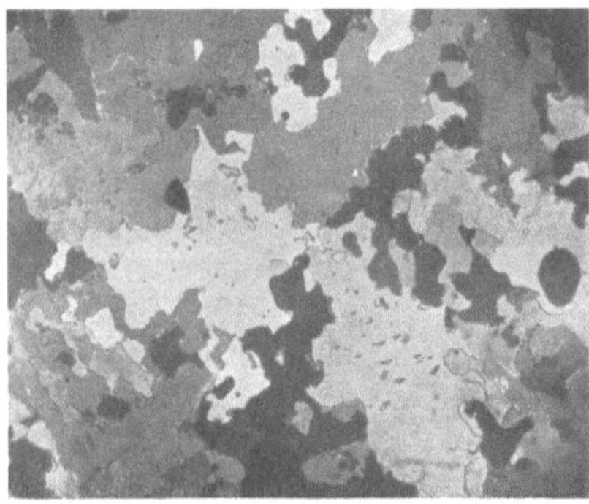

Abb. 57. Homogenisierung nach vierstündigem Erhitzen auf 220—225°.

Zonenkristalle von Legierungen (197) lassen sich durch längeres Erhitzen auf höhere Temperaturen homogenisieren. Bei $KNO_3/NaNO_3$-Mischkristallen wurden zwei Versuchsreihen bei verschiedenen Temperaturen untersucht, und zwar einmal bei 205 bis 208°, das andere Mal bei 220 bis 225°. Im ersten Falle blieben Zonenkristalle der Abb. 56 nach achtstündigem Erhitzen vollständig unverändert. Im zweiten Falle, bei der Temperatur von 220 bis 225°, zeigte sich schon bald das Auftreten neuer Herde, die zuerst insbesondere an den Korngrenzen und in den Zwischenbereichen der ursprünglichen Dendriten wachsen. Nach 4 Stunden ist eine Umlagerung im Sinne einer *Homogenisierung* vor sich gegangen (Abb. 57). Diese Umlagerung ist aber nicht allein auf die Diffusion in der festen Phase zurückzuführen, sondern insbesondere durch die infolge geringer Schmelzmengen sich einstellende *rhythmische Umlagerung* verursacht.

Bei organischen Stoffen lassen sich ähnliche rhythmische Umlagerungen beim Schmelzen von Mischkristallen beobachten, z. B. bei Phenanthren und Anthracen (124). Diese beiden Stoffe besitzen insofern eine Ähnlichkeit mit den untersuchten Salzen, als sie eine große Keimbildungs- und Kristallisationsgeschwindigkeit besitzen. Andere organische Stoffe zeigen die Erscheinung der rhythmischen Umlagerung nur undeutlich oder manchmal gar nicht (124).

d) Dreistoffsysteme.

Die Temperatur des ternären Eutektikums wird in analoger Weise wie bei binären Systemen durch Beobachtung einer feingepulverten Mischung der drei

Stoffe während des Erwärmens bestimmt. Zur Ermittlung der eutektischen Konzentration wird die Kontaktmethode herangezogen (134).

Man kann in einem Dreistoffsystem (130) durch Verwendung entsprechender Mischungen jeden Schnitt durch das Konzentrationsdreieck in der Kontaktzone anschaulich machen. Am einfachsten (auch aus technischen Gründen) gestaltet sich die Untersuchung dann, wenn man eine Mischung mit einer Reinsubstanz in Verbindung bringt. Wird z. B. in Abb. 58 der Schnitt I geführt, d. h. also, eine Mischung M in einem Kontaktpräparat mit einer Komponente in Berührung gebracht, so enthält die Kontaktzone alle Mischungsverhältnisse zwischen A und M. Beim Erwärmen müssen in einem solchen Präparat beim Schmelzen des ternären Eutektikums E noch die beiden Phasen A und B entsprechend den in Abb. 59 vorliegenden Verhältnissen miteinander in Berührung bleiben. Erst wenn die Temperatur des binären Eutektikums erreicht ist, tritt ein trennender Flüssigkeitsstreifen im Kontaktpräparat auf.

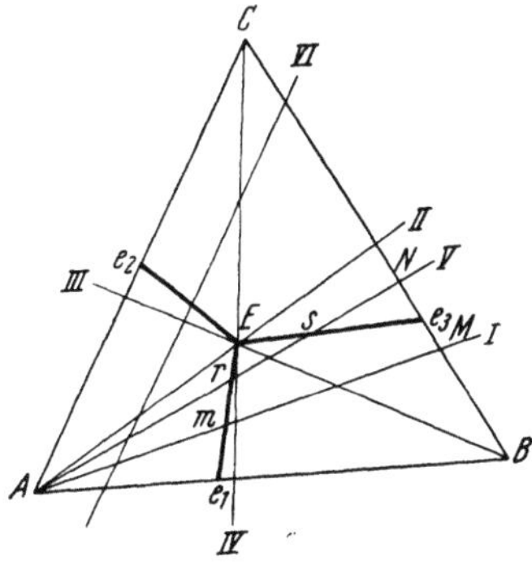

Abb. 58. Projektion des räumlichen Schmelzdiagramms in die Konzentrationsebene.

Wählt man aber den Schnitt II durch den eutektischen Punkt, so tritt sofort beim Erreichen der ternären Temperatur entsprechend E der Abb. 60 ein vollständiges Durchschmelzen innerhalb eines Streifens der Kontaktzone ein. Man kann in der Regel durch wenige Versuche den von A ausgehenden Schnitt austasten, auf dem das ternäre Eutektikum liegen muß. In gleicher Weise prüft man die Komponenten B und C mit den entsprechenden gegenüberliegenden Mischungen (Schnitt III und IV der Abb. 58).

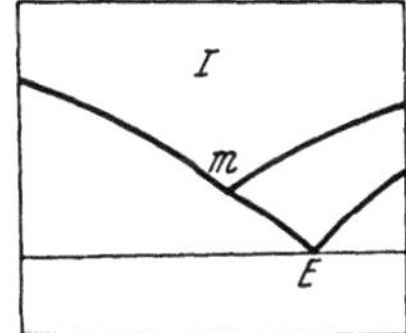

Abb. 59. Charakteristischer Schnitt durch das Raumdiagramm (*I* der Abb. 58).

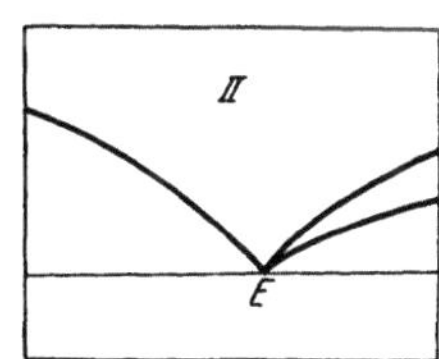

Abb. 60. Charakteristischer Schnitt durch das Raumdiagramm (*II* der Abb. 58).

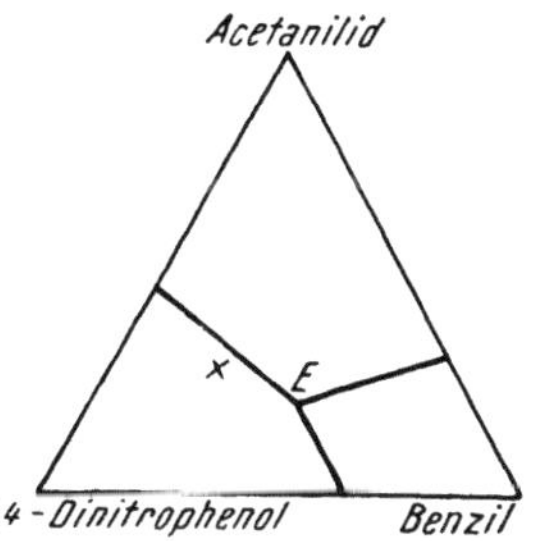

Abb. 61. Dreistoffsystem 2,4-Dinitrophenol : Acetanilid : Benzil. × Eutektischer Punkt nach TAMMANN.

Bei diesen Versuchen werden häufig Konzentrationen gefunden, die z. B. dem Schnitt V der Abb. 58 entsprechen. Man kann dabei in Kontaktpräparaten während des Erwärmens gut feststellen, daß die Mischzone den drei Kristallarten entsprechend drei Kurvenäste enthält, und zwar schmilzt im Konzentrationsbereich r die Komponente A zuletzt, zwischen r und s Komponente B und zwischen s und N Komponente C. Meist zeichnen sich derartige Schnitte durch verhältnismäßig große Empfindlichkeit aus, weshalb sie besonders für Kontrollversuche geeignet sind. Auch quasibinäre Schnitte, z. B. VI der Abb. 58, sind in bestimmten Fällen, wie bei Vorliegen einer Molekülverbindung, von Vorteil.

Manchmal treffen einander die im Kontaktversuch ermittelten Schnittpunkte nicht in einem Punkt, sondern schließen ein kleines Dreieck ein. Die genauere Feststellung erfolgt dann durch Austasten unter mikroskopischer Prüfung der Kristallisate.

Mittels der beschriebenen Versuchsanordnung wurden folgende Dreistoff-systeme untersucht (130):

Azobenzol : Acenaphthen : Benzil. Das ternäre Eutektikum liegt bei 38° und 46% Azobenzol, 26% Acenaphthen, 28% Benzil.

2,4-Dinitrophenol : Acetanilid : Benzil (Abb. 61). Das ternäre Eutektikum liegt bei 50° und 42% Benzil, 36% 2,4-Dinitrophenol, 22% Acetanilid.

Dieses Ergebnis weicht von dem der früheren Untersucher TAMMANN und BOTSCHWAR (290) ab, was zum Teil darauf zurückzuführen ist, daß diese Autoren auch für das System 2,4-Dinitrophenol : Benzil einen unrichtigen eutektischen Wert angeben, und zwar 50% statt 63% Benzil.

Auch Systeme mit Molekülverbindungen wurden in analoger Weise er-mittelt (130), und zwar s-Trinitrobenzol : Fluoren : Benzil. Das System enthält zwei Molekülverbindungen, und zwar eine homogen schmelzende, äquimolekulare zwischen s-Trinitrobenzol und Fluoren und eine inhomogen schmelzende zwischen s-Trinitrobenzol und Benzil.

e) Analyse von Gemischen.

α) Qualitative Analyse von Substanzgemischen.

Es dürfte kaum ein anderes Verfahren geben, das mit gleicher Schnelligkeit die Isolierung und Identifizierung *einer* Komponente eines Gemisches ermöglicht, wie die S. 123 geschilderte Absaugmethode (162) in Verbindung mit unseren Identifizierungsmethoden. Welche der beiden Komponenten eines Gemisches man durch die Absaugmethode erhält, hängt davon ab, auf welchem Ast des Schmelzdiagramms das Mischungsverhältnis des Gemenges liegt. Um auch die zweite Komponente in der gleichen Weise zu isolieren, muß man das Mengen-verhältnis des Gemisches nach der anderen Seite des eutektischen Punktes verschieben, z. B. durch Behandeln mit Lösungsmitteln, durch chromatographische Adsorptionsanalyse oder durch andere geeignete Maßnahmen. Das ist natur-gemäß viel leichter zu erreichen als die vollständige Reinigung der Substanzen, denn gerade die letzte Reinigung macht im allgemeinen die größeren Schwierig-keiten. Was wir hier vom Umkristallisieren, Sublimieren usw. verlangen, ist eine oft nur geringfügige Verschiebung des Mischungsverhältnisses, so daß wir im Schmelzdiagramm auf die andere Seite des eutektischen Punktes gelangen. Die weitere Trennung und Reinigung wird bei unserer Arbeitsweise von der Absaugmethode übernommen (162).

In manchen Fällen gelingt eine Abtrennung oder Anreicherung der zweiten Komponente durch Mikrosublimation. Voraussetzung dafür ist ein entsprechend großer Unterschied in der Flüchtigkeit der beiden Substanzen. So kann man häufig Mischungen von Benzoesäure, z. B. mit Hippursäure, durch Absublimieren von Benzoesäure fast quantitativ trennen. Der Unterschied ist im allgemeinen um so größer, je weiter die Schmelzpunkte auseinander liegen. Nun ist gerade in solchen Fällen oft eine beträchtliche Verschiebung des Mischungsverhältnisses notwendig, um im Diagramm auf die andere Seite des eutektischen Punktes zu gelangen. Je größer die Differenz in den Schmelzpunkten ist, um so näher liegt nämlich in der Regel der eutektische Punkt bei der niedriger schmelzenden Komponente. Infolgedessen gelangt man beim Absaugen eines solchen Ge-misches auch dann zur höher schmelzenden Komponente, wenn sie nur wenige Prozente ausmacht. In diesen Fällen ist zur Isolierung oder Anreicherung der niedriger schmelzenden Komponente die Sublimation erfolgversprechend, die sich leicht auf dem Heiztisch und noch bequemer auf der Heizbank (s. S. 110) durchführen läßt.

Erschwert ist das Verfahren, wenn die Komponenten einer Mischung eine Molekülverbindung bilden. Man erhält dann beim Absaugen der eutektischen Schmelze je nach dem Mischungsverhältnis und der Beständigkeit der Molekülverbindung entweder die eine der beiden reinen Komponenten oder die Molekülverbindung. Wenn aber Verdacht auf eine Molekülverbindung besteht, ist es ratsam, die gelöste Mischung durch eine Adsorptionssäule zu schicken, wobei sich das BROCKMANNsche Aluminiumoxyd als sehr geeignet erwiesen hat (s. S. 124). Zahlreiche Molekülverbindungen, z. B. Pikrate (103, 236), werden nämlich auf Grund der verschiedenen Adsorptionsfähigkeit an Aluminiumoxyd gespalten. Bei Mischkristallen ist im allgemeinen die Absaugmethode nicht anwendbar. Wenn hingegen die isomorphen Stoffe als mechanisches Gemenge und nicht als Mischkristalle vorliegen, kann man in der Regel durch Absaugen die höher schmelzende Komponente anreichern.

Die Trennung isomorpher Gemische, die zu den schwierigsten überhaupt gehört (14, 157, 183, 244), gelingt manchmal durch Adsorptionssublimation (164) (s. S. 125).

β) Quantitative Analyse von Zweistoffgemischen.

Mit Hilfe der Lichtbrechung.

Die Benützung der *Glaspulvermethode* beruht darauf, daß die Brechungsexponenten von geschmolzenen Mischungen sowie die der meisten bei Raumtemperatur flüssigen Stoffe gewöhnlich auf einer geraden Linie liegen und der einfachen Mischungsregel entsprechen. Als einfachste Beispiele wurden solche gewählt, bei denen zur Bestimmung der Brechungsindizes der Komponenten

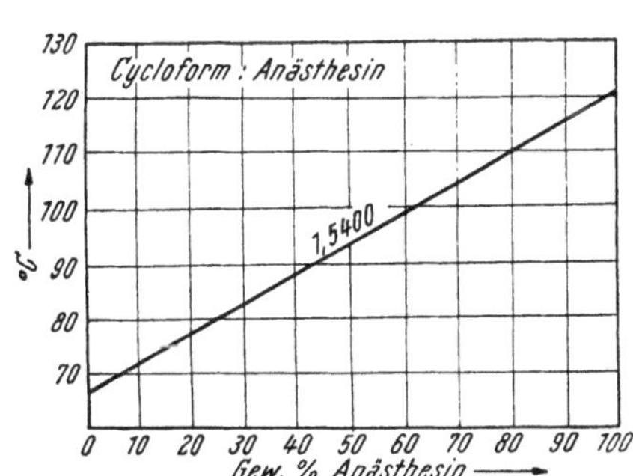

Abb. 62. Refraktionsdiagramm nach der Glaspulvermethode, Cycloform: Anästhesin.

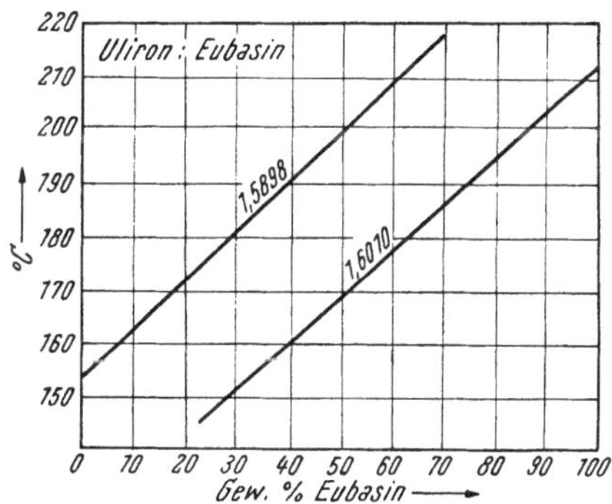

Abb. 63. Refraktionsdiagramm Uliron: Eubasin.

dasselbe Glas verwendet werden kann, so daß der Unterschied der Lichtbrechung nur an den verschiedenen „*Gleichheitstemperaturen*" von Schmelze und Glas zum Ausdruck kommt (148).

Man trägt in einem Diagramm auf der Abszisse die Mischungsverhältnisse und auf der Ordinate die Gleichheitstemperaturen auf. In Abb. 62 ist das Diagramm von Cycloform (Fp. 65°) und Anästhesin (Fp. 90,5°) wiedergegeben. Das erstere zeigt bei 66,5°, das letztere bei 120° Gleichheit der Lichtbrechung mit dem Glas 1,5400. Die entsprechenden Temperaturen für alle Mischungsverhältnisse liegen auf einer die beiden Gleichheitstemperaturen der Komponenten verbindenden Geraden. Je steiler diese Gerade bei einem System verläuft, um so genauer läßt sich die quantitative Bestimmung ausführen.

Weniger günstig für die Genauigkeit liegen die Verhältnisse dann, wenn die Differenz der Gleichheitstemperatur bei Verwendung desselben Glaspulvers verhältnismäßig gering ist, wie z. B. bei den Hexachlorcyclohexanen (118). Zwischen α- und γ-Hexachlorcyclohexan sind die Bedingungen noch am günstigsten, aber auch hier läßt sich wegen der Gesamtdifferenz von 20° im besten Fall eine Genauigkeit von $\pm\,3\%$ oder nur $\pm\,5\%$ erreichen.

Häufiger sind die Fälle, in denen für die Aufstellung des Diagramms mehrere Glaspulver herangezogen werden müssen. Bei dem Substanzpaar Uliron (Fp. 196°) und Eubasin (Fp. 192°) (Abb. 63) kann man das Glas 1,5898 nur für Gemische bis zu etwa 70% Eubasin benützen, weil bei Temperaturen über 210° Zersetzung zu befürchten ist. Für die an Eubasin reicheren Gemische eignet sich das Glas 1,6010; mit diesem Glas kann man aber Gemische mit weniger als

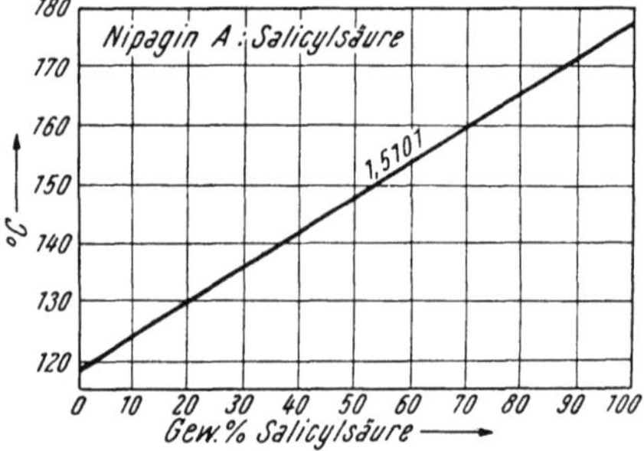

Abb. 64. Refraktionsdiagramm Nipagin A: Salicylsäure.

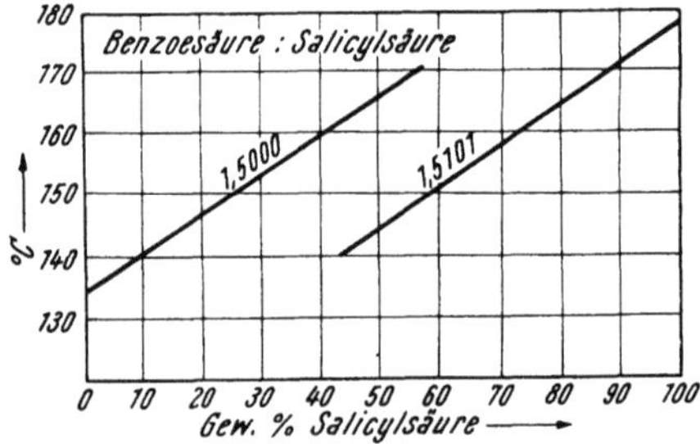

Abb. 65. Refraktionsdiagramm Benzoesäure: Salicylsäure.

30% Eubasin nicht mehr erfassen, weil das Gemisch bei den in Betracht kommenden niedrigen Temperaturen erstarrt.

Bei Gemischen von Papaverin und Atropin ist es zweckmäßig, für die mittleren Mischungsbereiche noch ein drittes Glas heranzuziehen. Bei Substanzpaaren, deren Lichtbrechung noch stärkere Unterschiede aufweist, ist eine größere Anzahl von Gläsern notwendig, um alle Mischungsbereiche zu erfassen, z. B. bei Novatophan und Trional (153). Je größer die Differenz in der Lichtbrechung ist, um so genauer wird die Bestimmung, da eine Änderung von 1% in der Zusammensetzung des Gemisches Differenzen von mehreren Temperaturgraden bewirkt.

Bei Stoffpaaren mit großem Unterschied in der Lichtbrechung ist auf feinstes Verreiben und inniges Mischen der Komponenten zu achten, weil man sonst bei ein und derselben Mischung, ja sogar innerhalb des mikroskopischen Gesichtsfeldes, verschiedene Werte erhält (156). Bei sorgfältigem Verreiben und Mischen ist die Genauigkeit der Bestimmung bei Stoffpaaren mit starken Unterschieden in der Lichtbrechung sehr groß. Die Fehlerbreite beträgt meist weniger als 1%.

Die Glaspulvermethode wurde von Lindpaintner (186) zur Bestimmung von Arbutin-Methylarbutin-Gemischen mit Erfolg angewendet. Unabhängig davon führte Reimers (242, 243) quantitative Bestimmungen an Gemischen von Konservierungsmitteln, wie p-Oxybenzoesäureäthylester und -propylester, und Dultz (51) an Gemischen von p-Oxybenzoesäuremethylester und -propylester durch. Auch Mischungen von Salicylsäure mit Nipasol, Nipagin A oder mit Benzoesäure sowie Mischungen von Benzoesäure mit Dulcin oder p-Oxybenzoesäure lassen sich mittels der Glaspulvermethoden quantitativ analysieren (161) (Abb. 64 und 65).

In seltenen Fällen liegen die Temperaturwerte der Gemische im Diagramm nicht auf einer Geraden, sondern auf konkaven oder konvexen Kurven (156). In diesen Fällen muß man zum Aufstellen des Diagramms eine größere Zahl von Mischungen untersuchen.

Abgesehen von diesen seltenen Fällen kann man nach den Angaben unseres früheren Mitarbeiters Lennartz (181) die Diagramme annähernd berechnen, wenn man von beiden Komponenten die Werte für je zwei Gläser kennt. Man berechnet bei einer Substanz aus den Unterschieden zwischen den Brechungsexponenten der beiden Glaspulver und aus der Differenz der zugehörigen Temperaturen die Temperaturänderung für $n = 0,0100$. Mit Hilfe dieses Wertes lassen sich dann für die betreffende Substanz in einfacher Weise die Temperaturwerte aller Glaspulver berechnen, gleichgültig ob sie realisierbar sind oder nicht.

Lennartz (181) vergleicht bei zahlreichen Stoffpaaren die errechneten mit den empirisch ermittelten Diagrammen. Bei manchen bestand völlige Übereinstimmung, bei anderen ergaben sich Abweichungen bis zu 5%. Das gilt sowohl für Versuche, die wie üblich mit unserem Rotfilter gemacht wurden, als auch für Versuche im Natriumlicht. Mit Rücksicht auf diese Fehlermöglichkeit kann man sich für exakte Bestimmungen nicht mit dem errechneten Diagramm begnügen. Die Vorausberechnung des Diagramms hat aber bei Substanzen mit weit auseinanderliegenden Brechungsexponenten den Vorteil, daß man danach besser die

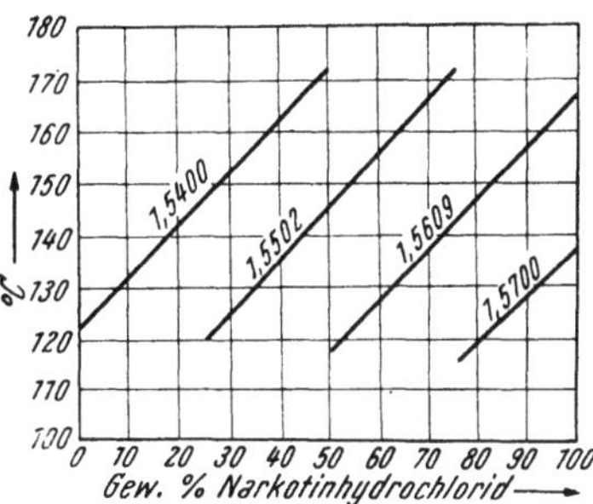

Abb. 66. Refraktionsdiagramm Alypinhydrochlorid + Salophen (1:1): Narkotinhydrochlorid + Salophen (1:1).

Mischungen auswählen kann, die für die empirische Bestimmung des Diagramms am zweckmäßigsten sind.

Zersetzung der Substanzen beim Schmelzen, allzu starke Flüchtigkeit, Nichtmischbarkeit der flüssigen Phasen und allzu großer Abstand der Schmelzpunkte der beiden Substanzen (mehr als 80 bis 100°) machen die Anwendung des Verfahrens in der bisher beschriebenen Form unmöglich. Durch Zumischen einer dritten Substanz kann man diese Schwierigkeiten in den meisten Fällen beheben (Lennartz [182]).

Beim *Zumischverfahren* prüft man die Komponenten und ihre Mischungen nicht für sich allein, sondern im Gemisch mit einer bestimmten Menge einer geeigneten Mischsubstanz. Diese ternären Gemische schmelzen wesentlich niedriger als die Reinsubstanzen und ihre Mischungen miteinander. Dadurch kann man die Lichtbrechung in Temperaturbereichen bestimmen, in denen die Substanzen sich noch nicht zersetzen und in denen die Flüchtigkeit geringer ist. Wir geben solange Zumischsubstanz zu, bis sich der Schmelzpunkt soweit erniedrigt hat, daß reproduzierbare Temperaturwerte für einzelne Gläser erhalten werden. In der Regel werden 25 bis 60% einer Zumischsubstanz verwendet (159).

Auch dort, wo beide Komponenten unter Zersetzung schmelzen, kann das Zumischverfahren häufig zum Ziel führen, so z. B. bei dem Substanzpaar Alypinhydrochlorid und Narkotinhydrochlorid (Abb. 66). Ebenso wählt man bei Stoffpaaren, deren Schmelzpunkte für das einfache Verfahren eine zu große Differenz (mehr als 80 bis 100°) aufweisen, die Depressionssubstanz nach den gleichen Richtlinien wie bei den Bestimmungen von Gemischen mit zersetzlichen Komponenten. Cardiazol schmilzt bei 59° und Coffein bei 236°. Dieses Stoffpaar kann nach dem Zumischverfahren quantitativ ermittelt werden (182).

Substanzen, deren flüssige Phasen nicht mischbar sind, können durch Zumischen einer dritten Komponente gelöst und dann mikrorefraktometrisch quantitativ ermittelt werden. Man wählt hier eine Zumischsubstanz, in der sich sowohl die eine als auch die andere Komponente löst. Die Schmelzen von Thiosinamin und Azobenzol sind z. B. nicht mischbar. Versetzt man jedoch ein Gemenge dieses Stoffpaares mit Phenyläthylharnstoff, so erhält man nur *eine* flüssige Phase, deren Lichtbrechung unter dem Mikroskop zu ermitteln ist. Es genügt hierbei ein Zusatz von 25% Phenyläthylharnstoff (183).

Die Glaspulvermethode wurde von Brandstätter (18, 19) zur quantitativen Bestimmung von Flüssigkeiten, und zwar von *Aldehyden* und *Ketonen*, herangezogen. Diese werden in 2,4-Dinitrophenylhydrazone übergeführt und die Lichtbrechung der Schmelzen mit Hilfe der Glaspulvermethode ermittelt (Abb. 67, s. auch S. 130).

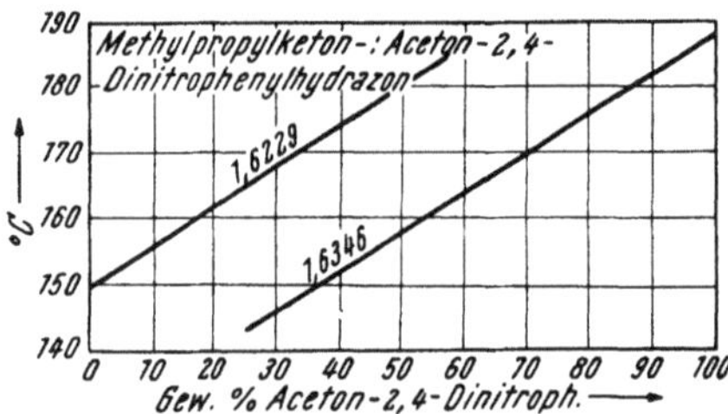

Abb. 67. Refraktionsdiagramm Methylpropylketon-2,4-Dinitrophenylhydrazon: Aceton-2,4-Dinitrophenylhydrazon.

Mit Hilfe des Schmelzdiagramms.

Ein anderer Weg zur quantitativen Bestimmung ist die thermische Analyse (146, 147). Dieser Weg ist im allgemeinen nur gangbar bei Stoffen, die ohne Zersetzung schmelzen und deren flüssige Phasen in allen Verhältnissen mischbar sind. Allzu starke Flüchtigkeit ist auch hier von Nachteil. Das Verfahren kann überdies durch Polymorphie, durch Molekülverbindungen oder durch Mischkristallbildung kompliziert werden. Da außerdem die Reproduzierbarkeit der Glaspulvermethode im allgemeinen besser ist, wird man bei genügend großer Differenz der Lichtbrechung die Glaspulvermethode vorziehen.

Der Gedanke, mit Hilfe von Schmelzpunktbestimmungen den Gehalt von Zweistoffgemischen zu ermitteln, ist nicht neu. Er wurde aber nur selten praktisch angewendet, z. B. beim Vanillin und seinen Verfälschungen (177) und bei Fettsäuregemischen (105, 271), offenbar deshalb, weil das Verfahren umständlich und mit mancherlei Fehlerquellen behaftet war. Das im folgenden beschriebene Mikroverfahren ist ohne besondere Schwierigkeiten rasch durchführbar.

Zuerst orientiert man sich nach der Kontaktmethode (s. S. 159) über das gegenseitige Verhalten der beiden Stoffe und bestimmt gleichzeitig die eutektische Temperatur.

Nachdem man mit Hilfe des Kontaktpräparats sozusagen eine qualitative Analyse des in Frage kommenden Zweistoffsystems vorgenommen und sich überzeugt hat, daß die beiden Stoffe miteinander nur ein einfaches Eutektikum bilden, genügt es für die Aufstellung des Schmelzdiagramms, die Endschmelzpunkte („Punkte der primären Kristallisation") von zwei oder drei Mischungen zu bestimmen. Für diese Bestimmung verreibt man in kleinen Reibschälchen sorgfältig die Mischung, schmelzt die Probe zwischen Objektträger und Deckglas rasch durch und läßt erstarren. Auf dem Heiztisch bleibt nach Überschreiten der eutektischen Temperatur die überschüssige Komponente als Gitterwerk oder als gekörnte Masse von annähernd gleichartiger Maschen- bzw. Korngröße in der Schmelze zurück. Man erhitzt weiter und bestimmt die Temperatur, bei der die letzten Kristallreste verschwinden. Die Reproduzierbarkeit hängt von der Natur der Komponente und davon ab, ob die Zusammensetzung nahe beim eutektischen Gemisch oder weiter davon entfernt liegt. Mischungen eutektischer oder annähernd eutektischer Zusammensetzung ergeben im allgemeinen weniger gut reproduzierbare Werte, da die Korngröße in der Regel zu grob ist.

Man trägt nun in ein Diagramm die Schmelzpunkte der reinen Komponenten A und B, die Endschmelzpunkte der untersuchten Mischungen und die Linie der eutektischen Temperatur ein. Während bei den klassischen Methoden der thermischen Analyse für die Aufstellung des Schmelzdiagramms 10 bis 15 verschiedene Mischungen untersucht werden, genügen bei Anwendung der Mikromethoden im allgemeinen etwa drei Mischungen.

Die genaue Feststellung der eutektischen Konzentration kann entweder durch die Morphologie der Restkristalle oder in Kontaktpräparaten getroffen werden, in denen man jeweils eine Reinsubstanz mit einer Mischung in Berührung bringt (145). Zur Herstellung des Kontaktpräparats (s. S. 159) wird zuerst die Mischung zwischen Deckglas und Objektträger geschmolzen und wieder erstarrt, dann die Reinsubstanz an einen freien Rand des Deckglases gebracht und das Präparat neuerdings durchgeschmolzen. Die Reinsubstanz dringt unter das Deckglas ein und steht nun mit der Mischung in Berührung. Beim Erhitzen erkennt man, je nach dem Auftreten des eutektischen Streifens, ob die Mischung und die Reinsubstanz auf demselben oder auf verschiedenen Ästen des Diagramms liegen.

Aus den Schmelzpunkten der Reinsubstanz, den Endschmelzpunkten von zwei oder drei Mischungen, aus der Kenntnis der Lage des Eutektikums in Beziehung auf diese vier Punkte und endlich aus der Kenntnis der eutektischen Temperatur läßt sich in den meisten Fällen ein genügend genaues Schmelzdiagramm zeichnen. Die Aufstellung des Diagramms in der oben beschriebenen Weise ist in $^3/_4$ bis 1 Stunde möglich, die Untersuchung einer fraglichen Mischung an Hand des Diagramms erfordert nur wenige Minuten.

Bei zahlreichen Zweistoffgemischen sind beide hier beschriebenen Methoden verwendbar. Wie erwähnt, versagt die Glaspulvermethode dann, wenn die Differenz der Lichtbrechung zwischen den beiden Komponenten zu gering ist, wie z. B. bei manchen Isomerengemischen. Die Thermoanalyse ist erschwert oder unmöglich bei Systemen, die kein einfaches Eutektikum bilden, sondern durch Molekülverbindungen, Mischkristallbildung oder sonstwie kompliziert sind.

γ) Mikrothermoanalyse ohne Wägung.

In einigen Fällen gelingt es, durch Heranziehung der Glaspulvermethode (148) in Verbindung mit der Kontaktmethode ausgezeichnete Punkte wie Eutektika, Maxima oder Minima quantitativ ohne Wägung zu bestimmen, und zwar in folgender Weise (149):

Man verteilt auf den mittleren Teil eines Objektträgers eine kleine Menge des gewählten Glaspulvers, drückt ein Deckglas fest darauf und stellt dann in der üblichen Weise ein Kontaktpräparat her. Bei der Bestimmung der Lichtbrechung wird das Kontaktpräparat nicht wie sonst in polarisiertem Licht, sondern nach Vorschalten des Rotfilters beobachtet. Sobald sich beim Erwärmen des Präparats der Beginn des Schmelzens zeigt, faßt man genau an der Stelle, an der das eutektische Schmelzen zuerst begonnen hat, einen Glassplitter ins Auge und erhitzt so lange, bis der Glassplitter verschwindet, also die Schmelze die gleiche Lichtbrechung aufweist wie der Glassplitter. Aus einem Diagramm läßt sich dann ablesen, bei welcher prozentualen Zusammensetzung das Eutektikum liegt. Beispielsweise liegt in dem in Abb. 68 wiedergegebenen System Phenacetin : Benzamid nach unseren früheren Untersuchungen das Eutektikum bei 99° und 51% Benzamid (145). Ein Glassplitter mit $n = 1,5301$, der sich genau an der Stelle des beginnenden eutektischen Schmelzens befindet, zeigt mit der Schmelze Gleichheit der Lichtbrechung bei 122°. Das entspricht nach dem Diagramm 51% Benzamid. In dem System Benzil : Azobenzol wurde das Eutektikum mit Hilfe der Glassplitter bei 61% Azobenzol gefunden statt bei 62%, wie auf anderem Wege ermittelt wurde.

In analoger Weise läßt sich auch die Lage von Molekülverbindungen feststellen. Bei dem System s-Trinitrotoluol : Fluoren (Abb. 69) wurde unter Ver-

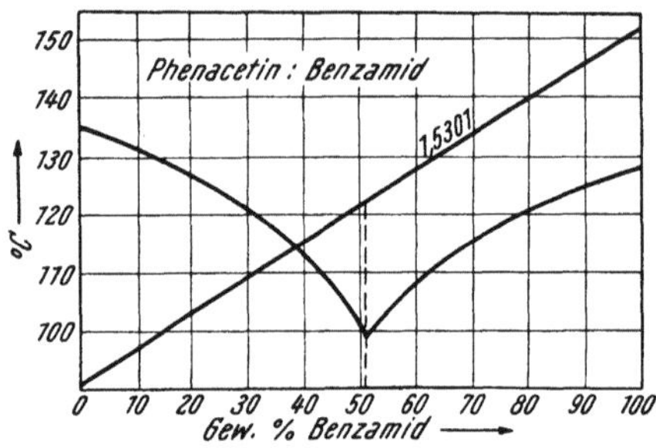

Abb. 68. Kontaktpräparat Phenacetin : Benzamid mit eingestreutem Glaspulver mit $n = 1,5301$.

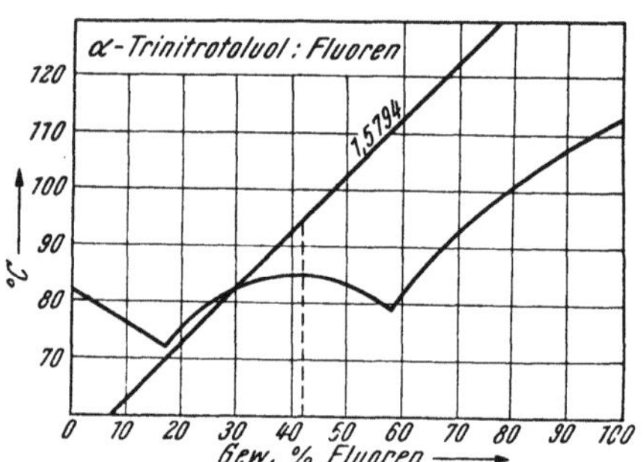

Abb. 69. Kontaktpräparat s-Trinitrotoluol : Fluoren mit eingestreutem Glaspulver mit $n = 1,5794$.

wendung des Glases 1,5794 als Maximum eine Temperatur von 95° gefunden, das entspricht 42% Fluoren; der berechnete Fluorengehalt der äquimolekularen Verbindung ist 42,2% (149).

In den meisten Fällen unterscheiden sich aber zwei Substanzen nicht nur durch die Temperatur, sondern auch durch die Gläser, wie z. B. Phenacetin und Benzamid; in diesen Fällen wird die Lichtbrechung der Mischungen auf Grund der Temperaturkoeffizienten der Komponenten in einfacher Weise berechnet (181, 159).

Es gibt auch Fälle, bei denen ausgezeichnete Punkte mit der Glaspulvermethode genauer festgestellt werden können als auf thermoanalytischem Wege. Ein Beispiel dafür ist das System Dibenzyl : Azobenzol. Die hier auftretenden Mischkristalle bilden ein Minimum, dessen genaue Zusammensetzung sich infolge seines flachen Verlaufes auf thermo-

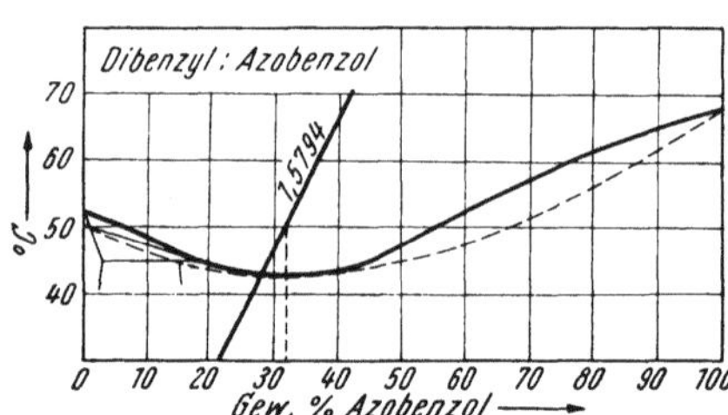

Abb. 70. Dibenzyl : Azobenzol mit Glaspulver mit $n = 1,5794$.

analytischem Wege nicht leicht festlegen läßt (Abb. 70). Es liegt nach KOFLER und BRANDSTÄTTER (139) bei 30% Azobenzol. Durch die Glaspulvermethode konnte nun die Lage genauer, nämlich bei 32%, festgestellt werden; mit dem Glas 1,5794 wurden 51° gefunden; die Reproduzierbarkeit der Bestimmung ist sehr gut.

Das Verfahren läßt sich auch zur Bestimmung der Löslichkeitsverhältnisse in Systemen mit Mischungslücken der flüssigen Phasen verwenden. A. KOFLER (127) fand im System Acetamid : Acenaphthen eine ausgedehnte Mischungslücke bei 93°, deren genaue Abgrenzung mit Hilfe der Lichtbrechung sich wesentlich einfacher gestaltet als auf thermoanalytischem Wege. Acetamid vermag 13% Acenaphthen aufzulösen, Acenaphthen dagegen nur 2% Acetamid. Diese ohne Wägung gewonnenen Werte stimmen mit den auf thermoanalytischem Wege gefundenen recht gut überein.

δ) Aufnahme von Schmelzdiagrammen auf der Heizbank.

Eine besonders rasche und einfache Aufnahme von Schmelzdiagrammen ist auf der Heizbank möglich (155, 163). Streut man ein Gemisch in einem Streifen auf das jeweils in Frage kommende Temperaturintervall der Heizbankoberfläche, so kann man die drei sich verschieden verhaltenden Zonen deutlich erkennen. Im untersten Bereich bleibt das Gemisch vollkommen fest und trocken, im mittleren Bereich, der oberhalb der jeweiligen eutektischen Temperatur beginnt, erscheint das Mischpulver „feucht" oder in trüben Tropfen, im obersten Bereich, der sich durch eine scharfe Grenze, d. i. die „*Klarschmelzgrenze*", vom mittleren Bereich abtrennt, ist die Mischung zu vollkommen klaren Tropfen geschmolzen.

Zur Bestimmung der Punkte der „primären Kristallisation" achtet man auf das *Klarschmelzen* und stellt beim Ablesen den Zeiger auf die Grenze zwischen den vollständig klaren und den eben noch trüben Tropfen ein. Man streut die Mischung am besten mittels eines Siebes oder in einem Längsstreifen auf die Heizbank und wartet einige Sekunden, bis das Klarschmelzen nicht mehr weiter fortschreitet. Zum Beobachten und Ablesen empfiehlt sich die Anwendung einer Lupe mit etwa 6facher Vergrößerung.

Bei Systemen mit einfachem Eutektikum genügt oft ein gründliches Pulverisieren und Mischen in einer kleinen Reibschale, gegebenenfalls unter Zusatz einiger Tropfen eines leichtflüchtigen Lösungsmittels. Im allgemeinen ist es aber besser, die Mischung durchzuschmelzen. Daß durch das Schmelzen im allgemeinen eine innigere Mischung erzielt werden kann als durch noch so sorgfältige Verreibung der festen Substanz, ist bekannt. Aus diesem Grund ist bei Gemischen, die vorher durchgeschmolzen wurden, die Klarschmelzgrenze meist schärfer einstellbar als bei Gemischen, die durch bloßes Verreiben hergestellt wurden.

Das Durchschmelzen der Mischungen kann auf der Heizbank rasch und einfach durchgeführt werden, und zwar auf einem Aluminiumplättchen. Das Entstehen instabiler Modifikationen wird am leichtesten dadurch verhindert, daß man beim Erstarren mit Spuren des Mischpulvers impft. Die erstarrte Masse wird abgekratzt, auf einem Objektträger gepulvert und am besten mittels eines Siebes so auf die Heizbank aufgebracht, daß die entstehenden Tropfen nicht größer als ein Stecknadelkopf sind. Manchmal ist es vorteilhafter, das Gemisch in einem Längsstreifen aufzubringen.

Bei dieser Arbeitsweise ist das Ablesen des Klarschmelzpunktes auf der Heizbank im allgemeinen leichter als im Kapillarröhrchen. Auch gefärbte Substanzen verursachen in der Regel keine Schwierigkeiten. Die Bestimmung läßt sich in einem Bruchteil der Zeit durchführen, die bei den bisherigen Methoden notwendig ist. Für das Durchschmelzen der Mischung auf der Heizbank, das Erstarren, Pulverisieren der erstarrten Masse und für die Bestimmung des Klarschmelzpunktes braucht man durchschnittlich 3 Minuten. Daher ist zur Kontrolle die Wiederholung einer Bestimmung in kurzer Zeit möglich.

Sehr stark flüchtige Stoffe eignen sich nicht für die Untersuchung auf der Heizbank. Dies gilt aber nur für ganz besonders hohe Flüchtigkeit, wie z. B. bei Kampfer, Borneol und Hexachloräthan. Bei anderen Substanzen, wie z. B. Salicylsäure, Benzoesäure und Veronal, deren leichte Sublimierbarkeit bekannt ist und in der Mikrochemie zu ihrem Nachweis benützt wird, kann man ohne Schwierigkeiten den Klarschmelzpunkt von Gemischen bestimmen, denn auf der Heizbank erfolgt das Schmelzen der Mischung, bevor eine Entmischung durch Verflüchtigung der einen Komponente entstehen kann.

Auf der Heizbank läßt sich auch die eutektische Temperatur des Gemisches feststellen. Die Grenze zwischen feucht und trocken, der „Schmelzbeginn", ist um so schärfer, je näher das Mischungsverhältnis dem des Eutektikums liegt. Für die Bestimmung der eutektischen Temperatur ist die Heizbank dem Kapillarröhrchen überlegen, und zwar — abgesehen von der großen Zeitersparnis — hinsichtlich der Leichtigkeit der Ablesung, der guten Reproduzierbarkeit und der Empfindlichkeit. Bei Mischungen genau im eutektischen Verhältnis ist auf der Heizbank ein einheitlicher Schmelzpunkt, d. h. eine scharfe Grenze zwischen fest und flüssig ohne dazwischen liegende feuchte Zonen zu erwarten. Um dies zu erreichen, muß das Gemisch bei feinster Korngröße homogen sein, was durch vorausgegangenes Schmelzen und Wiedererstarren erreicht wird.

Die beschriebene Arbeitsweise auf der Heizbank kann auch zur Identifizierung von Mischungen herangezogen werden, indem man den Mischschmelzpunkt von Mischungen feststellt (150). Zur Prüfung der Identität einer Mischung mit einer anderen genügt in der Regel der Vergleich der Endschmelzpunkte der zwei Mischungen und einer Mischung der beiden.

Zur Erzielung einer möglichst homogenen Mischung und einer gleichmäßigen Korngröße wird vorher womöglich durchgeschmolzen.

VIII. Orientierte Verwachsungen organischer Kristalle.

Bearbeitet von Maria Brandstätter, Innsbruck.

1. Allgemeines.

Schon vor langer Zeit war bekannt, daß zahlreiche Mineralien imstande sind, gesetzmäßig miteinander zu verwachsen. Bereits im Jahre 1903 konnte O. Mügge (204) über eine große Zahl derartiger Verwachsungsbeispiele aus dem Mineralreich berichten. Um der Natur dieser Erscheinung näherzukommen, wurde schon frühzeitig versucht, künstlich regelmäßige Abscheidungen zu erzielen. 1825 stellte Wakkernagel (305) die ersten künstlichen, orientierten Abscheidungen dar. Es gelang ihm, Bleinitrat auf Alaun und Alaun auf Boracit orientiert zur Kristallisation zu veranlassen. Später hat Frankenheim (67) eine Reihe anorganischer Salze auf frischen Spaltflächen von Mineralien zu gesetzmäßiger Abscheidung gebracht.

Die erste systematische Arbeit über künstliche, orientierte Verwachsungen verdanken wir Barker (7), der sich auch mit der damals herrschenden Auffassung über das Wesen der orientierten Abscheidungen auseinandersetzte. Fast 100 Jahre nach Wakkernagel konnte Royer (258) mit Hilfe röntgenographischer Untersuchungen die Frage auf eine neue Grundlage stellen. Royer zog neben anorganischen auch organische Substanzen heran, indem er auf anorganischen Trägern organische Stoffe abschied. J. Willems (315) ging dazu über, Abscheidungen organischer Gaststoffe auf organischen Trägern zu erzeugen, womit das Problem der orientierten Verwachsungen in rein organisch-chemisches Gebiet getragen wurde.

Die Zahl der Verwachsungen organischer Substanzen war bis vor wenigen Jahren noch sehr beschränkt, was wohl vor allem mit der Schwierigkeit der Herstellung der dazu notwendigen Trägerkristalle zusammenhing. Denn, abgesehen von einer gewissen Größe der gewünschten Kristallflächen, müssen die Kristalle immer ganz frisch hergestellt werden.

Die mikroskopische Arbeitsweise führte (BRANDSTÄTTER [21]) zu einer sehr einfachen Methodik der Erzeugung geeigneter Aufwachsflächen der Trägersubstanz, die an Stelle frisch gezüchteter Kristalle verwendet werden kann und eine bedeutende experimentelle Erleichterung darstellt. Es lassen sich dabei in einfacher Weise jederzeit frische Kristallflächen für die Aufwachsungsversuche gewinnen. Die Substanz, die als Träger dienen soll, wird zwischen Objektträger und Deckglas geschmolzen und zum Erstarren gebracht. Die dabei gebildeten Kristallfilme werden durch Abheben der Deckplatte freigelegt und können in dieser Form als Trägerkristalle verwendet werden.

Das Aufbringen der *Gastsubstanz* auf den Träger erfolgte früher hauptsächlich mittels Lösungen. Dies war bei anorganischen Stoffen unumgänglich, bei organischen wurde aber vorgeschlagen (277), die Gastsubstanz im Vakuum auf die Trägersubstanz aufzusublimieren. Es hatte sich nämlich gezeigt, daß die Wahl des Lösungsmittels ausschlaggebend am Gelingen solcher Versuche beteiligt ist.

Eigene Versuche ergaben ebenfalls, daß das *Sublimieren* dem Kristallisieren aus Lösungsmitteln vorzuziehen ist. Anhaltspunkte über Sublimierbarkeit zahlreicher organischer Stoffe finden sich in den KOFLERschen Identifizierungstabellen (153).

2. Molekülverbindung als Kontaktschicht.

WILLEMS (316) brachte die Chemie der orientierten Verwachsungen in engen Zusammenhang mit der der Molekülverbindungen. Auf Grund zahlreicher Untersuchungen kam WILLEMS zur Ansicht, daß „die Bausteine der aufwachsenden Verbindung mit den Bausteinen der Trägerkristalle eine hinreichende chemische Beziehung von der zwischen den Komponenten von Molekülverbindungen bestehenden Art einzugehen vermögen". Nach SEIFERT (275) genügt bereits eine „eindimensionale Strukturanalogie".

Die Auffassung, daß in der Kontaktschicht die Molekülverbindung ausgebildet wird, konnten wir experimentell bestätigt sehen. In manchen Fällen erhielten wir beim ersten Sublimationsversuch unorientierte Kristalle. Erst bei Änderung der Sublimationstemperatur (meist Steigerung) war Orientierung zu erzielen. Demnach mußte erst das für die Ausbildung der Molekülverbindung notwendige Milieu geschaffen werden. Daneben beobachteten wir auch Fälle, wo die orientierten Kristalle nur aus den Molekülverbindungen bestanden, auf derselben Trägerfläche die reinen Gastkristalle aber unorientiert blieben.

3. Mischkristalle als Kontaktschicht.

NEUHAUS (212) betrachtete die orientierte Verwachsung als Vorstufe der Mischkristallbildung. Daraus ergibt sich naturgemäß, daß bei isomorphen Stoffen, die nach den Typen I, II und III (nach ROOZEBOOM) *lückenlos mischbar* sind, vollkommenste Orientierung zu erwarten ist. So wächst Bromacetamid auf Chloracetamid, mit dem es nach Typus I mischbar ist (25), orientiert auf (22).

Aber auch bei *beschränkter Mischbarkeit* nach Typus IV oder V ist im allgemeinen orientierte Verwachsung zu beobachten (27), unabhängig davon, ob das Auftreten der Mischungslücke auf Überschreitung der Toleranzgrenze für lückenlose Mischkristallbildung oder auf Isodimorphie zurückzuführen ist, wie z. B. bei p-Chlorjodbenzol und p-Dichlorbenzol. Nicht immer werden alle Phasen ausgebildet, z. B. erhalten wir bei Umkehrung eben dieses Systems auf dem Träger p-Chlorjodbenzol nicht p-Dichlorbenzol I, sondern Modifikation II, die verhältnismäßig beständig (Enantiotropie) und isomorph mit dem Träger ist.

Phenanthren wächst orientiert auf Pyren, offenbar auf Grund der im mittleren Bereich auftretenden Mischkristallreihe (27), die eine *stabilisierte Zwischenphase* (129) darstellt.

Bei einigen Verwachsungen lassen sich weder Molekülverbindungen noch Mischkristalle nachweisen, wie z. B. bei dem orientierten Verwachsen von Hexaäthylbenzol auf Chloranil (318) (Abb. 71). Während sich in Schmelze und Lösung

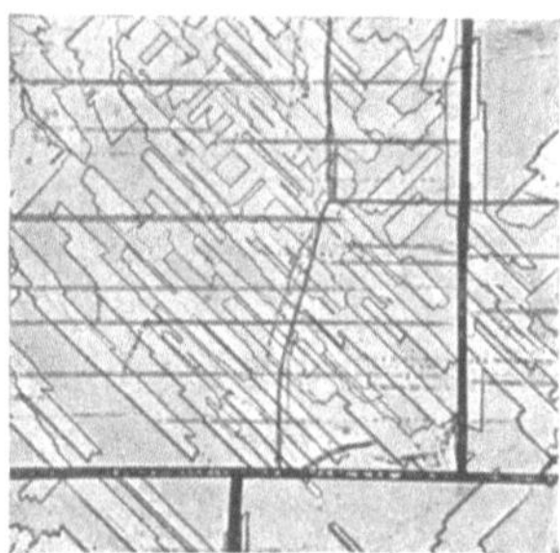

Abb. 71. Orientiertes Aufwachsen von Hexaäthylbenzol auf Chloranil.

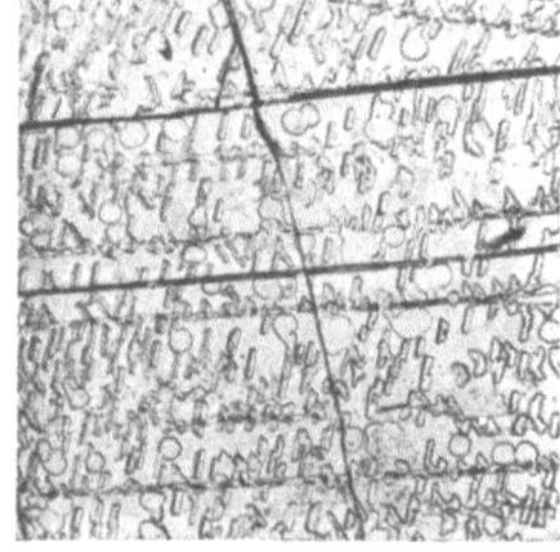

Abb. 72. Orientiertes Aufwachsen von Kampfer auf Hydrochinon.

die Molekülverbindungen durch Färbung bemerkbar machen, gelingt es nicht, sie in kristallisiertem Zustand zu erhalten. Im Kontaktpräparat erkennt man Keiminduktion der Hexaäthylbenzolkristalle an der Kristallfront von Chloranil. Auch bei Phenanthren und Hexaäthylbenzol liegt ein einfaches Eutektikum vor (317).

Entgegen der im Schrifttum öfters vertretenen Ansicht, daß orientierte Verwachsungen bei Stoffen mit Kugelmolekülen (Kampfer und kampferähnlichen Stoffen) selten sind, konnte in letzter Zeit eine große Zahl derartiger Verwachsungen festgestellt werden (28). So vermögen dl-Kampfer, d-Borneol, Isoborneol und Bornylchlorid mit zahlreichen Phenolen und Nitroverbindungen orientiert aufzuwachsen (Abb. 72). In manchen Fällen zeigt sich orientiertes Aufwachsen bei Stoffpaaren, deren flüssige Phasen Mischungslücken aufweisen, wie z. B. Borneol auf Säureamiden.

Literatur VII, VIII.

(1) Adriani, J. H., Z. physik. Chem. **33**, 469 (1900). — (2) van Arkel, A. E., u. M. G. van Bruggen, Z. Physik **42**, 795 (1927). — (3) v. Auwers, K., u. K. Schaum, Ber. dtsch. chem. Ges. **62**, 1671 (1929).

(4) Backer, H. J., Chem. Weekbl. **29**, 46, 277, 666 (1932); Natuurwetenschap. Tijdskr. **14**, 73, 175 (1932); durch Chem. Zbl. **1932** II, 1121. — (5) Backer, H. J., u. W. G. Perdok, Rec. trav. chim. Pays-Bas **62**, 533 (1943). — (6) Bacon, G. E., Acta Crystallogr. (London) **3**, 320 (1950), z. n. (319). — (7) Barker, Th. V., Z. Kristallogr., Abt. A **45**, 1 (1908). — (8) Barth, T. F. W., Amer. J. Sci. **27**, 273 (1934). — (9) Bernal, J. D., Nature **129**, 870 (1932); Z. Kristallogr. **83**, 153 (1932). — (10) Biilmann, E., Ber. dtsch. chem. Ges. **44**, 827, 3152 (1911). — (11) Biilmann, E., u. A. Klit, Kong. Dansk Vidensk. Selskab. Mat. fys. Medd. **12**, 4 (1932). — (12) Bijvoet, J. M., N. H. Kolkmeijer u. C. H. MacGillavry, Röntgenanalyse von Kristallen. Berlin: J. Springer. 1940. — (13) Bijvoet, J. M., u. J. A. A. Ketelaar, J. Amer. Chem. Soc. **54**, 625 (1932). — (14) Bilger, F., W. Halden u. M. K. Zacherl, Mikrochem. **15**, 119 (1934). — (15) Blittersdorf, H., Z. Kristallogr., Abt. A **71**, 141 (1929). — (16) Bonhoeffer, K. F., u. P. Harteck, Z. physik. Chem., Abt. B **4**, 113 (1929). — (17) Borchert, W.,

u. J. Leonhardt, Naturwiss. **24**, 412 (1936). — (18) Brandstätter, M., Mikrochem. **32**, 33 (1944). — (19) Mikrochem. **32**, 162 (1944). — (20) Mikrochem. **33**, 25 (1947). — (21) Mikrochem. **33**, 184 (1947). — (22) Mikrochem. **34**, 142 (1948). — (23) Mh. Chem. **76**, 350 (1947). — (24) Mh. Chem. **77**, 7 (1947). — (25) Mh. Chem. **80**, 1 (1949). — (26) Mh. Chem. **78**, 217 (1948). — (27) Mh. Chem. **81**, 806 (1950). — (28) Naturwiss. **38**, 525 (1951). — (29) Z. physik. Chem. **191**, 227 (1942). — (30) Z. physik. Chem., Abt. A **192**, 76 (1943). — (31) Bridgman, P. W., Proc. Amer. Acad. Arts Sciences **52**, 57 (1916). — (32) Proc. Amer. Acad. Arts Sciences **52**, 96 (1916). — (33) Bruni, G., Feste Lösungen. Stuttgart: Enke. 1901. — (34) Buerger, M. J., Amer. Mineralogist **33**, 101 (1948).

(35) Campbell, N., A. Henderson u. D. Taylor, Mikrochem. **38**, 376 (1951). — (36) Cassel, H., Z. Elektrochem. **34**, 536 (1928). — (37) Clusius, K., Z. Elektrochem. **39**, 598 (1933). — (38) Z. physik. Chem., Abt. B **3**, 41 (1929). — (39) Clusius, K., u. G. Faber, Z. physik. Chem., Abt. B **51**, 352 (1942). — (40) Clusius, K., u. K. Hiller, Z. physik. Chem., Abt. B **4**, 158 (1929). — (41) Clusius, K., u. A. Perlick, Z. physik. Chem., Abt. B **24**, 313 (1934). — (42) Cohen, E., u. A. van Lieshout, Z. physik. Chem., Abt. A **173**, 1 (1935). — (42 a) Cox, E. G., Proc. Roy. Soc. London, Ser. A **135**, 491 (1932).

(43) Debye, P., L. Bewilogua u. F. Erhardt, Physikal. Z. **30**, 84, 524 (1929). — (44) Deffet, L., Bull. soc. chim. Belgique **44**, 97 (1935). — (45) Répertoire des composés organiques polymorphes. Liège: Desoer. 1942. — (46) Dehlinger, U., u. A. Kochendörfer, Z. Physik **116**, 576 (1940). — (47) Dickinson, R. G., u. A. Raymond, J. Amer. Chem. Soc. **45**, 22 (1923). — (48) Dufraisse, C., C. r. acad. sci., Paris **158**, 1691 (1914); **170**, 1261 (1920); **178**, 948 (1924); Bull. soc. chim. France (4) **39**, 905 (1926). — (49) Dufraisse, C., u. A. Gillet, C. r. acad. sci., Paris **183**, 746 (1926); Ann. chim., [9] **11**, 5 (1929). — (50) Dufraisse, C., u. H. Moureu, Bull. soc. chim. France, [4] **35**, 676 (1924); **41**, 1620 (1927). — (51) Dultz, G., Süddtsch. Apothek.-Ztg. **81**, 277 (1941). — (52) Dupré la Tour, F., C. r. acad. sci., Paris **191**, 1348 (1930); **193**, 180 (1931); Ann. physique [10] **18**, 199 (1932). — (53) C. r. acad. sci., Paris **201**, 279 (1935); **202**, 1184 (1936).

(54) Eichhorn, G., Z. Physik **115**, 478 (1940). — (54 a) Eisenlohr, F., u. W. Hass, Z. physik. Chem., Abt. A **173**, 249 (1935). — (55) Eitel, W., Physikalische Chemie der Silikate. Leipzig: Barth. 1941. — (56) Z. Kristallogr., Abt. A **64**, 535 (1927). — (57) Eucken, A., Z. Elektrochem. **45**, 126 (1939). — (58) Eucken, A., u. E. Schröder, Z. physik. Chem., Abt. B **41**, 307 (1938).

(59) Fenner, C. N., Z. anorg. Chem. **85**, 169 (1914). — (60) Finbak, Chr., Arch. Math. Naturvidensk. (B) **42**, H. 1/2, Nr. 1; durch Chem. Zbl. **1939** I, 2563. — (61) Tidsskr. Kjemi Bergves. **18**, 101 (1938). — (62) Finbak, Chr., u. O. Hassel, Z. physik. Chem., Abt. B **36**, 301 (1937). — (63) Fischer, L. O., Bull. soc. chim. Belgique **49**, 129 (1940); **44**, 17 (1935); **45**, 585 (1936); **48**, 299 (1939). — (64) Fischer, R., u. A. Kofler, Arch. Pharmaz. **270**, 207 (1932). — (65) Francis, F., u. S. H. Piper, J. Amer. Chem. Soc. **61**, 577 (1939). — (66) Proc. Roy. Soc. London A **158**, 691 (1937). — (67) Frankenheim, L., Pogg. Ann. **37**, 516 (1836). — (68) Fredga, A., The Svedberg 1884, 30./8. 1944, Uppsala, 1944, S. 261. — (69) Fredga, A., u. M. Matell, Ark. Kemi **3**, 429 (1951). — (70) Fricke, R., Kolloid-Z. **68**, 165 (1934). — (71) Friedel, G., Leçons de cristallographie. Paris: Berger-Levrault. 1926.

(72) Garner, W., K. van Bibber u. A. M. King, J. Chem. Soc. London **1931**, 1533. — (73) Gernez, F., J. chim. physique **2**, 159 (1883); **3**, 58, 286 (1884); **4**, 349 (1885). — (74) Gillet, A., Bull. soc. chim. Belgique **33**, 379 (1924). — (75) Göttinger Isomorphie-Besprechung (Correns), Angew. Chem. **57**, 29 (1944). — (76) Goldtschmidt, V. M., Fortschr. Mineral. Kristallogr. Petrogr. **15**, II, 73 (1931); Handwörterbuch der Naturwissenschaften, Bd. 5, 2. Aufl., S. 1128. Jena: G. Fischer. 1934. — (77) Naturwiss. **14**, 477 (1926). — (78) Naturwiss. **20**, 337 (1932). — (79) Grissemann, R., Diss. Leipzig: 1917. — (80) Grimm, H. G., Naturwiss. **17**, 535 (1929). — (81) Grimm, H. G., M. Günther u. H. Tittus, Z. physik. Chem., Abt. B **14**, 169 (1931). — (82) Gross, M., Verh. dtsch. Naturforsch. u. Ärzte, Leipzig, 1922. — (83) Groth, P., Chemische Kristallographie, 3. Teil, S. 533. Leipzig: Engelmann. 1910. — (84) Chemische Kristallographie, ebenda S. 85. — (85) Chemische Kristallographie, ebenda S. 553. — (86) Elemente der chemischen und physikalischen Kristallographie. München-Berlin: Oldenbourg. 1921. — (87) Über die Molekularbeschaffenheit der Kristalle. München: 1888, z. n. (104).

(88) Haas, W., Mikrochem., Emich-Festschrift 89 (1930). — (89) Halla, Fr., Kristallchemie und Kristallphysik metallischer Werkstoffe. S. 257. Leipzig: Barth. 1939. — (90) Hansen, H., Der Aufbau der Zweistofflegierungen. Berlin: J. Springer. 1936. — (91) Hantzsch, A., Ann. Chem. **492**, 65 (1932); Ber. dtsch. chem. Ges. **43**,

1665 (1910). — (92) Hassel, O., Kristallchemie. Dresden-Leipzig: Steinkopff. 1934. — (93) Hassel, O., u. H. Kringstad, Teknisk Ukeblad, Oslo, 18, 230 (1931). — (94) Z. physik. Chem., Abt. B 13, 1 (1931); Abt. B 15, 274 (1932). — (95) J. A. Hedvall, Z. physik. Chem., Abt. A 169, 75 (1934). — (96) Hein, F., Chemische Koordinationslehre. Leipzig: S. Hirzel. 1950. — (97) Hendricks, S. B., Z. Kristallogr. 74, 29 (1930). — (98) Hertel, E., Ber. dtsch. chem. Ges. 57, 1559 (1924); Ann. Chem. 451, 179 (1926). — (99) Über Komplexisomerie, Habilitationsschrift: Bonn. 1925. — (100) Z. physik. Chem., Abt. B 11, 279 (1930); Abt. B 29, 117 (1935). — (101) Hertel, E., u. G. H. Römer, Z. physik. Chem., Abt. B 22, 267 (1933). — (102) Hertel, E., u. K. Schneider, Z. physik. Chem., Abt. B 18, 436 (1932). — (103) Hesse, G., in J. D'Ans, Chemisch-technische Untersuchungsmethoden, Ergw. z. 8. Aufl., I. S. 189. Berlin: J. Springer. 1939. — (104) Hlawatsch, C., Z. Kristallogr. 51, 418 (1913). — (105) Holde, D., u. W. Bleyberg, Z. angew. Chem. 43, 897 (1930). — (106) Horn, L., u. G. Masing, Z. Elektrochem. 46, 109 (1940). — (107) Hüttig, G. F., K. Kosterhon u. O. Hnevkovsky, Kolloid-Z. 89, 202 (1939). — (108) Hume-Rothery, W., u. G. V. Raynor, Proc. Roy. Soc. London (A) 174, 471 (1940).

(109) Jagodzinsky, H., u. F. Laves, Schweiz. mineral. petrogr. Mitt. 28, 456 (1948). — (110) Johnson, A., Neues Jb. Mineral. Geol. Paläont. 2, 93 (1903). — (111) Jungfleisch, E., Ann. chim. phys. [4] 15, 239 (1868). — (112) Justi, E., u. H. Nitka, Physik. Z. 37, 435 (1936).

(113) Klasens, H. A., u. H. J. Backer, Rec. trav. chim. Pays-Bas 61, 513 (1942). — (114) Kleber, W., Angewandte Gitterphysik. Berlin: W. de Gruyter. 1941. — (115) Kofler, A., Ber. dtsch. chem. Ges. 75, 998 (1942). — (116) Kofler, A., Ber. dtsch. chem. Ges. 76, 871 (1943). — (117) Kofler, A., Chem. Ber. 84, 376 (1951). — (118) Kofler, A., Chem. Ber. 84, 427 (1951). — (119) Kofler, A., Chem. Ber. 85, 447 (1952). — (120) Kofler, A., Mikrochem. 33, 4 (1947). — (121) Kofler, A., Mikrochem. 33, 244 (1947). — (122) Kofler, A., Mikrochem. 34, 15 (1948). — (123) Kofler, A., Mikrochem. 36/37, 302 (1951). — (124) Kofler, A., unveröffentlicht. — (125) Kofler, A., Mikroskopie 1, 137 (1947). — (126) Kofler, A., Arch. Pharmaz. 281, 8 (1942). — (127) Kofler, A., Z. analyt. Chem. 128, 543 (1948). — (128) Kofler, A., Z. analyt. Chem. 133, 31 (1951). — (129) Kofler, A., Z. Elektrochem. 50, 104 (1944). — (130) Kofler, A., Z. Elektrochem. 51, 38 (1945). — (131) Kofler, A., Z. Elektrochem. 47, 810 (1941). — (132) Kofler, A., Z. Elektrochem. 50, 200 (1944). — (133) Kofler, A., Z. physik. Chem., Abt. A 187, 201 (1940). — (134) Kofler, A., Z. physik. Chem., Abt. A 187, 363 (1941); Naturwiss. 31, 553 (1943). — (135) Kofler, A., Z. physik. Chem., Abt. A 188, 201 (1941). — (136) Kofler, A., Z. physik. Chem., Abt. A 190, 287 (1942). — (137) Kofler, A., u. M. Birner, Arch. Pharmaz. 280, 401 (1942). — (138) Kofler, A., u. M. Brandstätter, Mh. Chem. 78, 65 (1948). — (139) Kofler, A., u. M. Brandstätter, Z. physik. Chem., Abt. A 190, 341 (1942). — (140) Kofler, A., u. M. Brandstätter, Z. physik. Chem., Abt. A 192, 60 (1943). — (141) Kofler, A., u. M. Brandstätter, Z. physik. Chem., Abt. A 192, 71 (1943). — (142) Kofler, A., u. M. Brandstätter, Z. physik. Chem., Abt. A 192, 229 (1943). — (143) Kofler, A., u. A. Hauschild, Z. physiol. Chem. 224, 150 (1934); Mikrochem. 15, 55 (1934). — (144) Kofler, A. u. L., Ber. dtsch. chem. Ges. 76, 246 (1943). — (145) Kofler, A. u. L., Mh. Chem. 78, 23 (1948). — (146) Kofler, L., Arch. Pharmaz. 282, 20 (1944). — (147) Kofler, L., Chem.-Ztg. 68, 43 (1944). — (148) Kofler, L., Mikrochem. 22, 241 (1937). — (149) Kofler. L., Z. analyt. Chem. 128, 533 (1948). — (150) Kofler, L., Z. analyt. Chem. 133, 27 (1951). — (151) Kofler, L. u. A., Ber. dtsch. chem. Ges. 74, 1394 (1941). — (152) Kofler, L. u. A., Ber. dtsch. chem. Ges. 76, 718 (1943). — (153) Kofler, L. u. A., Mikro-Methoden zur Kennzeichnung organischer Stoffe und Stoffgemische. Innsbruck: Universitätsverlag Wagner. 1948. — (154) Kofler, L. u. A., Mh. Chem. 78, 13 (1948). — (155) Kofler, L. u. W., Mikrochem. 34, 374 (1949). — (156) Kofler, L., u. M. Baumeister, Z. analyt. Chem. 124, 385 (1942). — (157) Kofler, L., u. M. Brandstätter, Angew. Chem. 54, 322 (1941). — (158) Kofler, L., u. H. Hilbck, Mikrochem. 9, 38 (1931). — (159) Kofler, L., u. H. J. Lennartz, Pharmaz. Zentralhalle 85, 112 (1944). — (160) Kofler, L., u. E. Lindpaintner, Mikrochem. 24, 48 (1938). — (161) Kofler, L., u. D. Prause, Pharmaz. Zentralhalle 88, 129 (1949). — (162) Kofler, L., u. R. Wannenmacher, Ber. dtsch. chem. Ges. 73, 1388 (1940). — (163) Kofler, L., u. H. Winkler, Arch. Pharmaz. 283, 176 (1950); Mh. Chem. 81, 746 (1950). — (164) Kofler, W., Mh. Chem. 80, 694 (1949). — (165) Kohlhaas, R., Z. Elektrochem. 46, 501 (1940). — (166) von Kokschwarow, N., Bull. acad. sci. St. Pétersbourg, 17, 273 (1858). — (167) Kordes, E., Z. anorg. Chem. 168, 177 (1927). — (168) Kornfeld, G., Mh. Chem. 37, 609 (1916). — (169)

KREMANN, R., u. O. HAAS, Mh. Chem. **40**, 164 (1919). — (170) KRUIS, A., u. K. CLUSIUS, Physikal. Z. **38**, 510 (1937). — (171) KRUIS, A., u. R. KAISCHEW, Z. physik. Chem., Abt. B **41**, 427 (1938). — (172) KURDJUMOW, G., u. G. SACHS, Z. Physik **64**, 325 (1930). (173) v. LAMEN, R., u. G. TAMMANN, Ann. Physik **10**, 179 (1903). — (174) LANDOLT-BÖRNSTEIN, III. Erg.-Bd. I, S. 563. Berlin: J. Springer. 1931. — (175) LAUTZ, H., Z. physik. Chem. **84**, 611 (1913). — (176) LAVES, F., Z. Elektrochem. **45**, 2 (1939). — (177) LEHMANN, M., Chem.-Ztg. **37**, 402 (1914). — (178) LEHMANN, O., Molekularphysik. Leipzig: Engelmann. 1888. — (179) Z. physik. Chem. **5**, 427 (1890). — (180) Z. physik. Chem. **8**, 543 (1891); Ann. Physik **51**, 47 (1894). — (181) LENNARTZ, H. J., Pharmaz. Zentralhalle **87**, 265 (1948). — (182) Z. analyt. Chem. **127**, 5 (1944). — (183) Z. analyt. Chem. **128**, 271 (1948). — (184) LETTRÉ, H., Ann. Chem. **459**, 41 (1932). — (185) LETTRÉ, H., H. BARNBECK u. W. LEGE, Ber. dtsch. chem. Ges. **69**, 1152 (1936). — (186) LINDPAINTNER, E., Arch. Pharmaz. **277**, 338 (1939). — (187) Mikrochem. **27**, 21 (1939). — (188) Siehe (42a). — (189) LUCAS, R., Ann. physique [10] **9**, 381 (1928). — (190) LÜTTRINGHAUS, A., u. K. HAUSCHILD, Ber. dtsch. chem. Ges. **73**, 148 (1940).

(191) MACHATSCHKI, F., Grundlagen der allgemeinen Mineralogie und Kristallchemie. Wien: Springer-Verlag. 1946. — (192) Z. Kristallogr. **73**, 123 (1930); **103**, 224 (1941). — (193) MALKIN, TH., J. Chem. Soc. London **1931**, 2796. — (194) MARC, R., u. W. WENK, Z. physik. Chem. **68**, 104 (1909). — (195) MARK, H., Ber. dtsch. chem. Ges. **57**, 1820 (1924). — (196) Z. angew. Chem. **44**, 125 (1931). — (197) MASING, G., Lehrbuch der allgemeinen Metallkunde. Berlin-Göttingen-Heidelberg: Springer-Verlag. 1950. — (198) MATELL, M., Mikrochem. **38**, 532 (1951). — (199) Ark. Kemi **3**, 129 (1951). — (200) MEYER, J., u. W. PFAFF, Z. anorg. Chem. **217**, 257 (1934); **222**, 381 (1935). — (201) MITSCHERLICH, E., Ann. chim. phys., [2] **19**, 350 (1821). — (202) Berl. Akad. Abhand. 1822, S. 43. — (203) MOUREU, C., C. r. acad. sci., Paris **186**, 505 (1928). — (204) MÜGGE, O., Neues Jb. Mineral. Geol. Paläont., Beil.-Bd. **16**, 335 (1903). — (205) MÜLLER, A., in „Der feste Körper". Leipzig: Hirzel. 1938. — (206) Nature **129**, 436 (1932); Helv. Phys. Acta **9**, 626 (1936). — (207) Proc. Roy. Soc. London **127**, 421 (1930); **138**, 524 (1932). — (208) MÜLLER, A. H. R., Z. physik. Chem. **86**, 177 (1914). — (209) MÜLLER, A., u. B. W. SAVILLE, J. Chem. Soc. London **127**, 599 (1925).

(210) NAHMIAS, M. E., Analyse des matières cristallisées par rayons X. Paris. 1936. — (211) NERNST, W., Theoretische Chemie. Stuttgart: Enke. 1900. — (212) NEUHAUS, A., Angew. Chem. **54**, 527 (1941). — (213) Z. Kristallogr., Abt. A **97**, 28 (1937); **103**, 297 (1941); **104**, 197 (1942). — (214) Z. Kristallogr., Abt. A **101**, 177 (1939). — (215) NIGGLI, P., Lehrbuch der Mineralogie und Kristallchemie. Berlin: Borntraeger. 1941. — (216) NOWACKI, W., Helv. Chim. Acta **29**, 1798 (1946). — (217) Mitt. naturforsch. Ges. Bern (N. F.) **2**, 43 (1944). — (218) Mitt. naturforsch. Ges. Bern (N. F.) **2**, 58 (1945). — (219) Technik-Industrie u. schweiz. Chem.-Ztg. **26**, 33 (1943). — (220) Z. Kristallogr., Abt. A **101**, 273 (1939).

(221) OSTROMISSLENSKY, J., J. soc. phys. russ. **42**, 59 (1910). — (222) OSTWALD, W., Lehrbuch der allgemeinen Chemie, Bd. I, S. 695. Leipzig: 1885; zit. n. (86). — (223) OTHMER, P., Z. anorg. Chem. **91**, 209 (1915). — (224) OTT, H., Ann. Physik [4] **85**, 81 (1928).

(225) PADOA, M., u. G. ROTONDI, Gazz. chim. ital. **45 I**, 51 (1915). — (226) PAULING, L., Physic. Rev. **36**, 430 (1930). — (227) PERDOK, W. G., Diss. Univ. Groningen: 1942. — (228) PERDOK, W. G., u. P. TERPSTRA, Rec. trav. chim. Pays-Bas **62**, 687 (1943). — (229) Siehe (227). — (230) PFEIFFER, P., Ber. dtsch. chem. Ges. **48**, 1777 (1915); **49**, 2426 (1916); **51**, 554 (1918); J. prakt. Chem. (2) **109**, 191 (1925). — (231) Organische Molekülverbindungen. Stuttgart: Enke. 1927. — (232) PHILLIPS, J. W. C., u. A. MUMFORD, J. Chem. Soc. London **1934**, 1657. — (233) Rec. trav. chim. Pays-Bas **52**, 181 (1933). — (234) PIPER, S. H., u. Mitarbeiter, Biochemic. J. **25**, 2072 (1932). — (235) PIRSCH, J., Ber. dtsch. chem. Ges. **70**, 12 (1937); Z. angew. Chem. **51**, 73 (1938). — (236) PLATTNER, PL. A., u. A. ST. PFAU, Helv. Chim. Acta **20**, 224 (1937).

(237) RETGERS, J. W., Z. physik. Chem. **3**, 552 (1889). — (238) Z. physik. Chem. **12**, 615 (1893). — (239) RHEINBOLDT, H., J. prakt. Chem. **111**, 262 (1925). — (240) RHEINBOLDT, H., u. M. KIRCHEISEN, J. prakt. Chem. **113**, 199 (1926). — (241) RHEINBOLDT, H., u. S. MATHIAS, Ber. dtsch. chem. Ges. **73**, 433 (1940). — (242) REIMERS, F., Dansk Tidsskr. Farmac. **14**, 219 (1940) — (243) Z. analyt. Chem. **122**, 404 (1941). — (244) REINARTZ, F., H. LAFOS u. W. WETZEL, Mikrochem. **38**, 581 (1951). — (245) REINITZER, F., S. B. Wien. Akad. Wiss. **97**, 167, 421 (1888). — (246) REIS, A., Ber. dtsch. chem. Ges. **59**, 1549 (1926). — (247) Z. Physik **1**, 204 (1920). —

(248) RICHARDS, W. T., E. KIRKPATRICK u. C. HUTZ, J. Amer. Chem. Soc. 58, 2243 (1936). — (249) RINNE, F., Neues Jb. Mineral. Geol. Paläont., Teil I, 1 (1894). — (250) Z. Kristallogr., Abt. A 83, 227 (1932). — (251) RIX, W., Z. Kristallogr. 96, 155 (1937). — (252) ROBERTSON, J. M., Chem. Rev. 16, 417 (1935); Proc. Roy. Soc. London, Ser. A 146, 473 (1934); 150, 348 (1935); Nature 134, 381 (1934); Z. Kristallogr., Strukturber. III, 685, 749. — (253) ROBERTSON, J. M., M. PRASAD u. J. WOODWARD, Proc. Roy. Soc. London, Ser. A 154, 187 (1936); Z. Kristallogr., Strukturber. IV, 299. — (254) ROOZEBOOM, B., Z. physik. Chem. 10, 145 (1892). — (255) Z. physik. Chem. 28, 288 (1899); Die heterogenen Gleichgewichte. Braunschweig: Vieweg. 1901. — (256) Z. physik. Chem. 30, 385 (1899). — (257) Z. physik. Chem. 30, 413 (1899). — (258) ROYER, L., Bull. soc. franç. minéral. 51, 7 (1928). — (259) RUER, R., Z. Physik 21, 78 (1920).

(260) SCHÄFER, KL., Z. physik. Chem., Abt. B 44, 127 (1939). — (261) SCHAELING, K., Beiträge zur Kenntnis der polymorphen Körper. Dissertation, Marburg: 1910. — (262) SCHAUM, K., Chem.-Ztg. 38, 257 (1914); Ann. Chem. 411, 161 (1916). — (263) Ann. Chem. 462, 194 (1928). — (264) Z. anorg. Chem. 120, 245 (1922); 132, 77 (1923). — (265) Z. anorg. Chem. 120, 258 (1922). — (266) SCHEIL, E., Z. Metallkunde 32, 271 (1940). — (267) SCHLOSSBERGER, G., Z. Kristallogr., Abt. A 98, 259 (1937). — (268) SCHOON, TH., Z. physik. Chem., Abt. B 39, 385 (1938). — (269) Ber. dtsch. chem. Ges. 72, 1821 (1939). — (270) SCHOTTKY, W., H. UHLICH u. C. WAGNER, Thermodynamik. Berlin: Springer-Verlag. 1943. — (271) SCHUETTE, H. H., u. H. A. VOGEL, Fette u. Seifen 48, 368 (1941). — (272) SCHWAB, G. M., u. E. SCHWAB-AGALLIDIS, Naturwiss. 29, 134 (1941). — (273) SCHWARTZ, W., Beiträge zur Kenntnis umkehrbarer Umwandlungen polymorpher Körper. Göttinger Preisschrift, 1892. — (274) SEIFERT, H., Z. Kristallogr., Abt. A 96, 111 (1937). — (275) Z. Kristallogr., Abt. A 99, 16 (1938). — (276) Z. Kristallogr., Abt. A 100, 120 (1938); 102, 183 (1940); Fortschr. Mineral. Kristallogr. Petrogr. 19, 104 (1935); 20, 324 (1936); 22, 185 (1937). — (277) SLOAT, C. A., u. A. W. C. MENZIES, J. Physic. Chem. 36, 2005 (1931). — (278) SMITH, J. Ch., J. Chem. Soc. London 1932, 737. — (279) SMITS, A., Z. physik. Chem., Abt. B 52, 230 (1942). — (280) STEINMETZ, H., Fortschr. Mineral. Kristallogr. Petrogr. 9, 5 (1924). — (281) STOBBE, H., Ann. Chem. 374, 237 (1910). (282) STOCK, A., Ber. dtsch. chem. Ges. 42, 2059 (1909). — (283) STRANSKI, I. N., Z. physik. Chem., Abt. A 142, 453 (1929). — (284) Z. physik. Chem., Abt. B 17, 127 (1932). — (285) STRUNZ, H., Naturwiss. 30, 526 (1942); Z. Kristallogr. 94, 60 (1936).

(286) TAMMANN, G., Aggregatzustände. Leipzig: Voss. 1923. — (287) TAMMANN, G., Heterogene Gleichgewichte. Braunschweig: Vieweg. 1924. — (288) TAMMANN, G., Z. physik. Chem. 75, 75 (1911). — (289) TAMMANN, G., Naturwiss. 43, 1021 (1913). — (290) TAMMANN, G., u. A. A. BOTSCHWAR, Z. anorg. Chem. 157, 27 (1926). — (291) TAMMANN G., u. F. LAASS, Z. anorg. Chem. 172, 65 (1928). — (292) TIMMERMANS, J., Bull. soc. chim. Belgique 39, 239 (1930). — (293) TIMMERMANS, J., J. chim. phys. 35, 331 (1938). — (294) TIMMERMANS, J., J. chim. phys. 27, 70 (1930). — (295) TIMMERMANS, J., La notion d'espèce en chimie. Paris: Gauthier-Villars. 1928. — (296) TIMMERMANS, J., Rec. trav. chim. Pays-Bas 48, 890 (1929). — (297) TIMMERMANS, J., u. L. DEFFET, Le polymorphisme des composés organiques. Paris: Gauthier-Villars. 1939. — (298) TRAVERS, A., u. DE GOLOUBINOFF, Rev. métallurg. 23, 27 (1926). — (299) TRILLAT, J. J., Les applications des rayons X. Paris: Gauthier-Villars. 1930.

(300) VOGEL, R., Die heterogenen Gleichgewichte. Leipzig: Akad. Verlagsges. 1937. — (301) VOLMER, M., Kinetik der Phasenbildung. Dresden und Leipzig: Steinkopff. 1939. — (302) VORLÄNDER, D., Chemische Kristallographie der Flüssigkeiten. Leipzig: Akad. Verlagsges. 1924.

(303) WAGNER, C., u. W. SCHOTTKY, Z. physik. Chem., Abt. B 11, 163 (1930). — (304) WAGNER, C., ebenda, BODENSTEIN-Festschrift 177 (1931); Z. physik. Chem., Abt. B 22, 181 (1933). — (305) WAKKERNAGEL, A., Über den Wirkungskreis der Kristalle, Kastners Arch. f. d. ges. Naturlehre 5, 293 (1825). — (306) WALDEN, P., Z. Elektrochem. 14, 713 (1908). — (307) WALLERANT, F., Fortschr. Mineral. Kristallogr., Petrogr. 2, 74 (1912). — (308) WEISSENBERG, K., Z. Kristallogr. 62, 13, 52, 612 (1925). — (309) WESTGREN, A., u. G. PHRAGMEN, J. Iron Steel Inst. 119, 159 (1924). — (310) WESTGREN, A., u. G. PHRAGMEN, Z. anorg. Chem. 175, 80 (1928). — (311) WEYGAND, C., Chemische Morphologie. Leipzig: Springer-Verlag. 1941. — (312) WEYGAND, C., u. Mitarbeiter, Ann. Chem. 449, 29 (1926); Ber. dtsch. chem. Ges. 62, 562 (1929); Ann. Chem. 469, 225 (1929). — (313) WEYGAND, C., u. R. GABLER, Z. physik. Chem., Abt. B 44, 69 (1939). — (314) WIERL, R., Ann. Physik 8, 521 (1931); 13, 453 (1932). — (315) WILLEMS, J., Naturwiss. 31, 146 (1943); 31, 301 (1931). — (316) WILLEMS, J., Naturwiss. 32, 324 (1944). — (317) WILLEMS, J., Naturwiss. 35, 375 (1948). — (318) WILLEMS, J., Z. Naturforsch. 2 b, 89 (1947). — (319) WINKLER,

H. G. F., Struktur und Eigenschaften der Kristalle. Berlin-Göttingen-Heidelberg: Springer-Verlag. 1950. — (320) WITTIG, G., Stereochemie. Leipzig: Akad. Verlagsges. 1930. — (321) WÖHLER, F., u. J. LIEBIG, Ann. Pharmaz. **3**, 249 (1832). — (322) WYROUBOFF, G., zahlreiche Arbeiten in Bull. soc. minéral. France 1890—1913.

(323) YAGER, W. A., u. S. O. MORGAN, J. Amer. Chem. Soc. **57**, 2071 (1935).

(324) ZERNIKE, F., Nederl. Tijdschr. Natuurk. **8**, 55 (1941); durch Chem. Zbl. **1941** II, 2780. — (325) ZINCKE, TH., Ber. dtsch. chem. Ges. **21**, 1040 (1888); **27**, 547 (1894).

IX. Neue Ergebnisse.

Bei den Untersuchungen organischer Zweistoffsysteme mit den bisher verwendeten Makromethoden blieben viele Einzelheiten bezüglich der innerhalb der Systeme auftretenden kristallisierten Phasen unerkannt; der Aufbau organischer Zweistoffdiagramme schien daher im Gegensatz zu dem vieler anorganischer Zweistoffsysteme, z. B. von Metallen (30), sehr einfach.

Durch unsere mikroskopischen Methoden der Thermoanalyse konnten manche Widersprüche und Streitfragen aufgeklärt und viele im Schrifttum beschriebenen Systeme richtiggestellt oder vervollständigt werden. Dies gilt insbesondere für organische Zweistoffsysteme mit Mischkristallbildung. Unsere diesbezüglichen Ergebnisse sind an sich vollständig widerspruchsfrei und es ist mit Sicherheit zu erwarten, daß sie von allenfalls durchgeführten röntgenographischen Strukturanalysen nur bestätigt werden können.

Jeder quantitativen Thermoanalyse geht die qualitative mittels der Kontaktmethode (51) voraus. In vielen Fällen wird dadurch schon völlige Klarheit über die auftretenden Phasen und ihre Beziehungen zueinander gewonnen. So erkennt man zum Beispiel an einem Kontaktpräparat von Cholesterin : Sarkosinanhydrid während des Erwärmens sofort, daß eine Molekülverbindung (19) und keine Mischkristallbildung (77) vorliegt.

In anderen Fällen, z. B. bei Auftreten instabiler Formen oder Mischkristalle innerhalb der Kontaktzone, ist erst durch vergleichende Untersuchungen an Kontaktpräparaten zwischen erstarrten Mischungen und den reinen Komponenten bzw. an Mischungen verschiedener Zusammensetzung das vorliegende Zustandsdiagramm eindeutig zu erkennen (57).

Im folgenden werden die Untersuchungsergebnisse an organischen Stoffpaaren mitgeteilt, die teils Richtigstellungen bereits bekannter Zweistoffsysteme, teils Neuuntersuchungen darstellen.

1. Zweistoffsysteme mit Mischkristallbildung.

Die Gruppe *Dibenzyl, Stilben, Azobenzol, Tolan* wird im Schrifttum (1, 5, 6, 22, 27, 31, 76) als lückenlos mischbar beschrieben. Es handelt sich hier um die isomorphe Vertretbarkeit der Gruppen $-CH_2-CH_2-$, $-CH=CH-$, $-N=N-$, $-C\equiv C-$ (28). Nach unseren Untersuchungen ist Dibenzyl nicht mit der stabilen, bisher kristallographisch und röntgenographisch stets mit den Kristallstrukturen der anderen drei Stoffe verglichenen Form an der lückenlosen Mischbarkeit beteiligt, sondern mit einer instabilen (Fp. 50°), kristallographisch nicht bekannten Modifikation (53). Während die Zweistoffsysteme zwischen Stilben, Azobenzol und Tolan wegen ihrer lückenlosen Mischbarkeit ununterbrochene Schmelzkurven enthalten, bestehen die entsprechenden Schmelzdiagramme mit Dibenzyl wegen der Isodimorphie, entgegen den Angaben des Schrifttums, aus zwei Teilkurven. Im Falle Dibenzyl : Stilben besteht statt eines Typus I (Abb. 73) ein Typus IV (Abb. 74). Im Falle Dibenzyl : Azobenzol liegt statt eines Typus III eine Kombination von Typus III mit Typus IV vor (s. auch S. 167).

Der Strukturtyp des stabilen Stilbens (= Azobenzoltyp = Tolantyp) tritt auch beim Benzalanilin (—CH=N—) als instabile Form II auf, und zwar ist Stilben, Azobenzol oder Tolan mit dieser bei 28° schmelzenden Modifikation II des Benzalanilins lückenlos nach Typus I mischbar (18). Das aus der Isomorphie resultierende Schmelzdiagramm entspricht Typus V in guter Übereinstimmung mit dem Schrifttum (76). Im System Dibenzyl : Benzalanilin tritt der Stilben-

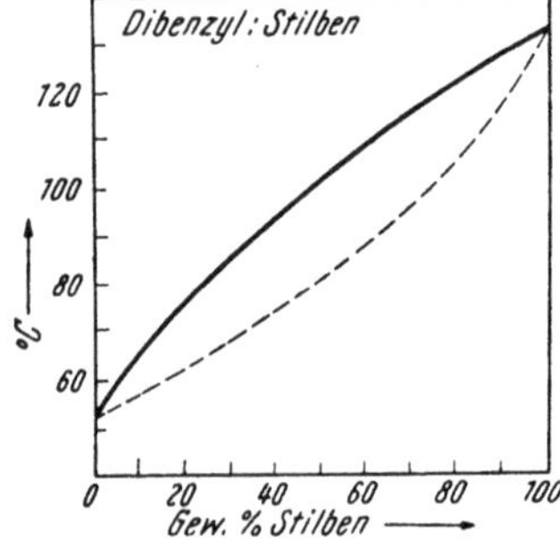

Abb. 73. Dibenzyl : Stilben (nach Literaturangaben).

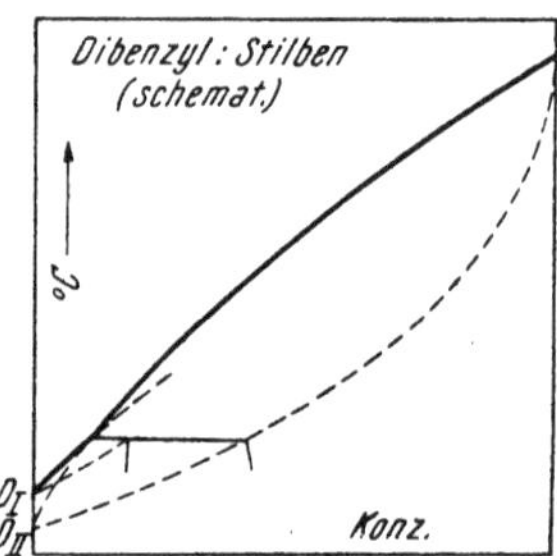

Abb. 74.　Dibenzyl : Stilben (KOFLER und BRAND-STÄTTER).

strukturtypus, der in diesem Falle in zwei instabilen Modifikationen, d. h. in Dibenzyl II und Benzalanilin II zur Ausbildung kommt, in einem Mischungsbereich von 35 bis 65% Dibenzylgehalt als *stabilisierte Zwischenphase* (47) auf (Abb. 75), die mit Benzalanilin I ein Eutektikum *E* und mit Dibenzyl I einen Umwandlungspunkt *K* bildet. Die der Zwischenphase entsprechende Mischkristallreihe von Benzalanilin II und Dibenzyl II läßt sich vollständig realisieren.

Die Erklärung für das abweichende Mischverhalten der stabilen Dibenzylform liegt in ihrem nichtplanaren Molekülbau (82, 72, 83, 91), während Stilben, Azobenzol und Tolan planar gebaute Moleküle besitzen. In der stabilen, bei starker Unterkühlung spontan entstehenden Dibenzylmodifikation ist offenbar die Forderung des planaren Baues erfüllt, da diese Form zu lückenloser Mischkristallbildung mit Stilben, Azobenzol und Tolan befähigt ist.

Bei weiteren Untersuchungen (13) wurden außer den vier genannten Stoffen auch Benzylanilin und Hydrazobenzol (Vertretung von —NH—CH$_2$— und

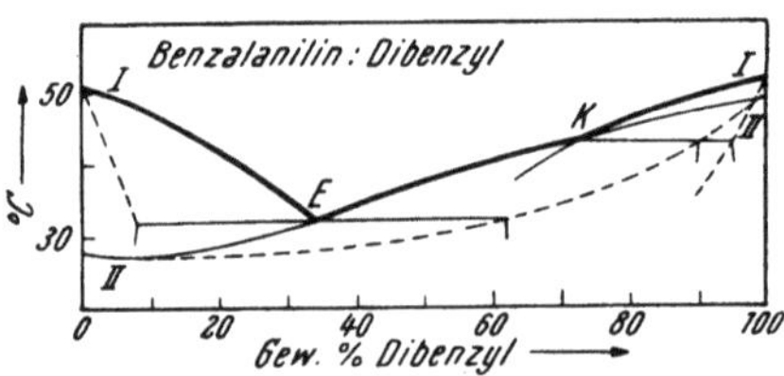

Abb. 75. Dibenzyl : Benzalanilin mit stabilisierter Zwischenphase (BRANDSTÄTTER).

—NH—NH—) herangezogen. Nach dem Schrifttum (76) sollte in den Systemen des Hydrazobenzols mit Dibenzyl, Stilben, Tolan und Azobenzol lückenlose Mischbarkeit vorliegen. Diese Angaben konnten mikrothermoanalytisch (13) nicht bestätigt werden. In allen vier Systemen liegt ein einfaches Eutektikum vor. In ähnlicher Weise zeigen auch die Systeme des Benzylanilins mit Stilben, Tolan, Azobenzol und Benzalanilin, die nach dem Schrifttum (76) Mischkristallbildung nach Typus V aufweisen sollen, ein einfaches Eutektikum. Es besteht jedoch bei Hydrazobenzol : Benzylanilin Mischkristallbildung nach Typus IV (13).

Nach den Ergebnissen der Mikrothermoanalyse lassen sich die sieben Stoffe mit —CH$_2$—CH$_2$—, —CH=CH—, —N=N—, —C≡C—, —NH—CH$_2$—, —CH=N— und —NH—NH— nach ihrem kristallchemischen Verwandtschaftsgrad in drei Gruppen einordnen:

1. —CH=CH—, —C≡C—, —N=N—. Die Stoffe dieser Gruppe, die durch den symmetrischen Bau sowie durch doppelte bzw. dreifache Bindung der Mittelgruppen ausgezeichnet sind, zeigen den höchsten Grad kristallchemischer Verwandtschaft, der sich in lückenloser Mischkristallbildung ausdrückt.

2. Die Stoffe mit —CH$_2$—CH$_2$—, —CH=N— verhalten sich sowohl untereinander als auch gegenüber den in der ersten Gruppe genannten Stoffen isodimorph. Untereinander sind sie in ihren instabilen Formen II lückenlos mischbar. Dieselben Modifikationen II bilden mit den Modifikationen I der ersten Gruppe lückenlose Mischkristallreihen.

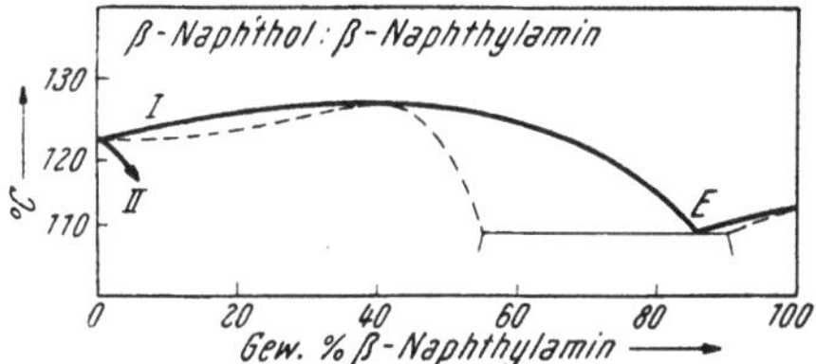

Abb. 76. β-Naphthol: β-Naphthylamin (KOFLER und BRANDSTÄTTER).

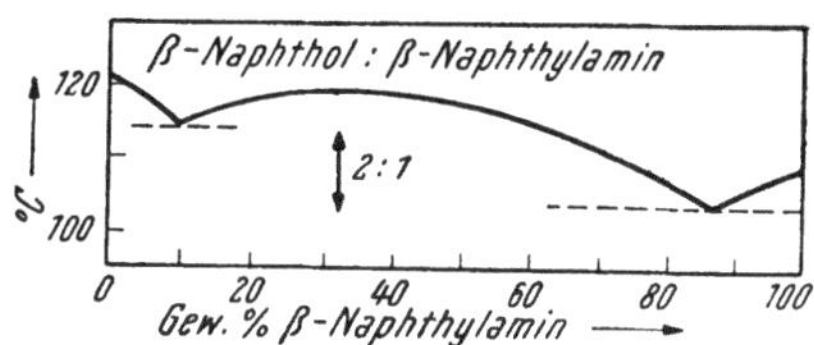

Abb. 77. β-Naphthol: β-Naphthylamin (KREMANN und STROHSCHNEIDER).

3. —NH—CH$_2$—, —NH—NH—. Die Stoffe dieser beiden Gruppen, durch Unsymmetrie und durch einfache Bindung der Mittelgruppen ausgezeichnet, vermögen mit den Vertretern der Gruppe 1 und 2 keine Mischkristalle zu bilden, sondern liefern einfache Eutektika. Hingegen zeigen sie untereinander Verwandtschaftsbeziehungen; ihr Schmelzdiagramm zeigt beschränkte Mischbarkeit nach Typus IV.

Das Verhalten einiger Systeme der *Naphthalingruppe* (Naphthalin, α- und β-Naphthol, α- und β-Naphthylamin) wurde von JOHNSON (36) und später von NEUHAUS (73, 74) zur „anomalen" Mischkristallbildung gerechnet. Durch die mikroskopische Untersuchung von A. KOFLER (37) wurde eine zweite Modifikation des β-Naphthols gefunden, auf der die im Schrifttum als lückenlos bekannte Mischkristallbildung zwischen Naphthalin und β-Naphthol beruht. Das Schmelzdiagramm des Schrifttums ist wegen der Gleichheit der Schmelzpunkte der beiden Modifikationen des β-Naphthols richtig. Die röntgenographischen Untersuchungen

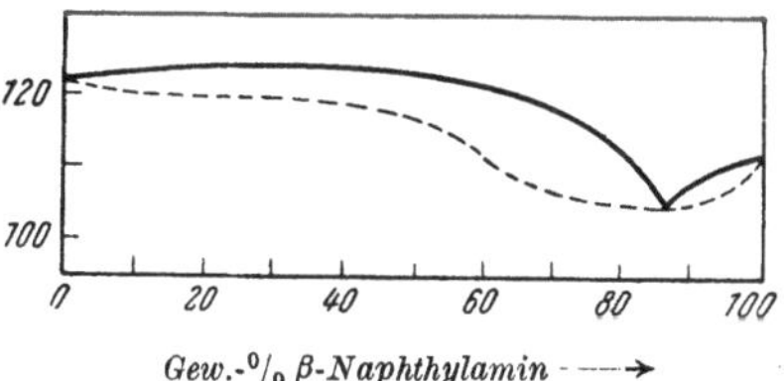

Abb. 78. β-Naphthol: β-Naphthylamin (HRYNAKOWSKI und SZMYTÓWNA).

von NEUHAUS (74) an β-Naphthol bezogen sich nicht auf die von A. KOFLER (37) gefundene, lückenlos mit Naphthalin mischbare Modifikation I, sondern auf die bei Raumtemperatur beständige, nur wenig mischbare Form II (67, 79, 86, 96, 95).

Naphthalin und β-Naphthylamin sind entgegen den Angaben der Literatur (RUDOLFI, RHEINBOLDT [86, 79]) nicht lückenlos mischbar (56).

β-Naphthol bildet mit β-Naphthylamin ein Diagramm mit einem Maximum, das als Molekülverbindung aufgefaßt wird, die ihrerseits mit β-Naphthylamin ein Eutektikum bildet (Abb. 76). Der in Abb. 76 links von β-Naphthol ausgehende, über das Maximum zu E führende Kurvenast wird von Modifikation I des β-Naphthols, d. h. von der bei Raumtemperatur unbeständigen, durch die Mischkristallbildung jedoch stabilisierten Form geliefert, was auf die Stabilisierung dieser Modifikation durch die Mischkristallbildung zurückzuführen ist. KREMANN und STROHSCHNEIDER (66) sowie TITTUS (95) gaben eine Molekülverbindung im Verhältnis 2 : 1 (Abb. 77), HRYNAKOWSKI und SZMYTÓWNA (34) lückenlose Mischkristallbildung nach Typus III an (Abb. 78).

Auch bei weiteren Diagrammen dieser Stoffgruppe weichen unsere Ergebnisse von denen KREMANNs (66) ab. Die gefundenen Differenzen sind zum größten Teil auf Unterkühlungserscheinungen bei der Verwendung der Makromethoden zurückzuführen. Es soll nur noch auf das System β-Naphthol : α-Naphthylamin

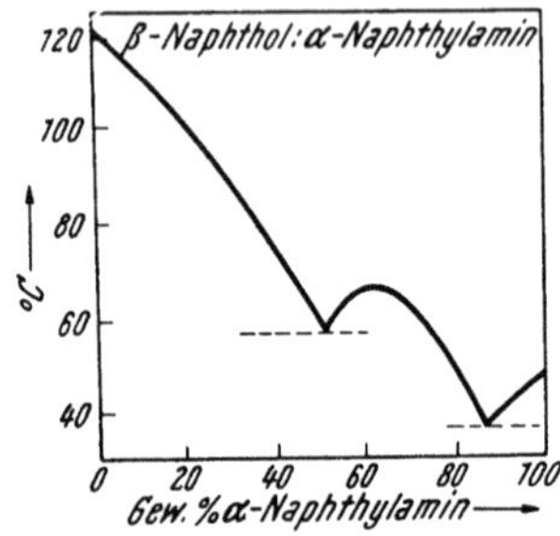

Abb. 79. β-Naphthol : α-Naphthylamin (KREMANN).

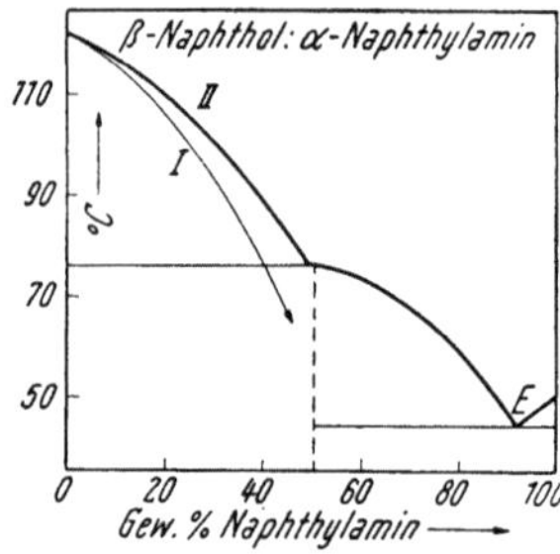

Abb. 80. β-Naphthol : α-Naphthylamin (KOFLER und BRANDSTÄTTER).

hingewiesen werden. Hier tritt eine äquimolekulare Verbindung auf (56) (nicht 2 : 3 [66]) (Abb. 79). In diesem Fall (Abb. 80) ist bemerkenswert, daß der dem β-Naphthol zugehörige Schmelzkurvenanteil nicht von Modifikation I wie in den Systemen des β-Naphthols mit Naphthalin oder β-Naphthylamin geliefert wird, sondern von der bei Raumtemperatur beständigen Form II, da die Stabilisierung von I durch den Mischverband fehlt.

Über die *s-Trinitrobenzolgruppe* liegen vergleichende röntgenographische Strukturanalysen von HERTEL und RÖMER (32) vor, denen zufolge die Kristallstrukturen der Derivate des Trinitrobenzols mit den Substituenten Cl, Br, J, OH, NH_2, CH_3, OCH_3, OC_2H_5

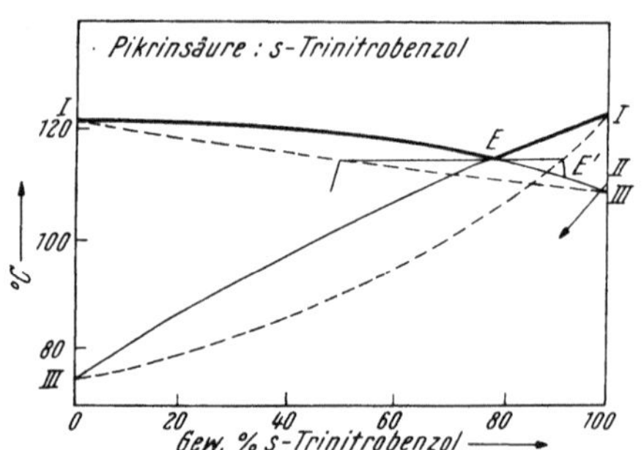

Abb. 81. Gekreuzte Isodimorphie bei Pikrinsäure : *s*-Trinitrobenzol (KOFLER und BRANDSTÄTTER).

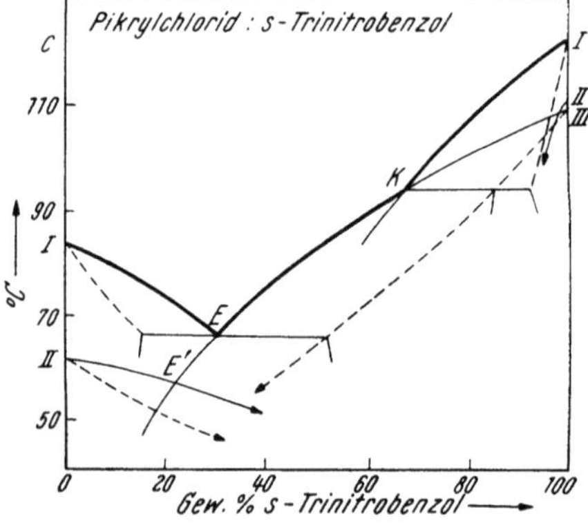

Abb. 82. Stabilisierte Zwischenphase bei Pikrylchlorid : *s*-Trinitrobenzol (KOFLER und BRANDSTÄTTER).

(in Abweichung von der GRIMMschen Regel [28]) nicht die mindeste Analogie zeigen.

Die eigenen Untersuchungen mit Hilfe der Mikromethoden konnten jedoch die von den genannten Autoren nicht erkannten Verwandtschaftsbeziehungen aufdecken; sie beruhen auf *Isodimorphie*. Bei der Mischkristallbildung ist der bevorzugte Strukturtyp nicht wie in der Naphthalingruppe der des Stammmoleküls, sondern der des OH-Derivats. s-Trinitrobenzol besitzt fünf Modifikationen (52), I 123,5°, II 110°, III 109°, IV 106°, V 88°. Im Schmelzdiagramm s-Trinitrobenzol: Pikrinsäure tritt ein Eutektikum auf, das von zwei einander überkreuzenden isodimorphen Mischkristallreihen gebildet wird, und zwar ist stabile Pikrinsäure I (122°) lückenlos mischbar mit s-Trinitrobenzol III (109°), während stabiles s-Trinitrobenzol I (123,5°) mit Pikrinsäure III (75°) eine lückenlose Mischkristallreihe liefert (Abb. 81). Betrachtet man unter dem Gesichtspunkt der Mischbarkeit die Gitterstrukturen, so müßte man sie, da es sich nicht um isotype Gitter handelt — beide Stoffe kristallisieren rhombisch, s-Trinitrobenzol rhombisch bipyramidal (s. S. 216, Abb. 117), Pikrinsäure rhombisch pyramidal (s. S. 217, Abb. 118) —, als homöotyp mischbar bezeichnen, während in Wirklichkeit Isodimorphie besteht. Bemerkenswert ist, daß Modifikation II des s-Trinitrobenzols (110°), die bei der Reinsubstanz relativ haltbar und vor allem ungleich beständiger als Modifikation III (109°) ist, im Mischverband mit Pikrinsäure schon bei 1% Zusatz von Trinitrobenzol die relative Beständigkeit zugunsten von Modifikation III verliert (Abb. 81, rechts).

Im System *Pikrylchlorid : s-Trinitrobenzol* (52) tritt der Strukturtyp der stabilen Pikrinsäure als stabilisierte Zwischenphase auf (47) (Abb. 82).

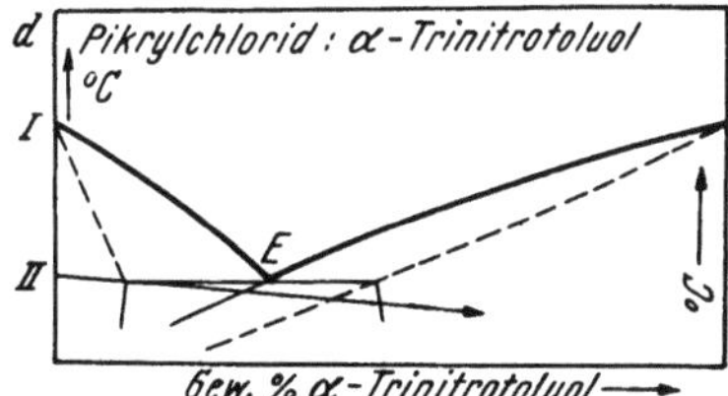

Abb. 83. Pikrylchlorid : α-Trinitrotoluol
(KOFLER und BRANDSTÄTTER).

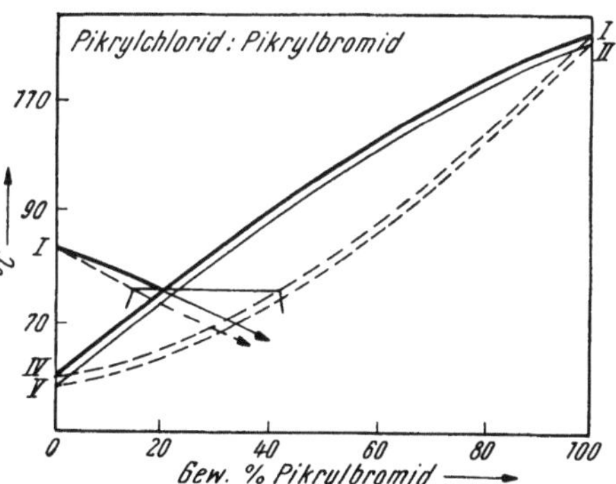

Abb. 84. Pikrylchlorid : Pikrylbromid
(KOFLER).

Im System *Pikrylchlorid : Pikrinsäure* (52) beherrscht ebenfalls der Pikrinsäuretypus einen großen Teil des Diagramms, wird aber im linken Teil von einer stabilisierten Zwischenphase überdeckt.

Bei *Pikrylchlorid : s-Trinitrotoluol* (54) besteht eine weitgehende Mischbarkeit im stabilen Trinitrotoluol-Gittertyp. In der Stoffgruppe des Trinitrobenzols ist die bei Substitution von Cl, Br und CH_3 in anderen Gruppen besonders hervortretende, in lückenloser Mischbarkeit ausgeprägte Verwandtschaftsbeziehung nicht so ohne weiteres zu erkennen. Die im System *Pikrylchlorid : s-Trinitrotoluol* gebildete Mischkristallreihe im Trinitrotoluol-Gittertyp läßt sich wohl bis etwa 80% Pikrylchloridgehalt verfolgen; die entsprechende Modifikation ist jedoch in reinem Pikrylchlorid nicht realisierbar. Eine wesentlich geringere Mischbarkeit läßt sich im Strukturtyp des Pikrylchlorids II (61°) (Abb. 83) nachweisen. Bei diesem System wurde von TITTUS (95) eine Molekülverbindung angegeben, die von HERTEL und RÖMER (32) röntgenographisch als strukturanalog mit Trinitrotoluol gefunden wurde; trotz dieser Gitteranalogie sollte nach den genannten Autoren keine Mischkristallbildung vorhanden sein. In Wirklichkeit existiert keine Molekülverbindung, sondern Mischkristallbildung (54); die Strukturanalogie eines äquimolekularen Kristallisates mit reinem Trinitrotoluol ist damit erklärt. Bei der Bromverbindung ist der dem stabilen α-Trinitrotoluol entsprechende Gittertyp überhaupt nicht auffindbar. Hingegen läßt sich erkennen, daß die bei Pikrylbromid von HERTEL und RÖMER (32) röntgenographisch als monoklin und hexagonal beschriebenen Formen beim Pikrylchlorid in zwei instabilen Modifikationen (IV, V) vertreten sind (42). Das Schmelzdiagramm entspricht einem Typus V, da die beiden parallellaufenden Schmelzkurven der Mischkristallreihen des Bromids I und II zu Pikrylchlorid IV und V von der unvollständigen Mischkristallreihe des Pikrylchlorids I in eutektischen Punkten geschnitten werden (Abb. 84). Styphninsäure (Trinitroresorcin) und Pikrin-

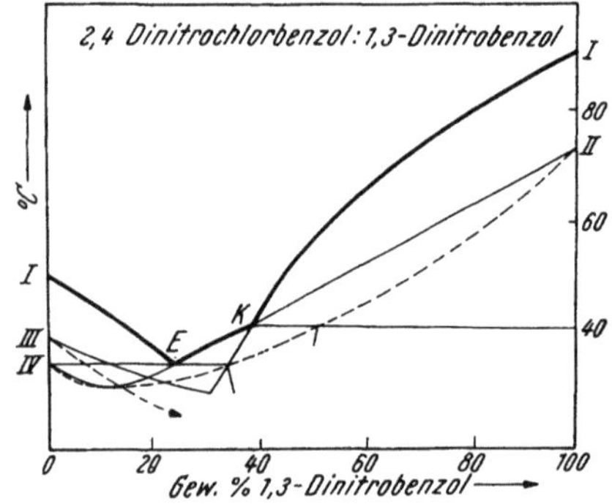

Abb. 85. Stabilisierte Zwischenphase bei 1-Chlor-2,4-dinitrobenzol: 1,3-Dinitrobenzol.

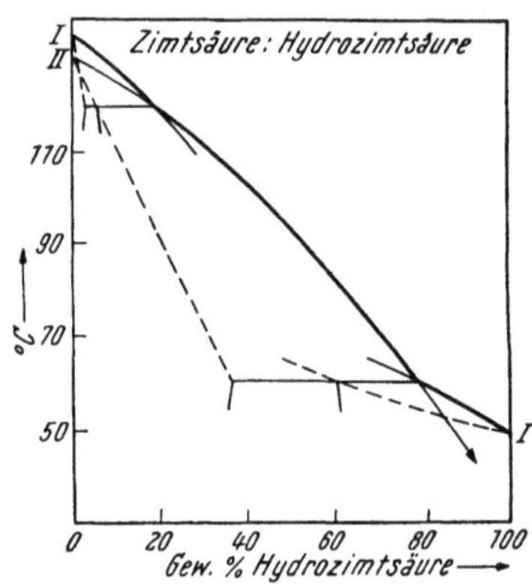

Abb. 86. Gleichlaufende Isodimorphie bei 1-Chlor-: 1-Brom-2,4-dinitrobenzol (BRANDSTÄTTER).

säure sind isodimorph, Styphninsäure ist lückenlos mischbar mit Pikrinsäure II, Fp. 101° (12).

Auch in der *m-Dinitrobenzolgruppe* sind Verwandtschaftsbeziehungen gefunden worden (16), wobei die Verhältnisse zum Teil noch komplizierter liegen als in der Trinitrobenzolgruppe. Bemerkenswert ist auch hier das Auftreten stabilisierter Zwischenphasen, und zwar in dem System des *1-Chlor-2,4-dinitrobenzols mit m-Dinitrobenzol* (Abb. 85), 2,4-Dinitrotoluol und 2,4-Dinitroanilin.

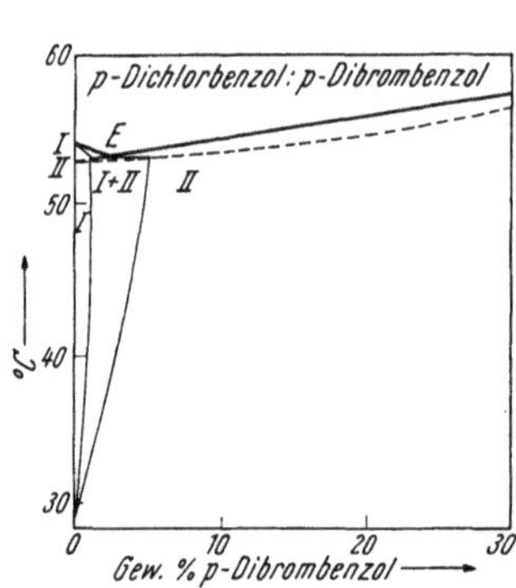

Abb. 87. *p*-Dichlorbenzol : *p*-Dibrombenzol. Isodimorphie Typus V (BRANDSTÄTTER).

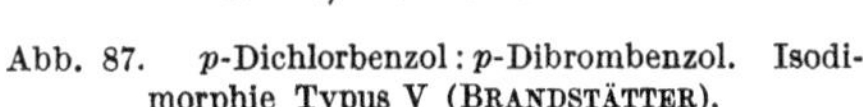

Abb. 88. Zimtsäure : Hydrozimtsäure mit stabilisierter Zwischenphase (KOFLER und BRANDSTÄTTER).

Die als isomorph bekannten Stoffe 1-Chlor- und 1-Brom-2,4-dinitrobenzol (7) stellen nach BRANDSTÄTTER (15) einen besonders schönen Fall von *gleichlaufender Isodimorphie* dar (s. S. 166). Es lassen sich vier untereinander liegende, vollständige Mischkristallreihen nach Typus I feststellen (Abb. 86). Zur weiteren Prüfung der isomorphen Vertretbarkeit von Cl und Br wurden von BRAND-STÄTTER (14) die Systeme p-Dichlorbenzol : p-Dibrombenzol, p-Chlorbenzoe-säuremethylester : p-Brombenzoesäuremethylester und p-Chloracetanilid : p-Brom-acetanilid untersucht. Beim ersten besteht lückenlose Mischbarkeit bei Raumtemperatur. Da aber p-Dichlorbenzol enantiotrop dimorph ist, entspricht das Schmelzdiagramm nicht einem Typus I, sondern einem Typus V (Abb. 87). Das Schmelzdiagramm des zweiten Systems zeigt einen Typus IV auf Grund von Isodimorphie. Das dritte System ist homogen mischbar nach Typus I.

Im System *trans-Zimtsäure : Hydrozimtsäure* besteht lückenlose Mischbarkeit zwischen den beiden instabilen Formen Zimtsäure II (133°) und Hydrozimtsäure II (35°); diese Mischkristallreihe wird in dem Konzentrationsintervall 18 bis 78% Hydrozimtsäuregehalt stabil (55) (Abb. 88). Die Kristallformen beider Modifikationen der Zimtsäure (81) sowie die Kristallform der stabilen Hydrozimtsäure (3) sind bekannt; sie zeigen untereinander keinerlei Analogien (BRUNI und GORNI [20, 21, 4]), d. h. die beiden Modifikationen der trans-Zimtsäure verhalten sich sowohl untereinander als auch zu der stabilen Hydrozimtsäure *heterotyp*. Die volle Aufklärung des Systems, die in der Auffindung der

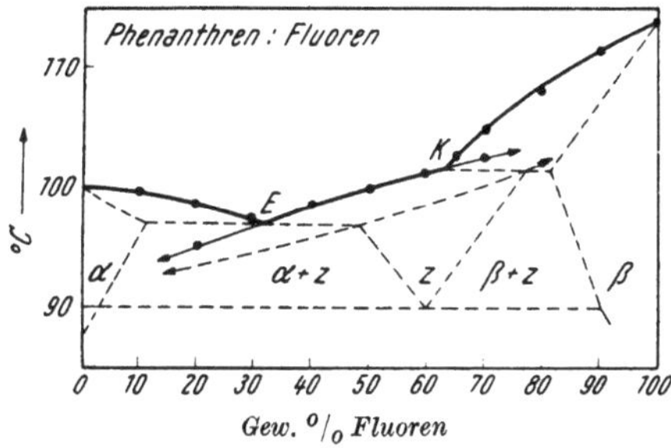

Abb. 89. Phenanthren : Fluoren mit stabilisierter Zwischenphase (BRANDSTÄTTER).

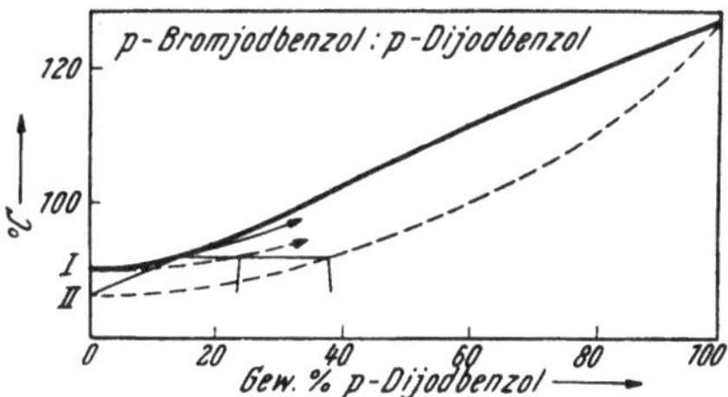

Abb. 90. p-Bromjodbenzol : p-Dijodbenzol (BRANDSTÄTTER).

Verwandtschaftsbeziehungen der instabilen Formen II beider Stoffe und deren Stabilisierung im Mischverband besteht, gelang erst durch die Mikro-Thermoanalyse (55).

Weitere Systeme mit stabilisierten Zwischenphasen wurden von BRANDSTÄTTER bei den Zweistoffgemischen *Phenanthren : Fluoren, Phenanthren : Pyren* und *Resorcin : Pyrogallol* gefunden. In allen drei Fällen gelang es nicht, den Kurventeil der Zwischenphase bis zu einer der beiden Komponenten zu realisieren. Wohl aber steht ihre Mischkristallnatur fest (17). Die in dem System Phenanthren : Fluoren gefundene Zwischenphase, deren Schmelzkurve von 97,5° (32% Fluoren) bis 101,5° (63% Fluoren) reicht, zeigt ferner die Eigenschaft, daß sie schon beim Sinken der Temperatur auf 90° zerfällt (Abb. 89). Der reversible Vorgang der Bildung und des Zerfalls der Zwischenphase läßt sich mikroskopisch deutlich verfolgen (17).

Bei einer Reihe der 2,4-Dinitrophenylhydrazone von Ketonen und Aldehyden wurde von BRANDSTÄTTER (11) große Neigung zu Mischkristallbildung gefunden. Diese Feststellung ist deshalb von Bedeutung, weil 2,4-Dinitrophenylhydrazin in neuerer Zeit vielfach als Reagens zum Nachweis von Ketonen und Aldehyden verwendet wird. Unkenntnis dieses Verhaltens kann bei der üblichen Arbeitsweise im Kapillarröhrchen in Verbindung mit dem Mischschmelzpunkt zu Irrtümern führen.

Das im Schrifttum (71, 80) als Typus Ia (Erstarrungskurve mit Wendepunkt) beschriebene System *p-Bromjodbenzol : p-Dijodbenzol* konnte von BRANDSTÄTTER (16) in dem Sinne berichtigt werden, daß nicht Typus Ia, sondern Typus IV auf Grund von Isodimorphie vorliegt (Abb. 90).

In der *Pentachlorbenzolgruppe* stellte BRANDSTÄTTER (15) lückenlose Mischbarkeit zwischen OH-, NH₂-, CH₃- und Cl-Substituierten fest. Ausgenommen ist nur das System Hexachlorbenzol : Pentachloranilin, das in mittleren Konzentrationsbereichen eine Mischungslücke aufweist. Da beide Komponenten mit den anderen Substituierten, wie Pentachlorphenol und Pentachlortoluol, jeweils lückenlos mischbar sind, kann es sich bei der Mischungslücke nur um beschränkte Mischbarkeit infolge Überschreitung der Toleranzgrenze handeln. Es ist dies bei organischen Stoffen der erste nachgewiesene Fall dieser Art.

Beim Vergleich des Stoffpaares *Dianisyloxyd : Dianisylsulfid* mit *Diphenylensulfid : Diphenylenoxyd* wurde von LÜTTRINGHAUS und HAUSCHILD (70) verschiedenes Verhalten gefunden, was mit der Verschiedenheit der Valenzwinkel erklärt wurde. Die Mikrothermoanalyse ließ erkennen, daß sich beide Stoffpaare vollkommen analog verhalten, und zwar liegt in beiden Fällen Isodimorphie vor (60).

2. Zweistoffsysteme mit einfachem Eutektikum oder mit Molekülverbindungen.

Durch die Mikrothermoanalyse konnten bei einigen Systemen Störungen, die durch das Auftreten von polymorphen Modifikationen verursacht sind,

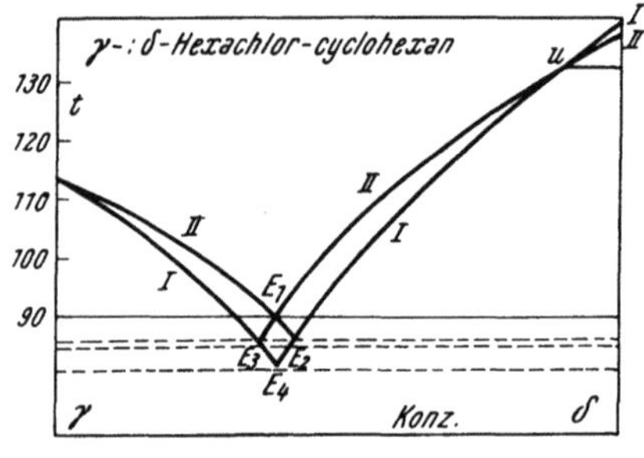

Abb. 91. γ- : δ-Hexachlorcyclohexan (KOFLER).   Abb. 92. s-Trinitrobenzol : Fluoren (KOFLER).

erkannt werden. Bei den α-, γ- und δ-Isomeren der Reihe der 1,2,3,4,5,6-Hexachlor-cyclohexane wurden von A. KOFLER (39) die drei möglichen Systeme sowie das Verhalten der polymorphen Modifikationen (40) von γ-, α- und δ-Hexachlorcyclohexan studiert. Im System γ- : δ-Verbindung (Abb. 91) können bei der Aufstellung der Schmelzkurven dadurch Schwierigkeiten entstehen, daß die bei Raumtemperatur unbeständigen Formen γ I und δ I im Mischverband (nach vorausgegangenem Durchschmelzen) eine stark herabgesetzte Umwandlungsgeschwindigkeit zeigen; dadurch ist es möglich, daß beim Arbeiten im Kapillarröhrchen Punkte der instabilen anstatt der stabilen Kurven registriert werden (Abb. 91).

Durch Untersuchungen des *Veronals* (Diäthylbarbitursäure) im Zweistoffsystem konnten die Polymorphieverhältnisse (24, 69) vollständig geklärt werden (41): Von den vier Modifikationen I 190°, II 183°, III 181°, IV 176° verhalten sich III und IV enantiotrop mit einem Umwandlungspunkt von 135°. In Zweistoffsystemen des Veronals mit Dinitrosopiperazin, Methylacetanilid oder 2,6-Dimethylpyron lassen sich außer der Schmelzkurve der stabilen Form auch teilweise die Schmelzkurven der instabilen Formen bestimmen.

Untersuchungen von *Nicotinsäureamid in Zweistoffsystemen* führten zur Auffindung zahlreicher Molekülverbindungen (59). So bildet Nicotinsäureamid mit Azelainsäure, Glutarsäure, Stearinsäure, 2,4-Dinitrophenol u. a. je *eine*

Molekülverbindung; mit Korksäure, Dekamethylendicarbonsäure, Adipinsäure, Sebacinsäure, Hexadecandicarbonsäure zwei Verbindungen und mit Brenzcatechin drei Verbindungen. An den Molekülverbindungen wurde zum Teil Polymorphie festgestellt.

Eine Reihe von *organischen Molekülverbindungen* wurde bezüglich ihres polymorphen Verhaltens (48) geprüft. *s-Trinitrobenzol* bildet mit *Fluoren* eine Molekülverbindung mit drei Modifikationen, die eine bemerkenswerte Analogie zu den drei oberen Modifikationen des Trinitrobenzols aufweisen (Abb. 92). Die Molekülverbindung Pikrinsäure : Fluoren besitzt zwei monotrope Modifikationen. Die äquimolekularen Verbindungen des *s-Trinitrobenzols* mit *Naphthalin*, *Phenanthren* und *α-Naphthylamin* sowie die äquimolekulare Verbindung von *Pikrinsäure + Phenanthren* sind enantiotrop dimorph (48).

Pikrinsäure liefert mit Anthracen eine enantiotrope, inhomogen schmelzende Verbindung; Pikrinsäure und α-Naphthylamin bilden zwei verschiedene Molekülverbindungen, von denen die äquimolekulare gelb, die im Verhältnis 1:2 orange gefärbt ist. Pyridinpikrat ist enantiotrop dimorph.

Eine große Anzahl von Versuchen betreffend die Bildung von Molekülverbindungen und deren Polymorphie wurde in neuerer Zeit von QUEHENBERGER (78) durchgeführt. Er unter-

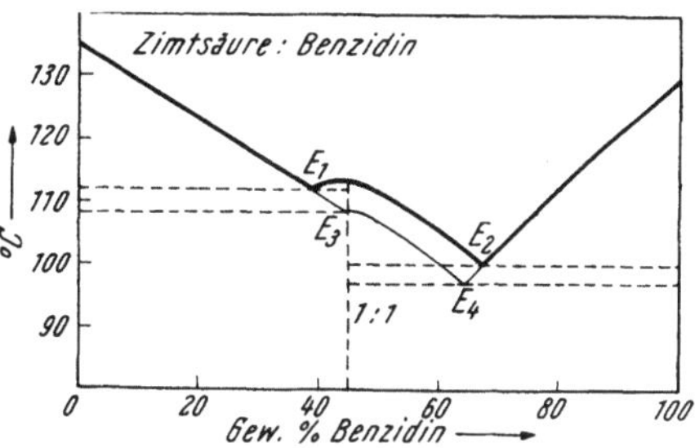

Abb. 93. Zimtsäure : Benzidin (QUEHENBERGER).

suchte organische Säureamide in Zweistoffgemischen mit Carbonsäuren und Phenolen. Nicotinsäureamid gibt z. B. mit p-Kresotinsäure, m-Nitrobenzoesäure und Zimtsäure dimorphe Molekülverbindungen, ebenso Benzidin mit Zimtsäure (Abb. 93). Der Kurventeil der instabilen Modifikation der Molekülverbindung 1 : 1 läßt sich experimentell gut nachweisen. Auch die Phenylendiamine geben mit Hexadecandicarbonsäure, p-Kresotinsäure und Pikrinsäure di- oder trimorphe Molekülverbindungen. Nach W., A. und L. KOFLER (61) bildet p-Chloracetophenon mit Brenzcatechin und Pyrogallol je eine dimorphe Molekülverbindung im Verhältnis 1 : 1.

3. Mischungslücken der flüssigen Phasen.

Bei einer Reihe organischer Stoffpaare wurden Schmelzkurven beobachtet, die statt einer stetig ansteigenden Krümmung eine Umkehrstelle, d. h. einen Inflexionspunkt oder eine Inflexionsstrecke, aufweisen (62, 63, 65, 46).

Das Auftreten von Inflexionspunkten kann auf verschiedene Ursachen zurückgehen. Ein häufiger Grund ist die Nähe einer Mischungslücke der flüssigen Phasen. Ferner kommt es zu Inflexionskurven, wenn bei sonst normalem Verhalten der Komponenten in flüssigem Zustand das Verhältnis der molekularen Schmelzwärme Q zur absoluten Schmelztemperatur T_0, d. i. Q/T_0, unter zirka 3,5 liegt. Andere Gründe sind negative Mischungswärme oder Verbindungen im Schmelzfluß (64).

Das Auftreten einer Mischungslücke unterhalb der Schmelzkurve als Ursache einer Inflexionskurve läßt sich bei einer Reihe von Systemen beim raschen Abkühlen von Mischungen der entsprechenden Konzentrationsintervalle daran erkennen, daß bei der Unterkühlung zunächst *Trübungen* (Emulsionen) auftreten, die durch die Entmischung in zwei flüssige Phasen verursacht sind. Am mikroskopischen Präparat lösen sich die abgeschiedenen Tröpfchen bei einer von den Konzentrationen abhängigen Temperatur wieder auf, wenn die Grenze der vorliegenden Mischungslücke erreicht ist (46).

Bei den Systemen des *Naphthalins* mit *Resorcin* oder mit *Hydrochinon* stellten KREMANN und JANETZKY (62) Inflexionskurven fest, die die beiden Autoren durch die Annahme einer Verbindung im Schmelzfluß erklärten. Nach der Regel von KREMANN und RODINI (64) sollten meta- und para-Disubstitutionsprodukte eher zu Molekülverbindungen neigen als die ortho-Produkte, d. h. im vorliegenden Falle soll Naphthalin mit Resorcin oder Hydrochinon Molekülverbindungen bilden, mit Brenzcatechin hingegen nicht. Die mikroskopische Prüfung ergab bei Naphthalin : Resorcin eine Mischungslücke unterhalb der Schmelzkurve, deren kritische Lösungstemperatur bei 93° liegt, d. i. nur 4° unter der Inflexionsstrecke. In Abb. 94, deren Schmelzkurve nach den Angaben

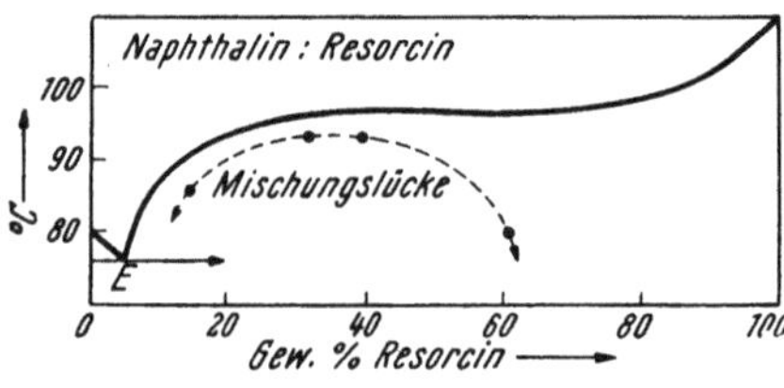

Abb. 94. Schmelzkurve mit Inflexionsstrecke bei Naphthalin : Resorcin.

von KREMANN und JANETZKY gezeichnet wurde, ist die Ausdehnung der Mischungslücke durch eine gestrichelte Linie kenntlich gemacht.

In Systemen mit Acetamid läßt sich neben der Mischungslücke auch das Verhalten der instabilen Modifikation verfolgen. Acetamid kristallisiert bei spontanem Erstarren aus der Schmelze fast immer als instabile, bei 70° schmelzende Modifikation, die sich auch beim Erwärmen in der Regel ohne Umwandlung bis zu ihrem Schmelzpunkt erhält. Ein besonders schönes Beispiel von Inflexionskurven auf Grund einer nahen Mischungslücke liegt bei *Acetamid : α-Trinitrotoluol* (Abb. 95) vor. Hier lassen sich zwei Inflexionskurven übereinander feststellen. Im System des stabilen Acetamids *I* bildet der von diesem ausgehende Kurvenast *I E_I* der Abb. 95 eine Inflexionsstrecke. Die beiden Eutektika werden durch die Mischungslücke gewissermaßen auseinandergedrängt, so daß sie bei ganz konträren Konzentrationen liegen. Das System Acetamid: p-

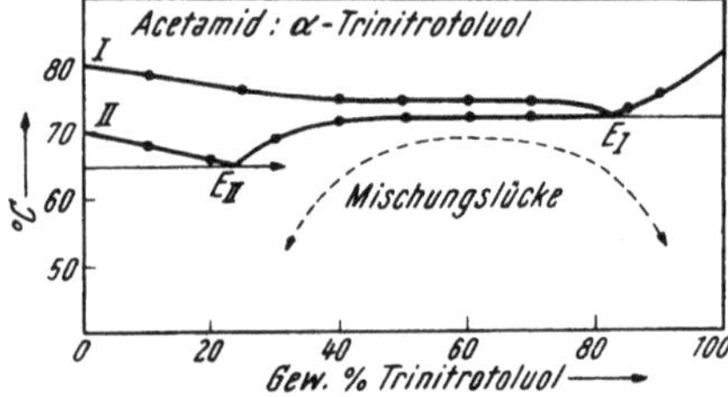

Abb. 95. Acetamid : α-Trinitrotoluol. Beide Modifikationen des Acetamids geben mit Trinitrotoluol ein Diagramm mit einer Inflexionskurve (KOFLER).

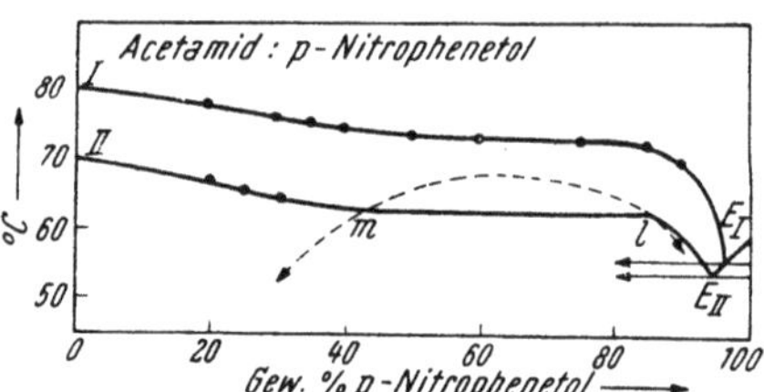

Abb. 96. Acetamid : p-Nitrophenetol. Acetamid I bildet eine Inflexionskurve, Acetamid II eine Mischungslücke der flüssigen Phasen (KOFLER).

Nitrophenetol nimmt eine Übergangsstellung zwischen einer Inflexionskurve und einer Mischungslücke ein; die Schmelzkurve der Modifikation *II* schneidet bereits die Mischungslücke an (Abb. 96). Im System Acetamid : Benzil wird schon die Mischungslücke der flüssigen Phasen erreicht, die kritische Lösungstemperatur liegt aber nur 4° über der Mischungslücke. Acetamid zeigt mit vielen aromatischen Stoffen, wie Acenaphthen, Fluoren, Naphthalin, Azobenzol, Diphenyl, Dibenzyl, Stilben, Tolan, Betol, Benzalanilin u. a., sehr große Mischungslücken, die sich bis 200° nicht schließen (46). In diesen Fällen kann die MT_k nicht mehr bestimmt werden, da über 200° häufig schon teilweise Zersetzung eintritt, durch die in der Regel die Mischbarkeit noch herabgesetzt wird. In Fällen mit steil ansteigender Mischungslücke wird für die Bestimmung der Grenzen mit Vorteil die von L. KOFLER (58) angegebene Glaspulvermethode verwendet, die auf der Gehaltsbestimmung von Mischungen auf Grund der Lichtbrechungsänderung beruht (s. S. 180).

X. Kristallisationsvorgänge in unterkühlten Mischschmelzen organischer Stoffe.

1. Quasi-eutektische Synkristallisation in Zweistoffsystemen.

Die Kristallabscheidung aus irgendeiner flüssigen Mischung zweier oder mehrerer Stoffe ist von den Konzentrationsverhältnissen und von den Abkühlungsbedingungen abhängig. *Normale* Abscheidung mit einem für die jeweilige Konzentration gesetzmäßigen Gefüge tritt dann ein, wenn der Erstarrungsvorgang ohne Unterkühlung abläuft. In einem Zweistoffsystem der Abb. 97 läuft die Abscheidung einer Mischung M in zwei Akten ab, und zwar folgt einer primären Abscheidung der Komponente A bei a die sekundäre Abscheidung der Restschmelze mit eutektischer Zusammensetzung, wenn beim Absinken der Temperatur der Punkt c erreicht ist. Analog spielt sich der Vorgang auf der anderen Seite des eutektischen Punktes ab. Mischungen eutektischer Konzentrationen scheiden sich jedoch bei Wärmeentzug in einem einzigen Kristallisationsakt als „Eutektikum" ab.

Die *eutektische Kristallisation* beginnt an bestimmten Stellen und schreitet mit *einheitlicher* Kristallisationsfront fort, bis die entstandenen Teilaggregate, die lamellare, körnige oder sphärolithische Anordnung besitzen können, aneinanderstoßen. Die Teilaggregate werden „eutektische Körner" (84), „eutektische Kolo-

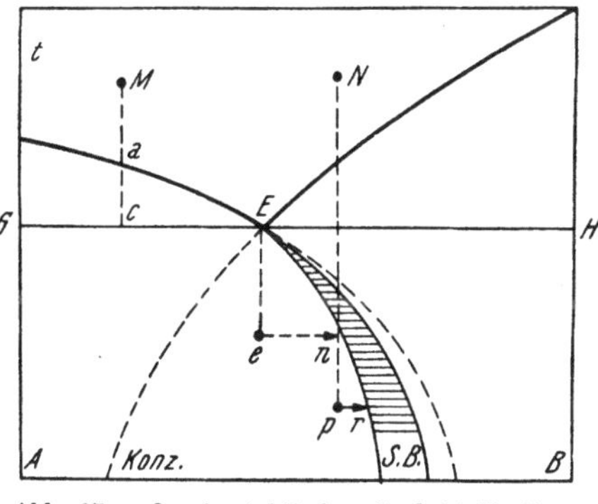

Abb. 97.   Quasi-eutektische   Synkristallisation, Typus A.

nien" (2) oder „eutektische Fasern" genannt. Der Mechanismus der gleichzeitigen Abscheidung der Komponenten in einer gemeinsamen Kristallisationsfront führt zu einer eigenartigen Anordnung, die als „eutektisches Gefüge" bezeichnet wird (10, 90). Über den gesetzmäßigen Aufbau der eutektischen Körner liegen röntgenographische Untersuchungen von STRAUMANIS und BRAKŠS (90) an den eutektischen Mischungen von Cadmium und Zink, Zinn und Wismut sowie Zink und Zinn vor. Bei eutektischen Strukturen anderer Stoffgruppen ist die annähernd parallele Anordnung der Komponenten in der Regel nicht auf eine kristallstrukturelle Beziehung zurückzuführen, sondern bedeutet nur eine auf Keimauslese bezüglich der Richtungen größter Kristallisationsgeschwindigkeit der Komponenten beruhende, zwangsweise sich einstellende Ordnung. Es ist daher der gesetzmäßige, durch eine bestimmte gegenseitige Orientierung beider Komponenten entstehende Aufbau der eutektischen Kristallisate als ein *Spezialfall* aufzufassen, der dann eintritt, wenn die Gitter der in Frage kommenden Komponenten wenigstens jenen Verwandtschaftsgrad besitzen, der zu orientierter gegenseitiger Verwachsung führt (s. S. 182).

Bei *Unterkühlung* einer Mischschmelze kommt es zu Abweichungen von der normalen Abscheidungsfolge (97). Eine wesentliche Rolle spielt dabei die Frage, ob die entstehende Kristallisationswärme (positive Wärmetönung vorausgesetzt) zur Wirkung kommt oder ob sie sofort abgeführt wird. Im ersten Falle kann durch die Kristallisationswärme die Unterkühlung aufgehoben werden, im anderen Falle muß nicht nur die primäre, sondern auch die sekundäre Kristallisation bei einer tieferen Temperatur erfolgen, als der eutektischen Horizontalen G—H der Abb. 97 entspricht. Die Abscheidung vollzieht sich dann nicht mehr in einem Gleichgewichtszustand, die dafür geltenden Gesetze verlieren ihre Bedeutung.

Untersuchungen bei organischen Mischschmelzen haben gezeigt (38), daß bei Erstarren im *unterkühlten Zustand* die Abscheidungsfolge von einem neuen Faktor beeinflußt wird, und zwar von der sich relativ ändernden Kristallisationsgeschwindigkeit (KG.) der Komponenten. Eine eutektische Mischung kann bei Unterkühlung nur dann gleichzeitig in einem einzigen Kristallisationsakt erstarren, wenn sich die KG. beider Komponenten in gleichem Maße geändert hat. Steigt aber die KG. einer Komponente bei Unterkühlung stärker an als die der anderen, so muß es zu einer anomalen Abscheidungsfolge kommen.

Die Änderung der KG. ist von dem Grad der Unterkühlung, der Diffusionsgeschwindigkeit (wesentlich bedingt durch die Konzentrationsverhältnisse) und von der Oberflächenspannung abhängig (75, 88, 92). Je nach der prozentualen Lage des eutektischen Punktes kommt neben dem *spezifischen Verhalten* der betreffenden Stoffe den genannten Faktoren verschiedene Bedeutung bei Erhöhung der KG. der Komponenten in unterkühlten Mischschmelzen zu. Bei eutektischen Punkten in mittleren Lagen, also bei annähernd gleichen Massenanteilen, wird sich in erster Linie das spezifische Verhalten beim Unterkühlen auswirken. Bei stark einseitig liegenden eutektischen Punkten kommt jedoch die aus der verschiedenen Konzentration resultierende Diffusionsgeschwindigkeit zur Geltung. (Über die Isothermen der KG. siehe [42a].)

Für *systematische Untersuchungen* der Erstarrungsvorgänge in unterkühlten Schmelzen sind organische Stoffe deshalb besonders geeignet, weil sie relativ niedrige Schmelzpunktlagen mit mehr oder weniger großer Unterkühlbarkeit verbinden. Bei den mit Hilfe unseres Heiztisches und der mikroskopischen Methoden durchgeführten Untersuchungen sind zur Ableitung der Kristallisationswärme keine besonderen Vorkehrungen notwendig, da bei der geringen, zwischen Objektträger und Deckglas sich befindenden Substanzmenge die entwickelte Kristallisationswärme keine Rolle spielt.

Die beobachteten *Anomalien bei Unterkühlung* binärer Gemische hängen einerseits mit der *relativen Änderung der KG. der Komponenten*, andererseits mit dem *Ausbleiben der Keimbildung einer Komponente* zusammen (43, 44).

Untersuchungen über die KG. in Schmelzen organischer Stoffgemische wurden bereits von Tammann und Botschwar (93) ausgeführt und dabei die Feststellung gemacht, daß die eutektische Kristallisation unterkühlter organischer Mischschmelzen nicht mehr nur bei dem eutektischen Mischungsverhältnis, sondern in einem mit steigender Unterkühlung sich zunächst ständig erweiternden Konzentrationsintervall erfolgt. Bei höheren Unterkühlungsgraden wird in der Regel ein stationärer Zustand erreicht, bei dem das Intervall der „quasi-eutektischen Kristallisation" konstant bleibt. Dieser Bereich wurde als „Gebiet der konstanten KG." bezeichnet. In den beiden von Tammann und Botschwar beschriebenen organischen Zweistoffsystemen und in einem Dreistoffsystem wurde das Gebiet der konstanten KG. als *den eutektischen Punkt umgebend* angeführt. Wir kommen weiter unten auf die Untersuchungen der beiden Autoren nochmals zurück.

Die eigenen systematischen Untersuchungen der Abscheidungsfolge in unterkühlten binären und ternären organischen Schmelzen führten zur Feststellung von Gesetzmäßigkeiten, die von der Natur der Komponenten und vom Unterkühlungsgrad abhängig sind. Die Gesamtheit derjenigen Konzentrationsintervalle, die im unterkühlten Zustand *gleichzeitig* erstarren, also *Synkristallisate* liefern, wurden als *quasi-eutektische Synkristallisationsbereiche* (SB.) bezeichnet. Bezüglich der Lage dieser Bereiche im Konzentrationsdiagramm konnten drei verschiedene Typen gefunden werden, die mit A, B und C bezeichnet wurden (44).

Typus A ist in Abb. 97 dargestellt; er ist dadurch ausgezeichnet, daß der SB. in mehr oder weniger großem Ausmaß total von der eutektischen Konzentration gegen höhere Konzentrationen von B abweicht. Das kommt dadurch zustande, daß die KG. der Komponente A in der unterkühlten Schmelze viel rascher zunimmt als die von B. Wird ein eutektisches Gemisch E dieses Typus auf e unterkühlt und mit Keimen beider Komponenten geimpft, so erstarrt das Gemisch trotz der eutektischen Konzentration nicht gleichzeitig, sondern die Komponente A eilt wegen ihrer bei der Unterkühlung stärker gestiegenen KG. voraus. Während der Abscheidung von A verschiebt sich die Konzentration der Restschmelze bei gleichbleibender Temperatur nach rechts etwa gegen n. Es ist dies die Konzentration, bei der die KG. von B der von A gleich geworden ist, weil die Bedingungen für B günstiger und für A ungünstiger geworden sind. Aus dieser Restschmelze vermögen sich daher beide Komponenten gleichzeitig in einem einzigen Kristallisationsakt abzuscheiden. Die gleichzeitige Abscheidung bewirkt eine dem eutektischen Gefüge analoge Struktur trotz abweichender Zusammensetzung; es erfolgt eine *quasi-eutektische Synkristallisation*. Das Erstarren der eutektischen Mischung vollzieht sich also in diesem Falle in zwei Akten wie das einer über- oder untereutektischen Mischung. Aber nicht nur das eutektische Gemisch, sondern auch alle zwischen e und n liegenden Mischungen erstarren in dieser Weise. Erst eine Mischung der Konzentration N kann bei Unterkühlung auf die Temperatur n sofort gleichzeitig, d. i. quasi-eutektisch, erstarren.

Kühlt man aber das Gemisch der Konzentration des Punktes n weiter auf die Temperatur des Punktes p ab, so eilt sofort wieder A voraus; das Gemisch erstarrt bei dieser Unterkühlungstemperatur wieder in zwei Akten. Es scheidet sich hier A so lange primär ab, bis die Restschmelze die Konzentration des Punktes r erreicht hat, welches Gemisch dann erst synkristallin erstarren kann. Um nur *einen* Kristallisationsakt, d. i. *ein* Synkristallisat zu erhalten, muß man bei dem Unterkühlungsgrad p die Konzentrationen des Punktes r wählen. Durch Verbindung der Orte der quasi-eutektischen Kristallisation ergibt sich zunächst der Kurventeil $E\,n\,r$. Bei den Untersuchungen hat sich ferner gezeigt, daß die quasi-eutektische Kristallisation nicht streng an eine bestimmte Konzentration gebunden ist, sondern daß sie in einem *Intervall* erfolgt, das sich mit dem Unterkühlungsgrad mehr oder weniger verbreitert. Die Begrenzung ist in Abb. 97 durch den zweiten Kurventeil rechts gegeben. Bei weiterer Unterkühlung tritt im allgemeinen schließlich ein stationärer Zustand ein, d. h. die KG. werden von der weiteren Unterkühlung unabhängig, es wird das „Gebiet der konstanten KG." nach TAMMANN erreicht. Das innerhalb der beiden Kurven liegende Flächenstück, das der Konzentration und der Unterkühlung nach alle Orte umfaßt, die gleichzeitige Kristallisation beider Komponenten gestatten, wird als *quasi-eutektischer Synkristallisationsbereich* (SB.) bezeichnet. Das Ausmaß des SB. ist je nach dem Stoffgemisch verschieden; im Durchschnitt entspricht der SB. größenordnungsmäßig den im Schema der Abb. 97 dargestellten Verhältnissen, ist aber häufig größer. Die meisten der bisher untersuchten organischen

Zweistoffsysteme gehören zu Typus *A*. Auch die meisten Systeme zwischen Wasser und Salzen haben SB. nach Typus *A* (61).

Bei Typus *B* beschränkt sich die Abweichung des SB. auf eine Verbreiterung des Konzentrationsintervalls nach beiden Seiten des eutektischen Punktes, dem Grad nach mehr oder weniger verschieden. Daher erstarrt bei solchen unterkühlten Stoffpaaren nicht nur das eutektische Gemisch, sondern auch unter- und übereutektische Gemische erstarren synkristallin. Bei diesem Typus umgibt das „Gebiet der konstanten KG." den eutektischen Punkt (Abb. 98). Er wurde bisher am wenigsten häufig angetroffen.

Typus C (Abb. 98) stellt eine Kombination von Typus *A* und *B* dar, indem bei geringem Unterkühlungsgrad Verhältnisse des Typus *A*, bei höheren die von Typus *B* vorliegen, so daß auch hier das „Gebiet der konstanten KG." den eutektischen Punkt umgibt. Nach Typus *A* wurde dieser Typus bisher am häufigsten gefunden. Natürlicherweise gibt es auch alle Übergänge zwischen den drei genannten Typen. In Abb. 98 sind die drei anomalen Erstarrungstypen dem normalen Verhalten gegenübergestellt.

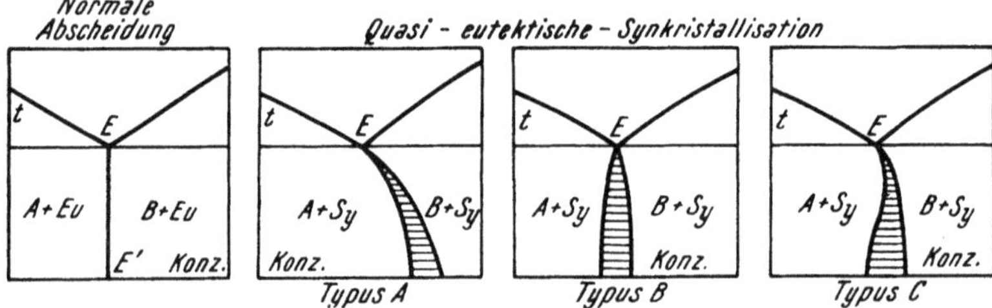

Abb. 98. Normale eutektische Kristallisation und quasi-eutektische Synkristallisation: Typen *A, B, C.*

Die Ausdehnung des SB. ist von der Art der Überschneidung der KG.-Kurven der Komponenten in der unterkühlten Mischschmelze abhängig. Eine anschauliche Vorstellung geben die Isothermen der KG. der primären und sekundären Kristallisation. Sie bestehen in unterkühlten Schmelzen aus zwei voneinander unabhängigen Teilkurven, die die Kurven der primären Kristallisation schneiden; zwischen den Schnittpunkten liegt je nach dem System und dem Unterkühlungsgrad ein mehr oder weniger breites Konzentrationsintervall, das durch eine einzige Kristallisationsfront gekennzeichnet ist. Dieses Intervall enthält im mittleren Anteil den SB., in den äußeren Anteilen Bereiche *gekoppelter Kristallisation.* Die absolute KG. ist innerhalb des SB. nicht bei allen Konzentrationen gleich; es tritt bei einer bestimmten, meist von der eutektischen abweichenden Zusammensetzung ein Minimum auf, das mit dem Unterkühlungsgrad differiert (43, 42 a).

Bei den Bestimmungen der KG. in binären Mischungen fanden auch Tammann und Botschwar (93), daß die eutektische Kristallisation nicht in allen Schmelzen die gleiche Geschwindigkeit besitzt, sondern ein Minimum aufweist, das von den Autoren auf den jeweils höheren Gehalt an einer Komponente und auf die zu geringe Diffusionsgeschwindigkeit zurückgeführt wird. Die beiden Autoren verlegen jedoch das Minimum in die eutektische Konzentration, was nur für jene Fälle gilt, bei denen der SB. den eutektischen Punkt annähernd gleichartig umgibt.

Da nach den Untersuchungsergebnissen bei organischen Stoffgemischen das relative Verhalten der KG. für die Abscheidung unterkühlter Mischungen maßgebend ist, lassen sich unter Einhaltung bestimmter Voraussetzungen gute Vorhersagen über das Auftreten einer der drei Typen des SB. machen (50, 61).

Von wesentlicher Bedeutung ist einerseits die spezifische KG. und anderseits das Konzentrationsverhältnis der eutektischen Mischung. Wählt man daher zu einer Substanz A mit großer spezifischer KG. eine Komponente B mit geringerer KG., aber mit viel höherem Schmelzpunkt, so ist ein Typus A mit größerer Abweichung des SB. vom eutektischen Punkt zu erwarten. Zu der spezifisch größeren KG. der niedriger schmelzenden Komponente A kommt noch die bessere Diffusionsbedingung, da bei Systemen mit größerer Schmelzpunktsdifferenz der eutektische Punkt in der Regel bei hohen Konzentrationen der niedriger schmelzenden Komponente A liegt. Auf diese Weise lassen sich z. B. für die Stoffe Azobenzol, Naphthalin oder Diphenyl mit spezifisch großer KG. leicht Partner finden, die in Mischungen Synkristallisationsbereiche nach

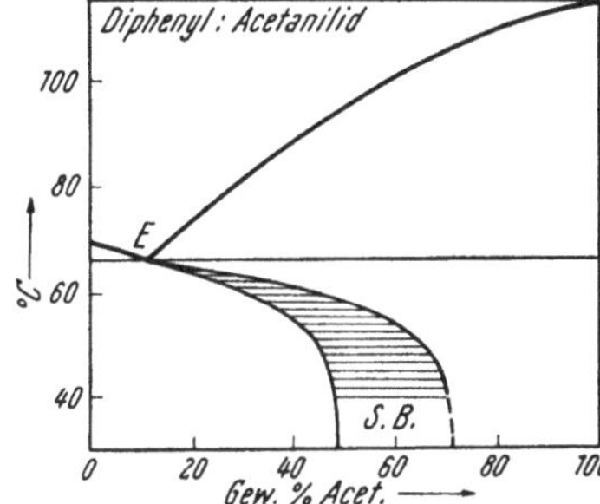

Abb. 99. Diphenyl : Acetanilid. Starke Ablenkung des SB. infolge großer KG. von Diphenyl.

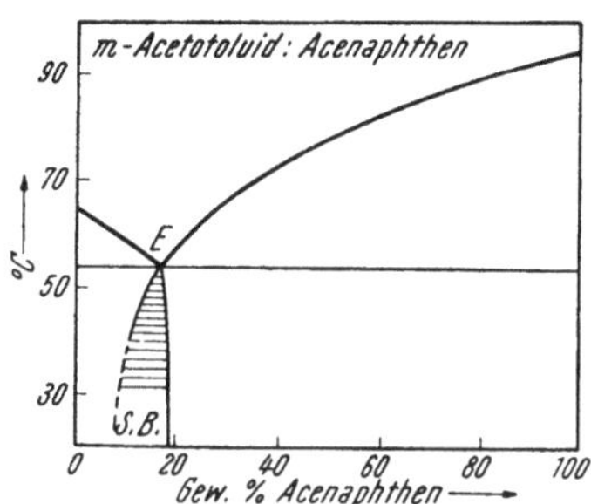

Abb. 100. m-Acetotoluid : Acenaphthen. Geringe Anomalie infolge kleiner KG. von m-Acetotoluid.

Typus A mit starker Abweichung geben. In Abb. 99 ist ein solcher Fall bei Diphenyl: Acetanilid (Eut. 66°, 10,5% Acetanilid) dargestellt. Besitzt jedoch A (z. B. m-Acetotoluid) eine sehr geringe spezifische KG., so ist trotz starker seitlicher Lage des eutektischen Punktes ein Typus B des SB. möglich (Abb. 100). Bei nicht zu großer Schmelzpunktdifferenz und spezifisch großer KG. beider Komponenten ist der SB. schmal und weniger abweichend vom eutektischen Punkt (Azobenzol: Diphenyl, Abb. 101, oder Acenaphthen : Fluoren [43]). Insbesondere wirkt naturgemäß eine sehr große spezifische KG. beider Komponenten der anomalen Abscheidung entgegen. Das sind aber Verhältnisse, die den Eigenschaften der meisten *Metalle* wenigstens annähernd vergleichbar sind. In einem einzigen der bisher untersuchten organischen Systeme, und zwar bei Fluoren : Stilben, zeigte sich bei Unterkühlung (bis etwa 15°) eine Unabhängigkeit der Kristallisationsfolge von der Unterkühlung insofern, als auch unterkühlte eutektische Mischungen immer gleichzeitig kristallisierten und kaum eine Verbreiterung im

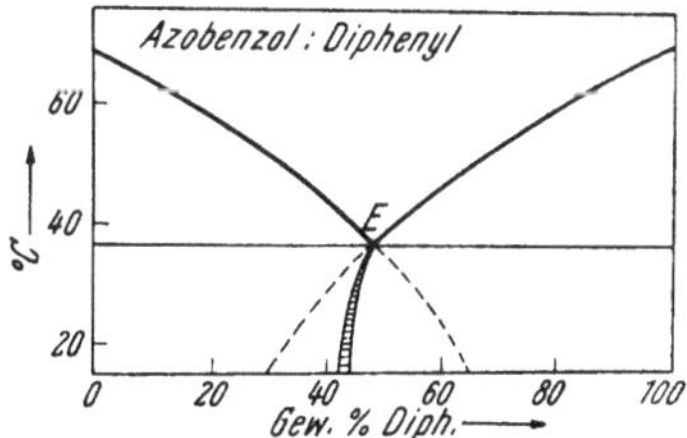

Abb. 101. Azobenzol : Diphenyl. Geringe Anomalie bei großer und gleichartiger KG.

Sinne eines SB. zu beobachten ist. Untersuchungen bei stärkeren Unterkühlungen konnten wegen der spontan auftretenden instabilen Modifikation des Stilbens nicht durchgeführt werden.

Die als Typus A bezeichnete Art anomaler Eutektika ist auch bei Metallen lange bekannt; die Erscheinung wurde bei Untersuchungen des Eutektikums von Al : Al$_3$Fe von Dix (23) als „Verschiebung des eutektischen Punktes" bezeichnet (23, 89). Andere hierher gehörige Eutektika sind Fe—C (Graphit), Al—Si, Zn—Zn$_3$Sb$_2$ und Pb—Ag (89, 25). In allen diesen Fällen besteht eine mehr oder weniger große Schmelzpunktdifferenz; das Eutektikum liegt bei hohen Konzentrationen der niedriger schmelzenden Komponente (92). Es liegen also Verhältnisse vor, die in Beziehung auf den eutektischen Punkt mit denen der Abb. 99 vergleichbar sind. Ferner fanden ROSENHAIN und TUCKER (85) beim Sn—Pb-Eutektikum eutektische Gefüge in einem kleinen Konzentrationsintervall (8, 87).

Der aus den Unterkühlungserscheinungen bei Metallen gezogene Schluß, daß eine anomale eutektische Kristallisation um so leichter eintritt, je unterschiedlicher das Mengenverhältnis beider Kristallarten im Eutektikum ist (89), gilt daher auch für organische Stoffe. Jedoch ist diese Anomalie nicht um so häufiger, „je schwieriger die Keimbildung der zweiten Kristallart ist", denn das Gefüge der eutektischen Mischung solcher Systeme fällt bei Unterkühlung gleich aus, ob nun die erste Kristallart primär entsteht oder ob Keime beider Komponenten gleichzeitig vorhanden sind. Infolge der größeren KG. eilt die erste Kristallart bei Typus A auf jeden Fall dem Synkristallisat voraus und wird primär abgeschieden.

Es ist anzunehmen, daß die bei organischen Stoffgemischen beobachtete Erscheinung der Abweichungen des SB. und deren spezifisches Verhalten auch bei anderen Stoffklassen von Bedeutung sind, insbesondere bei Substanzen, die zur Unterkühlung neigen, wie z. B. bei Silikaten. Von diesem Gesichtspunkt ist auch die bekanntlich wechselnde Zusammensetzung der als Schriftgranit bezeichneten eutektischen Mischung von Quarz-Feldspat von Interesse. So fand GÄCKEL (26) bei Untersuchungen des Schriftgranits von Ringebaker und Bornholm und von *Lysekit* in Schweden „trotz gleich guter Ausbildung der Eutektikum-Struktur" schwankende Mengenverhältnisse von Quarz und Feldspat, die zwischen 20 und 38,5% Quarzgehalt liegen. Dieses Intervall bewegt sich größenordnungsmäßig in den mit organischen Stoffen vergleichbaren Grenzen.

2. Dreistoffsysteme.

Bei Dreistoffsystemen ist die Lage des ternären SB. von dem Verhalten der zugehörigen binären SB. bedingt. Auch hier lassen sich die oben beschriebenen drei Typen A, B und C erkennen (49). In Abb. 102 sind die Verhältnisse an dem Dreistoffsystem Azobenzol : Acenaphthen : Benzil dargestellt. Die Koordinaten des ternären Punktes liegen bei 28% Benzil, 46% Azobenzol, 26% Ace-

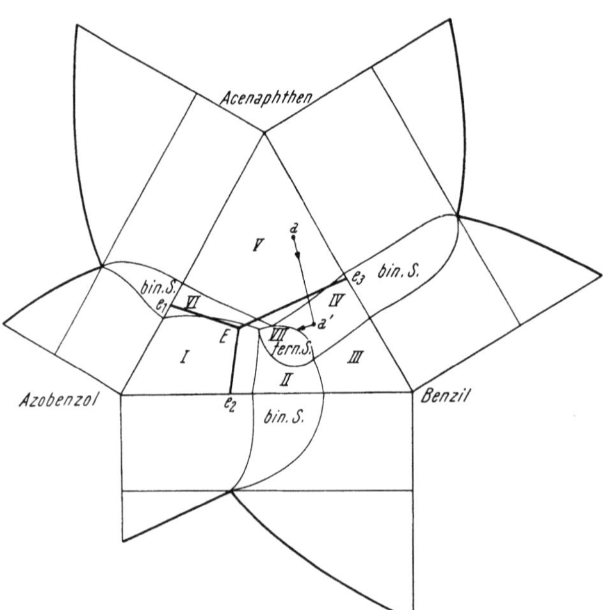

Abb. 102. Dreistoffsystem Azobenzol : Acenaphthen : Benzil.

naphthen und 39°. Die *bin. SB.* setzen sich im Dreistoffsystem als *gebirgsartige Räume* fort, deren Kämme von den Kurven der binären eutektischen Kristallisation gebildet werden, während die Basisflächen, bevor das Gebiet der konst. KG. erreicht ist, von dem Unterkühlungsgrad abhängig sind.

Der Raum, in dem sich die bin. SB. überschneiden, entspricht dem *ternären SB.* Er besitzt in dem vorliegenden Falle die Form eines Hornes, dessen Spitze von dem ternären eutektischen Punkt geliefert wird. Im Konzentrationsdreieck der Abb. 102 sind der ternäre SB. und die binären SB. bei der Unterkühlung auf 20° eingetragen.

Auch das System 2,4-Dinitrophenol:Acetanilid:Benzil stellt in Beziehung auf die SB. einen Typus *A* dar (49). In Abb. 103 ist der ternäre Synkristallisationsbereich bei einer Unterkühlung auf 50° eingetragen, bei welcher Temperatur der SB. bereits außerhalb des ternären Punktes (gestrichelte Linien) liegt. Bei stärkerer Unterkühlung, etwa auf 20°, ist der SB. ziemlich weit gegen niedrigere Konzentrationen von Benzil verschoben (ausgezogene Linien). Es liegt daher ein Typus *A* der obigen Einteilung vor.

Wie bereits oben erwähnt wurde, haben TAMMANN und BOTSCHWAR (93) das „Gebiet der konstanten KG." als den eutektischen Punkt *umgebend* beschrieben, so daß die von den beiden Autoren untersuchten Zweistoffsysteme Acetanilid:2,4-Dinitrophenol und Azobenzol:Benzil sowie das Dreistoffsystem Acetanilid:2,4-Dinitrophenol:Benzil dem Typus *B* oder *C* zuzuordnen wären. Dies ist nur zum Teil richtig. Nach unseren Untersuchungen gehört das System 2,4-Dinitrophenol:Acetanilid zum Typus *C*, Azobenzol:Benzil sowie das oben in Abb. 103 erwähnte

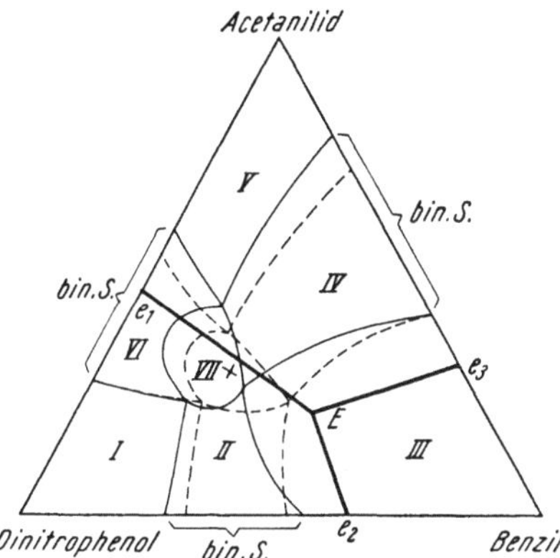

Abb. 103. Dreistoffsystem 2,4-Dinitrophenol: Acetanilid: Benzil (× ternärer Punkt nach TAMMANN).

Dreistoffsystem zum Typus *A*. Der Irrtum ist zum großen Teil darauf zurückzuführen, daß von TAMMANN und BOTSCHWAR unrichtige Werte für die eutektischen Punkte angegeben wurden, denn das Eutektikum Azobenzol:Benzil liegt nicht bei 45%, sondern bei 38% Benzil; im Dreistoffsystem zeigen die Koordinaten des ternären Punktes nicht 25% Benzil, 45% Dinitrophenol und 30% Acetanilid, sondern 45% Benzil, 33% Dinitrophenol und 22% Acetanilid.

3. Die Hofbildung.

Während die Erscheinung der quasi-eutektischen Synkristallisation einer unterkühlten Mischschmelze bei dem Vorhandensein beider Komponenten auftritt, hängt die ebenfalls bei Metallen bekannte Anomalie der „Hofbildung" mit dem *Ausbleiben* von Keimen *einer* der beiden Komponenten zusammen, wobei außerdem die Lage der SB. eine Rolle spielt.

Die Erscheinung der Höfe wurde von JIRAUD (35) durch Unterkühlung erklärt. LAMPLOUGH und SCOTT (68) lehnten die Unterkühlungstheorie auf Grund experimenteller Untersuchungen ab. TAMMANN und BOTSCHWAR (94) fanden aber die Gründe für die Ansicht der genannten Autoren als nicht stichhältig. Nach TAMMANN verarmt während der Kristallisation die Schmelze neben den primären Kristallen an der Komponente, die eine kleinere Diffusionsgeschwindigkeit besitzt, was zur Bildung eines Hofes der zweiten Komponente führt. Weitere Untersuchungen von BOTSCHWAR und GOREW (9) kamen zu dem Ergebnis, daß jeweils nur *eine* Komponente einen Hof um die zweite zu bilden vermag.

Um die Abscheidungsvorgänge zu verstehen, betrachten wir eine bis *e* unterkühlte eutektische Mischung der Abb. 104, in der durch Impfung mit der

Komponente A die Kristallisation eingeleitet wurde. Die Abscheidung von A kann solange fortschreiten, bis die Restschmelze durch die Anreicherung von B die Konzentration des Punktes m der Sättigungskurve $a\,E\,a'$ erreicht hat. Der Einfachheit halber wurde angenommen, daß die rechte Grenze des SB. mit der Sättigungskurve $E\,a'$ zusammenfällt. Wird nun die Restschmelze mit der Zusammensetzung m mit B geimpft, so erfolgt jetzt, da m im SB. liegt, die gleichzeitige Abscheidung beider Komponenten als Quasi-Eutektikum. Das Gefüge der auf e unterkühlten eutektischen Mischung zeigt daher Primärkristalle von A in einem quasi-eutektischen Kristallisat eingebettet. Derselbe Effekt wird aber auch erreicht, wenn man die auf e unterkühlte Mischung sofort mit beiden Komponenten impft, da die Komponente A wegen ihrer größeren KG. (Typus A) vorauseilt.

Bei gleicher Lage des SB. tritt aber dann, wenn eine auf e unterkühlte eutektische Schmelze *primär mit B geimpft wird*, die Erscheinung der *Hofbildung*

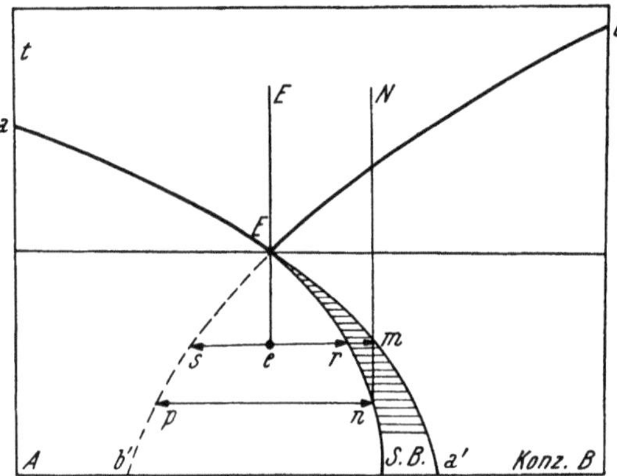

Abb. 104. Günstigste Bedingung für die Hofbildung.

auf, und zwar in folgender Weise. Durch die Kristallisation von B ändert sich die Konzentration der Restschmelze während der Ausscheidung von B gegen links, maximal bis zum Punkt s der Sättigungskurve $b\,E\,b'$. Eine jetzt vorgenommene Impfung mit A findet eine Konzentration vor, bei der die Komponente A eine sehr viel größere KG. besitzt als B. Die Komponente A kann sich daher sehr rasch abscheiden. Da naturgemäß die nächste Umgebung der B-Kristalle die größte Anreicherung an A erfahren hat, bildet sich um diese zunächst ein Hof von B. Die synkristalline Erstarrung der Restschmelze erfolgt erst als dritter Kristallisationsakt, sobald sich die Konzentration der Restschmelze durch Verarmung an A wieder gegen B-reichere Konzentrationen, d. h. gegen den SB., und zwar mindestens bis r der Abb. 104 verschoben hat.

Die Erscheinung der Hofbildung läßt sich im System Azobenzol : α-Naphthol in den entsprechenden Konzentrationsbereichen deutlich verfolgen, wenn man die primäre Kristallisation von α-Naphthol abwartet. Falls in einem System die primäre Kristallisation von B nicht spontan eintritt, kann man sie in einfacher Weise dadurch erzeugen, daß man ein übereutektisches Gemisch nicht ganz durchschmelzt, sondern nur soweit über die eutektische Temperatur erwärmt, als noch Restkristalle der überschüssigen Komponente vorhanden sind. Bei Abkühlen auf die Unterkühlungstemperatur bilden sich diese Reste meist zu schönen Primärkristallen aus, um die herum sich die bei Impfen mit der zweiten Komponente einstellende Hofbildung sehr gut verfolgen läßt, z. B. bei Azobenzol : Trional (Abb. 106).

In Abb. 105 und 106 sind zwei Kristallisationsergebnisse dargestellt, die sich beide auf *analoge Konzentrationsverhältnisse* beziehen. In beiden Fällen wurden übereutektische Mischungen (etwa N der Abb. 97) gewählt und die primäre Kristallisation der Komponente B eingeleitet. Bei normaler Abscheidung im Falle der Abb. 105a werden die Primärkristalle von dem von rechts her fortschreitenden eutektischen Kristallisat allmählich eingeschlossen (Abb. 105b, c). Bei der anomalen Abscheidung auf Grund eines SB. nach Typus A folgt der primären

Abscheidung von B (Rauten der Abb. 106a) zuerst die Hofbildung von A *um* B (Abb. 106b) und als dritter Abscheidungsakt die quasi-eutektische Kristallisation.

Betrachten wir einen Typus B, so kann unter bestimmten Bedingungen sowohl A *um* B als auch B *um* A einen Hof bilden. Voraussetzung ist, daß ein

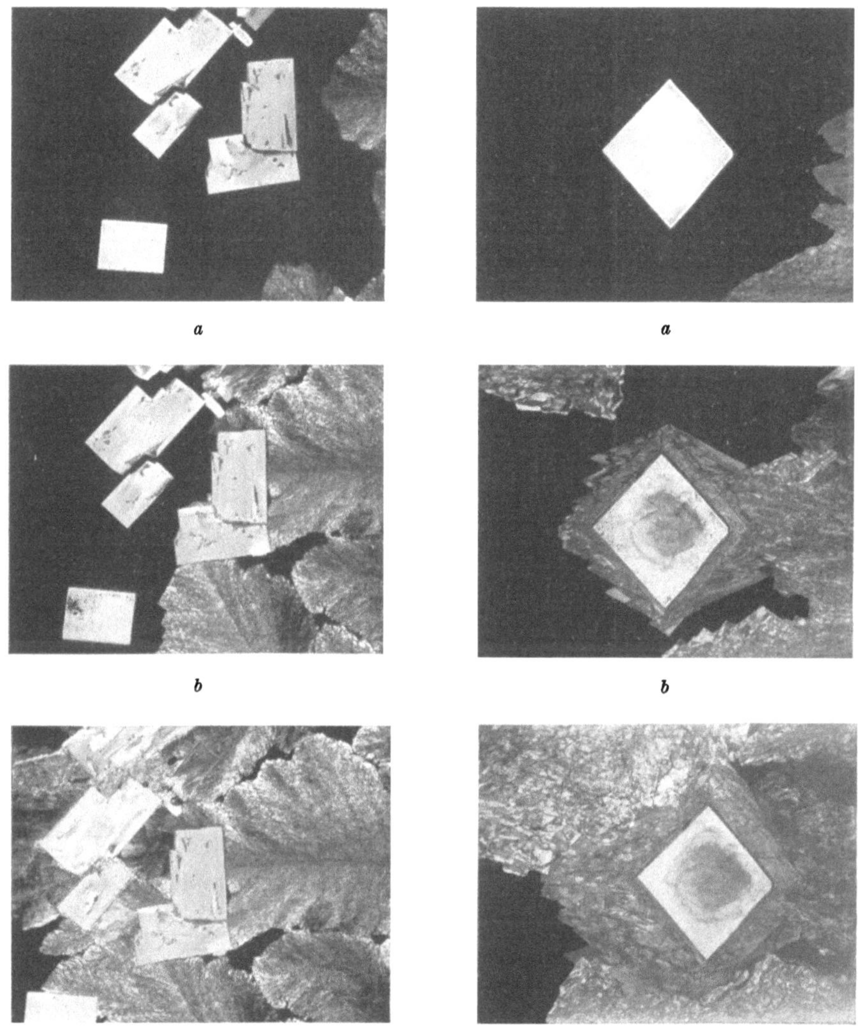

<table>
<tr><td align="center">a</td><td align="center">a</td></tr>
<tr><td align="center">b</td><td align="center">b</td></tr>
<tr><td align="center">c</td><td align="center">c</td></tr>
</table>

Abb. 105. Übereutektische Mischung mit normaler Abscheidungsfolge.

Abb. 106. Übereutektische Mischung mit Hofbildung.

entsprechender Abstand der Grenze des SB. von den Sättigungskurven $a\,E\,a'$ und $b\,E\,b'$ vorhanden ist und daß sich bei der Primärkristallisation die Konzentration der Restschmelze vom SB. *weg* bewegt (43, 44). (Über die experimentelle Ermittlung der Sättigungskurven s. A. Kofler [45].)

Die von Scheil (89) im System Zink : Mangan in Mikrophotographien gezeigten Zinkhöfe um primäre ξ-Kristalle sowie im System Zink : Magnesium die Zinkhöfe um primäre $MgZn_5$-Kristalle gliedern sich zwanglos in die bei organischen Stoffgemischen gewonnenen Vorstellungen ein. Auch die Höfe von

Al_3Mg_2 um primäre Aluminiumkristalle (25) des Eutektikums Al—Al_3Mg_2 sind in der gleichen Weise zu erklären.

Auch im System Aluminium : Silicium (Eutektikum bei 11,6 bis 11,7% Si) (25) ist ein SB. nach Typus A mit einer Abweichung zu höheren Konzentrationen des Siliciums zu erwarten. Damit übereinstimmend ist die in dem Buch von Fuss (25) abgebildete Mikrophotographie einer übereutektischen, 20% Si enthaltenden Mischung. Man sieht hier um die grauen Polygone von Silicium deutlich Höfe von Aluminium, das außerdem in skelettierten Kristallen in die Umgebung ragt. Durch das skelettierte Wachsen erscheinen Aluminiumkristalle im Schliff an einzelnen Stellen auch primär.

Die Umstände, die zur Hofbildung führen, bedeuten für das Gefüge der in Frage kommenden Mischungen eine starke Kornvergröberung. Betrachtet man in dieser Hinsicht z. B. das Diagramm der Abb. 99 bei einem geringen Unterkühlungsgrad, etwa auf 60°, so ist zu ersehen, daß die feinste Verteilung der Komponenten als Synkristallisat in einem Konzentrationsintervall von etwa 30 bis 45% Acetanilid auftritt, wenn gleichzeitig Keime beider Komponenten vorhanden sind. Kristallisiert aber Acetanilid primär aus, so kommt es, durch das stark übereutektische Mischungsverhältnis bedingt, sehr bald zu einer beträchtlichen Konzentrationsverschiebung der Restschmelze nach links, die bei Eintritt der Kristallisation des Diphenyls zu ausgeprägter Hofbildung führt. Die Korngröße des auf diese Weise entstandenen Erstarrungsproduktes übersteigt ein Synkristallisat derselben Zusammensetzung um ein Mehrhundert- bis Tausendfaches.

Es soll auch noch erwähnt werden, daß Anomalien der Eutektika auch ohne Unterkühlung dann zustande kommen können, wenn aus irgendeinem Grunde keine gemeinsame Kristallisationsfront ausgebildet wird, wie z. B. bei großer Mengendifferenz der eutektischen Mischung (Aluminium-Silicium) oder bei sehr langsamer Kristallisation einer solchen (94). Im ersten Falle hängt die Anomalie mit der für eine bestimmte Art der Abkühlung gegebenen Korngröße zusammen, die ihrerseits von der Diffusionsgeschwindigkeit abhängt. Liegt z. B. das Eutektikum bei 5% B-Gehalt, so muß ein eutektisches Lamellenpaar so beschaffen sein, daß eine dünne Lamelle von B von einer 20mal so dicken A-Lamelle begleitet ist. Da die Lamellenbreite von der Abkühlungsgeschwindigkeit, also indirekt von der Diffusionsgeschwindigkeit abhängt, wird dann, wenn die unter gegebenen Bedingungen mögliche Lamellenbreite von B erreicht ist, für A keine neue Keimbildung erfolgen, sondern die mit B sich gleichzeitig abscheidende A-Komponente an den vorhandenen A-Kristallen apponiert werden. Es ist in diesem Falle wahrscheinlich, daß es bei sehr rascher Abkühlung (falls nicht andere Anomalien auftreten) wegen der dann sehr verringerten Diffusionsgeschwindigkeit zur Ausbildung einer eutektischen Front kommt, wobei ein feinlamellares Eutektikum entsteht. Im zweiten Falle ist wegen der Langsamkeit der Kristallisation Gelegenheit zur vollständigen Entmischung beider Komponenten gegeben, ohne daß ein gemeinsamer Abscheidungsvorgang im Sinn einer eutektischen Kristallisation abläuft.

Literatur IX, X.

(1) Beck, K., Z. physik. Chem. **48**, 655 (1904). — (2) Benedicks, C., Internat. Z. Metallogr. **1**, 184 (1911). — (3) Boeris, F., Soc. ital. sci. natur. Museo Civico Storia natur. Milano **41**, 46 (1902). — (4) Boeris, F., s. G. Bruni u. F. Gorni. — (5) Boeris, F., Z. Kristallogr., Abt. A **34**, 298 (1901). — (6) Bogojawlensky, A., u. N. Winogradow, Z. physik. Chem. **64**, 229 (1908). — (7) Boldyrew, A. K., Z. Kristallogr. **51**, 294 (1913), zit. nach Beilstein, 1. Ergw. V, S. 138. —

(8) Botschwar, A. A., Z. anorg. Chem. **164**, 189 (1927). — (9) Botschwar, A. A., u. K. W. Gorew, Z. anorg. Chem. **110**, 166 (1933). — (10) Brady, F. L., J. Inst. Metals **28**, 369 (1922); Engineering Okt. 1922, S. 474, 503. — (11) Brandstätter, M., Mikrochem. **32**, 33 (1944). — (12) Mikrochem. **33**, 26 (1947). — (13) Mikrochem. **33**, 137 (1947). — (14) Mh. Chem. **80**, 1 (1949). — (15) Mh. Chem. **78**, 217 (1948). — (16) Mh. Chem. **77**, 7 (1947). — (17) Mh. Chem. **81**, 806 (1950). — (18) Z. physik. Chem., Abt. A **192**, 82 (1943). — (19) Z. physik. Chem., Abt. A **192**, 260 (1943). — (20) Bruni, G., Feste Lösungen. Stuttgart: Enke. 1901. — (21) Bruni, G., u. F. Gorni, Gazz. chim. ital. **1**, 69 (1900); **2**, 139 (1900). — (22) Atti accad. Lincei (Rend.) **8**, I, 570 (1899).

(23) Dix, E. H., Proc. Amer. Soc. Testing Materials **25**, 120 (1925), z. n. E. Scheil (88).

(24) Fischer, R., u. A. Kofler, Arch. Pharmaz. Ges. **270**, 207 (1932). — (25) Fuss, V., Metallographie des Aluminiums und seiner Legierungen. Berlin: J. Springer. 1934.

(26) Gäckel, E., Die strukturelle Bedingtheit und Kinematik des schriftgranitischen Wachstums. Diss. Greifswald, 1931. — (27) Garelli, F., u. F. Calzolari, Atti accad. Lincei (Rend.) **8**, I, 579 (1899); Gazz. chim. ital. **2**, 263 (1894). — (28) Grimm, H. G., Naturwiss. **17**, 535 (1929). — (29) Groth, P., Chemische Kristallographie, V. Teil, S. 185. Leipzig: Engelmann. 1919.

(30) Hansen, M., Der Aufbau der Zweistofflegierungen. Berlin: J. Springer. 1936. — (31) Hasselblatt, Z. anorg. Chem. **89**, 58 (1914); Z. physik. Chem., **83**, 31 (1913). — (32) Hertel, E., u. G. H. Römer, Z. physik. Chem., Abt. B **22**, 267 (1933). — (33) Z. physik. Chem., Abt. B **11**, 86 (1930). — (34) Hrynakowski, K., u. M. Szmytówna, Z. physik. Chem., Abt. A **171**, 234 (1934).

(35) Jiraud, A., Rev. métallurg. **4**, 297 (1905). — (36) Johnson, A., Neues Jb. Min. **2**, 93 (1903).

(37) Kofler, A., Ber. dtsch. chem. Ges. **75**, 998 (1942). — (38) Ber. dtsch. chem. Ges. **76**, 391 (1943); **77**, 110 (1944). — (39) Chem. Ber. **84**, 427 (1951). — (40) Chem. Ber. **84**, 376 (1951). — (41) Mikrochem. **33**, 4 (1947). — (42) Mikrochem. **33**, 244 (1947). — (42 a) Mikrochem. **40**, 311, 405 (1953). — (43) Mh. Chem. **78**, 58 (1948). — (44) Mineral. petrogr. Mitt. **1**, 24 (1948). — (45) Mineral. petrogr. Mitt. **1**, 414 (1950). — (46) Z. analyt. Chem. **128**, 543 (1948). — (47) Z. Elektrochem. **50**, 104 (1944). — (48) Z. Elektrochem. **50**, 200 (1944). — (49) Z. Elektrochem. **51**, 38 (1945). — (50) Z. Metallkunde **41**, 221 (1950). — (51) Z. physik. Chem., Abt. A **187**, 363 (1940); Naturwiss. **31**, 553 (1943); Z. Elektrochem. **47**, 810 (1941). — (52) Kofler, A., u. M. Brandstätter, Mh. Chem. **78**, 65 (1948). — (53) Z. physik. Chem., Abt. A **190**, 341 (1942). — (54) Z. physik. Chem., Abt. A **192**, 60 (1943). — (55) ebendort, 71. — (56) ebendort, 229. — (57) Kofler, A. u. L., Mh. Chem. **78**, 23 (1948). — (58) Kofler, L., Z. analyt. Chem. **128**, 533 (1948). — (59) Kofler, L. u. A., Ber. dtsch. chem. Ges. **76**, 718 (1943). — (60) Mikro-Methoden zur Kennzeichnung organischer Stoffe und Stoffgemische. Innsbruck: Universitätsverlag Wagner. 1948. — (61) Kofler, W., A. u. L., Mikrochem. **38**, 218 (1951). — (62) Kremann, R., u. E. Janetzky, Mh. Chem. **23**, 1055 (1912). (63) Kremann, R., F. Odelga u. O. Zawodsky, Mh. Chem. **42**, 117 (1921). — (64) Kremann, R., ù. O. Rodinis, Mh. Chem. **27**, 125 (1906). — (65) Kremann, R., u. R. Schadinger, Mh. Chem., **39**, 833 (1918). — (66) Kremann, R., u. W. Strohschneider, Mh. Chem. **39**, 503 (1918). — (67) Küster, F. W., Z. physik. Chem. **17**, 357 (1895).

(68) Lamplough, F. E. E., u. J. T. Scott, Proc. Roy. Soc. London, Ser. A **90**, 600 (1914). — (69) Lindpaintner, E., Mikrochem. **27**, 21 (1939). — (70) Lüttringhaus, A., u. K. Hauschild, Ber. dtsch. chem. Ges. **73**, 145 (1940).

(71) Nagornow, N., Z. physik. Chem., Abt. A **75**, 580 (1911). — (72) Neuhaus, A., Angew. Chem. **57**, 35 (1944). — (73) Z. Kristallogr., Abt. A **101**, 177 (1939). — (74) Z. Kristallogr., Abt. A **103**, 297 (1940); Angew. Chem. **54**, 527 (1941).

(75) Papapetrou, A., Z. Kristallogr. **92**, 89 (1935). — (76) Pascal, P., u. L. Normand, Bull. soc. chim. France (4) **13**, 151 (1913). — (77) Pfeiffer, P., u. R. Seydel, Z. physiol. Chem. **178**, 97 (1928).

(78) Quehenberger, H., Mh. Chem. **80**, 595 (1950).

(79) Rheinboldt, J. prakt. Chem. (2) **111**, 142 (1925). — (80) Rheinboldt, H., u. M. Kircheisen, J. prakt. Chem. (2) **113**, 199 (1926). — (81) Riiber, C. N., u. V. M. Goldschmidt, Ber. dtsch. chem. Ges. **43**, 453 (1910). — (82) Robertson, J. M., Proc. Roy. Soc. London, Ser. A **146**, 473 (1934); **150**, 348 (1935). — (83) Robertson, J. M., u. I. Woodward, Proc. Roy. Soc. London, Ser. A **162**, 568 (1937); **164**, 436 (1938). — (84) Rosenhain, W., u. P. A. Tucker, Phil. Trans. Roy. Soc. London, Ser. A **208**, 85 (1908). — (85) Phil. Trans. Roy. Soc. London, Ser. A **209**, 89 (1909). — (86) Rudolfi, E., Z. physik. Chem. **66**, 722 (1909).

(87) Scheil, E., Arch. Eisenhüttenwes. 8, 565 (1934/35). — (88) Metallforschung 1, 1 (1946). — (89) Metallforschung 1, 123 (1946). — (90) Straumanis, M., u. N. Brakšs, Z. physik. Chem., Abt. B 30, 117 (1935). — (91) Z. Kristallogr., Strukturber. IV. S. 299 (1938).

(92) Tammann, G., Z. Metallkunde 25, 236 (1933). — (93) Tammann, G., u. A. A. Botschwar, Z. anorg. Chem. 157, 27 (1926). — (94) Z. anorg. Chem. 178, 325 (1929). — (95) Tittus, H., Diss. Würzburg. 1927.

(96) Vignon, L., Bull. soc. chim. France, Mém. (3) 6, 387 (1891). — (97) Vogel, R., Z. anorg. Chem. 76, 425 (1912).

XI. Optische Kristallographie.

1. Einleitung.

Die Anwendung des Polarisationsmikroskops zur Analyse fester Stoffe im Laboratorium oder in der Industrie hat in den letzten zwei Jahrzehnten wesentlich an Bedeutung zugenommen. Während in der Mineralogie, Petrographie und den ihnen verwandten Wissenschaften das Polarisationsmikroskop seit vielen Jahren die Grundlage der Bestimmungs- und Unterscheidungsmethoden von Kristallen bildet, hat es in die Mikrochemie trotz wiederholter Hinweise hervorragender Gelehrter lange Zeit keinen Eingang gefunden. Mit der gesteigerten Verwendung mikroskopischer Methoden in der Chemie (2, 10, 12, 19) in der letzten Zeit hat auch das Polarisationsmikroskop (7, 8, 20, 31, 33, 35, 39, 43, 46, 48, 52) den ihm gebührenden Platz erlangt.

Die Auffassungen über die Verwendbarkeit kristalloptischer und kristallographischer Eigenschaften in der Mikrochemie sind auch heute nicht einheitlich. Während einige Autoren die Auswertung dieser Merkmale ohne eingehende Fachkenntnisse in der Kristallkunde für unmöglich halten, wird von anderen Autoren die Bestimmung kristallographischer und kristalloptischer Konstanten als die der mikrochemischen Prüfung voranzustellende, sicherere Arbeitsweise empfohlen, ohne daß auf die entsprechende Ausbildung des Untersuchers besonderes Gewicht gelegt wird.

Die Beurteilung hängt in erster Linie von dem verfolgten Zweck ab. Zur vollständigen kristalloptischen Charakterisierung einer Substanz ist das eingehende Studium der Kristallkunde unerläßlich. Zum Zwecke der Identifizierung oder der Unterscheidung ist jedoch die Bestimmung eines beschränkten Teiles kristalloptischer Konstanten auch bei geringerer Fachkenntnis als gut ausführbar zu bezeichnen. Insbesondere wird die Nachprüfung optischer Konstanten an Hand bereits vorliegender genauer Angaben bei einiger Erfahrung auch dem Nichtkristallographen keine allzu großen Schwierigkeiten bereiten.

Es ist das Verdienst einiger Mineralogen, insbesondere von Groth und seiner Schule, daß sie sich neben ihrem ursprünglichen Arbeitsgebiet der *Mineralien* und anderer *anorganischer Stoffe* auch der kristallographisch-chemischen Erfassung *organischer Stoffe* gewidmet haben (18, 19). Alles bis dahin vorhandene Material ist in Groths fünfbändigem Werk der *Chemischen Kristallographie* niedergelegt (17). Seither sind zahlreiche kristallographische und röntgenographische Untersuchungen bei anorganischen und organischen Stoffen durchgeführt worden, deren Ergebnisse jeweils in den Strukturberichten (50) erscheinen. Auch in Amerika hat in den letzten Jahren die Bestimmung kristallographisch-optischer Konstanten zum Nachweis und zur Analyse stärkere Verbreitung gewonnen (9, 41).

Als wertvolle Indikatoren sind insbesondere die Brechungsindizes zur Mikroanalyse *organischer Stoffe* herangezogen worden. Um die bei optisch anisotropen Kristallen infolge zu geringer kristallographischer Kenntnisse sich einstellenden

Schwierigkeiten zu vermindern, versuchten mehrere Autoren jeweils eine ganz bestimmte Arbeitsweise anzugeben, so z. B. die Bestimmung des kleinsten und größten Brechungsindex zu empfehlen (S. 112).

Für einen Großteil der *organischen Stoffe* sind diese Bestimmungsmethoden zur Identifizierung und Unterscheidung als durch die Glaspulvermethode von L. KOFLER (30) überholt anzusehen. Bei diesem Verfahren wird statt der Brechungsindizes der festen Kristalle die Lichtbrechung geschmolzener organischer Substanzen mit Hilfe von Glaspulvern mit jeweils bekanntem Brechungsindex unter Temperaturänderung ermittelt (s. S. 113). Die Schwierigkeit der Bestimmung von zwei (bei optisch einachsigen) oder drei (bei optisch zweiachsigen Kristallen) Hauptbrechungisndizes, deren Schwingungsrichtungen an bestimmte Richtungen im Kristall gebunden sind, wird dadurch vollständig umgangen, ohne daß auf die charakteristische Konstante des Brechungsindex verzichtet werden muß (s. Identifizierungstabelle, S. 128).

Für jene organischen Stoffe, die unter *starker Zersetzung* schmelzen, ferner für viele *anorganische Salze* und ihre *Hydrate* sowie für besondere Fälle des Versagens der Glaspulvermethode bleiben jedoch die Bestimmungen der Brechungsindizes sowie die Ermittlung anderer kristalloptischer Eigenschaften der festen kristallisierten Phase außerordentlich wertvolle Indikatoren.

Im folgenden soll nach Vermittlung einiger allgemeiner Kenntnisse in der Kristallkunde die Durchführung einer bestimmten Auswahl kristallographisch-optischer Untersuchungen an geeigneten Kristallen beschrieben werden, die dem Mikrochemiker die Analyse erleichtern können oder in bestimmten Fällen überhaupt erst ermöglichen.

2. Allgemeine Morphologie der Kristalle.

In der älteren und neueren Literatur wird häufig von der „charakteristischen" Beschaffenheit der Kristallbildungen einer bestimmten Substanz gesprochen und dieser „charakteristischen" Gestalt der Wert eines wichtigen Kriteriums beim Identitätsnachweis zugeschrieben. In den meisten Fällen halten diese charakteristischen Mikrophotographien — seien es solche von Einzelkristallen oder von Kristallaggregaten — einer kritischen Betrachtung und Nachprüfung nicht stand. Es zeigt sich nämlich immer wieder, daß die durch die spezifischen Eigenschaften einer Substanz gegebenen „inneren" Faktoren infolge der Wirkung der aus den äußeren Bedingungen entstehenden „äußeren" Faktoren in unberechenbarer Weise modifiziert werden; daher lassen sich bestimmte Kristallformen nicht in eindeutiger Weise reproduzieren.

Schon BEHRENS (2) wies auf die Unzulänglichkeit der äußeren Form der Kristalle als Diagnostikum hin, L. und A. KOFLER und MAYRHOFER (35) sowie FISCHER (15) bestätigen durch vergleichende Untersuchungen an Opiumalkaloiden und Barbitursäurederivaten dieses Urteil. Trotz der wiederholten Hinweise werden auch in neuester Zeit sogenannte „charakteristische" Kristallbildungen beschrieben. So sollen nach TURFITT (51) die bei Reaktionsprodukten klinisch wichtiger Barbitursäurederivate erhaltenen Kristallformationen als „charakteristisch" zur Identifizierung verwendet werden können. Bei der Nachprüfung durch BRANDSTÄTTER (5) erwiesen sich jedoch die Abbildungen als nicht eindeutig, um so weniger, als die bei den Barbitursäurederivaten so häufig auftretenden Polymorphieerscheinungen (3, 14, 25, 27, 38, 45) von TURFITT nicht berücksichtigt wurden. Ebenso erwiesen sich die von LANG und STEPHAN (36) zur Unterscheidung von Schlafmitteln veröffentlichten Mikrophotographien als unzulänglich.

Es soll jedoch nicht bezweifelt werden, daß in Ausnahmefällen bei einer besonderen Herstellungsart wirklich „charakteristische" Kristalle, die als eindeutige Indikatoren bei der Differentialdiagnose verwendet werden können, auftreten. So gestatten die bei bestimmter Arbeitsweise erhaltenen Kristalle der Hydrate des g-Strophantins in Abb. 107 und 108 eine Diagnose auf den ersten Blick (29, 34) (s. S. 113).

Etwas besser steht es mit den Kristallisationsergebnissen beim Erstarren aus Schmelzen, wenn auch hier vor Überschätzung der Kristallisate, insbesondere

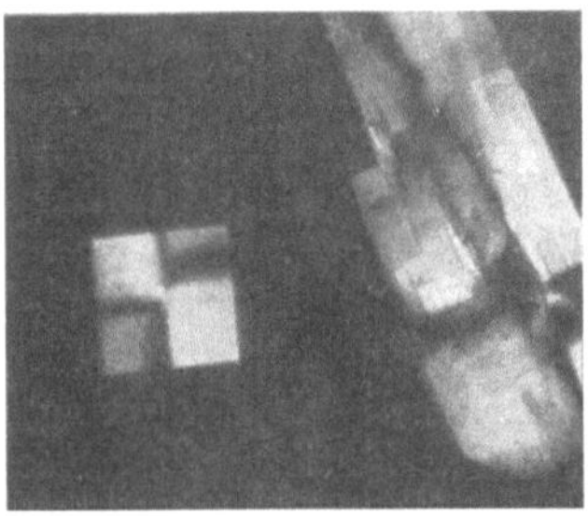

Abb. 107. *g*-Strophanthin (Quabain)-Dekahydrat aus H₂O.

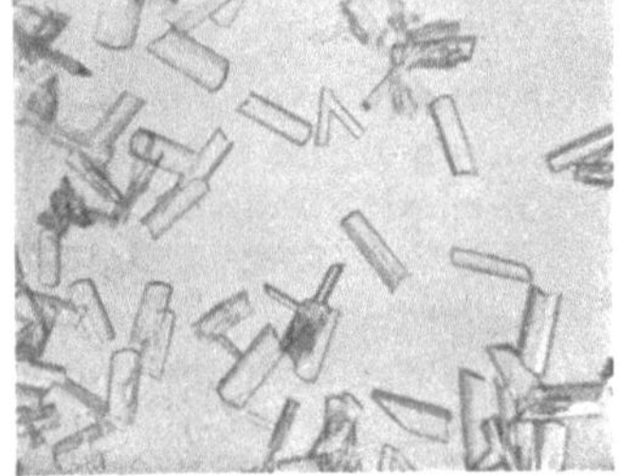

Abb. 108. *g*-Strophanthin (Quabain)-Dihydrat aus Kochsalzlösung.

in der Schwarzweißphotographie, als „charakteristisch" gewarnt werden muß, denn die Kristallformationen können durch verschiedene Verunreinigungen auch in verschiedener Weise modifiziert werden. Ohne Zweifel geben viele Kristallformationen wertvolle Hinweise, ohne aber im allgemeinen als entscheidende Indikatoren angesehen werden zu können. Ausnahmen bilden unter Umständen engbegrenzte Stoffgruppen, deren Glieder bei der mikroskopischen Betrachtung verhältnismäßig große morphologische Differenzen aufweisen — auch die auftretenden Interferenzfarben spielen eine Rolle —, so daß die Gesamtheit dieser Merkmale zur Differentialdiagnose verwertet werden kann.

3. Aufbau der Kristalle.

Kristallsysteme.

In einem Kristall sind die ihn zusammensetzenden Bausteine (Atome, Ionen oder Moleküle) regelmäßig angeordnet. Eine von einer Anzahl von Punkten in gleichen Abständen a besetzte Gerade heißt *Punktreihe* (Abb. 109). Legt man solche Punkt-

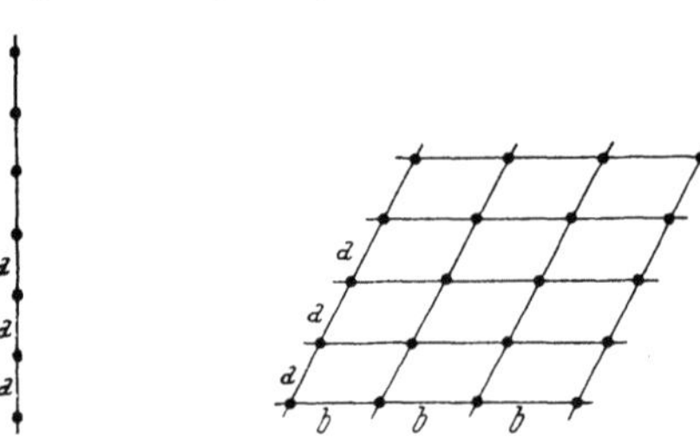

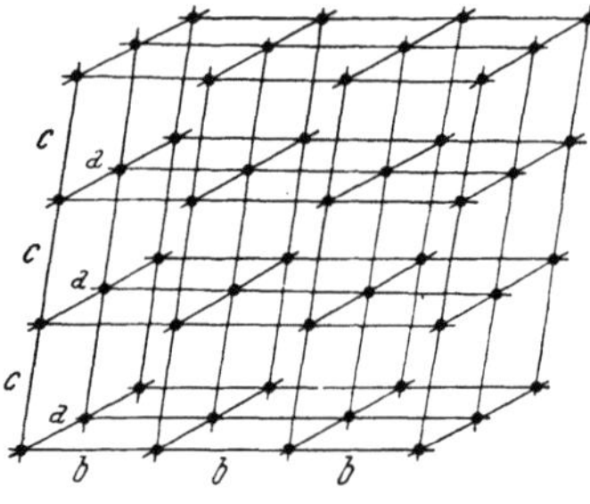

Abb. 109. Punktreihe.   Abb. 110. Netzebene.   Abb. 111. Raumgitter.

reihen wieder in regelmäßigen Abständen b aneinander, so entsteht eine *Netzebene* (Abb. 110). Durch regelmäßige Anordnung der Netzebenen übereinander, z. B. im Abstande c, entsteht ein *Raumgitter* (Abb. 111). Zur Beschreibung eines Raumgitters wählt man seine kleinste Einheit, d. i. die Grundzelle, die auch Elementarzelle oder Elementarkörper genannt wird. Die Kanten des Elementarkörpers (Abb. 112) werden mit a, b und c, die dazwischen liegenden Winkel mit α, β, γ bezeichnet. Diesen drei Richtungen a, b, c parallel werden die drei Kristallachsen gelegt, die durch den Mittelpunkt der Kristalle gehend gedacht werden. Sie werden als a-, b- und c-Achse bezeichnet.

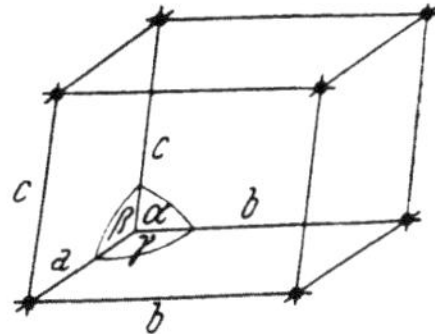
Abb. 112. Elementarzelle.

Je nach gegenseitiger Anordnung, Abstand und Winkel lassen sich sieben Arten von Raumgittern, den sieben Kristallsystemen entsprechend, unterscheiden, die in Abbildung 113A bis G dargestellt sind.

A) Die Abstände der Bausteine innerhalb der drei Punktreihen sind gleich, $a = b = c$; die Punktreihen stehen senkrecht aufeinander. $\alpha = \beta = \gamma = 90°$. Die Elementarzelle ist ein Würfel. *Kubisches System.*

B) Zwei Punktreihen haben den gleichen Abstand ihrer Bausteine $a = b$, c. Die Abstände in der dritten Reihe (der c-Achse entsprechend) sind in der Abb. 113 B größer, können aber auch kleiner als a sein. Alle drei Punktreihen, d. h. die Kristallachsen, stehen senkrecht aufeinander. $\alpha = \beta = \gamma = 90°$. Die

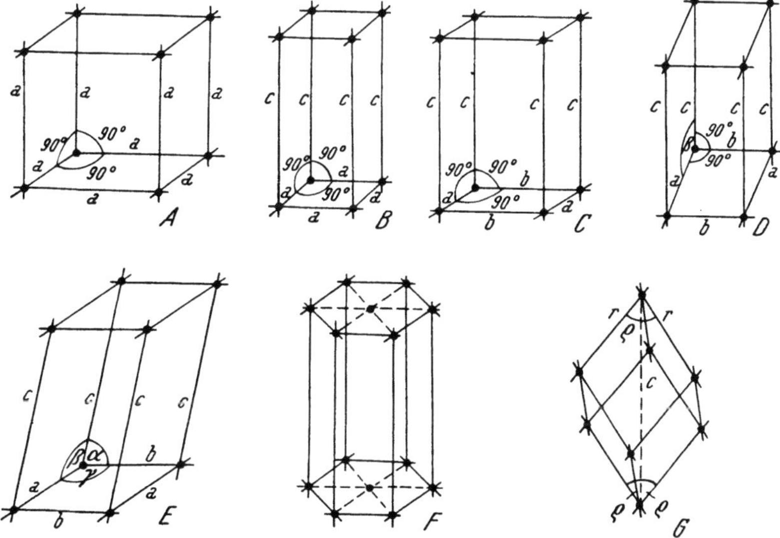
Abb. 113. Die sieben Kristallsysteme $A-G$.

Elementarzelle ist ein rechtwinkeliges Parallelepiped mit quadratischem Querschnitt. *Tetragonales System.*

C) Die Abstände sind verschieden; a, b, c; die Winkel $\alpha = \beta = \gamma = 90°$. Die Grundzelle ist ein rechtwinkeliges Parallelepiped. *Rhombisches System.*

D) Die Abstände sind verschieden; a, b, c; zwei Punktreihen stehen senkrecht aufeinander, die dritte ist geneigt. $\alpha = 90°$, β, $\gamma = 90°$. Der Elementarkörper wird vorne und rückwärts sowie oben und unten von je zwei gleich großen Rechtecken begrenzt, an beiden Seiten links und rechts aber von je einem Rhomboid. *Monoklines System.*

E) Alle drei Abstände sind verschieden, alle Winkel von 90° verschieden; a, b, c; α, β, γ. Die Elementarzelle ist ein schiefwinkeliges Parallelepiped. *Triklines System.*

14 a

F) Im *hexagonalen System* schließen die beiden gleichartigen Horizontalachsen einen Winkel von 120° ein, die ungleichwertige Vertikalachse steht dazu senkrecht $a = b, c$; $\alpha = \beta = 90°$; $\gamma = 120°$.

G) Im *rhomboedrischen System* schneiden sich drei Kristallachsen in einem von 90° abweichenden Winkel. Ein *Rhomboeder* ist als ein nach der Richtung der Raumdiagonale verzerrter, entweder gedehnter oder zusammengedrückter Würfel vorzustellen. Die quadratischen Würfelflächen werden dabei zu Rauten deformiert. $a = b = c$; $\alpha = \beta = \gamma$. — Die Raumdiagonale wird zur c-Achse, wenn man das Rhomboeder auf das hexagonale Achsenkreuz bezieht.

Die äußere Begrenzung eines Kristalls ist durch verschiedene Arten von Flächen möglich. Die in Abb. 113 dargestellten Elementarzellen werden von je sechs Flächen begrenzt (ausgenommen ist das hexagonale System). In den Raumgittern der Abb. 113 C, D und E sind immer je zwei einander gegenüberliegende Kristallflächen gleichwertig, d. h. es sind drei Paare vorhanden, die jeweils zwei kristallographischen Achsen parallel laufen. Solche Flächenpaare werden *Pinakoide* genannt. Man spricht auch von dem vorderen (vorne und hinten), dem seitlichen (links und rechts) und dem Basispinakoid (oben und unten).

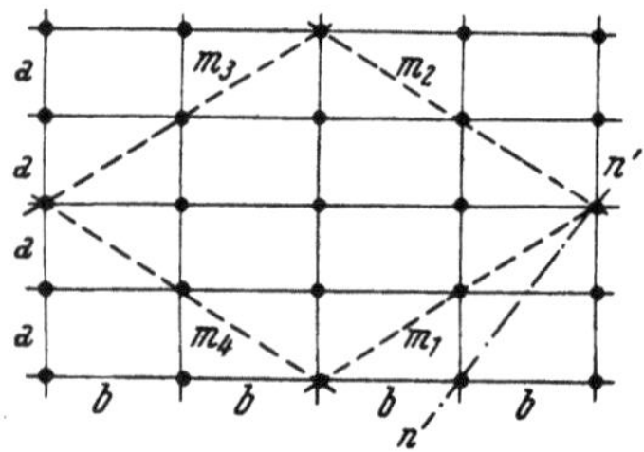

Abb. 114. Netzebene entsprechend dem Basispinakoid im rhombischen Kristallsystem.

Beim tetragonalen System sind zwei Paare von Pinakoiden, also vier Flächen, gleichwertig, und zwar die der c-Achse parallelen; das Basispinakoid ist quadratisch. Beim kubischen und beim rhomboedrischen System sind alle sechs Flächen gleichwertig. Im ersten Falle sind es Quadrate, im zweiten Falle Rauten. Im hexagonalen System, Abb. 113 F, wird der von sechs gleichwertigen Flächen gebildete, der c-Achse parallel laufende Raum durch das Paar des sechseckigen Basispinakoids abgeschlossen.

Die Typen der anderen möglichen Flächen sollen am Raumgitter des rhombischen Systems erläutert werden. In der Abb. 114 ist eine dem Basispinakoid entsprechende Netzebene bei rhombischer Symmetrie gezeichnet; die Punktreihen stehen senkrecht aufeinander, die Abstände der Punkte innerhalb je einer Punktreihe a und b sind verschieden. Die von vorne nach hinten laufenden Punktreihen entsprechen der Richtung der kristallographischen a-Achse, die von rechts nach links laufenden der Richtung der b-Achse. Die Punktreihe b—b—b ist die Trace der Netzebene des vorderen Pinakoids, die Punktreihe a—a—a die Trace des seitlichen Pinakoids; sie stellen neben der in der Zeichenebene liegenden die am dichtesten mit Gitterpunkten besetzten Netzebenen dar. Die c-Achse steht senkrecht auf der Zeichenebene.

Als Kristallflächen können aber auch andere Gitterebenen auftreten, wie z. B. solche, deren Tracen durch die diagonalen, gestrichelten Linien senkrecht zur Zeichenebene gegeben sind. Diese Flächen schneiden die a- und die b-Achse, gehen aber der c-Achse parallel. Es ergeben sich *vier gleichwertige Flächen*, m_1, m_2, m_3, m_4; solche Flächen heißen *Prismenflächen*. Andere der c-Achse parallele Prismenflächen können durch die Verbindung anderer Raumgitterpunkte, wie z. B. durch die strichpunktierte Linie n—n' angedeutet ist, entstehen, oder aber sie können je zwei andere Achsen schneiden. Allgemein gesprochen sind Prismenflächen solche, *die die Kanten des Grundkörpers abstumpfen.* Pyramidenflächen nennt man solche, die alle drei Achsen schneiden, sie stumpfen daher die Ecken des Grundkörpers ab. In Abb. 115 sind zwei Pyramidenflächen mit verschiedenem Neigungswinkel gezeichnet. Bei regelmäßiger Entwicklung der Pyramidenflächen entsteht z. B. beim rhombischen System ein 8flächiger Körper, und zwar eine 4seitige Doppelpyramide. In Abb. 116 ist die Doppelpyramide kombiniert mit den Prismenflächen m und dem seitlichen Pinakoid b dargestellt.

Aus der Netzebene der Abb. 114 und 115 läßt sich das sogenannte „Rationalitätsgesetz" der Kristallographie ablesen. Die Trace der Prismenflächen m in Abb. 114 bildet die Diagonale eines Rechteckes, dessen Kanten die kleinstmöglichen Abschnitte a und b bilden. Die abgeleitete Prismenfläche n—n' bildet hingegen die Diagonale in einem Rechteck, dessen eine Kante b, die andere $2\,a$ beträgt. Das Verhältnis des Achsenabschnittes a der Fläche m—m' zu dem von $2\,a$ der Fläche n—n' ist daher ein *einfaches rationales*, nämlich 1 : 2. Andere abgeleitete Flächen können andere Werte besitzen, aber wegen der regelmäßigen Anordnung der Bausteine im Raumgitter kann das Verhältnis der Abstände immer nur durch rationale Zahlen ausgedrückt sein. Ähnlich bilden die Achsenabschnitte der in Abb. 115 gezeichneten, abgeleiteten Pyramidenfläche mit gestrichelter Begrenzung gegenüber der sogenannten *Einheitsfläche*, die alle drei Achsen in der kleinstmöglichen Entfernung schneidet, rationale, und zwar einfache Zahlen, d. h. die Einheitsfläche hat die Abstände a, b, c, die abgeleitete gestrichelte Fläche die Abstände $3\,a$, b, $2\,c$.

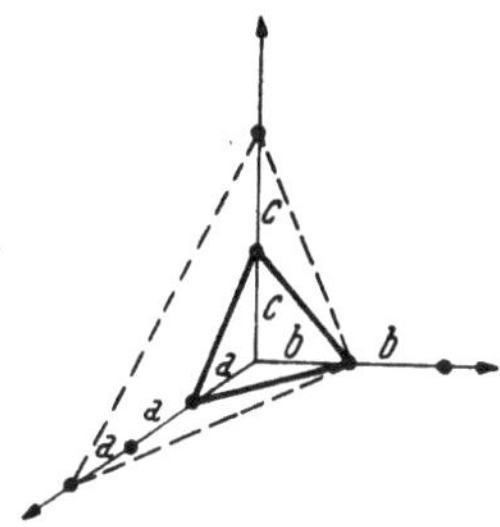

Abb. 115. Achsenkreuz mit zwei Pyramidenflächen.

Den sieben Kristallsystemen lassen sich, wie schon CHR. FR. HESSEL im Jahre 1830 bewiesen hat (siehe Lit. [39, 43]), 32 Symmetrieklassen einordnen. Die Unterteilung eines Kristallsystems in verschiedene Klassen hängt mit den jeweils vorhandenen Symmetrieelementen zusammen.

Zu den *Symmetrieelementen* gehören Symmetrieachsen, Symmetrieebenen und das Symmetriezentrum.

Eine *Symmetrieachse* ist dann vorhanden, wenn man einen Kristall durch Drehung um die betreffende Richtung mit sich selbst zur Deckung bringen kann. Ist eine Drehung um 180° notwendig, also zweimaliges Drehen bis zur Ausgangsstellung, so spricht man von einer zweizähligen Achse (Digyre); tritt die Deckung nach 120° ein, so heißt die Achse dreizählig (Trigyre), bei 90° Drehung vierzählig (Tetragyre), bei 60° Drehung sechszählig (Hexagyre). Denkt man sich zum Beispiel die rhombische Grundzelle der Abb. 113 C um die die Mittelpunkte der oberen und unteren Fläche verbindende Gerade (entsprechend der Achse c) gedreht, so kommt sie während einer ganzen Umdrehung zweimal zur Deckung, die Hauptachse c ist daher eine Digyre. Ebenso ist auch die Richtung der a-Achse und die Richtung der b-Achse eine Digyre. In Abb. 113 B ist hingegen die Richtung der c-Achse eine Tetragyre, in Abb. 113 G eine Trigyre. Der Kubus der Abb. 113 A besitzt drei Tetragyren, vier Trigyren (Körperdiagonalen) und sechs Digyren (durch den Mittelpunkt gehende Kantenhalbierende).

Symmetrieebenen teilen einen Kristall in spiegelbildliche Hälften. Die rhombische Grundzelle 113 C hat zwei vertikale und eine horizontale Symmetrieebene; sie verlaufen den drei Paaren von Pinakoiden parallel. In Abb. 113 B gibt es außer der horizontalen Symmetrieebene zwei Paare von vertikalen Symmetrieebenen: Zwei Symmetrieebenen, die die Kanten a und b halbieren, und zwei durch die Diagonalen des oberen bzw. unteren Quadrates gehende. Der Kubus in Abb. 113 A hat drei Haupt- und sechs Nebensymmetrieebenen. In der monoklinen Grundzelle (Abb. 113 D) ist die c-Achse und a-Achse keine Symmetrieachse mehr, nur die b-Achse bleibt als Digyre erhalten. Außerdem ist hier nur eine einzige Symmetrieebene vorhanden, die vertikal von vorne nach rückwärts verläuft. Die Grundzelle in Abb. 113 *E* hat keine Symmetrieachse und auch keine Symmetrieebene, sie besitzt hingegen als einziges Symmetrieelement ein *Symmetriezentrum*. Das Vorhandensein eines Symmetriezentrums erfordert zu jeder Fläche das Auftreten einer parallelen Gegenfläche. Denkt man sich in Abb. 113 *E* die linke vordere untere Ecke durch eine neue Fläche abgestumpft, so muß auch die rechte hintere obere Ecke eine solche Fläche aufweisen. Bei den anderen Systemen stellt sich ein Symmetriezentrum auf Grund der anderen vorhandenen Symmetrieelemente von selbst ein.

Jeder Grundkörper in Abb. 113 hat eine bestimmte Höchstzahl der Symmetrieelemente. Ist diese Höchstzahl vorhanden, so hat man jeweils die „holoedrische Symmetrieklasse" vor sich. Bleibt ein oder das andere Symmetrieelement weg, so kommen mindersymmetrische Klassen zustande. Im triklinen System

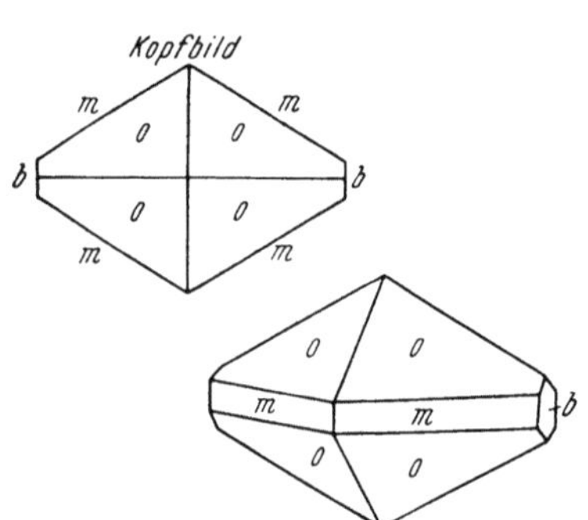

Abb. 116. Rhombische Doppelpyramide *o* mit seitlichem Pinakoid *b* und Prismenflächen *m*.

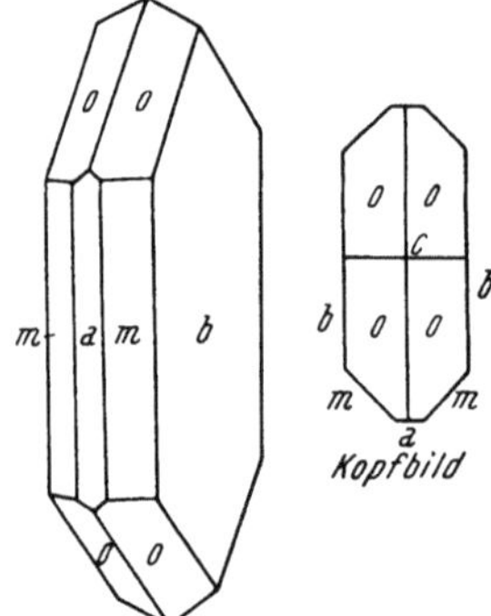

Abb. 117. *s*-Trinitrobenzol (rhombisch bipyramidal).

(Abb. 113 *E*) gibt es nur zwei Möglichkeiten: das Symmetriezentrum kann vorhanden sein oder es kann fehlen. Im ersten Fall liegt die sogenannte „pinakoidale Klasse" vor, im zweiten Fall die „pediale Klasse". Da in anderen Systemen mehrere Symmetrieelemente vorhanden sind, gibt es auch mehrere Möglichkeiten des Wegfallens eines oder des anderen Symmetrieelementes und daher mehrere Symmetrieklassen. Es soll nur eine der Möglichkeiten beim rhombischen System besprochen werden. Der in Abb. 116 dargestellte rhombische Kristall besitzt alle Symmetrieelemente dieses Systems, d. s. drei zweizählige Achsen und drei aufeinander senkrecht stehende Symmetrieebenen, sowie ein Symmetriezentrum; er entspricht also der holoedrischen Klasse, die als *rhombischbipyramidal* bezeichnet wird. Hierher gehört z. B. auch *s*-Trinitrobenzol (Abb. 117). Wenn die horizontale Symmetrieebene wegfällt, dann wird die *c*-Achse polar; die Flächenkombination an der Ober- und Unterseite des Kristalls ist dann nicht mehr gleich. Diese Kristallklasse heißt *rhombisch pyramidal* oder *rhombisch hemimorph*. Hierher gehören z. B. Resorcin und Pikrinsäure. Letztere ist in Abb. 118 dargestellt. An der Oberseite der Abb. 118 sieht man das Basispinakoid *c* und ein Prisma *u*, an der Unterseite ist eine Pyramide ausgebildet; durch diese Flächenkombination erhält das seitliche Pinakoid die Form eines monosymmetrischen Fünfeckes. Bei der Sublimation oder bei der Kristallisation aus Lösungen kann man bei Pikrinsäure solche Fünfecke des Pinakoids *b* häufig beobachten (diese und die weiteren Abbildungen von Kristallen sind dem Werk von Groth [17] entnommen).

Auch in anderen Kristallklassen entsteht durch das Polarwerden der Hauptachse *Hemimorphie*, die eine ungleichartige Flächenkombination an der Oberseite und Unterseite des Kristalls zur Folge hat. In Abb. 119 ist ein Kristall des hexagonal hemimorphen Bleiantimonyltartrats dargestellt, der an der Oberseite eine flachere, an der Unterseite eine steile Pyramide trägt. Durch Änderung oder Wegfall weiterer Symmetrieelemente (Symmetrieebenen oder Nebensymmetrieachsen) ergeben sich die anderen der 32 Kristallklassen, auf die jedoch hier nicht näher eingegangen werden kann. Sie sind zum Teil auf die Asymmetrie der Bausteine, zum Teil auf die Art der Anordnung der Bausteine zurückzuführen.

Die Schwierigkeiten bei der Bestimmung des Kristallsystems liegen teils in dem sehr verschiedenen spezifischen Habitus der Kristalle, teils in dem Auftreten untergeordneter Flächen und teils in den Verzerrungen, die sich während des Wachsens eines Kristalls besonders dann einstellen, wenn er fest auf der

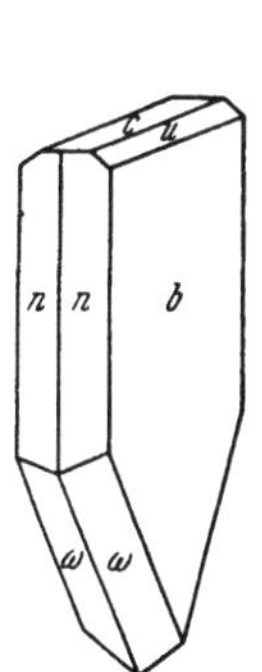
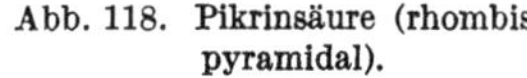

Abb. 118. Pikrinsäure (rhombisch pyramidal).

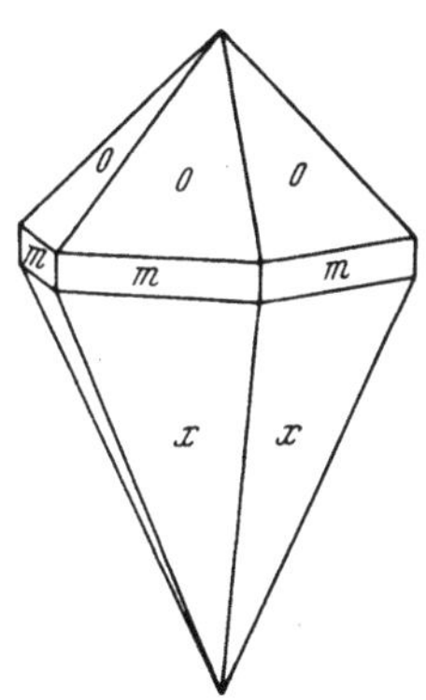

Abb. 119. Bleiantimonyltartrat, hexagonal hemimorph.

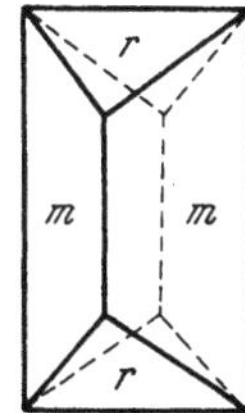

Abb. 120. Sarkosin, Kombination zweier Prismen (je vier Flächen).

Unterlage haftet (s. S. 221). Verhältnismäßig häufig ist das Auftreten von Prismenflächen. Durch Kombination zweier aus je vier Flächen bestehender Prismen kommt die in Abb. 120 gezeichnete, bei organischen Kristallen öfters auftretende, in der Projektion als „Briefkuvert" bezeichnete Form des Sarkosins zustande.

Die schon durch NIKOLAUS STENO seit 1669 bekannte Konstanz der Winkel zwischen den Kristallflächen einer bestimmten Substanz hat schon frühzeitig Kristallographen veranlaßt, die kristallographischen Konstanten zu einer Klassifizierung heranzuziehen. Von FEDOROW (13) wurde auf dieser Grundlage im Jahre 1912 (veröffentlicht 1920) ein großes Tabellenwerk „Das Kristallreich" ausgearbeitet. Eine Vereinfachung der FEDOROWschen Methode wurde von BARKER (1) entwickelt, dessen Klassifizierung sich auf Winkelmessungen mit Hilfe eines Zweikreis-Goniometers stützt. Die Methode von BARKER wurde nach seinem Tode weitergeführt und in der neueren Zeit eine Tabelle für 3000 Substanzen ausgearbeitet (44). Diese Tabellen sind für anorganische Kristalle, bei denen andere Konstanten schwer oder, z. B. wegen der Farbe oder Undurchsichtigkeit, überhaupt nicht bestimmt werden können, von großem Wert. Bei organischen Stoffen stehen meist einfacher zu bestimmende Indikatoren zur Verfügung.

4. Herstellung der Präparate.

Bei der mikroskopischen Untersuchung handelt es sich bei den im Rahmen der Mikrochemie zu behandelnden kristallisierten Stoffen um *Kleinkristalle*, die entweder aus Lösungen — sei es durch Umkristallisation, sei es durch Fällung — oder durch Sublimation erhalten werden.

Bei der von BEHRENS begründeten Methode der *Kristallfällungen* auf dem Objektträger wird ein Tropfen der zu untersuchenden gelösten Substanz mit einem Körnchen des festen Reagens oder einem Tropfen Reagenslösung versetzt und die entstehende Kristallfällung beobachtet. Aus *Lösungen* werden die Kristalle im allgemeinen so hergestellt, daß man einen Tropfen einer konzentrierten Lösung in die Mitte eines Objektträgers bringt und das Präparat ohne oder mit Deckglas, je nach dem Verhalten, der Verdunstung überläßt. Bei langsam verdunstenden Flüssigkeiten, z. B. bei Wasser, ist es oft von Vorteil, wenn man mit dem Auflegen des Deckglases wartet, bis sich am Rand oder auf der Kuppe des Tropfens Kristallisation zeigt. In vielen Fällen ist leichtes Erwärmen günstig. Bei der Herstellung von *Salzhydraten*, insbesondere solchen mit hohem Wassergehalt, die schon bei Raumtemperatur Wasser abgeben, ist folgende Arbeitsweise vorteilhaft: Nach Auftropfen der Lösung unterstützt man während des Verdunstens die Keimbildung durch Rühren mit einem Glasstäbchen und verfolgt das Wachsen der Kristalle unter dem Mikroskop. Ist die gewünschte Größe erreicht, so saugt man die überschüssige Lösung ab und preßt rasch ein Blättchen gehärtetes Filtrierpapier auf das Kristallisat. Nach mehrmaligem Wechseln des Filtrierpapiers ist in der Regel das Präparat getrocknet, man bringt dann sofort einen Tropfen Paraffinöl und ein Deckglas auf das Präparat. Auf diese Weise kann man nicht nur die Größe der Kristalle mehr oder weniger nach Wunsch beeinflussen, sondern insbesondere die durch das letzte Verdunsten des Wassers häufig auftretenden Störungen in Form von Auflagerungen, durch die die Sauberkeit der Begrenzungskanten leidet, verhindern (26).

Eine Arbeitsweise zur Darstellung möglichst gut ausgebildeter Kristalle besteht darin, zuerst eine übersättigte Lösung mit Hilfe einer die Substanz sehr leicht lösenden Flüssigkeit herzustellen und auf diese ein anderes Lösungsmittel mit geringer Lösungskraft einwirken zu lassen. Am günstigsten ist es, wenn die ursprüngliche Lösung sich so eindampfen läßt, daß nur amorphe Massen zurückbleiben. Diese Arbeitsweise hat sich bei der Untersuchung der Mutterkornalkaloide (23) sehr bewährt und wird auch bei g-Strophanthin angewendet. g-Strophanthin ist in Methylalkohol leicht löslich und gibt beim tropfenweisen Auftragen auf ein Deckglas nur eine amorphe Masse. Wenn man auf den Rückstand Wasser einwirken läßt, so erhält man in einigen Minuten die charakteristischen Hydratkristalle der Abb. 107 (s. S. 212). Das wasserärmere Hydrat der Abb. 108 entsteht bei Einwirken einer Kochsalzlösung auf den methylalkoholischen Rückstand (29, 34).

Manche organische Lösungsmittel, z. B. Methylalkohol, Äther oder Alkohol, haben die Eigenschaft, auf dem Objektträger weiterzukriechen. Dieser stark störenden Eigenschaft kann man einigermaßen abhelfen, indem man die Umgebung des Tropfens erwärmt, da sich die kriechende Lösung an die kältere Stelle zurückzieht. Die Präparate werden am besten auf eine erwärmte Messing- oder Aluminiumplatte mit Bohrungen von 10 oder 15 mm gelegt und die Lösung zentral über der Bohrung aufgetropft (BEHRENS-KLEY [2]). In vielen Fällen kann man das Kriechen der Lösung dadurch hemmen oder ganz verhindern, daß man Objektträger und Deckglas mit einer Wachs-Benzollösung abreibt.

Hat man Stoffe vor sich, die in der heißen Flüssigkeit leichter löslich sind als in der kalten, so erhält man beim Abkühlen heißgesättigter Lösungen einen Niederschlag, der aus zahlreichen kleinen, meist sehr ebenmäßig ausgebildeten Kristallen besteht. Für das Auftropfen auf den Objektträger eignet sich ein Tropfen einer derartigen, bereits winzige Kristalle enthaltenden Lösung besonders gut. In diesem Falle wird das Kristallisat entweder sofort durch Filtrierpapier von der Lösung befreit (z. B. bei Oxalsäure) oder, wenn nur eine kurze Untersuchung beabsichtigt ist, der Tropfen sofort mit einem Deckglas bedeckt. Im allgemeinen ist es vorteilhafter, die Kristalle zu untersuchen, solange sie noch von der Mutterlauge umgeben sind. Einerseits ist die aufhellende Wirkung der umgebenden Lösung von Vorteil, anderseits ist das Auftreten von Störungen, die zu Unregelmäßigkeiten der Kristallkanten führen, bei allen Maßnahmen zur Trocknung immer gegeben.

Sind auf die eine oder andere Art schöne Kristalle entstanden, so kann man durch Einschließen des Präparats ein weiteres Verdunsten des Lösungsmittels verhindern und die Kristalle wenigstens eine Zeitlang in einem stationären Zustand erhalten. Bei Lösungen in Wasser wird an den Rand des Präparats einfach ein Tropfen Paraffinöl gebracht, der einen allseitigen Abschluß bewirkt.

Hat man nur wenig Substanz zur Verfügung, so daß man das Lösen in einem Gefäß vermeiden will, so bringt man das Kristallpulver zuerst auf einen Objektträger, bedeckt mit einem Deckglas und läßt dann erst das Lösungsmittel einfließen. Durch vorsichtiges Erwärmen, am besten unter ständiger Kontrolle auf dem Heiztisch, läßt man den Hauptteil sich lösen und bringt dann das Präparat rasch auf eine kalte Unterlage. Meist wachsen dabei die Reste zu schönen Kristallen heran, die ebenfalls am günstigsten noch in der Mutterlösung untersucht werden. Eingehende Beschreibungen der Präparation für mikroskopische Zwecke findet man auch in der Literatur (8, 10, 12, 31, 33, 48, 52).

5. Untersuchung im Polarisationsmikroskop.
a) Einrichtung.

Von einer eingehenden Beschreibung des Polarisationsmikroskops soll hier abgesehen werden, da hierüber in den verschiedenen Hand- und Lehrbüchern der Mikroskopie ausreichende Erklärungen zu finden sind.

Ein gewöhnliches Mikroskop kann zu einem Polarisationsmikroskop *nur* dann umgebaut werden, wenn der Objekttisch *drehbar* ist. Die Polarisationseinrichtung läßt sich leicht anbringen; sehr gut geeignet sind Polarisationsfilter (Polaroide). Das als Polarisator dienende Polaroid wird auf den unter der Irisblende befindlichen Filterhalter gelegt, der Analysator wird auf das Okular aufgesetzt. Die Kompensatoren müssen zwischen Okular und Analysator eingeschoben werden. Die Arbeitsweise am Polarisationsmikroskop kann an Hand einer Anleitung erlernt werden, bequemer ist es jedoch, wenn man sich von einem mit dem Gebrauch des Polarisationsmikroskops Vertrauten unterweisen läßt. Genauere Anleitungen findet man in den Spezialwerken (7, 20, 43, 46).

Bevor mit der Untersuchung begonnen wird, muß das Mikroskop ausgerichtet, d. h. *zentriert* werden, was mittels zweier zueinander senkrecht angebrachter Schrauben am Objektiv bewerkstelligt wird. Ferner ist es von Wichtigkeit zu wissen, ob die Schwingungsrichtung des *Polarisators* von vorne nach hinten („längs") oder von rechts nach links („quer") verläuft. Die Prüfung wird am Analysator ausgeführt, indem man den Nicol dicht vor das Auge hält und unter Drehen des Nicols das von einer Glasplatte reflektierte Licht betrachtet. Bei Hellwerden verläuft die Schwingungsrichtung des Polarisators parallel zur spiegelnden Glasplatte, d. i. horizontal, bei Dunkelstellung senkrecht dazu. Emich (12) läßt die Lage der Schwingungsrichtung durch Einbetten von Anthrachinonkristallen in Nitrobenzol prüfen. Die Nadeln von Anthrachinon erscheinen blaß, wenn ihre Längsrichtung mit der Schwingungsrichtung des Polarisators zusammenfällt, bei Drehung um 90° treten die Nadeln kräftig hervor. Dann wird die Stellung beider Nicols in Bezug auf das Fadenkreuz geprüft. Die Fäden des Fadenkreuzes müssen genau aufeinander senkrecht stehen und die Schwingungsrichtungen der Nicols den beiden Fäden parallel gehen. Für die Übereinstimmung der Schwingungsrichtung der Nicols mit den Okularfäden werden in Ermangelung feinerer Indikatoren Kristalle mit gerader Auslöschung herangezogen, z. B. Coffeinkristalle, Harnstoff usw.

b) Untersuchungen im gewöhnlichen Licht.

Die folgenden Beobachtungen können in gewöhnlichem, d. h. nichtpolarisiertem Licht vorgenommen werden. Im allgemeinen wird man aber auch bei den folgenden Untersuchungen den Polarisator eingeschaltet lassen. Es kommen in Betracht: Form, Größe der Kantenwinkel, Farbe, Spaltbarkeit.

Die *Form* der Kristalle wird durch zwei Ausdrücke, *Habitus* und *Kristalltracht*, allgemein charakterisiert. Früher wurden die beiden Ausdrücke allgemein synonym gebraucht. In neuerer Zeit betonte Niggli (43), daß es sich vielleicht in Zukunft als zweckmäßig erweisen wird, wenn zwischen *Verzerrung, Habitus* und *Tracht* eine feinere Unterscheidung gemacht wird. Jedoch werden auch von dem genannten Autor die beiden Begriffe größtenteils synonym gebraucht. Für eine klare Beschreibung einer Kristallart ist es aber unbedingt vorteilhaft, den Begriffsinhalt der Ausdrücke Verzerrung, Habitus und Tracht zu differenzieren (B. Sander, Privatmitteilung). Unter Verzerrung versteht man die ungleiche Ausbildung *kristallographisch gleichwertiger Begrenzungselemente*. Der Habitus bedeutet die Ausbildungsart, die durch das Verhältnis der *Durchmesser in kristallographischen Richtungen* bedingt ist. Überwiegt das Wachstum in einer bestimmten kristallographischen Richtung, so erhält man *prismatischen* oder *stengeligen* Habitus. Bleibt hingegen das Wachstum in einer bestimmten kristallographischen Richtung gegenüber den dazu senkrechten Richtungen zurück, so erhält man *blättrige* Kristalle. Ist die Ausbildung in den drei kristallographischen Hauptrichtungen jedoch annähernd gleichmäßig, so resultieren *isometrische (körnige)* Kristalle. Die *Kristalltracht* hingegen bedeutet die Gesamtheit vorhandener *Flächenkombinationen*. Es können z. B. körnige Kristalle, wie sie im kubischen System auftreten, die Tracht von Würfeln, Oktaedern und anderen Polyedern haben. Kristalle von prismatischem Habitus können die Tracht von Quadern oder von pyramidal abgeschlossenen Säulchen haben usw.

Der Habitus und die Kristalltracht gehören zu spezifischen Eigenschaften einer Kristallart, sie werden aber durch äußere Faktoren bei der Genese weitgehend beeinflußt. Die allseitige Ausbildung der Kristalle wird am besten durch langsame Kristallisation in Kristallisierschalen erreicht. Diese Art von Kristallen erfordert aber zu ihrer kristallographischen Auflösung, wenn nicht leicht deutbare, einfache Flächenkombinationen auftreten, meist eingehende Kenntnisse der Kristallkunde, gegebenenfalls Messungen, und ist daher für den Mikrochemiker weniger geeignet.

Die aus Lösungen auf dem Objektträger hergestellten Kristalle haften entweder schon während des Wachsens auf ihrer Unterlage oder werden häufig durch die Trocknungsmaßnahmen in fixen Lagen auf den Objektträger aufgepreßt. Die Ausbildung bestimmter kristallographischer Flächen richtet sich einerseits nach der Arbeitsweise, anderseits nach den spezifischen Eigenschaften einer Substanz. Wenn die Substanz eine ausgesprochene Tendenz zur Entwicklung einer bestimmten Fläche besitzt, so ist die Wahrscheinlichkeit der Ausbildung von Kristallen, die auf diesen Flächen liegen, am größten. s-Trinitrobenzol (Abb. 117) und Pikrinsäurekristalle (Abb. 118) werden häufig auf dem seitlichen Pinakoid *b* liegend ausgebildet. Solche Fälle sind für die mikroskopische

Untersuchung deshalb am angenehmsten, weil die Kristalle auf einer kristallographischen Hauptfläche liegen. Im Falle des Sarkosins (Abb. 120) sind jedoch die Lagen der Prismen *m* und *r* wahrscheinlicher. Es ist selten der Fall, daß nur Kristalle einer einzigen kristallographischen Lage entwickelt werden, aber noch seltener kommt es vor, daß sehr viele verschiedene Lagen beobachtet werden. Am häufigsten ist der Fall, daß einige wenige Lagen ausgebildet werden, wobei *eine* Lage bevorzugt ist. Aus diesem Grunde lassen sich im allgemeinen die bei einem Stoff aus bestimmten Lösungen entstehenden Kristalle recht gut beschreiben. Es können die Kantenwinkel und Auslöschungen zum Teil durch die auftretenden Interferenzfarben als Hinweis für die Identifizierung verwendet werden, ohne eine Nachprüfung des Kristallsystems vornehmen zu müssen. Die Messungen können verwertbar sein, auch wenn die vorliegenden Flächen nicht kristallographischen Hauptflächen entsprechen, wie dies auch für die Brechungsindexbestimmung gilt (s. S. 230). Da die Mehrzahl aller organischen Verbindungen im rhombischen oder monoklinen System kristallisiert, kommt der Bestimmung des Kristallsystems an sich *keine* allzu große Bedeutung zur Identifizierung zu.

Der Vorteil des Festhaftens der Kristalle auf der Unterlage ist öfters von dem Nachteil begleitet, daß durch ungleichmäßiges Wachsen Verzerrungen eintreten. So wird z. B. eine Raute zum Rhomboid (Abb. 121), ein regelmäßiges Sechseck zu einem gestreckten Blättchen. Da einerseits nicht alle Kristalle der gleichen Lage verzerrt sind und anderseits die Kantenwinkel und Auslöschungs-

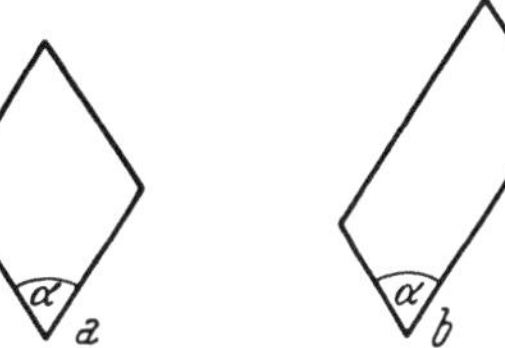

Abb. 121. Regelmäßiger und verzerrter Kristall.

stellungen zu bestimmten Kanten dieselben bleiben, besteht bei einiger Übung keine Gefahr, daß die zusammengehörigen Formen nicht erkannt werden. Bei ausgesprochen stengeligen Kristallen kann durch verschiedene Lage ein ganz verschiedener Habitus zustande kommen, wie z. B. beim Coffein, das beim Aufsitzen auf dem Basispinakoid, d. h. senkrecht zur Stengelrichtung, sechseckige Blättchen bildet, die man eine Zeitlang für eine andere Modifikation gehalten hat. Bei Kristallisation aus der Schmelze können Kantenwinkelmessungen seltener durchgeführt werden; am ehesten gelingen Messungen noch während des Auskristallisierens auf dem Heiztisch. Ebenso können Bestimmungen der Auslöschung oder anderer optischer Eigenschaften (s. S. 234) sowie Brechungsindexbestimmungen an Material, das aus der Schmelze erhalten wurde, durchgeführt werden.

Bei der Herstellung der Kristalle durch Sublimation entstehen häufig flächenreichere Kristalle als bei der Kristallisation aus Lösungen; auch sitzen sie eher auf verschiedenen Flächen auf und wachsen dann in verschiedener Gestalt in den darunter befindlichen Raum hinein.

Um sich ganz allgemein von der räumlichen Ausdehnung und den Flächenkombinationen eine Vorstellung zu bilden, kann man die Kristalle durch Drehen in beliebigen Richtungen von verschiedenen Seiten her beobachten. Für diesen Zweck hat sich als einfaches, sehr gut brauchbares Hilfsmittel das *Einbetten* der Kristalle in eine *viskose Flüssigkeit* erwiesen (22, 31). Die Kristalle werden von der Unterlage abgekratzt, dann mit einem Deckglas, auf dem sich ein hängender Tropfen der stark viskosen Flüssigkeit befindet, bedeckt und das Deckglas leicht aufgedrückt. Während des Beobachtens unter dem Mikroskop verschiebt man das Deckglas von der Seite her, wodurch die Kristalle in der Einbettungsmasse rollen und daher von allen Seiten nach Belieben betrachtet werden können. Meist haften an den Kristallen zahlreiche Luftblasen, die man aber durch mehrmaliges Hin- und Herschieben des Deckglases von den Kristallen loslösen kann. Da der Grad der Drehung nicht kontrolliert werden kann, ist diese Methode zu exakten kristalloptischen Messungen ungeeignet. Für die Information über die vorliegenden Flächenkombinationen, zur Prüfung des Verhaltens der Auslöschungsrichtung bei Drehen in bestimmten Richtungen, ferner zur Feststellung von Einachsigkeit oder Zweiachsigkeit, zum Erkennen der Lage der Achsenebene usw. leistet diese einfache Arbeitsweise sehr gute Dienste (22). Auch dem Kristallographen ermöglicht diese Art der Beobachtung von Kleinkristallen eine sehr gute allgemeine Orientierung, bevor die exakten Messungen, z. B. am FEDOROWschen Universaldrehtisch, durchgeführt werden.

Als viskose Flüssigkeit kann man *Stärkesirup* (Kartoffelsirup) verwenden, in dem sehr wenige Substanzen löslich sind und bei dem außerdem die Reinigung des verwendeten Glasmaterials mit Wasser leicht möglich ist. Eine Störung infolge Gleichheit der Lichtbrechung des Kartoffelsirups (zirka 1,55) mit der der Kristalle in der einen oder anderen Richtung tritt nur selten ein. Kanadabalsam und dicke Öle kann man bei solchen Stoffen verwenden, die in Kartoffelsirup löslich sind.

Nicht immer ist aber eine Formenverschiedenheit durch verschiedenes Aufliegen bedingt; man muß stets an die Möglichkeit der Bildung von Modifikationen, Hydraten oder Addukten mit anderen Lösungsmitteln denken. So wurden z. B. bei Mikrosublimaten von Veronal Winkelmessungen und Drehtischbestimmungen an Kristallen durchgeführt, die für identisch gehalten wurden (11), aber zwei verschiedenen Modifikationen angehörten (16). Durch eine vorausgehende Untersuchung auf dem Heiztisch (33) kann diese Fehlerquelle vermieden werden.

Bei der *Beschreibung der Kristalle* ist es für den *Chemiker* ratsam, Ausdrücke aus der ebenen Geometrie oder der Stereometrie zu verwenden und Bezeichnungen aus der Kristallographie zu vermeiden, da sonst manche irreführende Angaben in die Literatur gelangen können.

Die *Messung der ebenen Winkel* geschieht mittels des Fadenkreuzokulars auf dem drehbaren Objekttisch. Nachdem die Zentrierung des Mikroskops nachgeprüft ist, wird der Scheitel des zu messenden Winkels in den Mittelpunkt des Fadenkreuzes eingestellt. Durch Drehen des Tisches wird der eine Schenkel parallel einem Okularfaden gestellt und an der Marke die Stellung des Tisches abgelesen. Dann stellt man den anderen Schenkel des Winkels parallel demselben Okularfaden ein und liest wieder ab. Für die Genauigkeit wird die Ablesung von ganzen und Schätzung von halben Graden bei der Unvollkommenheit der Einstellung genügen. Die Messung soll mehrere Male wiederholt und gemittelt werden. Bei der Zeichnung wird in vielen Fällen die Form der Kristalle bis zu einem gewissen Grade schematisiert werden müssen, jedoch wird das Einzeichnen einiger Flächen in der Art eines Grundrisses („Kopfbild" des Kristallographen, z. B. Abb. 116 und Abb. 117) von Vorteil sein. Die Zeichnungen sollen einigermaßen winkelgetreu und die Winkel in den entsprechenden Orten angeschrieben sein.

Manche Kristalle bestehen aus zwei oder mehreren Einzelkristallen, die in gesetzmäßiger Weise verwachsen sind; man nennt sie *Zwillinge* oder *Viellinge* (Abb. 122). Äußere Kennzeichen sind einspringende Winkel oder Durchkreuzungen. Bei doppelbrechenden Substanzen wird dann, wenn die Hauptachsen der in Zwillingsteilung befindlichen Kristalle gegeneinander geneigt sind, die Auslöschung der Teilkristalle nicht gleichzeitig erfolgen. Die beiden Teilkristalle erscheinen durch die Zwillingsnaht scharf voneinander abgegrenzt; die Auslöschungsrichtung ist symmetrisch zur Zwillingsnaht angeordnet, wenn die Zwillingsebene senkrecht auf der Unterlage steht.

Die Richtungen der Zwillingsbildungen sind meist kristallographisch oder physikalisch ausgezeichnete Richtungen, wie z. B. die Richtungen größter Kohäsion; häufig fällt die Zwillingsebene in die Ebene vollkommener Spaltbarkeit. Die Zwillinge nehmen oft die Form blättriger Verwachsungen an, die im Mikroskop als *Zwillingsstreifung* erscheint. Es kommt auch vor, daß ein solches System paralleler Streifung von einem zweiten System durchkreuzt wird; es entsteht dann *Gitterstruktur*. Derartige polysynthetische Kristalle weisen äußerlich häufig einen höheren Grad von Symmetrie auf, als ihnen zukommt; man nennt sie daher auch *mimetische Kristalle*, z. B. die triklin instabile Modifikation (176°) des Veronals (16). Manchmal verschwindet beim Erwärmen eines gegitterten Kristalls die Gitterstruktur; der Kristall wird einheitlich auslöschend, um bei Abkühlung wieder in das gegitterte Aggregat zu zerfallen, wobei die äußere Form erhalten bleibt, z. B. Korksäure (24), Methylbutylketon-2,4-dinitrophenylhydrazon (4). Zwillingsbildungen können auch durch Druck (Verschiebungen an den sogenannten Gleitflächen) erzeugt werden. So entstehen manchmal beim Abkratzen vom Objektträger Zwillingsbildungen.

Bei überhasteter Kristallausscheidung kommt es häufig zur Bildung von Kristallskeletten wegen des bevorzugten Wachstums an Ecken und Kanten. Es erscheinen dabei viele einspringende Winkel, jedoch handelt es sich nicht um Zwillingsbildungen, da bei Ausfüllung der Lücken ein vollkommen einheitlicher Kristall entstehen würde. Skelett-

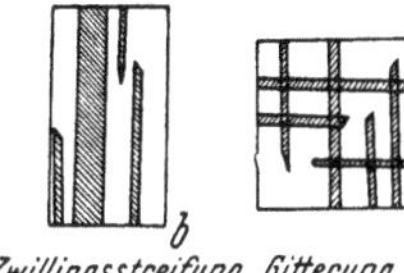

Abb. 122. Zwillinge und mimetische Kristalle.

kristalle reiner Stoffe entstehen bei der Sublimation oder bei überhasteter Kristallisation aus Lösungen. Die Bildung von *Kristallskeletten* tritt bevorzugt bei der Primärkristallisation im *Zweistoffgemisch* auf.

Zu Wachstumsstörungen gehören auch jene Unregelmäßigkeiten, bei denen eine Fläche treppenartig mit einer anderen wechselt. Es kommt dadurch eine sogenannte *Kombinationsstreifung* zustande, die von der Zwillingsstreifung zu unterscheiden ist.

Gleichfalls unvollkommene Bildungen sind die häufig auftretenden *Sphärolithe*, d. s. kugelige bzw. scheibenartige, im mikroskopischen Präparat kreisförmige Aggregate, die aus radiär angeordneten, doppelbrechenden, mehr oder weniger feinstrahligen Einzelkristallen bestehen. Ihre Bildung geht nach NACKEN (42) auf die Erscheinung zurück, daß sich bei vielen Stoffen die Kristallisationsgeschwindigkeit der verschiedenen Flächen mit dem Unterkühlungsgrad zugunsten einer einzigen Kristallrichtung verschiebt, d. h. daß bei stärkerer Unterkühlung sehr häufig stengelige Kristalle gebildet werden. Zwischen gekreuzten Nicols zeigen derartige Aggregate ein schwarzes Kreuz, das Sphärithenkreuz, das beim Drehen des Objekttisches erhalten bleibt. Auch farbige Ringe können beobachtet werden, so daß eine große Ähnlichkeit mit dem Bild eines Schnittes senkrecht zur optischen Achse eines einachsigen Kristalls entsteht (BERTRANDsches Kreuz). Es ist aber zu beachten, daß dieses Bild bereits bei parallelem Strahlengang zwischen gekreuzten Nicols auftritt.

Die Farbe der Kristalle ist bedingt durch die *Absorption des Lichtes*. Bei doppelbrechenden Kristallen ist auch die Absorption des Lichtes nicht in allen Richtungen gleich; es wird Verschiedenfarbigkeit je nach der Richtung auftreten, was als Pleochroismus bezeichnet wird (s. S. 232).

Von *Spaltbarkeit* spricht man dann, wenn man einen Kristall, z. B. mittels eines Messers, nach bestimmten kristallographischen Ebenen spalten kann. Die Lage der Spaltflächen ist wie die der natürlichen Kristallflächen von den

Symmetrieverhältnissen des jeweiligen Kristallsystems abhängig. Nur das trikline System besitzt singuläre Minima und Maxima der Kohäsion, so daß niemals die Spaltbarkeit nach zwei verschiedenen Richtungen gleich vollkommen ist. Bei allen anderen Systemen (außer dem kubischen) gibt es neben einem singulären Minimum oder Maximum der Kohäsion immer zwei oder mehrere gleichwertige Richtungen, so daß gleichzeitig eine gleichartige Spaltbarkeit in verschiedenen Richtungen auftreten kann. So sind z. B. die in Abb. 114 gezeichneten Tracen der Prismenflächen, die nicht selten Ebenen vollkommener Spaltbarkeit darstellen, gleichwertig. Der von den Spaltrichtungen eingeschlossene Winkel stellt eine charakteristische Konstante dar. Im mikroskopischen Präparat tritt die Spaltbarkeit auf Grund von Kontraktionssprüngen in geradlinigen Rissen auf, die parallel oder in einem bestimmten Winkel zu vorhandenen Kristallflächen verlaufen und nicht selten diagnostisch verwertet werden können. Durch Druck auf das Deckglas kann man öfters Spaltrisse erzeugen. Im kubischen System ist die Zahl der gleichwertigen Spaltrichtungen von der kristallographischen Lage abhängig, z. B. sind beim Würfel drei gleichwertige, beim Oktaeder vier gleichwertige Richtungen vorhanden.

Die Güte der Spaltbarkeit ist sehr verschieden, sie ist *vollkommen*, wenn die Spaltrisse lang und glatt sind; *deutlich*, wenn geradlinige kurze Spaltrisse entstehen; *undeutlich*, wenn die Geradlinigkeit nicht gut ausgeprägt ist. Nicht selten können an einem Kristall mehrere Spaltbarkeiten in verschiedener Vollkommenheit vorkommen. In manchen Fällen können Spaltblättchen bei der optischen Untersuchung gute Dienste leisten. Es hat sich gezeigt, daß ein gewisser Zusammenhang zwischen Kohäsion und optischer Orientierung vorhanden ist, da bei vielen monoklinen und triklinen Kristallen eine optisch wichtige Richtung, besonders häufig die I. Mittellinie, senkrecht zur Ebene der vollkommensten Spaltbarkeit liegt, wie z. B. beim Glimmer; in solchen Fällen kann man an Spaltblättchen den Austritt der spitzen Bisektrix, den optischen Charakter und die Brechungsindizes bestimmen, wenn auch keine derartig liegenden Kristalle im Präparat zu finden sind, wie z. B. bei Theelin (28, 49) (d. i. eine Modifikation des α-Follikelhormons).

c) Untersuchung im polarisierten Licht.

α) Untersuchung zwischen gekreuzten Nicols.

Im Polarisationsmikroskop wird durch den unteren Nicol, den Polarisator, polarisiertes Licht einer bestimmten Schwingungsrichtung erzeugt. Wenn die Schwingungsrichtung des oberen Nicols, des Analysators, so eingestellt ist, daß sie mit der des Polarisators einen Winkel von 90° bildet, sind die Nicols *gekreuzt*. Zwischen gekreuzten Nicols werden folgende Bestimmungen durchgeführt: Erkennen der Doppelbrechung, Lage der Auslöschungsrichtung, Interferenzfarben, Lage der Schwingungsrichtungen α und γ.

Für das Verständnis der zu beschreibenden Erscheinungen ist es notwendig, eine kurze Übersicht über die Beschaffenheit der Kristalle in Beziehung auf die Fortpflanzung des Lichtes vorauszuschicken.

Erkennen der Doppelbrechung.

Die Kristalle werden nach ihrem Verhalten beim Durchgang des Lichtes in einfachbrechende (optisch isotrope) und doppelbrechende (optisch anisotrope) Kristalle eingeteilt. In optisch isotropen Kristallen pflanzt sich das Licht in allen Richtungen mit gleicher Geschwindigkeit fort. Dazu gehören nur die Kristalle des *kubischen* Systems. In optisch anisotropen Kristallen wird ein eintretender Lichtstrahl in zwei Strahlen von verschiedener Geschwindigkeit zerlegt; die beiden Strahlen sind außerdem polarisiert, ihre Schwingungsrichtungen stehen senkrecht aufeinander. Eine Gruppe von doppelbrechenden Kristallen (tetragonale, rhomboedrische und hexagonale, s. S. 213 u. 214) enthält *eine* Richtung, in der keine Doppelbrechung erfolgt; sie wird *optisch einachsig* genannt. Eine zweite Gruppe (rhombische, monokline und trikline Kristalle) besitzt zwei Richtungen mit Einfachbrechung; sie wird als *optisch zweiachsig* bezeichnet.

Der Unterschied in der Fortpflanzung des Lichtes bei *optisch isotropen* und optisch einachsigen Kristallen wird bei Betrachtung der *Strahlenfläche* deutlich. Denkt man sich die Strahlenquelle in einem optisch *isotropen* (kubischen) Kristall in das Zentrum verlegt, so pflanzt sich die Lichtwelle nach allen Richtungen mit gleicher Geschwindigkeit fort, die *Strahlenfläche* ist eine *Kugel.*

Bei *optisch einachsigen* Kristallen gibt es eine Richtung, in der das Licht ohne Änderung fortschreitet, d. i. die Richtung der *optischen Achse.* In allen

anderen Richtungen tritt Doppelbrechung ein, d. h. es entstehen zwei Wellen mit verschiedener Geschwindigkeit. Der *ordentliche Strahl* kommt in allen Richtungen, auch senkrecht zur optischen Achse, in der Zeiteinheit genau so weit wie der Strahl in der Richtung der optischen Achse, d. h. die Strahlenfläche des *ordentlichen Strahles* ist ebenfalls eine *Kugel.* Der außerordentliche

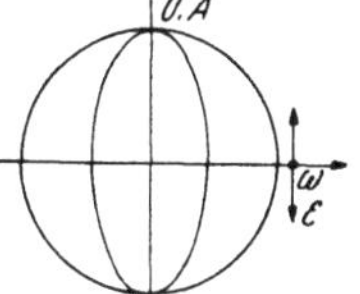

Abb. 123. Strahlenfläche *optisch positiv* einachsiger Kristalle.

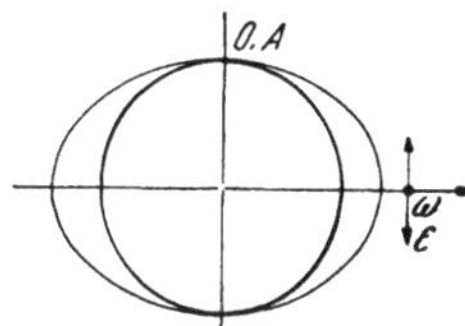

Abb. 124. Strahlenfläche *optisch negativ* einachsiger Kristalle.

Strahl kann entweder langsamer oder rascher fortschreiten. Im *ersten Falle* bleibt er hinter dem ordentlichen Strahl zurück, und zwar am meisten in der Richtung senkrecht zur optischen Achse. Seine Strahlenfläche ist, da die Fortpflanzung in der c-Achse so groß ist wie die des ordentlichen Strahles, im Längsschnitt eine Ellipse, räumlich ein *Rotationsellipsoid*, das innerhalb der Kugel liegt (Abb. 123). Schreitet die außerordentliche Welle aber rascher fort, so umgibt die Strahlenfläche des außerordentlichen Strahles, die jetzt im Querschnitt eine liegende Ellipse bzw. im Raum ein flachgedrücktes Rotationsellipsoid darstellt, die des ordentlichen Strahles (Abb. 124). Die *Strahlenflächen* berühren einander an den *Polen der Rotationsachse.* Die beiden Strahlen sind senkrecht zueinander polarisiert, der *außerordentliche Strahl* schwingt *immer* im *optischen Hauptschnitt.* Optische Hauptschnitte sind alle Ebenen, die durch die optische Achse gehen; der *ordentliche Strahl* schwingt senkrecht zur Hauptschnittrichtung. Pflanzt sich in Abb. 123 oder 124 ein Strahl von links nach rechts fort, so schwingt der außerordentliche Strahl (mit ellipsoider Strahlenfläche) parallel zur optischen Achse, d. h. *in* der Zeichenebene, in der die optische Achse liegt; der ordentliche Strahl schwingt senkrecht dazu, also senkrecht zur Zeichenebene, was durch einen Punkt als Projektion dieser Richtung angegeben ist.

Die *Brechungsexponenten* stellen die *reziproken Werte* der *Fortpflanzungsgeschwindigkeit* dar. Wenn wie in Abb. 123 die Geschwindigkeit des ordentlichen Strahles *größer* ist als die des außerordentlichen, so ist der Brechungsindex des ordentlichen Strahles ω kleiner als der des außerordentlichen Strahles ε. Die *Doppelbrechung* wird immer angegeben als die *Differenz* $\varepsilon - \omega$. Im Falle der Abb. 123 ist $\varepsilon - \omega$ ein *positiver* Wert, da $\omega < \varepsilon$ ist. Man spricht in diesem Falle vom *optisch positiven* Charakter eines Kristalls. In Abb. 124 gibt die Differenz $\varepsilon - \omega$ einen *negativen* Wert; solche Kristalle sind *optisch negativ.*

In der Kristalloptik ist es üblich, statt der Strahlenflächen die sogenannte *Indikatrix* als Bezugsfläche zu verwenden. Die Indikatrix erhält man, wenn man vom Zentrum ausgehend für die verschiedenen Richtungen die Brechungs-exponenten jener Strahlen aufträgt, die in der betreffenden Richtung aus-schwingen (also die Reziprokwerte der Fortpflanzungsgeschwindigkeit). Bei optisch einachsigen Kristallen trägt man daher in der Richtung der optischen Achse den Wert für ε auf (der außerordentliche Strahl schwingt immer in der Richtung, die parallel der optischen Achse liegt) und in der Richtung senkrecht dazu den Wert für ω. Da in dieser Richtung, d. i. senkrecht zur optischen Achse, alle Richtungen gleichwertig sind, erhält man im Raum ein Rotationsellipsoid. Für den optischen Charakter — positiv oder negativ — ist das positive oder negative Ergebnis von $\varepsilon - \omega$ maßgebend, daher ergibt sich für einen positiven Kristall ein stehendes Rotationsellipsoid (Abb. 125), für einen negativen ein „plattgedrücktes" Rotationsellipsoid (Abb. 126).

Im Polarisationsmikroskop wird linear polarisiertes Licht nach oben durch das Präparat und den Tubus geschickt. Ist der Analysator eingeschaltet, dessen Schwingungsrichtung senkrecht zu der des Polarisators steht, so kann kein Licht

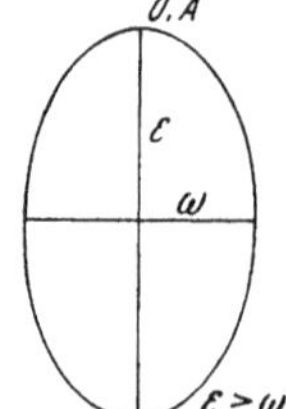

Abb. 125. Indikatrix optisch positiv einachsiger Kristalle.

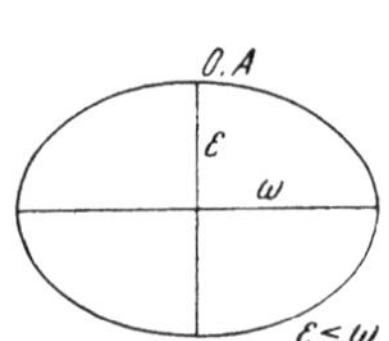

Abb. 126. Indikatrix optisch negativ einachsiger Kristalle.

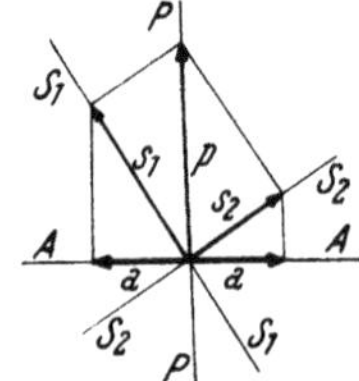

Abb. 127. Schwingungsrichtungen von Polarisator, Kristall und Analy-sator.

durchtreten, das Gesichtsfeld bleibt bei gekreuzten Nicols dunkel. Optisch isotrope Kristalle, in denen das Licht keinerlei Änderung erfährt, bleiben daher zwischen gekreuzten Nicols dunkel. Optisch einachsige Kristalle, die senkrecht zur Hauptachse liegen, müssen ebenfalls dunkel bleiben, denn in der Richtung der Hauptachse sind sie einfachbrechend.

Bei Betrachtung eines optisch einachsigen Kristalls, der parallel seiner c-Achse als Stengel in irgendeiner Richtung gegenüber dem Fadenkreuz auf dem Objektträger liegt, wird hingegen folgende Erscheinung eintreten: Das von unten kommende Licht wird in zwei Strahlen zerlegt, die zueinander senkrecht polarisiert sind. Wie oben betont wurde, schwingt der außerordentliche Strahl *im* Hauptschnitt, also parallel zur Stengelrichtung, der ordentliche Strahl senk-recht dazu. In Abb. 127 ist P die Schwingungsrichtung des Polarisators, A die des Analysators. Die Schwingungsrichtungen S_1 und S_2 sollen die des Kristall-stengels darstellen. Der vom Polarisator kommende Strahl wird nach dem Prinzip des Kräfteparallelogramms *umpolarisiert*, es entstehen zwei Strahlen, deren Intensität durch die beiden Komponenten s_1 und s_2 ausgedrückt wird. Erreicht die Doppelwelle den Analysator, so werden die Schwingungsrichtungen nach demselben Prinzip auf die Schwingungsrichtung des Analysators zu den gleich großen Komponenten a umpolarisiert. Das bedeutet aber, daß Licht durch den Analysator durchgelassen wird; der Kristall erscheint daher hell, und zwar ist er am hellsten in der 45°-Stellung. Liegt der Kristall aber mit seinen Schwingungsrichtungen, d. h. in dem beschriebenen Falle mit der Längsrichtung parallel der Schwingungsrichtung des Polarisators, so wird nur Licht dieser Schwingungsrichtung von dem Kristall durchgelassen. Durch den Analysator, dessen Schwingungsrichtung senkrecht zum Polarisator liegt, wird dieses Licht vernichtet, daher erscheint der Kristall dunkel. Das gleiche gilt für die Lage des Stengels senkrecht zur Schwingungsrichtung des Polarisators. Beim Drehen zwischen gekreuzten Nicols tritt die erwähnte Zerlegung der Strahlen ein, daher erscheint der Kristall hell. Beim Drehen um 360° muß der Kristall viermal hell und viermal dunkel werden.

Erscheinen die Kristalle dunkel, wenn eine gut ausgeprägte Kristallkante genau parallel einer der Schwingungsrichtungen der Nicols verläuft, so spricht man von *gerader Auslöschung* (Abb. 128). Bei optisch einachsigen Kristallen haben alle Lagen parallel der *c*-Achse gerade Auslöschung, nur Pyramidenflächen weichen davon ab. Für jede Kristallfläche ist die Art der *Auslöschungsrichtungen* eine *Konstante*, wenn auf eine bestimmte Kristallkante Beziehung genommen werden kann. Hat man daher bei einer bestimmten Herstellungsart immer mit einer bevorzugten Lage eines Kristalls zu rechnen, so läßt sich diese Konstante, auch wenn sie nicht einem kristalloptischen Hauptwert entspricht, in vielen Fällen als Indikator verwerten. Die Prüfung der Auslöschung geschieht in einfacher Weise folgendermaßen: Man dreht den Kristall in Dunkelstellung und schiebt den Analysator heraus. Wenn eine gut ausgebildete Kristallkante parallel einem Faden des Fadenkreuzes liegt, so hat der Kristall *gerade Auslöschung*. Dazu gehört auch die symmetrische Auslöschung, die z. B. bei rautenförmigen Kristallen vorkommt und dadurch bedingt ist, daß die Begrenzungskanten nicht

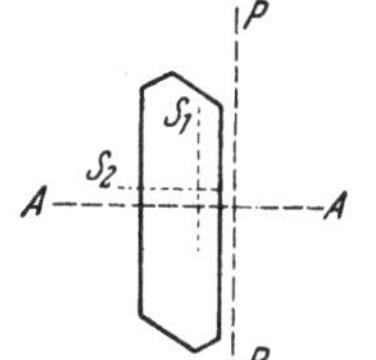

Abb. 128. Gerade Auslöschung.

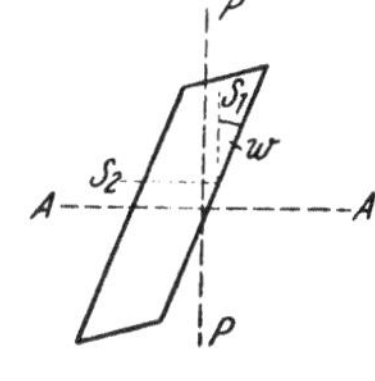

Abb. 129. Schiefe Auslöschung.

den Kristallachsen parallel gehen, sondern abgeleiteten Flächen wie Prismenflächen entsprechen. So ist z. B. bei einem rhombischen Kristall der Abb. 116, die Kristalle nach dem Basispinakoid zeigt, die dem Kopfbild der Abb. 116 entsprechen, die Auslöschung symmetrisch in bezug auf die Prismenflächen *m*, hingegen in Beziehung auf die kurze Trace des seitlichen Pinakoids *b* gerade.

Besitzt aber der Kristall in Dunkelstellung keine parallel den Nicols liegende Kristallkante, so ist die *Auslöschung schief* (Abb. 129). Zur Messung des Winkels stellt man bei ausgeschaltetem Analysator zuerst die Bezugskante unter Ablesung der Stellung des Objekttisches parallel zu einem Faden ein; nach Einschieben des Analysators dreht man in die Dunkelstellung und liest die gefundene Differenz ab.

Im *rhombischen System* haben nur Pyramidenflächen schiefe Auslöschung; im *monoklinen System* hingegen haben nur jene Flächen, die senkrecht zur Symmetrieebene liegen, wie das vordere Pinakoid, das Basispinakoid und die der *b*-Achse parallel gehenden, also quer liegenden Prismenflächen, *gerade Auslöschung;* alle anderen Flächen (auch das seitliche Pinakoid) löschen schief aus. Im triklinen System verhalten sich alle Flächen schief auslöschend. Rhombische und monokline, nach der *c*-Achse gestreckte Kristallstengel lassen sich daher durch Rollen in einer viskosen Masse (s. S. 221) daran unterscheiden, daß rhombische Kristalle in jeder um die Längsachse gedrehten Stellung gerade auslöschend bleiben, monokline aber beim Drehen aufleuchten und schief auslöschend werden, falls der Auslöschungswinkel nicht sehr klein ist.

Die doppelbrechenden Kristalle erscheinen nicht nur hell, sondern sie besitzen außerdem eine *Interferenzfarbe*. Sie ist die Folge der verschiedenen Geschwindigkeiten der beiden Strahlen in der Kristallplatte. Wenn durch den Analysator die Umpolarisation der beiden Strahlen auf seine Schwingungsrichtung erfolgt ist, müssen beide Strahlen miteinander interferieren. Die

Interferenz tritt für Violett dann ein, wenn der Gangunterschied eine *ganze* Wellenlänge beträgt, denn es kommt noch eine halbe Wellenlänge dadurch hinzu, daß die auf den Analysator umpolarisierten Strahlen entgegengesetzte Schwingungsamplituden (den beiden horizontalen Pfeilen *a* der Abb. 127 entsprechend) besitzen. Wird Violett vernichtet, so entsteht die Komplementärfarbe, d. i. Gelb. Wenn der Kristall dicker ist, tritt der Reihe nach Vernichtung für Blau, Grün usw. ein, die entsprechenden Interferenzfarben sind dann Orange, Rot usw. Ist mit der Dicke des Kristalls der Gangunterschied weiter von 1λ auf 2λ von Violett und noch weiter gestiegen, so wiederholt sich die Vernichtung von Violett und den weiteren Farben. Das bedeutet auch eine Wiederholung der Interferenzfarben; man bezeichnet diese Farbenserien als Interferenzfarben erster, zweiter, dritter usw. Ordnung. Die erste Ordnung enthält: Schwarz, Grau, Weiß, Gelb, Orange, *Rot*, die zweite Violett, Blau, Grün usw. Die Farbtöne der ersten und zweiten Ordnung sind kräftig, sie nehmen in der dritten Ordnung ab und werden immer blasser, bis sie bei entsprechend dicken Kristallen in das sogenannte „Weiß höherer Ordnung" übergehen. Am besten kann man sich über die Farbtöne der verschiedenen Ordnungen, d. i. die NEWTON*sche Farbenskala*, an einem Quarzkeil informieren, wenn man ihn durch den in der 45°-Stellung dafür vorgesehenen Schlitz zwischen gekreuzten Nicols langsam durchschiebt.

Bestimmung der Lage der Schwingungsrichtung.

Bei der Lage der Strahlenflächen der Abb. 123 wurde positiver Charakter abgeleitet, weil hier der ordentliche Strahl die größere Geschwindigkeit und daher den kleineren Brechungsexponenten besitzt, also $\varepsilon - \omega$ einen positiven Wert ergibt. Da der außerordentliche Strahl immer im optischen Hauptschnitt schwingt, so ist in diesem Falle die Richtung der optischen Achse die Schwingungsrichtung des *langsameren* Strahles mit dem *größeren* Brechungsexponenten ε, in Abb. 124 hingegen ist die Richtung der optischen Achse die Schwingungsrichtung des *rascheren* Strahles mit dem *kleineren* Brechungsexponenten ε. Man bezeichnet in der Regel den kleineren Brechungsexponenten, wenn nur die Doppelbrechung betrachtet werden soll ohne Bezugnahme auf optisch einachsig oder zweiachsig, mit α, den größeren mit γ. In einem *negativen* Kristall entspricht daher die Schwingungsrichtung in der Richtung der optischen Achse einem *rascheren* Strahl mit dem *kleineren* Brechungsexponenten α, d. h. $\varepsilon = \alpha$; bei einem *positiven* Kristall schwingt in der Richtung der Hauptachse der *langsamere* Strahl mit dem *größeren* Brechungsexponenten, daher ist $\varepsilon = \gamma$ (Schwingungsrichtung und Fortpflanzungsrichtung dürfen nicht verwechselt werden).

Man bestimmt den Charakter einer Schwingungsrichtung mit einer Hilfsplatte. In der Regel wird ein Gipsblättchen mit der Interferenzfarbe Rot erster Ordnung verwendet. Diese Farbe wird auch als „sensibles" Rot bezeichnet, weil die Farbe bei geringer Abnahme des Gangunterschiedes rasch in Gelb, bei Zunahme in Blau umschlägt. Das Gipsblättchen ist in der Regel so orientiert, daß die Schwingungsrichtung des rascheren Strahles mit dem kleineren Index parallel zur Einschieberichtung des Blättchens ins Mikroskop liegt (45°-Stellung). Hat man einen stengeligen Kristall mit Grau oder Rot I. Ordnung vor sich, so bringt man ihn zuerst in die 45°-Stellung, in der das Gipsblättchen eingeführt wird (Abb. 130). Liegt in der Längsrichtung des Stengels die Schwingungsrichtung α, so wirkt die Hinzugabe des Gipsblättchens, bei dem α in der gleichen Richtung schwingt, wie ein Dickerwerden des Kristalls und die Gangunterschiede addieren sich *(Additionsstellung)*. Die Farbe schlägt zu Blau II oder Rot II um. Dreht man den Kristall um 90°, so kompensieren einander die Gangunterschiede zum Teil oder ganz, da nun α über γ zu liegen kommt; die Farbe schlägt daher zu Gelb oder Grau um, je nach der Interferenzfarbe des geprüften Kristalls *(Subtraktionsstellung)*. Wenn man sicher weiß, daß ein optisch einachsiger Stengel vorliegt, so ist damit der optische Charakter bestimmt, denn die Schwingungsrichtung α parallel der optischen Achse bedeutet optisch *negativ*. Die größere Zahl der optisch einachsigen Kristalle ist optisch negativ.

Optisch zweiachsige Kristalle, wie rhombische, monokline und trikline Kristalle, besitzen drei Hauptschwingungsrichtungen mit den Brechungsexponenten α, β, γ. Der kleinste Brechungsindex α entspricht der größten Fortpflanzungsgeschwindigkeit, γ der kleinsten. Die drei Schwingungsrichtungen stehen senkrecht aufeinander. Im rhombischen System liegen alle drei Schwingungs-

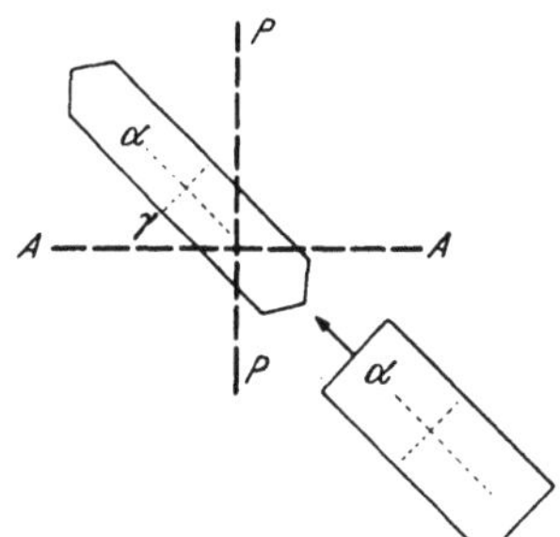

Abb. 130. 45°-Stellung zur Prüfung der Schwingungsrichtungen mit Hilfe des Gipsblättchens (Rot I. Ordnung).

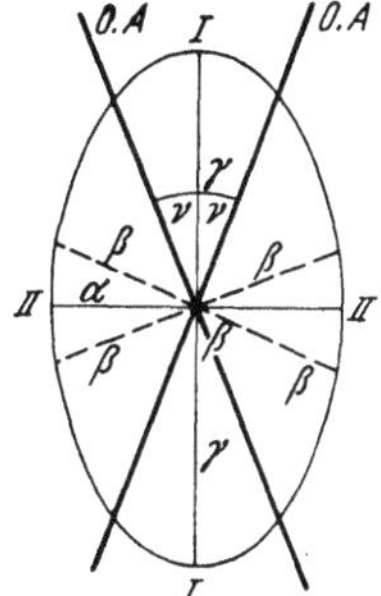

Abb. 131. Schnitt durch die Indikatrix eines optisch zweiachsigen Kristalls.

richtungen in irgendeiner Reihenfolge parallel zu den drei kristallographischen Hauptachsen, beim monoklinen muß nur eine der Schwingungsrichtungen mit der kristalloptischen b-Achse zusammenfallen, im triklinen System besteht keine Beziehung zwischen den kristallographischen Achsen und den Hauptschwingungsrichtungen.

Da die Betrachtung der Strahlenflächen bei *optisch zweiachsigen Kristallen* nicht übersichtlich genug ist, wird zum leichteren Verständnis die *Indikatrix* herangezogen. Man trägt in ähnlicher Weise wie bei einachsigen Kristallen in den Hauptschwingungsrichtungen die Werte für die zugehörigen Brechungsexponenten ein. Da drei verschiedene Werte, α, β, γ, vorliegen, erhält man als Indikatrix ein dreiachsiges Ellipsoid. In Abb. 131 ist der Schnitt senkrecht zu β dargestellt, er muß daher die Hauptschwingungsrichtungen α und γ enthalten; die Projektion der Schwingungsrichtung β liegt im Mittelpunkt. Da α und γ dem kleinsten und dem größten Index entsprechen, muß dazwischen ein Wert liegen, der dem mittleren Index β gleichkommt. Das bedeutet, daß die diesem Wert entsprechende Richtung mit β verbunden einen Kreisschnitt in dem Ellipsoid erzeugt. In einem Kreis sind alle Richtungen gleichwertig, daher können Strahlen, die senkrecht zu dieser Richtung verlaufen, ihre beliebig liegenden Schwingungsrichtungen beibehalten, d. h. sie erleiden keine Doppelbrechung. Diese Richtungen, d. s. also die *Senkrechten zu den Kreisschnitten*, werden als *optische Achsen* bezeichnet. Der Winkel, den diese Achsen einschließen, ist in den allermeisten Fällen von 90° verschieden. Die Halbierende des *spitzen Winkels heißt I. Mittellinie* (I. Bisektrix), die des *stumpfen Winkels II. Mittellinie* (II. Bisektrix). Der Winkel der optischen Achsen ist durch

Temperatur, Druck oder Zusammensetzung (z. B. durch isomorphe Beimengungen) veränderlich. In bestimmten Fällen kann daher der *Achsenwinkel* als wichtiger *quantitativer Indikator* dienen.

Optisch *positiv* werden jene zweiachsigen Kristalle genannt, bei denen die Richtung der I. Bisektrix der Schwingungsrichtung von γ entspricht. Die Ebene, die die optischen Achsen und die Schwingungsrichtungen α und γ enthält, wird *Achsenebene* genannt. Der in Abb. 131 dargestellte Schnitt der Indikatrix entspricht daher der Achsenebene. Die zur *Achsenebene* senkrechte Schwingungsrichtung β heißt *optische Normale*. Beim rhombischen System muß die *Achsenebene* einer der drei Pinakoidflächen parallel verlaufen. Im monoklinen System ist nur erforderlich, daß die *b*-Achse einer der drei Hauptschwingungsrichtungen entspricht, die Lage des dreiachsigen Ellipsoides kann in den anderen Richtungen des Kristalls verschieden geneigt sein. Wenn die kristallographische *b*-Achse der Schwingungsrichtung der optischen Normalen β entspricht, dann verläuft die Achsenebene von vorne nach rückwärts, also parallel dem seitlichen Pinakoid, d. h. sie liegt in der *Symmetrieebene* (im monoklinen System gibt es nur eine Symmetrieebene, die von vorne nach rückwärts geht). Fällt aber α oder γ mit der kristallographischen Achse *b* zusammen, dann liegt die Achsenebene quer zur Symmetrieebene; sie kann aber alle möglichen Lagen in Beziehung auf das vordere oder das Basispinakoid haben. Im triklinen System ist das dreiachsige Ellipsoid an keine kristallographische Lage gebunden. In den mindersymmetrischen Kristallklassen müssen die Hauptschwingungsrichtungen nicht für alle Farben des Spektrums zusammenfallen; daraus ergeben sich Dispersionserscheinungen, auf die jedoch nicht weiter eingegangen werden kann.

β) Untersuchung im polarisierten Licht (ohne Analysator).

Bestimmung der Brechungsindizes.

Bei optisch isotropen, d. h. bei kubischen Kristallen ist es gleichgültig, ob man den Brechungsexponenten in unpolarisiertem oder polarisiertem Licht bestimmt; der Brechungsindex ist unabhängig von der Lage der Kristalle; die Arbeitsweise ist daher analog der bei der Glaspulvermethode auf S. 113 beschriebenen (33). Bei optisch anisotropen Kristallen kann wegen der Doppelbrechung die Bestimmung nur im polarisierten Licht, und zwar für jeden Strahl gesondert, vorgenommen werden.

Die mikroskopische Bestimmung des Brechungsexponenten doppelbrechender Kristalle geschieht ebenfalls mit Hilfe der *Immersionsmethode*. Letztere beruht (s. auch S. 114) auf der Erscheinung der BECKEschen Linie, d. i. jene helle Linie, die beim Heben und Senken des Tubus vom Objekt zum Medium bzw. umgekehrt wandert.

Die *Meßgenauigkeit der Brechungsexponenten* beim Einbettungsverfahren gestattet bei nicht allzu großer Dispersion die Angabe der dritten Dezimale, da Unterschiede von $\pm$ 0,001 noch gut beobachtet werden können. Eine größere Genauigkeit ist für Identifizierungs- oder Unterscheidungszwecke nicht notwendig.

Die bei organischen Substanzen benützten Einbettungsflüssigkeiten mit ihren Reichweiten wurden von MAYRHOFER (35, 40) folgenderweise zusammengestellt:

Wasser—Glycerin, $n = 1{,}333$ bis $1{,}465$.

Methylalkohol—Glycerin, $n = 1{,}32$ bis $1{,}465$.

Amylalkohol—Paraffinöl, $n = 1{,}40$ bis $1{,}482$.

Cymol—Paraffinöl—α-Monobromnaphthalin, $n = 1{,}483$ bis $1{,}658$.

α-Monobromnaphthalin—Methylenjodid, $n = 1{,}658$ bis $1{,}740$.

Für hohe Brechungsindizes wurden von SPANGENBERG (47) folgende Mischungen empfohlen:

Methylenjodid + Bromoform, $n = 1,742$ bis $1,589$.
α-Monobromnaphthalin + Chinolin, $n = 1,658$ bis $1,624$.
Chinolin + Diäthylanilin, $n = 1,624$ bis $1,542$.
Chinolin + Glycerin, $n = 1,624$ bis $1,47$.

Bei optisch anisotropen Kristallen — und um diese handelt es sich bei organischen Stoffen fast ausschließlich (ausgenommen sind die kubischen Hochtemperaturformen einiger Stoffgruppen) — ändert sich die Lichtbrechung mit der Richtung. Außerdem gibt es für jede Richtung zwei Werte. Die Bestimmung muß für jeden Strahl gesondert durchgeführt werden. Um die richtigen Werte für die Hauptbrechungsindizes zu bekommen, muß der Kristall so eingestellt sein, daß die Schwingungsrichtung des zu messenden Strahles parallel zu der des Polarisators verläuft, da sich dann nur *ein* Strahl im Kristall fortpflanzen kann, und zwar der, der in der gleichen Richtung wie der Polarisator schwingt. Die Orientierung des rascheren und des langsameren Lichtstrahles im Kristall wird zuerst mit Hilfe des Gipsblättchens geprüft.

Die Bestimmung des Brechungsindex wird nun in der Art ausgeführt, daß man den doppeltbrechenden Kristall in Dunkelstellung bringt, dann den Analysator herausschiebt und sich überzeugt, daß die zu messende Schwingungsrichtung, z. B. α, parallel der des Polarisators liegt. Dann läßt man seitlich einen Tropfen der Immersionsflüssigkeit zwischen Objektträger und Deckglas einfließen. Man achte genau auf die gleichartige Lage der Kristalle; bei geringen Unklarheiten ist mit dem Gipsblättchen die Orientierung nachzuprüfen. Dann werden in gleicher Weise solange die Immersionsflüssigkeiten gewechselt, bis das Verschwinden der BECKEschen Linie Gleichheit der Brechungsindizes von Kristall und Flüssigkeit anzeigt. Hat man den kleineren Brechungsexponenten in dieser Lage bestimmt, so folgt in derselben Art die Feststellung der Lichtbrechung γ in der um $90°$ gedrehten Richtung mit einer höher lichtbrechenden Immersionsflüssigkeit.

Hat es sich um einen stengeligen, optisch einachsigen Kristall gehandelt, so ist mit den beiden Bestimmungen sowohl der optische Charakter als auch die Indikatrix ermittelt; denn liegt die Schwingungsrichtung α in der Richtung der kristallographischen c-Achse, so ist der optische Charakter negativ.

Beim rhombischen und monoklinen System sind zwei Pinakoide als Bezugsflächen notwendig, um alle drei Hauptbrechungsindizes feststellen zu können. Für rhombische Kristalle ist damit auch die Indikatrix festgelegt; bei monoklinen muß noch der Winkel berücksichtigt werden, den die c-Achse mit einer der in der Symmetrieebene liegenden Schwingungsrichtungen einschließt. Im triklinen System, in dem die drei Hauptschwingungsrichtungen nicht an die drei kristallographischen Hauptachsen gebunden sind, bereitet die Festlegung der Indikatrix Schwierigkeiten.

Für Messungen zum Zwecke der Identifizierung oder der Unterscheidung ist es durchaus nicht notwendig, die drei Hauptindizes zu bestimmen. Wenn z. B. bei einer angegebenen Arbeitsweise immer Kristalle einer bestimmten Lage ausgebildet werden, seien es Prismen oder Pyramidenflächen, so lassen sich auch an diesen *verwertbare Brechungsindizes* feststellen, die dann aber Zwischenwerte darstellen und üblicherweise mit α' und γ' bezeichnet werden.

Um den Schwierigkeiten, die die Ermittlung der Hauptbrechungsexponenten dem Nichtkristallographen bereitet, auszuweichen, wurde seinerzeit empfohlen, an einer größeren Anzahl von Kristallsplittern den größten und kleinsten

Brechungsindex zu ermitteln. Auf die dabei auftretenden Unstimmigkeiten wurde bereits hingewiesen (s. S. 113).

Eine Ursache für Ungenauigkeiten ist die große Löslichkeit vieler organischer Stoffe in den üblichen Einbettungsflüssigkeiten. Aus diesem Grund versagt diese Methode gerade häufig bei den Alkaloiden, für deren Diagnose sie besonders empfohlen wurde. Bei den Alkaloiden leistet die mikroskopische Schmelzpunktbestimmung so wie die Brechungsindexbestimmung mittels des Zumischverfahrens von LENNARTZ (37) (s. S. 117) weitaus mehr als die oben angegebene Brechungsindexbestimmung.

Bei Angabe der Brechungsindizes als Indikatoren muß auf die Möglichkeit des Auftretens polymorpher Modifikationen Rücksicht genommen werden, was jedoch nicht immer der Fall ist. Die bei Veronal wechselnden Literaturangaben (11) konnten als mit dem Auftreten von mehreren Modifikationen zusammenhängend festgestellt werden (22), die von früheren Untersuchern nicht beachtet wurden.

Ein anderes Beispiel betrifft Oestron. In die neueste Auflage der US-Pharmakopoe ist eine von KEENAN (21) stammende Tabelle mit den Brechungsindizes einer größeren Zahl von Arzneimitteln, darunter auch Oestron, aufgenommen worden. Es heißt dort: „Crystal System monocline $n_\alpha = 1{,}520$, $n_\beta = 1{,}642$, $n_\gamma = 1{,}692$." Diese Daten beziehen sich auf die *monoklin instabile Modifikation* des Oestrons. Über das Vorkommen anderer Modifikationen ist in der US-Pharmakopoe-Tabelle nichts erwähnt. Nun kann aber das Oestron in Abhängigkeit von dem verwendeten Lösungsmittel in drei verschiedenen Modifikationen auftreten: Das internationale Standardpräparat, das wir seinerzeit untersuchten (28), bestand z. B. ausschließlich aus der *rhombisch-instabilen* Modifikation, deren Brechungsindizes folgende Werte besitzen: $\alpha = 1{,}594$, $\beta = 1{,}628$, $\gamma = 1{,}647$ (28). Bei der Untersuchung dieses Präparats nach der US-Pharmakopoe-Tabelle müßte man zu dem Schluß gelangen, daß das Präparat kein Oestron ist (32).

Pleochroismus.

Farbige Substanzen zeigen meist die Erscheinung des Pleochroismus, der auf der ungleichen Absorption der Strahlen mit verschiedenen Brechungsexponenten beruht. Zur Feststellung der einer bestimmten Schwingungsrichtung zukommenden Farbe stellt man diese parallel dem Polarisator ein und beobachtet bei parallelen Nicols die auftretende Farbe. Zur Feststellung der Farbe der dazu senkrechten Schwingungsrichtung dreht man den Kristall um 90°. Die größten Differenzen der bei einem Kristall auftretenden Farben zeigen sich in den Hauptschnitten des dreiachsigen Ellipsoids entsprechend den drei Hauptschwingungsrichtungen. Andere Schnitte ergeben Zwischenwerte.

d) Untersuchung im Konoskop.

Zum Unterschied von dem Strahlengang im *Orthoskop*, bei dem durch Verwendung des Planspiegels möglichst *paralleles Licht* erzeugt wird, trachtet man, im *Konoskop* möglichst *konvergentes Licht* zu erzielen; dies geschieht durch Einstellung des Konkavspiegels und Einschaltung einer für diesen Zweck vorgesehenen Kondensorlinse zwischen Polarisator und Objekt. Bei der konoskopischen Untersuchung wird nicht das Objekt, sondern es werden Interferenzerscheinungen beobachtet, die bei Verwendung von konvergentem Licht in der hinteren Brennfläche des Objektivs entstehen und als *Achsenbilder* bezeichnet werden. Zur Betrachtung des Bildes muß man bei gekreuzt gehaltenen Nicols das Okular herausnehmen und in den Tubus ohne obere Linse hineinsehen. Ist aber eine

BERTRANDsche Linse vorhanden, so wird diese in den Strahlengang unterhalb des Okulars eingeschoben und das Okular nicht entfernt. Ohne BERTRANDsche Linse sind die Bilder verkehrt.

α) Optisch einachsige Kristalle.

Denkt man sich einen einachsigen Kristall um eine Richtung, die senkrecht zur optischen Achse verläuft, gedreht, so werden im Polarisationsmikroskop mit parallelem Strahlengang beim Drehen (am besten in der 45°-Stellung) verschiedene Interferenzfarben zu sehen sein. Fällt die optische Achse mit der Achse des Mikroskops zusammen, so wird Dunkelheit herrschen, da keine Doppelbrechung eintritt. Denkt man sich den Kristall nun in einem kleinen Winkel um eine horizontale Achse gedreht, so wird Aufhellung eintreten; bei stärkerem Neigen werden der Reihe nach immer höhere Interferenzfarben zu sehen sein, bis bei der Lage der optischen Achse senkrecht zur Achse des Mikroskops ein *Maximum* erreicht wird, das von der Dicke der Kristalle und der Differenz der Brechungsindizes der beiden Strahlen abhängt.

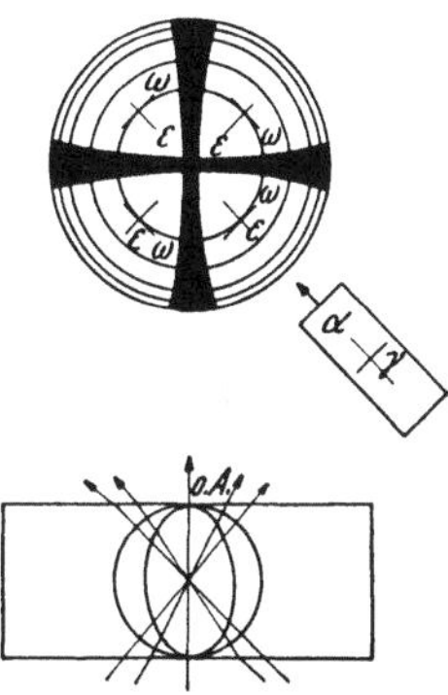

Abb. 132. Einachsiger Kristall im Konoskop.

Verwendet man statt der parallelen Strahlen konvergentes Licht, so können die Interferenzfarben verschiedener Richtung nebeneinander gleichzeitig von innen nach außen steigend beobachtet werden, soweit es die Apertur des Objektivs erlaubt. Um möglichst große Winkelbereiche zu erfassen, wählt man daher für die konoskopische Beobachtung Objektive mit hoher Apertur.

Durch die Einschaltung einer Kondensorlinse zwischen Polarisator und Objekt wird der Strahlengang so geregelt, daß die Strahlen gegen das Zentrum des Kristalls konvergieren bzw. beim Austritt divergieren. Bei Platten, die senkrecht zur optischen Achse eines einachsigen Kristalls orientiert sind, tritt zwischen gekreuzten Nicols folgende Erscheinung auf: Das durch die Mitte senkrecht nach oben gehende Licht erleidet keine Veränderung. Blickt man daher von oben auf die Kristallplatte, so muß die Mitte zwischen gekreuzten Nicols dunkel bleiben. Die Lichtstrahlen rundherum, die in schrägen Richtungen durch den Kristall gehen, werden doppelt gebrochen, daher muß Aufhellung eintreten. In den Richtungen parallel den Nicols kann sich die Doppelbrechung nicht auswirken, da nur jeweils der in der Polarisationsebene schwingende Strahl durch die Platte geht und oben durch den Analysator ausgelöscht wird. Dadurch entsteht ein durch die Mitte, d. h. den Pol der optischen Achse, gehendes schwarzes Kreuz. Die Felder in den Quadraten erscheinen nicht nur hell, sondern sie zeigen Interferenzfarben, und zwar in farbigen Ringen. Im monochromatischen Licht tritt eine Serie von abwechselnd hellen und dunklen Kreisen auf, etwa der Abb. 132 entsprechend. Denn durch den zunehmenden Abstand der beiden Wellen ω und ε nach außen liegt für die Strahlen der Weg so, als ob die Platte dicker würde, etwa wie ein Keil; in einem Keil tritt aber die NEWTONsche Farbenskala als Serie farbiger Streifen (bei monochromatischem Licht in abwechselnd hellen und dunkeln Streifen) auf. Da alle Punkte mit gleicher Entfernung vom Zentrum gleichwertig sind, entstehen konzentrische Ringe in den Farbordnungen der NEWTONschen Reihe.

Zur Bestimmung *des optischen Charakters* muß wieder daran erinnert werden, daß der *außerordentliche Strahl immer im Hauptschnitt* schwingt, also in der Ebene, die durch die optische Achse geht, das sind im konoskopischen Bild alle radialen Richtungen; der ordentliche Strahl schwingt tangential. Liegt ein negativer Kristall vor, dann ist $\varepsilon = \alpha$. Schiebt man ein Gipsblättchen ein, so muß in den Feldern links oben und rechts unten, weil α über α kommt, d. h. *Additionsstellung* vorliegt, die Farbe in Blau umschlagen; in den beiden dazu senkrecht stehenden Quadraten herrscht Subtraktionsstellung, sie werden daher bei Einschieben des Gipsblättchens gelb. Bei Schrägschnitten liegt der Mittelpunkt des schwarzen Kreuzes exzentrisch. Einachsig *positive* Kristalle verhalten sich umgekehrt.

Schnitte *senkrecht zur optischen Achse* zeigen im Konoskop bei gekreuzten Nicols ein verwaschenes Kreuz, in der 45°-Stellung eine farbige Felderteilung. Der zentrale Teil entspricht der Interferenzfarbe im Orthoskop, gegen die Peripherie treten an zwei gegenüberliegenden Stellen *fallende,* senkrecht dazu *steigende* Farbhöfe auf. Die fallenden Farben weisen in die Richtung der optischen Achse.

β) Optisch zweiachsige Kristalle.

Im konvergenten Licht zeigen Schnitte senkrecht zur I. Bisektrix bei Normalstellung, d. h. in der Auslöschungsstellung des Kristalls, ein schwarzes

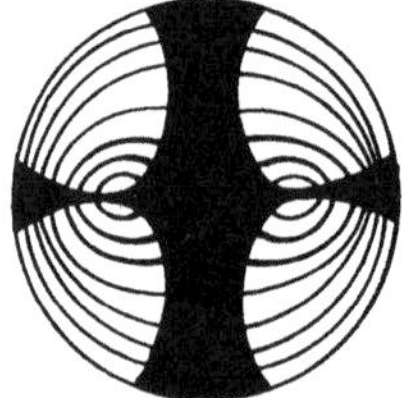

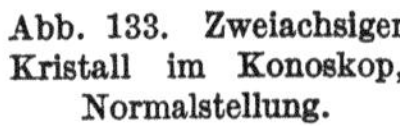

Kreuz, die Achsenpole sind an den zirkulären Interferenzringen zu erkennen (Abb. 133). Beim Drehen aus dieser Lage öffnet sich das Kreuz, in der 45°-Stellung bleiben zwei dunkle, parabolische Balken erhalten, die durch die Achsenpole gehen (Abb. 134). Zur Bestimmung des optischen Charakters benützt man die 45°-Stellung. Achtet man bei Änderung der Polarisationsfarben durch Einschieben des Gips-

Abb. 133. Zweiachsiger Kristall im Konoskop, Normalstellung.

Abb. 134. Zweiachsiger Kristall im Konoskop, 45°-Stellung.

blättchens nur auf die *konkaven Seiten* der dunklen Parabeln, so gilt dieselbe Regel wie bei optisch einachsigen. Werden nämlich diese Stellen bei Einschieben des Gipsblättchens *blau,* so bedeutet dies Additionsstellung. Es liegt ein optisch negativer Kristall vor (Abb. 135). Im anderen Falle, bei Gelbwerden, ist der Kristall optisch positiv (Abb. 136). Die zwischen den Polen der Parabeln liegenden Teile befinden sich jeweils in dem entgegengesetzten Zustand, d. h. wenn im konkaven Teil Blau erscheint, werden die der konvexen Seite der Parabel anliegenden Teile gelb und umgekehrt. Die Krümmung der dunklen Parabeln ist um so stärker, je kleiner der Achsenwinkel ist. Wenn sich der Achsenwinkel 90° nähert, kann man konkave und konvexe Seite nicht mehr unterscheiden. Wenn eine Dispersion der Achsen vorhanden ist, d. h. wenn die Achsenwinkel für verschiedene Farben nicht gleich groß sind, dann zeigen die dunklen Pole der Parabel farbige Ränder.

Im *rhombischen System* muß auf einer der Pinakoidflächen die spitze Bisektrix austreten; das Achsenbild ist dann bisymmetrisch. Liegen die Kristalle z. B. auf einer Prismenfläche, so zeigen sie gerade Auslöschung, aber nur einen Teil des Achsenbildes, der jedoch *monosymmetrisch* sein muß.

Im *monoklinen System* kann entweder die optische Normale β oder eine Bisektrix parallel der kristallographischen b-Achse liegen. Im ersten Falle liegt die Achsenebene in der Symmetrieebene, die Lage der Achsen ist an keine Richtung gebunden. Das Achsenbild muß jedoch monosymmetrisch sein. Fällt aber eine Mittellinie mit der b-Achse zusammen, dann liegt die Achsenebene irgendwie senkrecht zur Symmetrieebene; das Achsenbild muß wieder monosymmetrisch sein, aber in der dazu senkrechten Stellung. Die auf Prismenflächen des rhombischen Systems auftretenden Achsenbilder können ebenso aussehen. Im *triklinen* System besteht keine gesetzmäßige Beziehung zwischen Indikatrix und kristallographischen Achsen.

Über die Beziehung zwischen Interferenzfarben und *Achsenbild* sei nur kurz erwähnt, daß im allgemeinen die erste Bisektrix oder eine optische Achse nur an Kristallen mit den jeweils *niedrigsten Interferenzfarben* gesehen wird. Die Untersuchung im konvergenten Licht ist häufig für die Bestimmung der Lage der Kristalle von großer Wichtigkeit. So werden z. B. Drehungen stengeliger zweiachsiger Kristalle um ihre Längsachse, die bei der Bestimmung des Brechungsindex des parallel zur Schmalseite schwingenden Strahles störend sind, häufig an der Verschiebung des konoskopischen Bildes erkannt.

Der *Achsenwinkel* ist für jede Substanz eine *Konstante*, er ist abhängig von Druck und Temperatur oder von isomorphen Beimengungen. Da die Achsenwinkeländerung eine Funktion der Zusammensetzung ist, kann ihre Bestimmung für die quantitative Analyse verwertet werden, wie das in der Mineralogie seit langer Zeit üblich ist. Bei organischen Stoffen wurde von BRYANT (6) die Achsenwinkeländerung zur quantitativen Analyse bei den isomorphen Verbindungen Acetaldehyd-2,4-Dinitrophenylhydrazon : Propionaldehyd-2,4-Dinitrophenylhydrazon herangezogen. Eine Sonderstellung nehmen

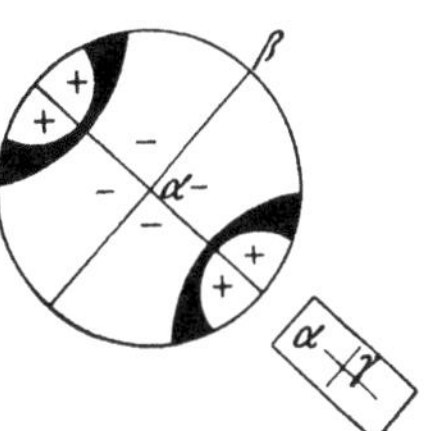

Abb. 135. Negativ zweiachsiger Kristall bei der Prüfung mit dem Gipsblättchen.

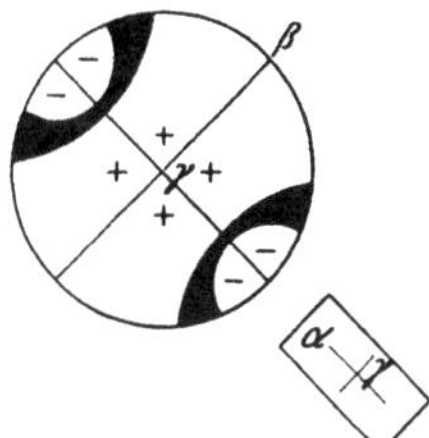

Abb. 136. Positiv zweiachsiger Kristall bei der Prüfung mit dem Gipsblättchen.

die Mineralien der Zeolithgruppe ein, die die Fähigkeit besitzen, Wasser oder andere Flüssigkeiten ohne Gitteränderung aufzunehmen, wobei der Achsenwinkel Änderungen erleidet.

Messungen der Achsenwinkel werden mit dem ABBESCHEN Apertometer ausgeführt; eine große Reihe von Bestimmungen finden sich bei GROTH (17), WINCHELL (53, 54) u. a.

Literatur XI.

(1) BARKER, T. V., Lancet 1, 789 (1917). — (2) BEHRENS, H., u. M. KLEY, Organische Mikroanalyse. Leipzig: Voss. 1922. — (3) BRANDSTÄTTER, M., Z. physik. Chem., Abt. A 191, 227 (1942). — (4) Mikrochem. 32, 33 (1944). — (5) Mikrochem. 38, 68 (1950). — (6) BRYANT, W. M. D., J. Amer. Chem. Soc. 55, 3201 (1933). — (7) BURRI, C., Das Polarisationsmikroskop. Basel: Birkhäuser. 1950.

(8) CHAMOT, E. M., u. C. W. MASON, Handbook of Chemical Microscopy. New York: John Wiley & Sons, Inc. 1949. — (9) MCCRONE, W. C., Analyt. Chemistry 20, 274 (1948).

(10) DANGL, F., Mikrochem. 9, 333 (1931).

(11) EDER, R., u. W. HAAS, Mikrochem., EMICH-Festschrift 43 (1930). — (12) EMICH, F., Lehrbuch der Mikrochemie. München: Bergmann. 1926.

(13) FEDOROW, E. G., Mém. acad. sci. Russie (Petrograd) 8, 36 (1920). — (14) FISCHER, R., Arch. Pharmaz. 270, 149 (1932); 277, 306 (1939). — (15) Mikrochem. 15, 247 (1934); 34, 257 (1949). — (16) FISCHER, R., u. A. KOFLER, Arch. Pharmaz. 270, 207 (1932).

(17) GROTH, P., Chemische Krystallographie, Bd. I—V, Leipzig: Engelmann. 1906—1919. — (18) Optical Properties of Crystals. Translated by JACKSON. New York: Wiley and Sons, Inc. 1910. — (19) Elemente der physikalischen und chemischen Kristallographie. München: Oldenbourg. 1921.

(20) HARTSHORNE, N. H., u. A. STUART, Crystals and the Polarizing Microscope. London: Arnold. 1934.

(21) KEENAN, G. L., J. Assoc. Off. Agric. Chemists 27, 153 (1934). — (22) KOFLER, A., Mikrochem. 15, 319 (1934). — (23) Arch. Pharmaz. 274, 398 (1936); 275, 455, 516 (1937); 276, 60 (1938); 281, 8 (1943). — (24) Ber. dtsch. chem. Ges. 76, 871 (1943). — (25) Mikrochem. 33, 4 (1947). — (26) Chem. Ber. 83, 594 (1950). — (27) KOFLER, A., u. R. FISCHER, Arch. Pharmaz. 273, 483 (1935). — (28) KOFLER, A., u. A. HAUSCHILD, Z. physiol. Chem. 224, 149 (1934); Mikrochem. 15, 55 (1934). — (29) KOFLER, A. u. L., Mh. Chem. 80, 555 (1949). — (30) KOFLER, L., Mikrochem. 22, 241 (1937). — (31) Mikroskopische Methoden zur Identifizierung organischer Substanzen. Beih. d. Z. angew. Chemie, Berlin, 1942. — (32) Mikrochem. 36/37, 283 (1951). — (33) KOFLER, L. u. A., Mikromethoden zur Kennzeichnung organischer Stoffe und Stoffgemische. Innsbruck: Universitätsverlag Wagner. 1948. — (34) Mikrochem. 35, 83 (1950). — (35) KOFLER, L. u. A., u. A. MAYRHOFER, Mikroskopische Methoden in der Mikrochemie. Wien: E. Haim & Co. 1936.

(36) LANG, W., u. H. STEPHAN, Süddtsch. Apothek.-Ztg. 90, 739 (1950). — (37) LENNARTZ, H. J., Z. analyt. Chem. 127, 5 (1944). — (38) LINDPAINTNER, E., Mikrochem. 27, 21 (1939).

(39) MACHATSCHKI, F., Grundlagen der allgemeinen Mineralogie und Kristallchemie. Wien: Springer-Verlag. 1946. — (40) MAYRHOFER, A., Mikrochemie der Arzneimittel und Gifte, Bd. I u. II. Berlin-Wien: Urban & Schwarzenberg. 1923 und 1928. — (41) MITCHELL, J., Analyt. Chemistry 21, 448 (1949).

(42) NACKEN, P., Neues Jb. Mineral. Geol. Paläont. 2, 133 (1915). — (43) NIGGLI, P., Lehrbuch der Mineralogie und Kristallchemie, 3. Aufl. Berlin: Borntraeger. 1942.

(44) PORTER, M. W., u. R. C. SPILLER, The Barker Index of Cristals. Cambridge: W. Heffer. 1950; s. auch Endeavour 10, 188 (1951).

(45) REIMERS, F., Dansk Tidsskr. Farmac. 14, 145 (1940). — (46) RINNE, F., u. M. BEREK, Anleitung zu optischen Untersuchungen mit dem Polarisationsmikroskop. Leipzig: Jänecke. 1934.

(47) SPANGENBERG, K., Fortschr. Mineral. Kristallogr. Petrogr. 7, 8 (1932). — (48) SCHNEIDER, F., Qualitative Organic Microanalysis. New York: John Wiley & Sons, Inc. 1947. — (49) SLAWSON, C. B., J. Biol. Chem. 7, 373 (1950). — (50) Strukturberichte d. Z. Kristallogr. Leipzig: Akad. Verlagsges.

(51) TURFITT, G. E., Quart. J. Pharmac. 21, 1 (1948).

(52) WEISSBERGER, A., Physical Methods of Organic Chemistry. New York: Interscience Publishers. 1949. — (53) WINCHELL, A. N., Optical Properties of Organic Compounds. Madison University of Wisconsin Press. 1943. — (54) Microscopic Characters of Artificial Inorganic Solid Substances or Artificial Minerals, 2nd ed. New York: John Wiley & Sons, Inc. 1931.

Manzsche Buchdruckerei, Wien IX.

Handbuch
der mikrochemischen Methoden

Herausgegeben
von

Friedrich Hecht und Michael K. Zacherl
Wien   Wien

In fünf Bänden

Jeder selbständig erscheinende Bandteil und Band ist einzeln käuflich. Bei Verpflichtung zur Abnahme des Gesamtwerkes sowie bei Vorbestellung der einzelnen Teile ermäßigt sich der Preis um 20%.

Band I, Teil 1: **Präparative Mikromethoden in der organischen Chemie.** Von H. Lieb, Graz, und W. Schöniger, Graz. **Mikroskopische Methoden.** Von L. Kofler †, Innsbruck, und Adelheid Kofler, Innsbruck. Mit 277 Textabbildungen. VI, 236 Seiten. 1954.

Ganzleinen S 285.—, DM 47.50, $ 11.30, sfr. 48.60

Band I, Teil 2: **Biochemische Methoden einschließlich medizinischer Verfahren.** Von Th. Leipert, Wien. **Lebensmittelmikrochemische Methoden.** Von F. Münchberg, Wien, und F. Zaribnicky, Wien.

Band II, Teil 1: **Radiochemische Methoden der Mikrochemie.** Von E. Broda, Wien, und Th. Schönfeld, Wien. **Messung radioaktiver Strahlen in der Mikrochemie.** Von Berta Karlik, Wien, Traude Bernert, Wien, und K. Lintner, Wien. **Photographische Methoden in der Radiochemie.** Von Hanne Lauda, Wien. Mit etwa 90 Textabbildungen. Etwa 330 Seiten. 1955. *Erscheint Anfang 1955.*

Ganzleinen S 486.—, DM 81.—, $ 19.30, sfr. 83.—

Band II, Teil 2: **Polarographie.** Von H. Hohn, Wien, und Otilie Schlager, Wien.

Band III: **Anorganisch-analytische Methoden.** Von F. Hecht, Wien.

Band IV: **Organisch-analytische Methoden.** Von M. K. Zacherl, Wien.

Band V: **Mikromethoden zur Bestimmung physikalisch-chemischer Konstanten.** Von Martha Sobotka, Graz.

Die qualitative Mikroanalyse wird anschließend in einem besonderen, unter der Redaktion von Prof. Dr. A. A. Benedetti-Pichler, New York, stehenden Handbuch behandelt, an dem in der Mehrheit Fachleute aus angelsächsischen Ländern als Mitarbeiter beteiligt sind.

Mikrochimica Acta. Herausgegeben von · Editorial Board · Publié par
A. A. Benedetti-Pichler, New York; G. Blix, Uppsala; C. Duval, Paris; F. Feigl,
Rio de Janeiro; J. Heyrovský, Praha; P. L. Kirk, Berkeley; H. Lieb, Graz;
F. Schneider, New York; R. Strebinger, Wien; C. L. Wilson, Belfast; M. K.
Zacherl, Wien.

Mitherausgeber · Assistant Editors · Rédacteurs adjoints: *E. Abrahamczik*,
Ludwigshafen/Rhein; *H. K. Alber*, Philadelphia; *R. Belcher*, Birmingham;
N. D. Cheronis, New York; *F. Hecht*, Wien; *W. Kirsten*, Uppsala; *A. Lacourt*,
Bruxelles; *W. C. McCrone*, Chicago; *A. L. Thompson*, Montreal; *Ph. W. West*,
Baton Rouge; *M. L. Willard*, State College.

Schriftleitung · Editorial Office · Rédacteur en chef: M. K. Zacherl, Wien.

*Über Bezugsbedingungen, Preise, Inhalt der erschienenen Hefte usw. erteilt der Verlag
bereitwilligst Auskunft.*

Anleitung zur Darstellung organischer Präparate mit kleinen Substanzmengen.

Von Dr. Hans Lieb, o. Professor, Vorstand des Medizi-
nisch-chemischen Institutes und Pregl-Laboratoriums der Universität Graz, und
Dr. Wolfgang Schöniger, Dipl.-Ing., Assistent am gleichen Institut. Mit 52 Textabbildungen. XI, 161 Seiten. 1950.

Steif geheftet S 42.—, DM 10.50, $ 2.50, sfr. 10.80

F. Pregl †: Quantitative organische Mikroanalyse.

Neubearbeitet
von Dr. Hubert Roth, Landwirtschaftliche Versuchsstation Limburgerhof
(Rheinpfalz) der I. G. Werke: Badische Anilin- und Sodafabrik Ludwigshafen.
Sechste Auflage. Unveränderter Nachdruck der fünften Auflage. Mit 80 Textabbildungen. XI, 317 Seiten. 1949.

Ganzleinen S 144.—, DM 24.—, $ 5.70, sfr. 24.50

Fortschritte der Chemie organischer Naturstoffe. Progress in the Chemistry of Organic Natural Products. Progrès dans la chimie des substances organiques naturelles.

Herausgegeben
von L. Zechmeister, California Institute of Technology, Pasadena, USA.

*Seit 1938 erschienen: Band I—XI. Über Bezugsbedingungen, Preise, Inhalt der erschie-
nenen Bände usw. erteilt der Verlag bereitwilligst Auskunft.*

Aus den Besprechungen

"... The chapters are replete with interesting facts and generalizations. Many
excellent suggestions for future work are to be found here. ... This reviewer can
only congratulate the Editor upon being able to persuade busy men to devote so
much time to make it easier for the rest of us to catch glimpses of fascinating
researches outside the areas of our own efforts." *Science*

„.... Das bereits bei der Besprechung früherer Bände hervorgehobene hohe Niveau
ist beibehalten dank der Heranziehung bedeutender Spezialisten als Autoren.
Allmählich wird die ganze Serie zu einer ausgezeichneten Monographiensammlung,
wobei die derzeitigen Brennpunkte biochemischer Forschung besonders beleuchtet
sind, ohne daß abseitige Gebiete vernachlässigt werden." *Biologisches Zentralblatt*

If you have any concerns about our products,
you can contact us on
ProductSafety@springernature.com

In case Publisher is established outside the EU,
the EU authorized representative is:
Springer Nature Customer Service Center GmbH
Europaplatz 3, 69115 Heidelberg, Germany

Printed by Libri Plureos GmbH
in Hamburg, Germany